郭本禹 主编

外国心理学流派大系

FOREIGN PSYCHOLOGY SCHOOL SERIES

U0807490

心灵的适应

——机能心理学

高申春 著

山东教育出版社

·济南·

图书在版编目（CIP）数据

心灵的适应：机能心理学 / 高申春著. -- 2版.
济南：山东教育出版社，2025. 1. --（外国心理学流派大系 / 郭本禹主编）. -- ISBN 978-7-5701-3445-8

Ⅰ. B84-062

中国国家版本馆 CIP 数据核字第 20245SB919 号

WAIGUO XINLIXUE LIUPAI DAXI
XINLING DE SHIYING——JINENG XINLIXUE

外国心理学流派大系　　郭本禹　主编
心灵的适应——机能心理学　　高申春　著

主管单位：山东出版传媒股份有限公司
出版发行：山东教育出版社
地址：济南市市中区二环南路 2066 号 4 区 1 号　　邮编：250003
电话：（0531）82092660　　网址：www.sjs.com.cn
印　　刷：山东华立印务有限公司
版　　次：2025 年 1 月第 2 版
印　　次：2025 年 1 月第 1 次印刷
开　　本：710 毫米 ×1000 毫米　1/16
印　　张：20
字　　数：310 千
定　　价：86.00 元

主　编　郭本禹

副主编　高峰强　杨韶刚　高申春

编　委　（以姓氏笔画为序）

丁　芳　方双虎　王国芳　李广军　杨韶刚　修巧艳

贾林祥　郭本禹　高申春　高峰强　崔光辉　熊哲宏

目录

Contents

总 序

著名心理学家艾宾浩斯曾说过："心理学虽有一长期的过去，但仅有一短期的历史。"心理学的长期过去可以上溯到古希腊、古罗马时期的心理学思想，从大约公元前6世纪到公元19世纪中叶的这一时期被称为前科学心理学时期或哲学心理学时期。1879年，冯特在德国莱比锡大学创建了世界上第一个心理学实验室，标志着科学心理学的诞生。此后的短期历史被称为科学心理学时期。科学心理学是指具有科学形态的心理学，与之相对的是前科学形态的心理学。前科学形态的心理学主要指形而上学的心理学，它以纯粹思辨的方式进行推演研究，试图揭示心理现象的本质。科学形态的心理学即科学心理学，它主要受到近代科学尤其是自然科学的影响，采用经验尤其是实验的方式进行归纳研究，得出心理现象本质的知识。

从理论形态演变上看，科学心理学的发展主要表现为不同心理学流派的产生、发展和更替过程。这一过程大致沿着科学主义心理学和人文主义心理学两条路线不断演进。科学主义心理学是主流的心理学取向，主要包括内容心理学、构造心理学、机能心理学、行为主义心理学、皮亚杰学派心理学和认知心理学等流派。人文主义心理学是非主流的心理学取向，主要包括意动心理学、精神分析心理学、格式塔心理学、现象学心理学、存在心理学和人本主义心理学等流派。现代心理学流派的发展过程大致可以划分为三个阶段：一是哲学心理学时期的思想起源，从大约公元前6世纪到19世纪70年代；二是心理学流派自身的历史演进，从19世纪70年代到20世纪80年代；三是心理学流派的当代效应，从20世纪80年代至今。

一、现代心理学流派的思想起源

在前科学心理学的漫长历史中，心理学曾一度是"灵魂的奴仆"、"神学的婢女"和"哲学的附庸"。现代心理学流派萌芽于古希腊，发端于近代欧洲。古希腊心理学思想表现为存在(being)与形成(becoming)的张力，近代欧洲心理学思想表现为经验主义与理性主义的对立，到科学心理学时期就演变为科学主义心理学和人文主义心理学的纷争。

1. 思想萌芽

古希腊是现代心理学流派的思想源头。在哲学形成之前，古希腊人已经开始了对灵魂(psyche)的探索。当时人们认为灵魂是一种生命气息，它在人死亡时离去。“心理学”(psychology)一词就由此而来。大约在公元前6世纪，古希腊产生了哲学。古希腊哲学致力于探究世界的本原，其中包括回答灵魂是什么。因此，此时的心理学是灵魂的奴仆。

古希腊哲学隐含着存在与形成的张力。这一张力最初体现在巴门尼德和赫拉克利特之间。巴门尼德提出，要通过理性的道路来获得确定无疑的知识。他推崇理性认识的重要性，贬低感觉经验的作用，认为后者只能产生纷乱的意见。赫拉克利特则通过“人不能两次踏入同一条河流”来表述世界变动不居的特征。他重视感觉经验的重要性，甚至认为视觉经验比听觉经验更可靠。存在与形成的张力在柏拉图和亚里士多德那里达到顶峰。柏拉图发展了巴门尼德的观点，认为存在着普遍的理念世界，变化中的现实事物只是对不变的理念的一种模仿。理性是最高级的灵魂，并指导着意气和情欲。亚里士多德是古希腊思想的集大成者，其《论灵魂》一书可以视为西方心理学史上第一本心理学著作。他持有形成的立场，对柏拉图的观点进行了改造。在他看来，世间万物都是有目的的，朝向隐得来希即自身的全面发展迈进，因而处于时刻流转中，灵魂也是如此。他强调感觉经验在灵魂中的重要地位，认为感觉限定着灵魂的认识活动。

在古希腊之后，西方心理学思想的目的虽然发生了变化，但却依然延续着存在与形成的张力。到了中世纪，一切思想均转向认识上帝，此时的心理学成为“神学的婢女”。两位基督教哲学家奥古斯丁和托马斯·阿奎那为心理学思想指出两条不同的道路。奥古斯丁提出通过内心的感受来获得上帝的启示，从而走向形成立场；托马斯·阿奎那提出通过理性和逻辑论证来获得上帝的启示，从而走向存在立场。

总之，从古希腊到中世纪，心理学从作为“灵魂的奴仆”到作为“神学的婢女”，提出了许多朴素的心理学思想，构成了现代心理学流派的思想萌芽，其间一直延续着存在与形成的张力，开启了现代科学主义心理学和人文主义心理学纷争的历史源头。

2. 思想发端

经过漫长的中世纪，西方世界从文艺复兴时期进入近代。近代自然科学的进步使世界图景发生了根本改变，从中世纪以上帝为中心的神秘世界观转变为数学的机械世界观，对哲学以及心理学产生着越来越重要的影响。近代哲学的目的从古希腊探讨世界本原是什么转向如何认识世界。近代心理学由“神学的婢女”变成“哲学的附庸”，不再是对灵魂和上帝的探讨，而是围绕如何认识世界对心理学问题展开系统的理论阐述，表现为经验主义与理性主义两种对立的观点。这两种对立的观点由先前形成与存在的张力衍生而来：经验主义延续了形成的观点，理性主义延续了存在的观点。近代心理学思想在英国和法国表现为经验主义心理学思想，在荷兰和德国表现为理性主义心理学思想。

经验主义心理学思想主张，一切心理现象均是经验（如感觉和观念）的集合或联结。经验主义心理学思想从英国的培根开始。他认为，知识和观念起源于感性世界，感觉经验是一切知识的源泉。在培根之后，经验主义心理学思想有两种形式：英国的联想论心理学思想和法国的感觉论心理学思想。英国的联想论心理学思想以经验为基础，以联想为工具，试图揭示观念的形成和发展的规律。霍布斯是联想论心理学思想的先驱，他坚持知识和观念来源于感觉经验。洛克第一个提出“联想”概念，认为联想是观念的联合，简单观念经过综合、联系和分离形成人的心灵内容。贝克莱和休谟进一步发展了联想论心理学思想，解释了空间知觉和联想规律。哈特莱是联想论心理学思想体系的建立者，试图用生理学概念把经验论和联想论结合起来，用联想去解释一切心理现象。培因是联想论心理学思想的集大成者，对联想的规律、种类和动力等进行了系统化的阐述，在联想论心理学思想向科学心理学的过渡上起到承前启后的作用。

法国的感觉论心理学思想主要受到笛卡儿关于身体是机器的思想和洛克的唯物主义经验论的影响，强调感觉经验在认识中的作用。与联想论心理学思想一样，感觉论心理学思想也认为，一切观念源自经验，所有的心理事件都能用感觉和联想规律来解释，同时，它还重视心理与脑的关系，认为心理是脑的属性，脑是思想的器官，这对科学心理学的产生起到积极的作用。拉·美特利提出了“人是机器”的观点，对后来行为主义心理学有重要的影响。孔狄亚克改造了洛克的经验论心理学思想，形成了感觉论心理学思想体系。此后经过爱尔维修和波纳等人的发展，到卡巴尼斯那里，感觉论心理学思想发展到极致，并推进了生理心理学的发展。

理性主义心理学思想主张，人的心理是一种主动活动的、富于理性的固有观念，即一切心理作用都归结为不同程度的理性。理性主义心理学思想从法国的笛卡儿开始。他认为，人的知识不是来源于感觉经验，而是来源于理性，理性的演绎是唯一正确方法。作为理性表现的知识和能力是先天具有的，因此，他主张天赋观念论。莱布尼茨是理性主义心理学思想的开创者，他提出统觉说，认为心理从无意识的微觉到最有意识的统觉，具有把握对象的不同程度。他把统觉视为对感知自身内在状态的意识，即自我意识。沃尔夫是官能心理学的创始人，他认为人的心灵具有各种官能，心灵利用其不同的官能从事不同的活动。康德提出心理的先天范畴论，并使心理过程的知、情、意三分法流行起来。他认为，统觉是人的一种先验的综合统一的认识能力。赫尔巴特第一次明确宣称心理学是一门科学，但还需要建立在形而上学之上，仍属于哲学的科学。他还将统觉团等思想应用到教育心理学中。陆宰是实验心理学建立前的最后一位哲学心理学家，提出空间知觉的符号部位说，在理性主义心理学思想向科学心理学的过渡上起到承前启后的作用。

总之，近代心理学思想具有丰富的内容，形成了系统的心理学思想体系。它与近代科学一起，直接促成了科学心理学的诞生。经验主义心理学思想提出被动的心灵观，强调主体后天的经验性、心理活动的元素性和被动性，将人的心理视作静态的联想过程。理性主义心理学思想提出主动的心灵观，强调主体先天的主动性、心理活动的整体性和动力性，将人的心理视作发展的过程。经验主义心理学思想演变为现代心理学中的科学主义心理学，理性主义心理学思想演变为现代心理学中的人文主义心理学。正是在这种意义上，近代心理学思想成为现代心理学流派的思想发端。

二、现代心理学流派的历史演进

科学心理学产生于19世纪70年代，一开始就表现为两种理论形态，即科学主义心理学和人文主义心理学。科学主义心理学的第一个学派是冯特创立的内容心理学（主要是实验心理学），人文主义心理学的第一个学派是布伦塔诺创立的意动心理学。内容心理学与意动心理学形成了心理学史上两条路线之间的第一次对立与纷争。自此，科学主义心理学与人文主义心理学各自相对独立发展，两者之间少有相互交流和彼此借鉴。

过去人们主要是从狭义上来理解科学心理学，认为科学心理学完全等同于冯特创立的内容心理学（主要是实验心理学）。现在人们倾向于从大科学观来看待科学，认为科学既包括自然科学也包括人文科学和社会科学。尽管两者的研究对象不同、追求的真理目标和价值不同、探究真理的方式和方法不同，但它们毕竟都是科学，都以探究终极真理为己任。对于以既具自然属性又具社会属性的人为研究对象的科学心理学来说，只有以实验心理学为代表的科学主义心理学是远远不够的，还需要另一种心理学即人文主义心理学。历史发展的事实也是如此，1874年，冯特的《生理心理学原理》（下卷）和布伦塔诺的《经验观点的心理学》同时出版，这两本著作都把新心理学界定为一门经验科学，分别标志着现代科学主义心理学和现代人文主义心理学的开端。因此，科学心理学有两个创始人或者说有两位“父亲”，一个是冯特，另一个是布伦塔诺。过去人们之所以只提冯特是科学心理学之父，是因为波林那本著名的《实验心理学史》教科书造成了我们的误解。波林是铁钦纳的学生，铁钦纳力图把自己标榜为冯特的正统传人，要求波林按照他的实验心理学内容重新解读冯特的心理学体系。① 因此，在《实验心理学史》中大量论述冯特等人的实验心理学内容，而对冯特的对立者布伦塔诺等人的贡献则不予重视，以至于布伦塔诺被历史埋没了近半个世纪，成为学术史上的“隐身人”。这不能不说是一个历史的误会！我们今天需要澄清铁钦纳和波林所造成的误解，还布伦塔诺及其意动心理学的历史本来面目。

在现代心理学流派的演进过程中，有的作为一个心理学派别已经消失，融进了心理学的历史进程，如内容心理学、意动心理学和机能心理学等；有的犹如老树常青，如行为主义心理学和精神分析心理学在今天仍然具有活力。某些较大的心理学流派又包括一些较小的分支派别，如行为主义前后有三代，精神分析更是分支派别繁多。

1. 科学主义心理学流派的历史演进

科学主义心理学亦称自然科学心理学，是指一种以自然科学为价值定向的心理学研究取向，它坚持心理学的自然科学观和实证主义的客观实验范式，力图建构以自然科学为模板的心理学理论模式。科学主义心理学是主流的心理学取向，它从内容心理学开始，依次表现为构造心理学、机能心理学、行为主义心理学、皮亚杰学派心理学和认知心理学等派别。它们之间具有明显的连续性，要么是一种继承关系，如构造心理学对内容心理学的继承；要么具有对立关系，如认知心理学对行为主义心理学的反动。

（1）内容心理学。

科学主义心理学从冯特的内容心理学（content psychology）开始。在冯特之前，心理学一直附庸于哲学，处于默默无闻的状态。冯特全面总结了哲学心理学、生理学和心理物理学的研究成果，把哲学心理学的理论观点、自然科学的研究方法与心理学的有关研究课题结合起来，将实验法引入心理

① 据说波林每写完《实验心理学史》的一章，都要交给铁钦纳审读。

学研究领域，于 1879 年在德国莱比锡建立了世界上第一个心理学实验室，使心理学获得了科学的形态，标志着现代科学心理学的确立。莱比锡成为世界新心理学的圣地，各国的学生都前往跟随冯特学习。

冯特创立的实验心理学，开辟了科学心理学的科学主义研究路线。冯特认为，科学心理学应该是一门经验科学，他把心理学的研究对象规定为直接经验，而不同于自然科学所研究的间接经验。他认为，心理学作为研究心理、意识事实的一门经验科学，其任务就在于分析出心理或意识的元素，并确定元素构成复合观念的原理与规律。冯特通过实验内省法分析，发现最基本的心理元素有两个，即感觉元素与感情元素。任何复杂的心理现象都是由心理元素结合而成的，简单的心理元素通过联想、统觉结合成为心理复合体。正是从这个意义上说，冯特的实验心理学被贴上"内容心理学"的标签。冯特的内容心理学与其同时代的布伦塔诺的意动心理学形成直接对立，这也是科学主义心理学与人文主义心理学长期纷争的开始。

与冯特同时代的德国心理学家艾宾浩斯和缪勒等人发展了他的内容心理学。艾宾浩斯创造性地运用实验法研究记忆这种高级的心理过程，开辟了实验研究的新领域。缪勒在哥廷根大学创建了一个设备完善的心理学实验室，其地位仅次于莱比锡心理学实验室，吸引了从欧洲和美国来的许多学生，取得了多方面的研究成果。以冯特的学生铁钦纳为代表的构造心理学(structural psychology)又称构造主义(structuralism)，其思想体系继承和发展了冯特的内容心理学的主要观点，特别是在坚持心理学是一门实验科学的观点上，二者一脉相承，可以看成是冯特的内容心理学的极端形式。

(2) 机能心理学。

机能心理学(functional psychology)产生于 19 世纪末 20 世纪初的美国，是美国本土出现的第一个正式的科学心理学思想体系。早在 1890 年，美国心理学之父詹姆斯在《心理学原理》中就将机体适应环境的心理功效规定为心理学的研究对象，这为 19 世纪末 20 世纪初的美国心理学定下了机能心理学的总基调。美国机能心理学与德国实验心理学之间存在着密切的关系。冯特在德国创建了心理学实验室之后，美国有许多年轻人来到冯特的实验室学习新的内容心理学，这些人回国后热心倡导生理心理学和实验心理学，并在各自所在的大学开设新课程，建立实验室。这样，德国实验心理学的科学形式就传入了美国，为美国的心理学家们提供了一种科学的思维方式和研究手段。但是美国年轻一代的心理学家不赞成冯特只以实验的内省方法研究纯粹的意识内容，强调用观察、测验和实验等多种方法研究意识或心理功能。他们认为，心理学可用于解决人们在不同的环境中如何活动、如何适应不同的环境等日常生活问题。

机能心理学有狭义和广义之分,与构造心理学直接对立的是狭义的机能心理学,即以杜威、卡尔、安吉尔为代表的芝加哥学派。代表美国心理学一般特征和总体倾向的是广义的机能心理学,即以卡特尔、桑代克、武德沃斯为代表的哥伦比亚学派。随着构造心理学因 1927 年铁钦纳逝世而消失,狭义的机能心理学由于失去了对立面逐渐退出历史舞台。而广义的机能心理学由于随后行为主义心理学的产生,也完全融入了美国心理学发展的历史洪流之中。

(3) 行为主义心理学。

行为主义(behaviorism)是 20 世纪初起源于美国的一个心理学派别,它在 20 世纪 70 年代之前是实验心理学中最有影响的运动,被称为心理学的"第一势力"。1913 年,华生发表的《行为主义者心目中的心理学》一文标志着行为主义的诞生。华生抨击了传统上研究意识的内省心理学,批判了构造心理学和机能心理学,并声称心理学应该抛弃内省法而采用客观的实证方法研究可观察的外显行为。由此,行为主义作为一种新生的力量登上了心理学的历史舞台,其浩大的声势很快席卷了美国,并几乎遍及全世界,成为心理学史上著名的"行为主义革命",被称为心理学史上的"第一次革命"。

行为主义的发展经历了三代。从 1913 年到 1930 年,是以华生等人为代表的第一代行为主义,又称古典行为主义。与华生同时代的魏斯、霍尔特、亨特、拉施里以及中国的郭任远等人,也对行为主义的推广做出了重要贡献。从 20 世纪 30 年代至 60 年代,赫尔、托尔曼、斯金纳等人对华生的极端简单化的观点和方法不满,都采纳操作主义和逻辑实证主义的哲学观点,开展了一系列研究,形成了各具特色的新体系,共同促生了第二代行为主义的心理学运动,也被称为新行为主义(neobehaviorism)。尽管第二代行为主义的术语名称、理论观点、概念体系等各不相同,但其行为主义的基本立场却是一致的。从 20 世纪 50 年代起,随着赫尔、托尔曼的过世,只有斯金纳等少数人仍坚持激进的行为主义观点,更多的批评者则看到了行为主义的实证主义哲学基础、严格的环境决定论以及人兽不分观点的严重缺陷。罗特、班杜拉、米契尔等更新一代的行为主义者,采取了更加温和的态度,大胆引入刚刚兴起的认知心理学的术语来说明人的行为,力图克服行为主义的危机,对行为主义进行认知心理学改造,形成了第三代行为主义,又称新的新行为主义(new-neobehaviorism)。

(4) 皮亚杰学派心理学。

皮亚杰学派(Piagetians)是 20 世纪 20 年代由瑞士心理学家皮亚杰创立

的。由于该学派的研究工作主要是在日内瓦大学及日内瓦发生认识论国际研究中心进行的，因此又称日内瓦学派。皮亚杰学派通过研究个体的认识发生，把认识论和心理学紧密结合起来创立了发生认识论，在心理学史上第一次系统而完整地描绘了儿童心理的发生和发展，指明儿童心理发展的实质是个体通过同化和顺化这两种形式来适应环境达到有机体与环境的平衡，并进一步详细探讨了儿童心理发展的结构、影响因素和发展阶段。皮亚杰学派对心理学、哲学和教育学诸多学科领域产生了广泛而深远的影响。

自20世纪50年代中期以来，皮亚杰理论受到了严重的挑战与诘难，出现了新皮亚杰学派(neo-Piagetians)和后皮亚杰学派(post-Piagetians)。新皮亚杰学派采用信息加工观点，对经典的皮亚杰体系作出一定的修正，使之更完善和更具解释力。后皮亚杰学派从地域上是指那些法语世界的学者(主要是法国和瑞士)所形成的一个松散的联盟，他们(也包括少数说英语的学者)在方法论上主张或实际从事以皮亚杰的临床法为标准构建发展量表和运算测验，在理论上主张差异心理学与发展心理学的真正整合。

(5) 认知心理学。

认知心理学(cognitive psychology)有广义和狭义之分，广义的认知心理学指的是所有侧重研究人的认知过程的心理学，狭义的认知心理学专指现代认知心理学。现代认知心理学表现为三种理论形态：信息加工论心理学、联结主义认知心理学和生态论认知心理学。

信息加工论认知心理学产生于20世纪50年代中期，其主要代表人物有纽厄尔、西蒙和奈瑟等人。它以“心理活动像计算机”为隐喻，用信息加工的观点看待人的认知过程，认为人的认知过程是一个接受、加工、贮存和输出信息的过程。由于这种观点以符号操作为基础，通过符号的串行加工方式建立心理模型，故又称符号论认知心理学。信息加工论认知心理学把以往被行为主义排挤到后台的意识重新拉回到心理学研究的前台，实现了心理学研究对象的回归。它还在继承传统科学主义心理学的客观实证方法基础上，综合运用反应时实验和自我观察法，尤其把计算机模拟方法作为重要研究工具，取得了心理学研究方法的突破。20世纪70年代，信息加工认知心理学成为心理学研究的主流，席卷了心理学的大多数分支。它的兴起被称作心理学史上的一场“认知革命”，相对于先前的行为主义革命是心理学史上的“第二次革命”。

20世纪80年代以来，联结主义认知心理学开始复兴。在联结主义心理学看来，人脑不能简单地等同于计算机，符号加工与真实的人类心理加工存在很大差距。它提出以大脑隐喻代替计算机隐喻，把大脑视为生物的神经网络，以平行分布加工代替串行加工。联结主义认知心理学试图构建一个更接近于神经活动的认知模型，暂时缓解了认知心理学遇到的困难。

从20世纪90年代开始，生态论认知心理学受到研究者的重视。它批判认知心理学注重实验室研究、远离日常生活的倾向，强调心理是人与环境互动的结果，主张心理学应当走出实验室、在现实环境中研究人的心理和行为，追求心理学研究的生态学效度，促进了认知心理学与实际生活的联系。

2. 人文主义心理学流派的历史演进

人文主义心理学亦称人文科学心理学，是指一种以人文科学为价值定向的心理学研究取向，它坚持心理学的人文科学观和现象学（存在主义、解释学）的主观经验范式，力图建构以人文科学为模板的心理学理论模式。人文科学心理学是非主流的心理学取向，它的发展有两条线索：一条从意动心理学开始，依次表现为格式塔心理学、现象学心理学、存在心理学、人本主义心理学、超个人心理学等流派，它们之间具有明显的连续性；另一条从古典精神分析心理学开始，依次表现为自我心理学、客体关系学派、自体心理学、社会文化学派、存在分析学、马克思主义精神分析学、后现代精神分析学等，它们之间也具有明显的连续性。当然，这种划分无论是时间上还是在思想渊源上都具有一定的相对性和交叉性。例如，存在心理学与精神分析学具有很大的关联性，存在心理学有时又称存在精神分析学或简称存在分析学。再如，作为存在心理学家的罗洛·梅和布根塔尔等人也可以归入人本主义心理学阵营。

(1) 意动心理学。

人文主义心理学从布伦塔诺的意动心理学（act psychology）[①]开始。意动心理学有狭义、广义之分。狭义的意动心理学主要是指布伦塔诺的意动

---

① 布伦塔诺开创了意动心理学的体系，但并未提出“意动心理学”这个概念。“意动心理学”进入心理学界，首先要归功于铁钦纳，他于1921年和1922年在《美国心理学杂志》上连续发表《机能心理学与意动心理学：Ⅰ》和《机能心理学与意动心理学：Ⅱ》，区分出两种心理学团体：关注生物学方面的机能心理学和关注意向方面的意动心理学。他明确指出，意动心理学以布伦塔诺、麦农、斯顿夫、立普斯、胡塞尔和屈尔佩为代表，英国的斯托特也受到布伦塔诺的影响。（Titchener，E. B.，Functional psychology and the psychology of act：I. *American Journal of Psychology*，1921，32，pp. 519～542）1921年，他又在《美国心理学杂志》上发表《布伦塔诺与冯特：经验与实验的心理学》，认为他们开创了不同的心理学取向。他说：“心理学的学生，尽管其得益是双倍的，但依然必须在这一个和另一个之间作出选择。在布伦塔诺和冯特之间，没有中间的道路。”（Titchener，E. B.，Brentano and Wundt：empirical and experimental psychology. *American Journal of Psychology*，1921，32，pp. 108～120）在铁钦纳之后，他的忠实的学生波林继承了老师的观点，将布伦塔诺和冯特视作两种阵营。他说：“19世纪后期和20世纪早期的系统心理学的分歧在于意动和内容，也就是在于布伦塔诺和冯特。”（波林著，高觉敷译：《实验心理学史》，商务印书馆1981年版，第406页）

心理学，广义的意动心理学除了布伦塔诺的意动心理学，还包括斯顿夫的机能心理学[1]、形质学派、符茨堡学派等。

布伦塔诺不同于冯特，他主张把意动作为心理学的研究对象，强调心理的意向性、活动性和整体性；提倡通过直接体验的方法，如内部知觉方法，来研究心理现象的组织规律和本质。布伦塔诺最先确立了意动心理学体系。在他之后，其学生斯顿夫提出机能心理学，麦农和厄棱费尔等人提出形质心理学，推进了意动心理学的发展。同时，冯特的学生屈尔佩站在意动心理学的立场上，领导符茨堡学派进行无意象思维的研究，并提出二重心理学，尝试调和意动心理学和内容心理学。此外，英国的沃德和斯托特、法国的里博和沙可也受到意动心理学的影响，推动了意动心理学在英国和法国的发展。

布伦塔诺等人的意动心理学与冯特等人的内容心理学相抗衡，开创了心理学中的人文主义路线与科学主义路线对立之先河。在意动心理学之后，弗洛伊德受到布伦塔诺的心理意动观的影响创立了精神分析心理学，惠特海默等人受到斯顿夫的影响，提出格式塔心理学，作为心理学中的“第三势力”的现象学心理学和人本主义心理学也回应了意动心理学。

(2) 格式塔心理学。

格式塔心理学(Gestalt psychology)又译“完形心理学”，包括两个分支，一是格式塔心理学的格拉茨学派，二是格式塔心理学的柏林学派[2]。1890—1900 年间，厄棱费尔和麦农将其老师布伦塔诺的意动心理学具体运用到形、形质问题的研究上，认为形、形质的形成有赖于意动。后来这一思想又通过威塔塞克和贝努西等人的努力继续传播于世。由于他们提出形质学说，故称为形质学派。这一学派是以奥地利的格拉茨大学为中心，又称格拉茨学派。

格式塔心理学的柏林学派由惠特海默、苛勒和考夫卡三位德国心理学家于 1912 年创立。这个学派最初以反对冯特的元素论作为出发点，强调经验和行为的整体性，认为整体不等于且大于部分之和，整体的性质决定部分的性质，部分的性质则有赖于它在整体中的关系、位置和作用。整体观贯穿

---

① 斯顿夫的机能心理学不同于美国心理学的机能主义，对后者也没有直接的影响。斯顿夫的机能强调的是一种逻辑的机能，而美国机能主义强调的是一种生物或适应的机能。

② 史密斯指出，格拉茨学派可以与柏林学派并列，作为格式塔心理学的两个中心。(Smith, B., *Austrian Philosophy: The Legacy of Franz Brentano*, Open Court Publishing Company, 1994, pp. 259～272)林登费尔德也指出：“格拉茨学派本来能够轻易地成为战争时期[指第一次世界大战]格式塔心理学主要的中心。”(Lindenfeld D. F., *The Transformation of Positivism Alexius Meinong and European Thoug, 1880—1920*. University of California Press, 1980, p. 237)

于柏林学派体系之中，在对知觉、心身关系、思维、学习和人格问题的解释上都体现了这一观点。由此出发，柏林学派十分注重心理各成分之间的动力性、交互性和系统性。

柏林学派承认形质学派的地位与作用，在诸多方面与其保持一致：它们都坚持整体论观点，反对元素论观点；都把对形式和图形关系尤其是知觉作为核心主题。不过，格拉茨学派与柏林学派间存在着一定的差异。两个分支的争论反而成了格式塔心理学发展的动力，这反映在后来意大利的格式塔心理学发展上。

格式塔心理学的柏林学派除了三位创始人之外，后来受到柏林学派影响的勒温转向团体动力学，可以视作是对格式塔心理学的一种继承和发展。海德和费斯汀格等继承和发展了团体动力学，各自提出新的理论和学说，并在美国社会心理学界长期占据着统治地位，而格拉茨学派在一定程度上被冷落了。

(3) 现象学心理学。

在 20 世纪五六十年代，美国的现象学心理学、存在心理学和人本主义心理学以相似的人文主义心理学观点共同构成心理学的“第三势力”，它们共同反对心理学的“第一势力”行为主义心理学和“第二势力”精神分析心理学。在严格意义上，“第三势力”心理学都是心理学的一种共同研究取向，而非一个严格意义上的学派。当然，从起源上看，现象学心理学和存在心理学都比人本主义心理学出现得较早。

现象学心理学(phenomenological psychology)是产生于 20 世纪上半叶的一种心理学取向，它上承人文科学心理学最初形态的意动心理学，并受到现象学哲学的直接影响。它从直接呈现的经验出发，坚持意向性观点，对经验加以描述。胡塞尔的现象学心理学和哥廷根的实验现象学构成了现象学心理学的最早思想雏形。从地域上看，现象学心理学可分为欧洲的现象学心理学与美国的现象学心理学。前者主要有以萨特和梅洛—庞蒂为代表的法兰西学派、以伯伊滕蒂克等人为代表的乌特列支学派。后者兴起于 20 世纪 40 年代，到 60 年代逐渐形成了以乔治为代表的迪尤肯阵营。美国的现象学心理学的兴起过程主要是吸收与转化现象学哲学和欧洲现象学心理学的过程，这个过程实际上是现象学心理学在美国的本土化过程。1970 年，乔治创办《现象学心理学杂志》，在现象学心理学发展中具有标志性意义。从理论形态上，现象学心理学可以分为三个维度六种形态：在研究方式上，表现为思辨的与实验的现象学心理学；在研究取向上，表现为经验与解释的现象学心理学；在研究领域上，表现为存在与超个人的现象学心理学。

(4) 存在心理学。

存在心理学(existential psychology)主要受到存在主义哲学和精神分析心理学的影响,以人的存在为核心观点,采用现象学方法,来理解人的爱、本真、自由、焦虑、孤独、死亡等存在状态。存在心理学家在坚持心理学的存在主义观点和现象学方法方面是一致的,但他们在研究主题上又各有侧重。存在心理学在20世纪三四十年代兴起于欧洲,并在五六十年代发展于美国和英国。早期的欧洲存在心理学的主要代表人物是瑞士的宾斯汪格、鲍斯和奥地利的弗兰克尔等人。美国的存在心理学以罗洛·梅为领军人物,此后还有布根塔尔、施奈德和雅洛姆等人。1958年,罗洛·梅等主编的《存在:心理学与精神病学中的一种新维度》是美国的存在心理学发展的一个里程碑。1959年,在美国心理学会的年会上举办了关于存在心理学的研讨会,会议论文由罗洛·梅主编并以《存在心理学》(1961)为题出版。1960年开始,美国陆续创办了几种存在心理学杂志,如《存在精神病学》(1960,后更名为《存在主义杂志》)、《存在心理学与精神病学评论》(1961)、《存在分析者》(1964)、《存在精神病学》(1964)等,这些刊物成为存在心理学最重要的阵地。英国的存在心理学以莱因等人为代表。

(5) 人本主义心理学。

人本主义心理学(humanistic psychology)诞生于20世纪五六十年代,是美国心理学中的一种新思潮和革新运动。它假定每个人的内部都存在着一种成长的机制,这种机制可以促使人们在环境允许的情况下实现他们的潜能,而心理学家的目标和责任就是关注这种内部潜能,并寻求各种方法来帮助人们实现这种潜能。奥尔波特、马斯洛、罗杰斯等人是其主要代表人物,此外,存在心理学家罗洛·梅和布根塔尔等人的思想也具有人本主义心理学倾向。在20世纪60年代末,从美国人本主义心理学中又分化出超个人心理学,它是人本主义心理学创始人马斯洛和萨蒂奇等人在对人本主义心理学进行自我扬弃的基础上提出来的。超个人心理学超越了人本主义以个人的自我实现为目标的狭隘认识,迈向以研究人类心灵与潜能的终极价值和真我完满实现为目标。人本主义心理学理论形态包括以奥尔波特、马斯洛、罗杰斯等人为代表的自我实现理论、以罗洛·梅和布根塔尔等人为代表的自我选择论和以马斯洛和萨蒂奇等人为代表的自我超越论。

(6) 精神分析心理学。

精神分析(psychoanalysis)由奥地利著名医生弗洛伊德于19世纪末创立,它既是一种治疗心理疾病的方法,又是一种潜意识的心理学说。精神分析最初是从神经症治疗实践中产生的,逐渐发展成为现代西方心理学的一个主要流派，被称为西方心理学的"第二势力"。自20世纪20年代以来，精神分析逐渐超越了心理学的范围，扩展到社会科学的诸多领域，开创了一场人类思想文化运动。可以说，精神分析心理学是西方心理学史上绵延最长、影响最大、分支派别最多的一个心理学流派。

自从弗洛伊德创建精神分析理论以来，精神分析运动已经经历了百年的发展历程，其发展循着内部和外部两条路径。内部发展路径指的是精神分析内部的不断分裂与重组、演变与发展。其逻辑线索是，弗洛伊德所倡导的驱力模式，经过荣格、阿德勒等人的过渡之后，进一步演化为自我模式、关系模式和自体模式，分别对应着以安娜、哈特曼和埃里克森等人为代表的自我心理学，以克莱因、费尔贝恩和克恩伯格等人为代表的客体关系学派和以科胡特等人为代表的自体心理学等，它们从学科内部推动着精神分析运动向前发展。外部发展路径指的是弗洛伊德之后的精神分析从外部学科，如医学、社会学、文化学、哲学、语言学等积极汲取养分，一些精神分析学家把传统精神分析学与其他学科相结合，分别出现了以霍妮、沙利文、卡丁纳和弗洛姆等人为代表的社会文化学派，以宾斯万格、鲍斯、罗洛·梅、莱因等人为代表的存在分析学，以赖希、马尔库塞和弗洛姆等人为代表的马克思主义精神分析学，以拉康等人为代表的后现代精神分析学等，它们推动了精神分析运动向外发展。

精神分析百年运动的发展历程是一个不断分裂与整合的过程。其整合过程就是不断地克服片面性、极端性从而逐渐地走向互相吸收、融合的历程，表现在它的不同发展阶段之间、其内部的各种模式之间以及它与外部诸多学科之间的相互吸收与融合。精神分析运动的整合逻辑与其发展逻辑相一致，也循着内部整合与外部整合两条路径。内部整合路径是指精神分析内部的各种模式之间的整合，即对驱力或本能、自我、客体关系与自体模式之间的不断整合，包括雅可布森的自我理论整合、克恩伯格的客体关系理论整合、科胡特的自体理论整合和米契尔的关系理论整合等。外部整合路径是指精神分析与外部邻近学科，如社会学、文化学、哲学、语言学、医学和神经科学之间的整合，包括社会文化学派的文化理论整合、存在精神分析的人本主义理论整合、拉康的语言学理论整合和神经科学的科学化整合等。无论是内部整合还是外部整合都推动了精神分析运动不断向前发展。

三、现代心理学流派的当代效应

20世纪80年代以来，西方心理学进入"后体系时代"(postsystem era)①。尽管一些学派和思潮如行为主义心理学、认知心理学、精神分析心理学、人本主义心理学等依然存在，但是，学派纷争日益淡化，学派界限日趋模糊，大多数心理学家更倾向于具体问题的研究，提出一些微观理论模型，而不大关心学派建设。就宏观理论观点而言，当代心理学也出现了一些新的研究趋势。这些新趋势一方面延续着科学主义心理学与人文主义心理学的分野。例如，联结主义认知心理学、认知神经科学、生态心理学、进化心理学等主要体现了科学主义心理学精神，后现代心理学、女性主义心理学、叙事心理学、文化心理学、积极心理学等主要体现了人文主义心理学精神。同时，这些新趋势在一定程度上也体现了科学主义心理学和人文主义心理学之间相互吸收和融合的新特点。当代出现的这些心理学的新趋势，只能看成是新的心理学研究取向，还不能视为严格意义上的心理学派别，而且，它们各自的代表人物也没有打算创立什么新的学派。

1. 科学主义心理学流派的当代效应

以自然科学为价值定向的科学主义心理学的当代趋势主要有：联结主义认知心理学、认知神经科学、生态心理学和进化心理学等。表面上看来，虽然不断有新的特征纳入到这些趋势中，比如多学科的交叉性以及研究方法的多元化，但是这些趋势在总体上却都反映出了诸如坚持经验证实原则、强调量化研究等科学主义心理学所固有的研究特征。

(1) 联结主义认知心理学。

联结主义认知心理学(connectionist cognitive psychology)是联结主义模型研究于20世纪80年代在认知心理学领域的复兴。它的复兴既逢信息加工论认知心理学遭到怀疑与困难之时，又得益于脑科学和神经科学的飞速发展。1986年，鲁梅尔哈特和麦克里兰编辑出版的联结主义"圣经"《并行分布加工：认知结构的微观探索》一书，标志着联结主义认知心理学进入发展的鼎盛时期。联结主义认知心理学以"心理活动像大脑"为隐喻基础，把认知过程类比为神经网络的整体活动，把认知系统看做是简单而大量的加工单元的联结网络，网络中的每一单元在某一特定时刻总是处在某种激活

① Brennan, J. F. (2003). *History and systems of psychology*. New Jersey: Pearson Education, p. 280.

水平上，其实际的激活水平与来自环境和其他与之相连的单元有关。在联结主义看来，知识并不存在于特定的地点，而是存在于单元之间的联结之中，学习就是建立新的激活模式或改变单元之间的联结强度，因此，不同的激活模式能够解释不同的认知过程。相对于信息加工论认知心理学，联结主义认知心理学所研究的人工神经网络与大脑的功能方式更为一致，因为人脑就是由大量神经细胞以复杂方式联结起来的。联结主义认知心理学为处于危机中的认知心理学带来了新的生机，被称作"在认知解释方面的一场哥白尼式的革命"①，但它以对大脑的同构型或同态型模型为研究对象本身就具有一定的局限性。

(2) 认知神经科学。

认知神经科学(cognitive neuroscience)是20世纪80年代末出现的一种主要研究趋势。这一趋势重在研究和探讨人类心理及其活动的脑基础，以便揭示出人类心理和大脑之间的关系。认知神经科学融合了多个学科，比如脑科学、认知科学、神经科学等。这一新趋势有两点基本主张：一是认为脑结构与脑功能具有多层次性的特点；二是认为虽然人脑的结构是脑功能的基础，但在结构和功能之间并非简单的对应关系。这一趋势以传统认知心理学的行为实验研究方法为基础，主要采用脑功能成像技术进行研究。这其中主要包括基于脑代谢或脑血流变化的正电子发射断层扫描技术(PET)、功能性核磁共振成像技术(fMRI)和基于脑电或脑磁信号的脑生理功能成像的事件相关电位技术(ERP)、脑磁图技术(MEG)。认知神经科学将认知科学中的精细、严密的实验设计和现代神经科学中的先进技术相结合，丰富了心理学的研究，促进了人们对心理学中的一些重要主题研究的深入。有观点甚至认为认知神经科学正取代认知心理学成为心理学发展的新阶段。② 虽然这一新的趋势目前还正处于进一步发展和完善之中，但相信它会给心理学研究带来更多的借鉴和突破。

(3) 进化心理学。

进化心理学(evolutionary psychology)是在20世纪80年代末期出现于心理学研究领域中的一种新的研究趋势，其主要代表人物有巴斯、考斯麦茨、巴库等人。进化心理学主要受到本能心理学、认知科学和精神分析理论的影响，在方法论上主要运用生物学的进化理论来探讨人类心理的起源和

① Andy Clark & Rudi Lutz(1992). *Connectionism in context*. Springer-Verlag, p. 9.

② 索拉索编，朱滢、陈烜之等译：《21世纪的心理科学与脑科学》译者前言，北京大学出版社2002年版，第12页.

本质，并尤其强调自然选择的机制。这一趋势的基本观点主要包括：理解心理机制的关键在于过去；功能分析是理解心理机制的最主要途径；人类在解决问题的过程中逐渐演化出心理机制；心理机制具有模块性；人类的行为和表现是外部环境和心理机制相互作用的结果。进化心理学的研究主要建立在多种方法和数据来源的基础之上，通常采用比较法和实验法对所提出的假设进行检验，数据资料主要来源于观察资料、自我报告、生活史、考古学记录、狩猎采集社会的数据等。进化心理学把心理学的研究融进了生命科学的研究范围之中，拓宽了心理学的研究领域，并对人性等问题做了深入探讨。虽然进化心理学目前尚存在诸多争议，但是它无疑启发并促进了心理学的深入研究和纵深发展。

(4) 生态心理学。

生态心理学(ecological psychology)是在20世纪80年代末最终确立并得以发展的心理学新趋势之一。它受到科学、哲学和心理学等多个学科的影响，但以心理学的影响为主。在心理学领域中，生态心理学既受到机能主义心理学、行为主义心理学、认知心理学等这些主要的科学主义心理学流派的影响，又受到格式塔心理学、精神分析心理学和人本主义心理学等人文主义心理学流派的影响。从这些影响中，我们可以看到生态心理学这一新趋势在总体上反映了科学主义心理学和人文主义心理学的融合迹象。生态心理学的特征主要包括：强调人类心理的整体性；主张心理学的研究应面向生活世界；主要关注生态危机。在研究方法上，生态心理学虽然倡导多元化取向，但在实际研究中往往以注重生态效度的实验法、以行为抽样记录为主的自然观察法、以背景评估为主的测量法以及档案法为主。由于生态心理学的发展处在以科学主义为主导的当代心理学氛围下，不可避免地对经验和实验尤为注重，这也在一定程度上限制了生态心理学的发展空间。

2. 人文主义心理学流派的当代效应

以人文社会科学为价值定向的人文主义心理学的当代趋势主要有：后现代心理学、女性主义心理学、叙事心理学、文化心理学、积极心理学等。它们主要以现象学为哲学基础，以质化描述和个案分析方法研究现实生活中人的整体经验世界，关注人的价值、尊严、情感的理解和体验等主题，重视社会和文化因素对人的心理的影响。

(1) 后现代心理学。

后现代心理学(postmodern psychology)是在20世纪80年代中后期，受到后现代文化思潮的直接影响，在西方主流心理学面临困境与危机的情势下产生的一种心理学新趋势。它直接缘起于在心理学界处于非主流地位的人文科学定向的心理学思想。它以批判和消解科学主义心理学，并从后现代视野重新审视和重构心理学为基本特征。后现代心理学反对把心理学视为一门自然科学，从总体上倾向将心理学划为人文科学阵营；反对只研究可观察的对象，主张扩大心理学的研究对象；反对以实证方法为中心和量化分析，主张质化研究；反对原子论、还原论、客观论、决定论，倡导整体论、建构论、去客观化、或然论；反对追求普适性真理、价值中立和把人视作机器的观点，主张淡化对普适性真理的追求，关注事实与价值的融合，张扬人性；反对将知识视为客观实在，主张把知识放到社会背景中，视其为人际互动和社会建构的结果。后现代心理学作为后现代文化思潮的重要组成部分，体现出人文科学的精神，对人文主义心理学领域具有积极意义。

(2) 女性主义心理学。

女性主义心理学(feminist psychology)产生于20世纪60年代末以来的西方女性主义思潮背景之下。其发展逻辑体现为三种研究取向：20世纪六七十年代出现的经验论女性主义心理学，20世纪80年代出现的立场论女性主义心理学和20世纪90年代出现的后现代女性主义心理学，其中后现代女性主义心理学占据主流地位。女性主义心理学的主流观点是：消除心理学中男性中心的偏见，建立“性别公平”的“好科学”；反对实证霸权，主张采用适于女性的多元方法，如质化方法；反对传统心理学的客观和价值中立的研究模式，提倡在社会文化背景下对女性的主观经验如价值、情感和信念的深度理解；主张从社会性别视角革新咨询关系，尊重女性能力、尊严及价值，强调赋予自我决定的治疗目标，建立平等的咨询关系。女性主义心理学对我们全面认识人类心理和关注女性心理起到独特作用。

(3) 叙事心理学。

叙事心理学(narrative psychology)诞生于20世纪80年代中期，它受到后现代文化思潮的影响，是现代文学中的叙事分析与社会心理学相结合的产物。它是通过分析神话、民间故事、小说等虚构文本来探讨和理解我们精神世界的意义系统和结构的一种人文主义心理学取向。叙事心理学以自我叙事表征心理过程的核心特征，主张用话语分析等质化方法研究人的意义、价值、情感和人格，研究人的生活故事，其目标是理解，而非实证和解释；它强调人的心理的情景性和生成性，既关注日常生活世界中人的发展过程的连续性，又注重对人生链条上每一个故事内容的分析；它认为心理问题产生的原因在于外界事物导致个体生活故事的连续性遭到破坏，心理治疗的目的是帮助个体“修复故事”或重构一个新故事。叙事心理学以其独特的研究方法和视角，启示我们重新审视传统心理学的目标和方法。

(4) 文化心理学。

文化心理学(cultural psychology)是20世纪末产生的一种心理学取向,是对主流心理学困境与危机的一种反应和结果。它主要通过人文科学模式研究特定文化中人的心理或行为,重视实际语境,强调生态学研究方法,重视主位研究、同文化研究和本体论解释学研究。它强调文化与心理的创生关系和互动关系,力图改变传统文化与心理学领域研究中的文化决定论模式。文化心理学主要有三种取向:符号理论取向、活动理论取向和个人主义理论取向。它对科学主义心理学进行了全面的批判和建构:反对物性,张扬人性;反对经验—理性理论模式,主张文化研究范式;反对传统心理学的本体论和普遍知识观,坚持文化相对主义与建构主义;反对二分主义和以此为基础的本质主义、基础主义和归因主义,倡导整体主义、非本质主义、非基础主义。文化心理学重视人性,突出心理学的人文科学性,弥补了科学主义心理学的不足。

(5) 积极心理学。

积极心理学(positive psychology)是利用心理学目前已比较完善和有效的实验方法与测量手段,来研究人类的力量和美德等积极方面的一种心理学思潮。它产生于20世纪末的美国,是相对于主流心理学中的"消极心理学"而言的。它反对传统心理学以消极、问题、障碍、病态心理为研究重点,反对本能驱力论、环境决定论和悲观人性论,强调对主观幸福感、美德、力量和潜能等积极品质的研究;反对心理学研究只关注对"问题"的修补,主张心理学关注和鼓励人保持积极心理品质。积极心理学的主要研究内容包括:积极情感体验,如主观幸福感、满足和快乐等;积极人格,如自尊、虔诚、宽恕、善良、爱、正直、感恩等;积极的社会组织系统,如工作制度、家庭关系和学校管理等。积极心理学虽然沿用了实证主义的研究方法,但也逐渐尝试借鉴质化研究方法,更重要的是它继承和发展了人文主义心理学的人性观与心理观,其目标在于寻求人类的人文关怀和终极关怀,它在总体上属于人文主义心理学,同时也体现了科学主义心理学与人文主义心理学的融合迹象。

在当前西方心理学中,科学主义心理学与人文主义心理学逐渐开始对话与交流,出现了相互融合的新迹象。例如,上述生态心理学和积极心理学两种研究趋向就表现出这种融合的特点。又如,精神分析心理学通过借鉴认知神经科学的研究方法和成果向科学主义心理学融合。神经精神分析学(neuropsychoanalysis)是一门将传统精神分析学与神经科学的理论和方法相结合的新研究领域。其领军人物马克·索姆斯指出,神经精神分析学"联系心理与大脑，以详细探究因不同大脑结构受损而带来的人格、动机和情绪变化的内部心理结构。如此，我们可以辨别引起这些症状和症候群的多重潜在因素，并将它们与其解剖的'活动场景'联系起来"[①]。1999年《神经—精神分析学》杂志创刊，2000年国际神经—精神分析学协会创建，标志着神经精神分析学的正式建立。神经精神分析学试图通过结合精神分析学与神经科学的理论与方法，实现精神分析的科学化，被称为21世纪精神分析研究的新范式。再如，认知科学通过借鉴现象学的方法向人文主义心理学融合。1996年，认知科学家瓦雷拉提出神经现象学(neurophenomenology)构想，试图将认知科学与现象学结合起来。[②] 神经现象学是研究意识体验的神经科学，在理论上寻求对意识的神经生理层面进行具身化(embodied)与大规模(large-scale)的动力学研究；在方法上广泛而严格地使用现象学的第一人称主观经验报告策略，来量化和描述意识的大规模的神经动力活动。神经现象学鲜明地体现了实证方法与现象学方法的结合。

四、现代心理学流派的理论特征

现代心理学流派的发展与演进并非杂乱无章，而是有其内在的理论逻辑。这种理论逻辑从心理学的科学观、对象论、方法学和理论观等方面体现了科学主义心理学与人文主义心理学的分歧与争论。心理学史学家华生[③]、科恩[④]、金布尔[⑤]等人都曾对此进行过研究。我们在这里分别从科学观、对象论、方法学和理论观方面总结科学主义心理学和人文主义心理学的不同理论特征，以进一步深化对现代心理学流派的理解。

1. 科学观

心理学科学观是指心理学家关于心理学的学科性质、定位及其建构方式的理论观点，体现为心理学家对心理学研究对象的理解、对心理学研究方

① Kaplan-Solms, K. & Solms, M. (2000). *Clinical studies in neuropsychoanalysis*. London: Karnac, p. 62.

② Varela, F. J. (1996). Neurophenomenology: A methodological remedy to the hard problem. *Journal of Consciousness Studies*. 3(4), pp. 330～50.

③ Watson, R. I. (1967). Psychology: A prescriptive science. *Americcan Psychologist*. 22(5), pp. 435～443.

④ Coan, R. W. (1979). *Psychologist: Personal and theoretical psthways*. New York: Irvington Publishers, Inc.

⑤ Kimble, G. A. (1984). Psychology's two cultures. *Americcan Psychologist*. 39(8), pp. 833～839.

式的确定以及对其理论本身的表述。心理学家持有什么样的科学观，决定着他们怎样看待心理学，怎样研究心理学，致力于将心理学建构成什么样的科学。科学主义心理学与人文主义心理学在科学观上表现为自然科学观与人文科学观的差异。

科学主义心理学自冯特起，就确立了心理学的自然科学观，以物理学、生理学和生物学等自然科学为模板，反对旧的思辨的形而上学心理学，将心理学打造为自然科学的一个分支。这种科学观遵从17世纪以来流行于物理学等学科中的数学和机械观点，将世界视作遵循物理规律的自然物的世界，力图通过客观的实验研究发现自然物的成分及其运动规律。铁钦纳将冯特的内容心理学观点推向极致，认为心理学类似形态学，它通过类似于“活体解剖”的工作发现心理的元素及其结合规律。行为主义者华生曾明确宣称：“心理学是自然科学的一个分支，它将人的活动及产物作为主题。”①华生将心理学的研究对象限定在可观察的行为范围内，同时将心理排除在心理学大门之外。认知心理学虽然实现了心理的复归，但仍将可客观操作的信息符号作为研究对象，来发现其中的运转规律。科学主义心理学通过采用自然科学模式，极大地推动了心理学的发展，但同时也存在过于强调自然科学观点、忽视心理的原本面目的不足。心理学史学家科克对此批评说：“物理学的语言成了心理学的理想术语。科学的脸面远比真知灼见更具魅力。心理学史成了对自然科学的模仿史。”②

与科学主义心理学不同，人文主义心理学自布伦塔诺起，就确立了心理学的人文科学观，将心理学打造为人文（社会）科学的一个分支。这种科学观重视人的世界的整体性与独特性，将世界视作有意义的世界，力图在忠于心理现象原本面目的前提下，通过描述和理解阐发其中所蕴含的意义与价值。人文主义心理学强调心理的整体性、主观性、动态性和独特性，主张以人文（社会）科学的理论模式来研究心理学，以达到对人的心理生活的理解。狄尔泰通过区分描述心理学（descriptive psychology）与说明心理学（explanatory psychology），明确提出人文科学的心理学观点。格式塔心理学提出“整体大于部分之和”的口号，强调心理现象的整体性。精神分析心理学力图通过理解与解释来考察人类心灵深处的潜意识现象。“第三势力”心理学则明确自己的人文科学立场，通过研究人的存在、潜能、意义、价值等主题，

---

① Watson, J. B. (1919). *Psychology from the standpoint of a behaviorist*. Philadelphia: J. B. Lippincott Company, p. 1.

② Koch, S. (1959). *Psychology: A study of a science* (vol. 3). New York: McGraw-Hill, p. 783.

彰显心理现象的整体性与独特性，揭示其中的意义源泉。人文主义心理学采用人文科学模式，丰富了心理学的主题和领域，推进了心理学的发展，但在方法落实等方面存在着不足。

2. **对象论**

心理学的对象论是指心理学家在研究对象上的主张与阐释，它对于心理学的研究主题和领域等具有重要的指导意义。科学主义心理学与人文主义心理学在对象论上表现为人性观和心理观两个具体层面上的分歧。

人性观是指对人的本性的理解。科学主义心理学在人性观上坚持自然科学的立场，表现出自然化倾向。这种人性观把人从各种背景中隔离出来，视其为纯粹物理世界中的自然存在。冯特在创立科学主义心理学时，就将人和物等同，通过考察心理的元素及其结合规律，把人降为自然的化合物。行为主义将人和动物等同，通过考察刺激—反应的联结来推断人的适应行为，把人降为大白鼠。认知心理学将人视作物理符号系统，通过计算机模拟来推导人的内部心理过程，把人降为机器。科学主义心理学的人性观有利于掌握人的心理机制和规律，但忽视了人的自身独特性及其社会性。而人文主义心理学在人性观上坚持人文科学的立场，强调人在世界中的独特地位，提倡从社会、历史、文化和精神的视角去理解人。格式塔心理学重视具体情境中的人，精神分析心理学侧重从人的生活史考察人的内心世界，存在心理学则从人在世界中的存在来展现人的精神面貌。人文主义心理学拓展了心理学对人性的丰富性理解，但对人的自然属性重视不够。

心理观是指对心理学研究对象的看法。科学主义心理学将研究对象视作具有物理特征的自然物，尤其强调研究可观察的对象，如认知、行为等，而那些不能观察或无法实验证实的经验都被排斥在心理学的研究对象之外。冯特的内容心理学和铁钦纳的构造心理学都将各种复杂的心理过程分析为基本的心理元素，结果导致严重脱离实际的"砖块和水泥"的心理学。华生和斯金纳等人的行为主义心理学因为排除了意识和心理而成为"无头脑"的心理学。信息加工论认知心理学从信息的输入与输出来推论人的内在认知加工的规律。而人文主义心理学重视研究心理的主观体验，如情感、潜能、创造、价值等，强调心理学研究对象的主观性、意义性、整体性以及与情境的独特关联。布伦塔诺通过提出心理的意向性本质，强调了心理现象与对象的关联性。精神分析强调过去经验的独特意义，由此来发掘潜意识的奥秘。现象学心理学力求从人所体验到的生活世界出发，来考察心理的本质。人本主义心理学关注人的内在体验，如潜能、需要和自我实现等。

3. **方法学**

从方法学上看，科学主义心理学与人文主义心理学无论在哲学方法论上还是在具体研究方法上都存在较大的分歧。科学主义心理学以实证主义为哲学基础，使用自然科学的研究方法，如实验室研究、量化研究和共同规律研究；人文主义心理学以现象学为哲学基础，使用人文（社会）科学的研究方法，如现场研究、质化研究和特殊规律研究。

（1）实证主义与现象学。

科学主义心理学与人文主义心理学在哲学方法论上存在分歧。科学主义心理学以实证主义为哲学方法论。实证主义坚持客观立场，强调研究对象的可观察性，提倡通过经验的验证来发现心理现象的机制和规律。实证主义包括孔德的激进实证主义、马赫和阿芬那留斯的经验实证主义以及维也纳学派的逻辑实证主义三代，它们分别为华生的行为主义、铁钦纳的构造主义以及新行为主义提供哲学方法论。在实证主义哲学的影响下，科学主义心理学提倡实验、测量等量化方法，力求得出心理的本质。人文主义心理学以现象学为哲学方法论。现象学从生活世界出发，强调忠于心理现象本身，提倡通过经验的描述和理解，来揭示心理现象的原本面目。现象学包括胡塞尔现象学、存在主义和解释学三代，它们分别为格式塔心理学、人本主义心理学、现象学心理学、存在心理学和精神分析提供哲学方法论。在现象学哲学的影响下，人文主义心理学提倡个案、现场等质化方法，力求理解心理的意义。

（2）实验室研究与现场研究。

科学主义心理学强调严格控制的实验室研究，而人文主义心理学注重日常生活的现场研究。科学主义心理学深受自然科学观和实证主义哲学的影响，信奉实验方法，主张通过精巧的实验设计、严格的变量控制来研究心理现象。例如，冯特把生理学和心理物理学的实验方法引入心理学，并把传统的内省法改造为实验的内省法，对感知觉、联想等进行了大量实验研究。行为主义更是笃信客观实验法，认为只有运用严格的实验程序与仪器设备，才能进行科学的心理学研究。信息加工论认知心理学也主要是在实验室内进行研究，运用反应时实验、眼动实验和计算机模拟等方法，并在使用中特别强调实验变量及其控制。与之相对，在人文科学观和现象学哲学的影响下，人文主义心理学认为心理学研究应当走出实验室，走进日常生活情境，采用访谈和自然观察等现场研究方法。精神分析心理学在临床背景下探究人的潜意识，对梦、口误、笔误、遗忘和疏忽等现象进行分析。格式塔学派主张采用实验现象学和自然观察法来研究人的直接经验。人本主义心理学采用个案、访谈等方法揭示个体的独特性。

(3) 量化研究与质化研究。

科学主义心理学侧重量化研究，而人文主义心理学突出质化研究。科学主义心理学关注研究的精确性，强调定量分析。铁钦纳说过："在科学中，一切解释对我来说，都是依存变量和独立变量的相关性。"①行为主义心理学通过数量分析来确定刺激与反应或环境与行为之间的关系，这在赫尔的逻辑行为主义和斯金纳的操作行为主义中表现得尤为突出。认知心理学用反应时作为感知觉、记忆、思维和语言等多种心理现象的主要指标，任何复杂的心理活动都可以转化为反应时指标或测验分数。而人文主义心理学并不排斥量化方法，但对科学主义心理学过于追求量化的倾向进行了批评，大力倡导质化研究。布伦塔诺以内部知觉方法研究心理的活动，精神分析心理学运用自由联想和梦的分析揭示潜意识的意义，格式塔心理学通过实验现象学方法揭示心理的本质，人本主义心理学和现象学心理学通过现象学方法发掘经验的意义。

(4) 共同规律研究与特殊规律研究。

科学主义心理学坚信客观的普适性原则，认为通过经验观察和实验就能归纳出适合所有人的共同规律，以此对心理与行为进行统一性解释。例如，行为主义者认为心理学可以发现人类行为的一般规律，并据此对人类的行为进行预测和控制。华生指出，心理学"在某种程度上成为探索人类生活的基础……为所有的人理解他们自己行为的首要原则做准备……应该使所有的人渴望重新安排自己的生活"②。认知心理学通过严格控制的实验室研究，得出人类认知的一般规律。而人文主义心理学主张，普适性的共同规律并没有多少意义，心理学研究不应离开特定的个体和具体的情境，而应重在发现适合个体的特殊规律。精神分析心理学从临床案例观察出发，得出适于某类病症的理论解释。人本主义心理学采取折中融合的方法论原则，马斯洛和奥尔伯特等人坚持在共同规律研究之外，一定要运用特殊规律研究法对个案进行深入研究。

4. 理论观

(1) 客观论与主观论。

科学主义心理学将实证主义哲学的实证性原则贯彻到心理学中，追求客观化，强调以量化方法研究可观察的对象。例如，机能主义心理学把人的

① 郭本禹主编：《西方心理学史》，人民卫生出版社2007年版，第350页。

② 华生著，李维译：《行为主义》，浙江教育出版社1998年版，第304页。

心理整体视为一种机体有效适应生活条件的活动过程,使心理学的研究重心转移到有机体与客观环境的适应关系中,进行开放、客观的研究。行为主义心理学是客观心理学的典型代表。华生反对把心理封闭在主体之内,主张以客观可观察的行为作为心理学的研究对象,以严格的客观法代替主观内省法。斯金纳把自己的新行为主义体系定性为:“从科学的角度看,这个体系是实证主义的。它的任务以描述为限,不企图提出解释,它的一切概念都由直接观察的结果来给以定义,不涉及身体部位或生理的特点。”①信息加工论认知心理学也信奉客观主义,强调在严格控制的实验条件下,使用精密仪器观察自变量与因变量之间的关系。人文主义心理学则受现象学哲学的影响,认为心理学要抓住统摄经验的有意义的结构,以现象学的方法研究主体的意识活动。布伦塔诺以直接体验为方法研究人的内在的意动。格式塔心理学主张采用实验现象学方法与自然观察等方法研究人的直接经验,反对人为的抽象和元素分析。而人本主义心理学则突出了人的主体性和主观性在心理学中的地位,倡导以整体分析法、现象学方法研究人性、价值、创造性和自我实现等高级心理过程。

(2) 方法中心论与问题中心论。

科学主义心理学认为,要想使心理学真正成为一门实证科学,就必须采用曾经使自然科学获得巨大成功的研究方法和研究范式,坚持“以方法为中心”的研究思路。马斯洛指出:“方法中心就是认为科学的本质在于它的仪器、技术、程序、设备以及方法,而并非它的疑难、问题、功能或者目的。”②方法中心论根据研究方法确定研究问题。这种观点在行为主义心理学那里表现得最为突出。华生宣称,行为主义的目的在于方法论的革命,并以研究意识和心理缺乏科学的方法为理由而将其赶出了心理学。信息加工论认知心理学尽管不像行为主义那样极端,但也具有方法中心论的倾向,强调以实验法和计算机模拟法研究人的信息加工过程。而人文主义心理学则反对方法中心论的倾向,主张以问题为中心,根据研究问题选择方法,既可采用实验法等定量分析的方法,也可采用个案、自陈、描述等定性的方法。例如,精神分析心理学为了研究潜意识心理,抛弃了实验室研究,而使用自由联想、梦的分析、日常生活分析等方法。人本主义心理学家马斯洛也明确指出,方法和手段是为目的服务的,其意义为问题所规定,心理学应以对个人或社会有意义的问题,如潜能、价值和自我实现为中心,然后才是选择适当的研究方

① 章益辑译:《新行为主义学习论》,山东教育出版社1983年版,第295页。
② 马斯洛著,许金声等译:《动机与人格》,华夏出版社1987年版,第14页。

法。

(3) 元素论与整体论。

科学主义心理学继承了联想主义心理学的传统,采用元素论来研究心理现象,认为确定心理现象的构成元素及其结合规律是心理学的首要任务。冯特最早提倡对心理进行元素分析,铁钦纳也坚持这种观点,并且分析得更为精细,提出意识是由感觉、表象和感情三种元素构成的。古典行为主义虽然在研究对象上反对冯特和铁钦纳,但在元素观上与他们保持一致。华生把复杂的行为简单化,将其视为刺激与反应的联结。信息加工论认知心理学继承了行为主义的元素分析传统,将心理视为信息及其符号单元。而人文科学心理学则更多地受到现象学方法的影响,主张对人的心理现象进行整体描述,认为整体不是部分或属性的机械相加,整体不为部分所决定,相反还决定部分。格式塔心理学是整体论心理学的典型代表。格式塔心理学家苛勒指出:"我们所需要的是那些可用以了解我们的直接经验的概念,至于感觉之类的分子,我们凭自己的观察没有发现这些分子。"①人本主义心理学也反对将人的心理和行为肢解为统计数字或数学公式的定量分析,强调将人作为一个整体来把握,如奥尔波特主张对人格进行整体的研究,马斯洛主张用整体分析法研究人的心理。

(4) 因果决定论与自由意志论。

科学主义心理学把人的心理现象看做自然现象,认为人的心理与行为都遵循因果决定论。决定论的观点认为,所有的心理事件都是有原因的,都是由某种先行的因素决定的,因而我们可以依据先前的心理事件来解释心理活动。科学主义心理学的创始人冯特指出,作为自然科学家,"我们必须把每一种行为中的变化都追溯到一种唯一可观察到的同一种东西,即运动。"②在后来的心理学发展中,行为主义在这方面的表现最为典型。行为主义强调行为分析的目的就是发现行为的原因,从各种各样的环境刺激中确定反应的决定因素,以便为预测和控制行为服务。尽管新行为主义包含着中介变量和行为目的等概念,但这些概念主要是对行为的刺激反应的操作化,与自由选择的意图和追求无关。与此相反,人文主义心理学强调人的自由意志和自由选择,认为人可以独立自主地做出决定,不受外在环境的干扰。存在心理学和人本主义心理学都坚持人具有自由意志,能够进行自由选择。如罗洛·梅指出,一个人若没有自由,他身上起作用的就只有达尔文

① 高觉敷:《高觉敷心理学文选》,江苏教育出版社1986年版,第314页。

② Ernst Cassirer(1950). *The problems of knowledge*. Yale University Press, p. 88.

的决定论原则了;心理治疗的目的是使人重获自由。弗兰克尔也指出,意志自由属于经验的直接性,即便是身体被囚禁了,人的精神也是自由的,意志自由赋予人新的生命体验。

(5) 机械论与生机论。

科学主义心理学固守“人是机器”的信念,主张研究物的范式同样适用于研究人的心理,并以机械论的观点解释一切心理事件。行为主义者华生认为,心理学的任务就是帮助和指导人这架机器能更快地适应新的环境、更好地运作下去。他公开宣称:“我们要把一个人之各方面的行为,完完全全地合拢起来,并把这样一个人看作一个复杂而又活动着的有机的机械。”[①]信息加工论认知心理学同样将人设想为机器,把人脑比作计算机,用计算机的信息加工过程来模拟说明人对外部世界的认知过程。与此相反,人文主义心理学则坚持生机论的观点,强调心理现象的有机性,重视人类意识的积极性和主动性,认为对于心理与意识的机械分析无助于对其本质的揭示。例如,格式塔心理学强调整体、组织作用、结构等在知觉过程及高级心理过程中的作用,注重人们对感觉信息输入的组织和解释的主动性。人本主义心理学肯定了价值、目的、意义等在人的心理活动和行为反应中的作用,认为个体的需要具有多种层次,人具有自主选择成长的倾向,在适宜的成长条件下会积极努力实现自己的潜能和价值。

(6) 价值中立论与价值负荷论。

在自然科学的研究中,许多人都信奉价值中立,主张科学只研究事实、知识,回答是不是的问题,不研究价值、意义,不回答该不该的问题。科学主义心理学以自然科学为模板,坚持价值中立论,其典型特征是强调心理研究的客观性,认为心理学研究探讨的是意识和行为的一般、共同的事实与规律,不掺杂任何个人的态度、情感,不涉及任何主观倾向和价值观念。例如,铁钦纳主张对人的心理进行纯粹客观的研究,并通过这种研究找到不受任何文化影响的一般心理元素及其结合规律。华生把人的行为看成客观的自然现象,认为可以对其进行严格的实验研究和价值中立的理论描述。信息加工论认知心理学因循了行为主义心理学追求实证性和价值中立的研究方式,试图通过计算机模拟揭示人脑的信息加工过程的普遍事实与规律,而不太考虑社会、文化、历史等因素的影响与制约。而人文主义心理学则采取了价值负荷论的立场,认为心理学的研究与所处社会的价值取向、意识形态有着密切的关系,心理学不能超越社会文化价值取向而进行纯客观的研究,心

① 华生著,陈德荣译:《华生氏行为主义》,商务印书馆 1935 年版,第 427～428 页。

理学研究必然负荷着所处社会的文化价值观。如人本主义心理学强调对人的需要、尊严和自我实现等的研究，这些经验体现人类真正的本性。马斯洛就曾指出："科学过去不是，现在不是，并且也不可能是绝对客观的，科学不可能完全独立于人类的价值。"①

总之，现代心理学流派的百年历程是科学主义心理学与人文主义心理学各自的相对独立发展，其间表现出长期冲突与纷争的局面。两者之间的张力在促进科学心理学长足发展的同时，也使心理学陷入分歧的困境。尽管当代心理学出现了科学主义心理学与人文主义心理学相互融合的某些迹象，但两者的分野在未来相当长的时间内仍会继续存在。虽然我们也希望两者走向统合，但这种统合之路漫长而艰巨，绝非简单地用一种主义叠加或消解另一种主义。历史已经证明，企图将两种主义合二为一的做法是不成功的。例如，二重心理学对内容心理学和意动心理学的调和，正像波林所指出的，只是一种"懒汉的做法"。当前，我们对两者的分歧应持尊重和包容的态度，也欢迎不同心理学研究取向之间的对话与交流。对科学主义心理学与人文主义心理学的融合，我们将拭目以待！

郭本禹

2008 年 12 月 18 日

于南京师范大学

① 马斯洛著，许金声译：《动机与人格》，华夏出版社 1987 年版，第 21 页。

导 言

机能心理学的形态与本书主题

在西方心理学中，曾有多种不同的心理学思想体系都与“机能”概念有关，并因而在一定意义上都可以称之为机能心理学。在我国西方心理学史研究中，一般对机能心理学作狭义和广义的区分。狭义的机能心理学专指芝加哥学派。广义的机能心理学又有两层含义：一是指作为美国心理学一般特征和总体倾向的美国心理学的机能主义精神；二是除美国外，还包括欧洲的机能主义。欧洲的机能主义主要指布伦塔诺(Franz Brentano，1838—1917)、斯图姆夫(Carl Stumpf，1848—1936)的意动心理学，虽然也可兼括克拉帕莱德(Edouard Claparede，1873—1940)、皮亚杰(Jean Piaget，1896—1980)等强调生物适应的心理学思想于其内。简言之，在西方心理学中，机能心理学这个名称是一个含义笼统而不甚明确的概念，它的所指构成一幅极其错综复杂的历史画面。仅仅根据其历史形态或理论形态的分析，是不足以把握机能心理学的实质的。只有通过揭示出隐含在不同的机能心理学体系之中的关于“机能”概念的不同的理解方式，才能清晰而有效地划定机能心理学的逻辑形态并把握其逻辑，因为正是关于“机能”概念的不同的理解方式，构成了不同的机能心理学体系据以构造自身的前提条件或逻辑起点。

一、机能概念的含义

机能一词具有双重的含义，既可以指某一事物存在的活动或过程，也可以指一事物的存在对他事物存在所起的作用或具有的意义，因此在一定程度上引起了在心理学中理解的差异和用法的混乱。对作为一个旗帜鲜明的学派的狭义的机能心理学而言，正是对“机能”概念的理解的差异以及因此而造成的用法的混乱，构成了构造主义者对机能主义进行反批判的重要论据之一。[①] 历史上,不同的心理学家也正是在不同的意义上理解和使用"机能"概念,并以此为基础而建构出不同理论形态的机能心理学体系。

事实上,机能概念的双重含义起源于人们对单一事物进行孤立考察的思想方法。但是,任一事物的存在都是在他种事物之间的联系的发展过程中形成的,并构成他种事物之间的联系的现实方式。因此,就该事物自身而言,它的存在是一个活动或过程;就事物的联系的整体而言,该事物存在的活动或过程,构成了以此为联系的中介的他事物存在的基础的一个方面,并表现为对他事物存在所起的作用或具有的意义。所以,在事物的联系的整体中,机能概念的双重含义得到了消解。

对机能心理学而言,不可解决的矛盾或混乱,不是由机能概念的双重含义引起的,而是由当从特定的思想背景出发来理解心理学的对象,并使用其含义尚未得到澄清的机能概念对之加以把握时,在逻辑上得出的理论结果与机能概念本身之间的对立所引起的。从最广泛的意义上讲,机能乃是某一主体存在的表现方式。因此,要真正理解机能概念,必须首先明确机能活动的主体承担者是什么,并进一步考察主体承担者如何获得其机能表现方式的历史。

所有的机能心理学家都主张,心理学作为一门科学的恰当的研究对象,是心理的机能活动。正是这一共同的主张,才使得这些心理学家们可以共同地归属于机能心理学的范畴。但是,说心理学研究心理的机能活动,这是一个高度综合的规定,因为在"心理的机能活动"这一提法中,"心理的(psychical 或 mental)"一词对"机能活动"的修饰关系,不是从机能活动的主体承担者的意义上,而是从机能活动的性质,亦即在与物理的机能活动相对应的意义上加以限定的。所以,在机能心理学家的研究主张中,关于心理的机能活动的主体承担者是什么并没有得到澄清。同时,作为语言的使用习惯对人的思维的制约作用的结果,在"心理的机能活动"这一说法中,潜藏着一种关于这种"机能活动"的主体承担者是什么的理解方式,即"心理的机能活动"乃是某种或可以称之为"心理"或"心灵"(the mind)的事物的活动过程或存在方式。但是,就这里所讨论的主题而言,一旦人的思维摆脱了语言的使用习惯的制约,就有可能获得完全不同的认识而为"心理的机能活动"寻求或确立一个在性质上与"心灵"完全不同的主体承担者。事实上,不同的历史时代或具有不同学术背景的心理学家对此有不同的理解,正是对心理活动主体的不同的理解方式,构成了我们划分并批判机能心理学不同的历史

① 参见高觉敷主编:《西方近代心理学史》,人民教育出版社 1982 年版,第 211 页。

形态和理论形态的逻辑根据。

在以神话思维为人类思维的基本方式的远古时代，由于人还完全不知道自己身体的结构而不可能从身体结构的角度来理解人自身的精神活动现象，于是便根据梦及生、死现象在人的身体之外设想一个灵魂概念，以作为人类精神活动现象的主体承担者。随着神话思维方式向以思想家个人的主观思辨为基本特征的哲学思维方式的过渡，这个灵魂观念被古代和中世纪的思想家们接受下来，他们对灵魂的各种官能进行了大量的分析研究。所谓灵魂的官能，实质上不过是人类心理活动的各种机能表现的具体方式而已，因而从学术的真理性看，灵魂的设定是多余的。但正是这个外在于人、又具有它自己的独立的主体地位的灵魂的设定，对后世心理学产生了巨大的影响作用，甚至在近、当代，它仍然以心—身关系的理论形式制约着心理学的发展。

伴随着近代哲学认识论转向，近代心理学思想对人类精神活动现象的理解比古代进了一步。由于古代思想家执著于本体论追求，他们自然倾向于赋予灵魂以绝对的实体性质。近代思想家更注重于认识论研究，探讨心灵如何获得知识经验。至于心灵的性质，虽然有笛卡尔(Rene DesCarte，1596—1650)等不同形式的二元论，但心灵的本体论色彩显然不如灵魂那么浓厚。而且，心灵似乎不是外在于人，而是人自身存在的一个方面。近代科学心理学就是从对这个心灵的研究开始的。

对心理学具有重大理论意义的，是达尔文(Charles Robert Darwin，1809—1882)在生物学领域对生物进化所做的科学的历史考察。他为我们理解心理活动的主体承担者以及这一主体如何获得其心理的机能表现方式提供了历史上前所未有的新的思想方法。进化论的基本假设是：有机实在是在进化的过程中由自然选择的作用而历史地形成的，历史地形成的有机实在的一切方面都对维持有机体的存在具有积极意义；进化过程表现为有机体与其环境之间的历史同一性的形成过程。对心理学而言，进化论的基本假设在逻辑上所隐含的一个必然的结论是，心理现象作为有机体生命运动表现形式的一个方面，是有机体在其环境要求的压力作用下实现的某种与环境要求相对应的存在方式，它的实现是以有机体的某种身体结构即神经系统和脑的实现为前提的，并表现为这一身体结构的存在方式。作为脑及神经系统存在的表现方式，心理的机能活动可以理解为有机体与环境之间相互作用关系在有机体一方的活动过程、作用特征或具体的表现形式。

从这个背景并结合心理学的历史来看，进化论作为思想方法对心理学所具有的理论意义表现在：(1) 它否定了历史上为理解人类心理活动而在人自身内外设定的灵魂实体和心灵实体，心理的机能活动可以从有机体的结构(脑及神经系统)本身得到说明。(2) 它有可能弥补心理学内部基础研究和体系研究之间巨大而惊人的裂隙，因为生理心理学的基础研究已经牢固地确立起来的理论信念，即脑或神经系统是心理活动的物质载体，或反过来说，心理活动乃是脑或神经系统存在的机能表现，在任何系统的体系建立的心理学研究中都未能得到认真的贯彻。(3) 它为这一理论信念提供了科学的论证，因为这一理论信念只是对性质不同的心理实在和有机体实在之间的空间关系的逻辑把握，而进化论则试图通过考察有机自然物史前时代的各个发展阶段，来阐明这种空间关系的时间逻辑的本质。这正如恩格斯所指出的那样："如果没有这个史前时代，那么能够思维的人脑的存在就仍然是一个奇迹。"①

这就是我们据以理解机能心理学并划定其逻辑形态的一般背景。这一背景意味着，不管机能心理学由其历史形态和理论形态所构成的整体局面如何错综复杂，贯穿于全部机能心理学思想之中的，无非有两条基本的逻辑线索。为简明起见，我们或可以把这两条基本的逻辑线索称之为哲学的思维方式和科学的思维方式。在哲学的思维方式中，心理事实作为机能活动是从它自身得到说明的，也就是以上述"机能"概念的第一重含义为基础来理解"心理的机能活动"。这种机能心理学就是一般意义上的所谓欧洲机能主义，即肇始于布伦塔诺的意动心理学传统，也是布伦塔诺和(早期)胡塞尔(Edmund Husserl，1859—1938)之所以称他们的心理学体系为"描述心理学"的逻辑根据。在科学的思维方式中，心理事实作为机能活动是要在有机体与其生存环境的关系中加以说明的，因而是以上述"机能"概念的第二重含义为基础来理解"心理的机能活动"。这种机能心理学在思想上起源于达尔文及其生物进化论，由美国心理学家系统地加以发挥，所强调的是心理事实或意识实在在有机体适应环境的关系中所实现的生存价值，所以往往也被称为"适应心理学"。从这个意义上讲，在机能心理学背景中，像克拉帕莱德、皮亚杰等人强调生物适应的心理学思想作为机能心理学的理论形态，就不能在地域的地理概念中加以理解，而必须在逻辑上划归为"适应心理学"范畴，这是毫无疑义的。

① 《马克思恩格斯选集》(第3卷)，人民出版社1972年版，第527页。

二、机能心理学的两种逻辑形态

为了帮助读者更好地理解机能心理学两种逻辑形态的内在实质及其差异，这里有必要就这两种逻辑形态的机能心理学思想在历史上形成的理论体系的基本面貌作一概略的讨论。

如前所述，科学意义上的近代心理学是从对“心灵”的认识论研究开始的，因而在历史发生的意义上与近代哲学有着密切的相互联系。所以，一般认为，科学心理学是在19世纪后期由那些对哲学怀有坚定的热忱、同时又具有精深的自然科学素养的思想家们“为了要寻求哲学问题的科学答案的愿望”而建立起来的。[①] 布伦塔诺建立意动心理学的初衷亦如此，因为他认为，研究真理问题，“首先需要就心理的东西的总体进行研究”。而对心理现象的研究，又可以有两种方式进行。首先可以从分析心灵的诸现象开始，以发现构成整个意识经验的最终要素。这就是冯特（Wilhelm Wundt，1832—1920）的内容心理学。布伦塔诺坚定地反对这种研究方案，认为心理学应该研究意动（psychical act）而不是内容。在他看来，意动必定指向一定的对象，而且意动与意动对象是同一个现象，即人的意识经验。因此，心理现象以具有“内在的对象性”（immanent objectivity）或意向性为根本特征：意识总是关于某物的意识；与物理现象自身包含自身相比，心理现象的区别特征是指向他物。所以，“布伦塔诺把意向性强调为意识的特征，便使对意识内容的理解发生了决定性的转变”。[②] 意动心理学与内容心理学的对立，实为传统哲学中唯理论与经验论之间的对立在新的学术条件下的一种表现形式。

布伦塔诺所谓意动，其实质就是心理活动的种种机能表现，如表象、判断、爱憎等。正是在这个意义上，意动心理学才构成机能心理学的一种。布伦塔诺对心理学的这种机能观，在他的学生斯图姆夫那里得到进一步的发挥和更加清晰的表述。斯图姆夫甚至还提出“心理机能”的概念，认为“所谓心理机能是指包括作用、状态、体验的名称”[③]。他不满于布伦塔诺将意动和意动对象当做浑然一体的意识经验而将二者区分开，并分别称之为“心理机能”和“现象”。其中，前者构成心理学的研究对象，后者构成现象学的研究

① Leahey, T. H. (1980). A history of psychology: Main currents in psychological thought. Englewood Cliffs, N. J.: Prentice-Hall. p. 177.

② 施太格缪勒著，王炳文等译：《当代哲学主流》（上卷），商务印书馆1986年版，第42、44页。

③ 参见高觉敷主编：《西方近代心理学史》，人民教育出版社1982年版，第153页。

对象，虽然他的现象学与后来流行的胡塞尔的现象学大相径庭。

由于布伦塔诺和斯图姆夫将心理活动或意动看做心理机能，并将心理机能与“现象”区分开，这在心理机能观的历史上具有重大的进步意义。他们对意动的强调，一方面将灵魂的实体性质连同灵魂本身一起否定了，从而使心理学的注意焦点从人为设定的、不必要的灵魂或心灵实体回归到人的心理活动现象本身；另一方面又突出了人类心理的意向性和活动性，从而对于从有机体与环境的相互作用关系来研究心理学的新的机能观具有重要的启发意义。但是，布伦塔诺是通过研究亚里士多德和经院哲学、作为一位杰出的形而上学家开始其学术生涯的，他建立意动心理学的理论动机，是想要回避近代以来由主体和客体的对立所导致的哲学危机，试图在主体意识域内部寻求真理的所在，并为哲学及其他一切学术奠定一个终极的可靠基础。这一思想背景使他本人以及他的学生将心理学研究局限于主体内部的经验之中。所以，尽管他们将“机能”与“现象”区分开，但他们是否意识到了经验与经验者的环境之间的关系，是值得疑问的。事实上，他们的哲学的思维方式决定了，这个关系问题构不成他们学术兴趣的焦点问题，与适应心理学的科学的思维方式恰好形成鲜明的对照。

活动一方面指向一定的对象，另一方面又必须以一定的主体作为承担者，无主体的纯粹活动同样是不存在的。在意识域内部寻求活动的主体所导致的理论建构，在性质上必然是哲学的而不是心理学的，这就是胡塞尔现象学的建立。虽然胡塞尔通过现象学还原的方法最终将纯粹意识领域描绘为“我—我思—我思对象”的逻辑结构，但不管胡塞尔对“自我”作何种现象学解释，它都是对意识的活动（或意动）在逻辑上设定的精神性主体。在本质上，自我概念乃是古代人类神话性质的灵魂设定这一原始思维方式遗产在当代学术条件下的一种表现形式。所以，意动心理学作为机能心理学，始终不能摆脱二元论阴影的笼罩，并表现出其心理机能观的不彻底性。

意动思想的核心是强调经验主体对经验的建构性。作为一种理论体系，它既是哲学的，也是心理学的，因而在学术上的理论结果是多方面的。在哲学方面，它直接导致了胡塞尔研究纯粹意识的现象学，间接导致强调人的主体性的存在主义。在心理学方面，它直接导致形质学派并通过形质学派导致格式塔心理学。英国的系统心理学通过沃德（James Ward，1842—1925）深受意动心理学的影响，其结果之一便是麦独孤（William McDougall，1871—1938）策动心理学的产生。在社会心理学领域，勒温（Kurt Lewin，1890—1947）和海德（Fritz Heider，1896—1988）传统的认知社会心理学也可以看成是意动心理学的间接产物。作为第三思潮的人本主义心理学，因后来接受现象学和存在主义哲学的影响而间接受惠于意动心理学。此外，意动心理学还因为弗洛伊德(Sigmund Freud，1856—1939)与布伦塔诺的师生关系而成为精神分析理论的动力心理学观点的思想来源之一。

进化论作为一种思想方法向心理学领域的渗透，使心理学的提问方式和研究方式发生了根本性的转变。如前所述，进化论的基本假设包含着相互联系的两个方面：有机体(及其存在的一切部分或方面)是在进化过程中由自然选择的作用而历史地形成的；历史地形成的有机体的一切方面，都对维持有机体的存在具有积极意义。事实上，这两个方面是相互论证的，并因而在逻辑上密切地相互联系而不能被分离，二者的统一构成了对有机体存在的各个方面及其与有机体、环境之间在进化过程中所形成的历史同一性的说明；若人为地将这两个方面分离开，必将同时使进化论基本假设的两个方面失去意义，并有可能导致以进化论基本假设的两个方面为前提所展开的研究工作在总体局面上的混乱及其研究结论在逻辑上的相互矛盾。同时可以看出，进化论基本假设的两个方面，已经潜在地为心理学提供了两种不同的研究方案：或者以历史为线索，探讨心理实在经由进化的形成过程，此即所谓(种系)发生心理学研究；或者以现实性为着眼点，考察已经形成而作为事实存在的心理活动对有机体生存的功用价值，此即所谓适应心理学。前面说到的以进化论基本假设的两个方面为前提所展开的研究工作，就是进化论所隐含的心理学研究方案在历史上的实现。

进化论的本质特征在于把有机体视为环境的一个因素，并在有机体与环境之间双向的动态关系中把握有机体：有机实在的一切事实都应该在这种动态关系中被理解。心理实在作为有机实在的一个方面，对有机体的存在具有什么功用？即心理活动如何有助于有机体的生存？这是进化论向心理学提出的最直接的问题，由此形成了以美国心理学为代表的形形色色的适应心理学体系。与此同时，进化论不仅要求心理学从现实性方面追问心理实在对有机体实在的功用价值，而且还要从历史方面追问这种功用关系的历史逻辑，从而要求心理学对统一的有机体作分析的综合把握，即考察统一的有机体在其进化过程中由于保证与环境相同一的必要性而分化出脑与神经系统的历史过程，并在此基础上理解作为脑与神经系统存在方式的心理活动对有机体适应环境的功用价值。对心理学作为整体的理论思维方式而言，这后一个方面的追问隐含着比前一个方面的追问更大的理论价值，并拥有对前一个方面的追问的逻辑先在性。它构成了进化论对心理学的理论意义的核心之所在，因为它直接指向对作为传统心理学思想的理论前提的关于灵魂或心灵实体的存在这一理论信仰的否定，而要把脑及神经系统这一身体结构作为心理活动的主体承担者，因而隐含着一种逻辑上彻底的机能观心理学思想。

然而，由于本书将要详细讨论的种种历史的及理论的原因，由进化论思维方式所隐含的这种机能心理学，并未能够以统一的理论体系的形式在历史上得到实现。相反，在心理学的历史上，心理学家们往往以各种不自觉的形式发挥由进化论所隐含的心理学主题，并以同样不自觉的形式将进化论基本假设的两个方面人为地加以分离，从而导致机能心理学的各种形式的历史的或理论的矛盾和危机，并相继表现为在表面上具有革命性质，但实质上相互连贯的若干理论形态，这就是美国主流心理学从机能心理学到行为主义再到认知心理学的历史发展线索。虽然美国心理学深受进化论的影响，乃至于可以说没有进化论就没有美国心理学，但美国心理学产生的历史背景决定了它不可能贯彻彻底机能观的进化论思想，并因而不能实现彻底机能观的机能心理学。这是因为，美国心理学的产生是从美国实用主义文化特质出发，并接受德国实验心理学的形式及其对意识的本质的说明。德国心理学的意识观，实为传统哲学的心灵概念在新的学术条件下的变换形式。这种意识观与进化论的适应概念在逻辑上是相互对立的。正是这一对立构成了机能心理学危机和行为主义革命的理论根源，并导致美国心理学机能主义精神不断的历史衰退过程。

三、本书的主题与范围

本书题名为《心灵的适应》，意在指明本书的研究主题和写作范围：限于对实验心理学传入美国之后，由于接受生物进化论的影响而形成的那种以强调生物适应价值为基本特征的机能心理学。这种历史形态的机能心理学曾在19世纪末、20世纪初构成实验心理学在美国发展的主导趋势，并构成美国心理学历史发展的逻辑起点。同时，这种机能心理学作为历史形态所具有的意义，绝不仅仅是历史的，因为正是这种机能心理学塑造了美国心理学的内在性格，从而决定了实验心理学在美国从机能心理学到行为主义再到认知心理学的主流发展线索。所以，本书还将特别地以作为全部美国心理学一般特征和总体倾向的美国心理学的机能主义精神为背景，来研究作为历史形态而存在的早期的机能心理学。关于布伦塔诺的意动心理学作为机能心理学的一种逻辑形态，不在本书研究范围之内，而是意动心理学专门研究的主题。

在本书中，我们将首先考察机能心理学产生的一般背景。在这个背景中，对于理解本书主题而言，有两个论题是至关重要的。其一是关于进化论作为一种思维方式的心理学实现，正是进化论作为一种思维方式在心理学中的实现，构成了机能心理学之所以是机能心理学的最根本的规定性。其二是关于美国心理学与德国心理学之间的关系，特别是通过对这个关系的考察揭示出，机能心理学接受了在逻辑上与进化论思维方式相对立的德国心理学的理论前提，从而构成机能心理学的基本矛盾。这个关于机能心理学产生的一般背景的考察还暗示了，机能心理学或广义而言整个美国心理学的历史发展过程，就是机能心理学基本矛盾逐步展开的过程，并因而也规定了本书写作的逻辑结构。

第二章中所考察的发生心理学，是指由进化论思维方式隐含的种系发生意义上的心理学研究，而不是指个体发生意义上的心理学研究。由于种系发生的研究不仅在实际的研究工作中面临着巨大的困难，而且在理论思考方面也颇有难度，所以，在机能心理学背景中，（种系）发生心理学未曾作为一个整体形成一个连贯而自觉的历史和线索，而是以各种间接的方式，如比较心理学、儿童心理学等展开的。在这一章中，我们不仅将考察比较心理学、儿童心理学等作为发生心理学的替代形式的根据与前提，并通过这种考察揭示出，它们作为发生心理学的替代形式，未能实现发生心理学为整个机能心理学奠定基础的理论意义，而且还将通过对心理进化的逻辑以及心理进化是否符合与机体进化同样的逻辑等问题的理论思考，既阐明（种系）发生心理学在整个机能心理学中的基础地位，又为本书据以开展对机能心理学的批判的研究工作提供一个理论基础。

第三章题名为“詹姆斯与机能心理学”。这个题目是经过慎重思考之后选定的。依本书作者看，詹姆斯的心理学是完全开放而且远未完成的，我们很难用给一个思想体系以名称的方式而能够一劳永逸地说明詹姆斯的心理学是什么。无论是“实用主义心理学”还是“机能心理学”，这样的名称都不足以表达詹姆斯心理学思想的实质，虽然詹姆斯的心理学思想确实包含了“实用”的和“机能”的方面。事实上，詹姆斯的思想就是他的人格，他的思想发展的过程，就是他的人格追求和他的人格不断成熟的过程，所以，必须通过揭示詹姆斯的人格追求，并追踪他的人格不断成熟的过程，才能真正理解詹姆斯的思想。在这一点上，美国著名心理学史家波林（Edwin G. Boring，1886—1968）确有很精准的把握，他在评述詹姆斯《心理学原理》一书时指出，“他的书在事实上都表现出他的人格；我们用不到辨识其人与著作的界线”；“一个拘迂而词不达意的著作家，也许能说同样的话，而不能有同样的影响。"[1]在这一章中，我们通过详细追踪詹姆斯的人格追求及其不断成熟的过程揭示出，无论就詹姆斯的人格还是就他的思想来说，其最内在的核心以及他所追求的最后的目标，乃是关于经验的形而上学，即以"纯粹经验"概念为基础的彻底经验主义的形而上学体系。同时，我们还以彻底经验主义作为形而上学的背景，阐释詹姆斯的思想和他的心理学，并理解他的心理学与机能心理学未来发展趋势之间的关系。

第四、五两章集中考察一般意义上的所谓机能心理学，即在有关心理学通史研究中作为学派而存在的早期美国机能心理学。其中，第四章专门考察作为机能心理学典型表现形式的芝加哥学派。我们将首先考察芝加哥学派形成的历史过程，然后跟踪考察芝加哥学派代表人物的心理学思想，以揭示芝加哥学派作为机能心理学思想体系逐步发展的内在逻辑。第五章专门考察作为广义机能心理学之代表的哥伦比亚学派。在这一章中，我们将首先通过对机能心理学概念的逻辑分析，说明为什么哥伦比亚学派可以作为广义的机能心理学或作为美国心理学总体倾向和一般特征的机能主义精神的代表。这个分析不仅对于理解哥伦比亚学派是重要的，而且对于理解整个机能心理学也同样是重要的。在此基础上，我们还将具体地分析哥伦比亚学派代表人物的心理学思想，以把握美国心理学的机能主义的总体倾向和一般特征。

第六章为"机能心理学的命运及其历史效应"，讨论的内容为行为主义革命和认知心理学革命。这种讨论方式的主旨，在于揭示机能心理学作为实验心理学在美国的历史发展的一个内在环节所导致的长远效果，并通过揭示它所导致的长远的理论效果，反过来有助于理解机能心理学本身。当然，这里不可能在专门的意义上对行为主义革命和认知心理学革命进行展开的讨论，而是要服务于对机能心理学的理解。所以，关于这一章的内容，读者可不要从行为主义或认知心理学的角度来理解，而要以机能心理学为立足点，从机能心理学的角度来加以理解。同时，这种讨论方式也暗示了作者对整个心理学史的这样一个基本理解，即行为主义革命和认知心理学革命，都是由机能心理学内在矛盾而引起的连锁反应；或者说，主流心理学从机能心理学到行为主义再到认知心理学的发展，乃是一个具有连续性的发展过程，而不像"革命"这个词本身所暗示的那样具有彻底变革的意义。

第七章是对全书的总结和对机能心理学的评价。这一章的讨论不能简

---

[1] 波林著，高觉敷译：《实验心理学史》(下册)，商务印书馆 1982 年版，第 581、583 页。

单地被理解为是对前几章内容的概述；相反，这一章的内容有它独立的理论价值，并构成全书逻辑结构的重要而不可或缺的组成部分。其中的总结和评价，都是以整个心理学的历史发展为宏观背景而展开的，是以机能心理学在引导心理学未来发展趋势，并塑造心理学作为一门科学的理论性格方面所起的作用为着眼点的。具体说来，是在概要地总结前几章关于机能心理学作为一个思想体系的具体阐述的基础上，就机能心理学作为心理学的一个思想体系对心理学作为整体的发展而言所具有的历史的和理论的意义加以评说。

第一章

历史背景概述

机能心理学是实验心理学传入美国之后在美国发展的主导趋势，也是实验心理学在美国发展的第一个历史形态，具有浓郁的美国文化的本土气息。它从美国独特的社会文化的历史根基出发，一方面从德国继承了实验心理学的科学形式，并接受德国实验心理学关于意识的本质的说明，另一方面以实用主义的方式接受生物进化论，试图从对有机体适应环境的功用价值的角度来理解意识及其活动，从而塑造了美国心理学的机能主义精神。美国心理学的机能主义精神的实质，是对生物进化论所隐含的心理机能观的一种片面理解，这种片面理解的极端化发展，使美国心理学的机能主义精神在它的历史上不断衰退，表现为从机能心理学到行为主义再到认知心理学的发展过程。机能心理学的兴盛，不仅奠定了实验心理学在美国的主流发展趋势的逻辑起点，而且，由于美国心理学代表了世界心理学的主流，它也决定了世界心理学的历史轨迹。所以，机能心理学作为一个历史研究的主题，它的意义却不只是历史的；对机能心理学的研究，必将直接有助于澄清主流心理学历史发展的内在逻辑，并因而间接有助于把握当代心理学发展趋势的来龙去脉，反思心理学作为一项独立的学术事业的理论基础。

毫无疑问，对美国人而言，心理学的存在乃是德国的舶来品。但是，美国人在承受德国心理学的实验主义“躯壳”的同时，却赋予它以一种新的“精神”，从而使心理学以机能主义的形式在美国得到发展。正是这种新的“精神”，使实验心理学在从德国向美国传播的过程中，在理论性格上发生了根本性的变化而完全不同于它在德国时的状况。那么，造成这一变化的原因是什么呢？美国著名心理学史家波林曾笼统地回答说，美国心理学家之所以“用冯特的装置，发扬高尔顿的精神……答案很简单，一言以蔽之，进化论决定了这个变化”[1]。就心理学历史发展的一般趋势而言，这个回答当然是令人满意的。但对于机能心理学的专题研究而言，这个回答就显得很不够了，而必须从分析美国文化的历史特质入手，一方面阐明美国心理学与德国心理学之间的关系，另一方面阐明美国心理学与生物进化论之间的关系。只有这样，才能对机能心理学有一个整体的理解，并透彻地把握其历史发展趋势的内在根据。

第一节　美国文化的实用主义特质

美国是一个由文明的现代人在一片荒凉的土地上新开拓的国家。因此，它的发展过程和世界其他民族自发地形成的国家的发展过程相比，具有独特性：它拥有欧洲的文明传统，但又不受其文化惰性的束缚，因而能够根据它的生存与发展的理想的要求和现实的条件，有选择地利用欧洲文明中对其发展有用的方面，而摒弃其中制约其发展的惰性方面。这就是美国文化及其发展的独特的历史根基，美国文化的一切方面都可以从这里得到说明。例如，在政治生活领域，美国作为一个国家、作为一个政体，是“资本主义政治体制最健全、最典型的国家”，这是因为，虽然美国用以指导自己的国家建设的原则和理想是由欧洲的文明传统孕育出来的，但是，与欧洲国家不同，美国从“一开始就是建立在资本主义生产关系上，对旧的残余清扫得比较彻底”，而欧洲国家的资本主义制度“是在奴隶制、封建制长期统治之后建立的，因此旧的关系、旧的传统、旧的观点，还在通过不同形式、不同渠道发生作用，必然束缚或阻碍资本主义的发展”[2]。不仅政治生活领域的情况是如此，而且对于日常的社会生活领域、宗教生活领域、文化生活领域等而言，情况亦复如此。

---

① 波林著，高觉敷译：《实验心理学史》（下册），商务印书馆 1982 年版，第 577 页。

② 邹铁军：《实用主义大师杜威》，吉林教育出版社 1990 年版，第 22 页。

一、美国人民族性格的历史塑造

当欧洲的殖民者最初发现并登上美洲新大陆时，他们所面对的是一片荒凉的土地：没有道路、没有村舍、没有教堂，更没有社会及其组织结构以及作为理论和思想之发源地的大学，生活赖以进行的一切必要条件和基础设施都需要他们自己在荒野中去开拓、去创造、去建设。所以，对最初的欧洲殖民者来说，美洲大陆的荒凉既向他们展示了按他们的理想在这个新世界中建立一个令世人敬仰的崭新文明的可能性——正是这种可能性及其历史实现，才使得美国从殖民初期到19世纪末二百余年的时间里，便完成了现代化和工业化，并超过欧洲国家而在政治、经济、文化等各个方面跃居为世界第一强国；同时又向他们提出了一种新的生活态度的要求：脚踏实地、开拓进取、讲求实效，并“一心一意地战胜荒野中隐藏着的不可预测的危险”[①]，以适应他们生存的现实环境。

这样一种生存状态决定了美国人的生活要素及其与欧洲人生活要素的差异，并通过这些生活要素的作用进一步塑造并决定了美国人的生活态度。至少就“美国疆界西移至太平洋，铁路通车，殖民者的自由国土已经消失”之前的历史而言，美国人“仍太忙于适应和谋求生存，不能悠然自得地思考”各种理论的及形而上学的问题；而在欧洲，则“富裕的学者，有闲暇从事科学研究”。[②] 正是这种生活要素的差异性，决定了理论与行动在欧洲人和美国人的生活中获得完全不同的重要性地位。对欧洲人而言，他们有足够的“闲暇”就各种理论的基础问题进行探讨和争论，行动似乎是无关紧要的。但美国人却不同，对他们来说，最急迫的问题是用实际的行动去开拓，去创造生活所必需的基本条件，理论的重要性和急迫性还远远没有显现出来。所以，美国人天生地厌恶理论，拒绝抽象的思辨科学，而宁愿接受“不言而喻”的常识真理并付诸实践。

美国人的这种重行动、轻理论的态度，在他们早期社会生活的主导方面即宗教实践中，就已经得到了生动的体现，并全方位地逐步渗透于他们的全部社会生活之中。在宗教生活中，与英国“清教主义内部长老会派、独立教派和平均派都彼此挑战，要求对方详细阐述或澄清其学说”不同，美国的清教徒则要求“停止猜疑，停止神学上的无谓争吵”，并要求“全力以赴实施基

---

① 布尔斯廷著，中国对外翻译出版公司译：《美国人：开拓历程》，三联书店1993年版，第10页。
② 波林著，高觉敷译：《实验心理学史》(下册)，商务印书馆1982年版，第578页。

督教教义——不是澄清理论而是[用行动!]建设天国”。[1] 也正是这同样的对待“理论”和“行动”的不同态度,决定了实验心理学在美国和德国的不同的学术命运和发展道路。波林曾从对大学作为一种社会力量的分析入手,探讨了心理学在德国的发展“不能脱离哲学的束缚,较美国为甚”的社会根源。[2] 但是,从理论上讲,导致实验心理学在德国不能得到发展的更深层的原因,乃是德国学者对待学术的理论态度问题,因为在德国,学者对心理学及心理学家的承认,是以在如下意义上要求对心理学的逻辑合法性基础进行“清楚”、“明白”的“阐述和论证”为前提的,“这种清楚明白的直观和论证还需要一个在今天的人们看来并非不言自明的前提:对理论科学的主宰地位的共同认可”。[3] 与此不同,美国心理学家以及一般而言美国人对心理学的承认,是以其对自身精神生活作为一个实在领域的素朴信仰为基础的,因而更具有普遍性。所以,一旦心理学传入美国并得以摆脱德国式的那种受其理智文化传统的强制性要求的束缚之后,就有可能走向繁荣昌盛的独立发展的道路。至少在波林的乐观主义态度中,这就是心理学在美国的历史发展。

当然,说美国人厌恶理论,这并不是说他们就不需要理论;任何有意义的行动,都必须以某种理论作为先导、作为指南。事实上,美国人在他们的生活过程中所采取的每一步行动,同样也都是以相应的理论为基础的。只是由于行动的急迫性,使得他们不可能纠缠于理论本身,并因此不能够深思熟虑地探索各种可供选择的理论的有效性,而必须立即将理论转化为行动,以产生实际的效果。这正如美国著名的文化史学家康马杰所说的那样,“任何一种超越常识的哲学都引不起他们的兴趣,他们甚至把最抽象的形而上学也变成最简单不过的日常伦理”。[4] 所以,一方面,就实践而言,美国人之所以拒绝理论,是为了保证行动的有效性;另一方面,就理论而言,行动对理论的关系,不是一个是否需要的问题,而是如何选择的问题。

行动对理论的关系既是如何选择的问题,当然就涉及到如何选择的标准。在这个问题上,美国人求助于他们的生存直觉,也就是在真理问题上奉行布尔斯廷(Daniel Joseph Boorstin,1914—2004)所强调的“不言而喻”论的认识论。这种“不言而喻”论的认识论虽然未曾以独立的思想体系的形式得

---

① 布尔斯廷著,中国对外翻译出版公司译:《美国人:开拓历程》,三联书店 1993 年版,第 3 页。
② 波林著,高觉敷译:《实验心理学史》(下册),商务印书馆 1982 年版,第 521 页。
③ 倪梁康:《现象学的始基》,广东人民出版社 2004 年版,第 3 页。
④ 转引自邹铁军:《实用主义大师杜威》,吉林教育出版社 1990 年版,第 29 页。

到系统的表达,“而是普通美国人的一种思想态度”①,但却在苏格兰学派的常识哲学中寻觅到了知音,因而乐于接受后者并以之作为自己的一种替代的表达形式。所以,在很长一段时间内,苏格兰学派的常识哲学构成了“美国的正统哲学”,它不仅是学生的必修课程,而且“统治了从伦理学到心理学的高等教育的各个方面”。② 这也是为什么在科学心理学兴起之前,美国普遍流行保留在苏格兰哲学之中的中世纪官能心理学以及与官能心理学密切相关的颅相学的历史背景。这里可以附带指出,美国人对官能心理学和颅相学的热情,其动机不是理论的,而是实用的,用以改善学生的心灵、培育他们的道德官能,并在一般意义上对人的性格特征、能力倾向等进行咨询、测量、诊断等,这恰似科学心理学兴起之后的机能心理学,乃至于从某种意义上可以说,官能心理学和颅相学就是科学心理学在美国兴起之前的机能心理学和应用心理学。

对美国人而言,他们的行动既已得到这种“不言而喻”论的认识论的保障,他们便得以摆脱理论的羁绊而在行动上大踏步地前进。所以,他们坚定地排斥启蒙运动后期的各种怀疑主义和反宗教倾向,相信并以实际行动来证明自己道路的正确性。这种生活态度促使他们回避神学的及形而上学的理论争论,而专心于实际工作,从而培育着他们的务实精神。

美国人的务实精神受到他们在宗教生活实践中逐步形成的福音派新基督教的强化。这种基督教孕育着美国人的个人英雄主义精神,因为它没有详加阐释的神学理论内容,而强调个人在情感上与上帝的直接沟通,并希望个人在接受上帝意志的情绪转变的体验中,使人的灵魂得到拯救。它逐步演化为美国人人生哲学的一个重要方面,即:极端推崇有用知识,认为知识应当为人的需要服务,并因而是实用的,而不是形而上学的。这种人生哲学在他们的人生实践上,就表现为他们的务实精神:虔诚而勤勉地努力发明各种实用技术,以为上帝的英明增光,因为正是英明的上帝创造了人类及其聪明智慧的心灵。所以,他们所崇尚的是“立即能使商人生财,使上帝的意旨昭然,使美国的梦幻更加瑰丽的实用成就”③,从而实现他们“建立一座山巅之城”的梦想。

这就是美国文化的历史起源,从中可以看到,正是美国人的生存的历史

① 布尔斯廷著,中国对外翻译出版公司译:《美国人:开拓历程》,三联书店 1993 年版,第 171 页。

② 黎黑著,刘恩久等译:《心理学史——心理学思想的主要趋势》,上海译文出版社 1990 年版,第 331 页。

③ 黎黑著,刘恩久等译:《心理学史——心理学思想的主要趋势》,上海译文出版社 1990 年版,第 331～332 页。

经验塑造了他们的民族性格。虽然美国人的民族性格具有丰富的内涵和多彩的表现形式，如开拓进取、讲求实效、重行动、轻理论、极端推崇有用知识、奉行“不言而喻”论的认识论等等，但作为美国人民族性格的这些具体的内涵和表现形式的共同基础的，乃是对行动及其效果的占绝对优势的强调。所以，行动至上原则便构成美国文化的主旋律，对行动及其效果的强调便是美国人民族性格的历史特质，任何外来文化都必须经过这一历史特质的改造，才能融入到美国文化之中。实验心理学作为德国的舶来品，当然也要接受美国文化的改造，并具体地通过以下两个方面的改造而走向机能主义：其一，就心理学家的研究活动作为一项社会实践、作为一种社会行动的意义而言，必须从它作为行动所产生的效果的角度加以理解和辩护，从而使心理学走向应用；其二，就心理学家据以开展研究工作的理念或精神而言，他们首先关注的，必然是作为心理学研究对象的意识作为活动所产生的效果，从而使心理学变成一门关于意识及其活动对有机体而言所具有的功用价值的科学，这就是机能心理学。

然而，对后来的实验心理学及其在美国的发展而言，美国人对有用知识的极端崇尚所导致的一个不幸的理论后果，是反理智主义理论态度的形成：他们不愿意深思熟虑地推究事物的本质，将追本求源的抽象科学“斥之为伤风败俗的欧洲货色”①，而宁可接受“不言而喻”的常识真理并付诸实践，不管这种真理是神学的、哲学的，抑或心理学的。我们将发现，正是这种反理智主义传统，决定了美国心理学家不能深思熟虑地考察冯特的亦即德国的实验心理学体系的理论前提，并因而不能自觉其内在矛盾；冯特的亦即德国的实验心理学体系的内在矛盾，亦借此潜入美国心理学之中。由此进一步，这种反理智主义传统便决定了：美国心理学亦即机能心理学从一开始就是一个矛盾的体系，而且，从根本上说，它的矛盾就是德国心理学亦即冯特实验心理学体系的矛盾。

二、美国人民族性格的理论表达

到 19 世纪末，美国人注重实际、讲求实效的民族性格，逐步地获得了它的理论的表达形式，即表现为作为美国人民族精神之象征的实用主义哲学。实用主义哲学的产生有它自身的复杂背景，但从根本上讲，它也是美国人的

① 黎黑著，刘恩久等译：《心理学史——心理学思想的主要趋势》，上海译文出版社 1990 年版，第 331 页。

生存的历史经验的产物，或更具体地说，是由此塑造的美国人的民族性格在理论上趋向于自觉的产物，是“美国民族精神和社会心理的理论升华”①。既然是其民族性格的理论升华，实用主义哲学产生之后，当然会反过来强化和巩固美国人的民族性格，并为其全部社会生活包括心理学研究实践在内提供哲学基础的指导作用。也正因此，它才能够获得美国国家哲学的地位，并获得作为“美国精神”之象征的殊荣。

作为一个哲学流派，实用主义是巴克莱（George Berkeley，1685—1753）、休谟（David Hume，1711—1776）的主观唯心主义和不可知论哲学发展路线与达尔文的生物进化论思想在美国相结合的产物。它把个人的经验当做世界的基础，把人类的认识局限于个人经验的范围之内，认为思想、理论、概念、观念等的真实性，不存在于它们所反映的对象之中，而存在于它们在指导人的行动时所产生的实际效果之中。如果一个观念在指导人的行动时产生了某种实际的效果并因而满足了人的生存需要，那么，它便是真实的；否则，它就是虚假的。可见，实用主义的独特之处，在于把行动引入认识论，并将由行动所导致的结果作为判定一切命题（包括哲学的、科学的以及宗教神学的等等）和人们的日常生活信念之真假的唯一准绳。

皮尔士（Charles Sanders Peirce，1839—1914）作为实用主义的“开山鼻祖”，最初提出了实用主义的基本主张。这种主张的论点之一是，所谓实在的东西无非是信仰的东西，而信仰的实质乃是习惯的建立。在这一点上，皮尔士不过是重复休谟的信仰习惯说。虽然休谟将信仰还原为习惯的做法曾使康德（Immanuel Kant，1724—1804）等形而上学家们深感忧虑不安，因为它为怀疑论敞开了大门，但皮尔士却通过提出他的第二个论点认为，康德的忧虑是多余的。这第二个论点是，信仰的真理取决于它对生活行动的影响。换言之，一个概念是否清楚明白、是否有意义，要看它能否引起实际的效果或产生对人的功用：凡有用的就是清楚明白的，就具有实在性和真理的意义。皮尔士认为，以这种方式定义概念，我们就不仅获得了一个科学的手段来判定任何主张的真理（实）性，从而能够消除形而上学的废话，而且也获得了一个确实可靠的稳定基础，以拒绝和排斥各种形式的怀疑论。这就是詹姆斯（William Jamse，1842—1910）所谓的“皮尔士原理”。詹姆斯和杜威（John Dewey，1859—1952）都是通过对这个原理的详尽阐发而建立他们的实用主义哲学体系的。

在实用主义哲学运动的历史中，詹姆斯占有一个特别的重要性地位，因

① 王元明：《行动与效果：美国实用主义哲学》，中国社会科学出版社1998年版，第5页。

为正是詹姆斯通过他的人格的及社会的影响力，不仅系统地阐述了实用主义哲学的基本原理，而且使皮尔士最初提出的实用主义的基本主张在沉睡二十年后重新受到人们的普遍赏识，从而使实用主义真正成为一场哲学运动。在詹姆斯看来，要把不管是心理的还是生理的习惯说成是真的或假的，这似乎有点笨拙，但若要问它们是否有用却产生了极大的意义。人和动物的身体的特征，与他（它）的实用的习惯一样，均无所谓真假，而只有在生存斗争中的有用和无用之分。因此，有用就是真理。这一方面显示了詹姆斯接受达尔文进化论影响的"彻底性"，因为进化论的一个必然的逻辑推论是，自然选择保留有用的东西而抛弃无用的东西，而詹姆斯则将自然选择的这个"有用性"标准扩展应用于人类的全部生活领域；但另一方面，它同时也揭示了詹姆斯以及一般而言美国人对进化论理解的庸俗化和实用主义化，因为进化论将"有用性"作为自然选择的标准是有一个逻辑前提的，那就是它对某种实在（即作为这种"有用性"的主体承担者的有机体的身体的结构或心理的特征——在心理学方面，达尔文接受的是官能心理学）的本体论承诺，而这种实在作为进化的产物，它的存在是不依赖于人对它的经验的。但詹姆斯和美国人却"忘记"或忽视了进化论的这个前提，并在关于经验的实用主义阐释中，使这种实在变成人的特别是个人的经验的产物。

杜威自称他的实用主义哲学体系为工具主义，以图克服詹姆斯"有用就是真理"的庸俗性，而给实用主义涂上一层实验和科学的客观主义色彩，并集中体现于他的真理观。他认为，思想、理论、概念等并不具有客观真理的意义，因而无所谓真或假；它们不过是人们为了达到某种预期目的而设计的工具，因而只有有效或无效、适当或不适当、经济或浪费的差别：只要它们对于达到预期目的有用，便是真理，反之就是谬误。杜威的真理观亦深受生物进化论的影响，认为人的思想、观念、理论等都是人用以适应环境的工具，是在实验操作程序中起工具作用的东西。正如生物学家把眼、胃等生理器官看做是通过自然选择而发展并被保存下来的有利的变异的结果一样，杜威也把进化了的记忆、想象等心理活动（或结构、特征等）看做是适应环境的工具。在杜威的真理观中，无论感觉、记忆、想象或意识等，一切心理活动都被剥夺了认识的功能而贬低为适应环境的工具。

由于实用主义哲学将行动引入认识论，并深受生物进化论的影响，试图通过对作为生物有机体的人与其生存环境之间关系的考察来建立其体系，所以它就必然要涉足心理学。事实上，作为美国本土哲学的实用主义与实验心理学传入美国后所采取的形式即机能主义是内在地相统一的：一方面，机能主义的心理学研究是实用主义哲学赖以产生的重要的背景条件之一，另一方面，甚至在实用主义作为一个明确的哲学流派产生之前，机能主义的心理学研究就已经是以实用主义哲学的基本精神为指导的了。实用主义哲学的主要的代表人物，如皮尔士、赖特(Chancey Wright，1830—1875)、詹姆斯、杜威等，同时也都是美国(机能主义的)实验心理学的思想先驱或创始人物。其中，皮尔士是美国对心理学进行实验研究的第一个人，并早在19世纪60年代阅读冯特著作之后，便倡导以实验心理学取代此前流行于美国的苏格兰官能心理学；赖特将英国关于脑的感觉—运动理论模型介绍到美国，并提出了有关行为的刺激—反应理论的一种早期形式；[①]而杜威的《心理学中的反射弧概念》(1896)一文，则被认为是作为美国机能主义心理学思想的典型表现形式的芝加哥学派的诞生标志；詹姆斯《心理学原理》(1890)一书的发表，构成了(美国)心理学史的一个划时代的分水岭，它不仅激发了美国心理学家的研究灵感，而且也奠定了美国心理学自1890年后的发展基调。

特别是作为实用主义主要代表的詹姆斯和杜威，都是通过(机能主义)心理学而走向(实用主义)哲学的。对此，至少就詹姆斯的情况而言，历史学家们已经有了深刻的洞察。例如，墨菲在评述詹姆斯作为哲学家的起点时说："当他写作《原理》时，詹姆斯很明显地逐渐转向哲学研究。"[②]正是心理学的研究，唤醒了最初接受医学和生理学训练的詹姆斯对哲学的热忱；而波林在评述詹姆斯作为心理学家的终点时则指出，"他的《心理学原理》的脱稿，标志着他的哲学的生命受心理学统治的时期的结束"[③]，正是对心理学的系统的钻研，成就了詹姆斯作为哲学家生活的愿望。历史地看，詹姆斯和杜威等人的心理学研究，只是他们更广泛的研究计划的序幕；或者说，对他们的学术使命而言，心理学只构成通向他们的哲学即实用主义的预备道路。所以，当机能主义心理学于19世纪末在美国兴起时，铁钦纳(Edward Bradford Titchener，1867—1927)批评这种心理学，认为它不是心理学本门，而是哲学的导言，并称詹姆斯的心理学为一种"关于知识的理论"。这种批评意见不是毫无根据的，而至少是对詹姆斯的学术道路的一个公正而富有洞察力的评判。

① 黎黑著，刘恩久等译：《心理学史——心理学思想的主要趋势》，上海译文出版社1990年版，第343～344页。

② 墨菲、柯瓦奇著，林方译：《近代心理学历史导引》，商务印书馆1980年版，第276页。

③ 波林著，高觉敷译：《实验心理学史》(下册)，商务印书馆1982年版，第581页。

第二节 进化论思想的心理学实现

1859 年,英国博物学家达尔文发表《物种起源》一书。这部著作的发表以及随着这部著作的发表,它所表达的关于世界、关于事物的理解方式和思维方式的公开,必将对心理学产生广泛而深远的影响,它必将彻底地改变人的自我理解以及作为人类自我理解事业的重要途径之一的心理学。对此,达尔文本人已经有了深刻的洞察。在《物种起源》的结尾,达尔文试图将由这部著作所阐发的关于进化的一般原理应用于关于人类及其社会与历史的理解之中,并指出:"我看到了将来更为重要的广阔的研究领域。心理学将稳固地建立在斯宾塞先生已充分奠定的基础上,即每一智力和智能必由梯级途径获得。人类的起源和历史也将由此得到许多启示。"①从理论上讲,达尔文的这一洞察是合乎逻辑的,因此,一旦进化的逻辑掌握了心理学,心理学的历史必将证明,达尔文的洞察是富有历史的预见力的。我们作为历史的见证人,只要我们忠实于历史,便可以在历史透视的意义上接受如下断言:"达尔文主义在十九世纪最后二十五年对心理学的影响……大大促进了这门科学塑造成今天的形态。"②事实上,进化论对心理学的影响是如此广泛和深远,乃至于我们很难设想,如果没有进化论,心理学将会呈现出怎样的一幅历史画面来!

一、进化论的一般原理及其心理学意蕴

众所周知,进化论最初是在基督教创世说占支配地位的欧洲作为一种生物学理论被建立起来的,但是,它所蕴涵的关于世界、关于事物的理解和阐释,对于变革人类思维方式而言所具有的意义则是彻底的革命的。因此,一方面,作为一种生物学理论的进化论本身的创立,是错综复杂的历史的背景因素相互作用的产物,而且它在创立之后也经历着一个不断完善的历史

① 达尔文著,谢蕴贞译:《物种起源》,科学出版社 1955 年版,第 320 页。
② 墨菲、柯瓦奇著,林方译:《近代心理学历史导引》,商务印书馆 1980 年版,第 186 页。

发展的过程;另一方面,当科学形态的生物进化论被提出并被确立以后,由它所导致的社会结果和思想结果也是多方面的。所有这些问题都是有关进化论的值得深入探讨、并已产生大量文献的研究课题。但是,这里既不可能在生物学的意义上也不可能在社会思想史的意义上,对所有这些问题展开全面的讨论,而是从心理学史背景出发,揭示进化论的一般原理及其对心理学、特别是对心理学理论思维方式而言所具有的意蕴,从而阐明机能心理学与进化论之间的关系。

关于生物进化或自然演化的思想,在西方文化中有着古老的传统。它的理智的源头可以追溯到古希腊哲学家阿纳克西曼德的某些睿智的洞见,并在历史上一直作为一种思想的潜流存在和流传着。就其主导趋势而言,前达尔文的生物进化论思想,主要表现为一种浪漫主义的进化自然观。这种自然观赋予了包括无机世界在内的物质以某种活力和发展的倾向,认为自然是自我完善和自我指导的,并最终于19世纪初形成了法国博物学家拉马克(Jean-Baptiste de Lamarck,1744—1829)的浪漫主义生物进化论,认为每一物种都有自我完善的先天驱力,由这种驱力所导致的获得性性状可以遗传。在进化自然观的历史中,达尔文的独特贡献在于提出自然选择学说,使生命进化的过程在机理上得到一种机械化的阐释,从而使生物进化论转变成为一种科学的理论,并将传统的、流行的神秘主义目的论驱逐出生物科学,将生物学引导到科学发展的道路。

由达尔文本人所表达出来的生物进化论,其理论实质在于,用自然选择的机制来理解、解释和说明有机生物界的演化的历史及其地理分布的现实,并以达尔文关于地质和地理分布中的物种的自然形态及其与物种生存环境之间的关系的经验观察结果为基础。所谓物种的自然形态乃是指某一物种的生命个体所具有的全部生物学特征的整体。达尔文的经验观察的基本发现是:物种的自然形态数不胜数;每一物种的自然形态及其差异性,都特别地适合于其特定的生态环境。因此,在理论上假定:物种的自然形态的变异是生物界的普遍现象;与环境变化相适应的自然形态的变异,使拥有这一变异的个体得以存活下来,而与环境变化不相适应的形态变异,则使拥有这一变异的个体趋于死亡,乃是从这一经验观察结果出发的一个合乎逻辑的理论演绎。所谓自然选择,无非是对由变异与环境之间的关系所决定的物种自然形态的变化及其历史和趋势的一种非目的论的说明,因而才能够赋予以自然选择学说为核心的生物进化论以科学的性质。所以,变异不仅是生物世界的一个普遍的基本事实,而且作为理论假设,也是以自然选择学说为基础的生物进化论的一个必要条件:如果没有变异,就不可能有对差异的选择和物种的进化；正是作为自然形态变异主体的物种的生物学特征，构成了自然选择的对象和基础。

正是在这里，潜藏着一个对于理解进化论及其与心理学之间的关系至关重要的理论主题，那就是作为物种自然形态的生命个体所具有的生物学特征，它既规定了进化论作为一种科学理论的有效性的范围，也暗示着心理学在任何扩大了的意义上来理解这一主题时所可能导致的对生物进化论的误解，并因而构成对心理学及其思维方式的一个理论陷阱。就作为一种生物学理论而言，进化论所关心的乃是生命个体在物质的身体结构方面所表现出的形态特征；也只有在生命有机体作为纯粹自然的亦即在与"精神"相对立的意义上的"物质"的事实及其运动范围内，生物进化论才拥有其完全的理论解释力。但是，生命的全部事实却并不限于物质的、身体的形态结构方面，它同时还包括行为的以及意识的或心理的事实或特征。如果在不加区别的意义上，把行为的以及意识的或心理的事实和特征，也纳入到作为进化论直接关心的物种自然形态这一范畴之内，那么，生物进化论便立即获得完全的心理学意义。这正如舒尔茨所指出的那样："达尔文进化论……主张物种是进化的，生存的需要决定了它的身体结构。这一前提影响了生物学家，使他们把每一解剖结构都看作是一种活动的、适应的和整体系统的机能因素。当心理学家开始以同样方式考察心理过程时，他们创造了一种完全新的运动——机能主义。"[①]然而，与物质的身体结构相比，心理事实的基本特征是它的非物质性；心理事实作为一个存在领域及其与生命成立于其中的世界之间的相互作用关系，与物质的身体事实作为一个存在领域及其与生命成立于其中的世界之间的相互作用关系，在性质上是原则性的相互不同的。所以，心理学作为关于心理领域内的事实及其运动原理的科学，需要的是与关于物理事实及其运动原理的物理自然科学完全不同的解释原则；试图将生物进化论直接地运用于对心理领域内的事实的解释，乃是一种没有得到论证的逻辑的僭越，正是这一逻辑的僭越，不仅导致心理学在总体局面上日趋生物学化，而且也是导致机能心理学最终陷入理论危机的根本原因之一。

我们将发现，机能心理学或一般而言到目前为止凡接受生物进化论影响的心理学，包括达尔文本人的心理学研究以及当代兴起的进化心理学等，都没有自觉到在运用进化论的一般原理来研究心理学问题时所实行的上述逻辑的僭越，以及因这一逻辑的僭越而对心理学生成的理论陷阱的存在。

① 舒尔茨著，杨立能等译：《现代心理学史》，人民教育出版社 1981 年版，第 135 页。

例如，在达尔文那里，他是首先通过对地质分布和地理分布中的物种的身体的亦即它的物质的形态结构的分析而建立其理论体系的，然后将隐含于这一体系之中的思维方式不加批判地推广应用于对作为生命现象之另一个方面的非物质的心理实在或精神实在领域内的事实的说明，并通过将心理实在与有机体实在相类比的方式来理解心理实在，而不对心理实在或精神实在本身的性质加以反思，从而不能揭示出心理实在与有机体作为物理实在之间的原则性界限。对达尔文来说，他这样做是有着充分的合理性根据的，因为，毕竟达尔文的工作在性质上是生物学的，对心理实在及其与物理实在之间的原则性区别的反思，不在他的理论职责的范围内。相反，他是把意识及其诸形式的实在性作为讨论有关心理学论题的理论前提，并在此基础上考察各种心理能力的进化对有机体适应环境而得以生存的功用性和必要性，从而为进化论本身提供论证。所以，不难理解，在达尔文的著作中，他在有关心理学论题上所采取的基本立场，是随着实验心理学的兴起而已被否定了的官能心理学；[①]也正因为如此，作为心理学在理论原则上是根本错误了的官能心理学，才能够被安置于进化论之中而不至于导致进化论本身在理论体系上产生逻辑困难。

进化论关于物种自然形态的变异以及因自然力量对变异的选择而造成物种进化的理论假设所蕴涵的心理学意义，几乎同时被高尔顿(Francis Galton，1822—1911)和卡特尔(James Mckeen Cattell，1860—1944)洞察到。高尔顿确信，“达尔文关于围绕着群的平均值或标准值的偶发变异的原理，对人的一般天资和特定天资也像对鸟翼的长度或北极熊毛的长度一样适用”[②]，从而将个别差异确立为心理学研究的中心课题之一。然而，正如波林所指出的那样，“美国在向冯特表示敬意的同时，却忽视了贡献极大的高尔顿”，而“把卡特尔看成是心理测验运动的伟大先锋”。[③] 其中的原因错综复杂。从高尔顿方面来说，就他的人格特征而言，他兴趣广博而极具创造力，有关心理学论题的研究只构成他的众多研究领域之一，而且他从来没有把任何一个领域(当然包括心理学)作为他的终生事业；就他的工作背景而言，那时心理学在英国尚不发达，甚至遭到排斥，因此，他的有关心理学论题之研究的心理学性质不是十分明确的。这就决定了：虽然从历史的发展趋势来看，高尔顿对未来心理学的影响是深远而广泛的，但他自己有关个别差异

---

① 参阅达尔文著，潘光旦、胡寿文译：《人类的由来》，商务印书馆 1983 年版，特别是其中第二至五章。

② 墨菲、柯瓦奇著，林方译：《近代心理学历史导引》，商务印书馆 1980 年版，第 191 页。

③ 波林著，高觉敷译：《实验心理学史》(下册)，商务印书馆 1982 年版，第 552 页。

和心理测验的研究则很难形成一个连贯一致的运动或传统。另一方面，从卡特尔来看，他不仅是美国实验心理学的先驱之一，而且心理学在美国因得到普遍的承认而具有明确的性质；他不仅以心理学为自己的终生事业，而且注重“采用实际测验的方法来研究心理过程”而不是心理内容，并“强调心理过程对有机体的效用”，从而“在很多方面代表了美国心理学的机能主义精神”。① 特别是他的研究精神影响并决定了哥伦比亚大学的研究传统，从而形成哥伦比亚学派。所以，至少就美国实验心理学的机能主义背景而言，卡特尔被“看成是心理测验运动的伟大先锋”是当之无愧的。

以上是从进化论的理论内容出发来讨论它的心理学意义。但是，进化论不只是一个理论体系，它同时还是一种思维方式。要真正透彻地把握机能心理学及其历史，还必须揭示进化论所蕴涵的思维方式及其心理学意义。

从作为一种思维方式来说，我们可以把进化论的基本假设概括为：有机实在是在进化过程中由于自然选择的作用而历史地形成的；历史地形成的有机实在的一切方面，都对维持有机体的存在具有积极意义。进化论基本假设的这两个方面，分别地预示着心理学的两个不同的研究方案：或是在种系发生的意义上探讨心理实在的历史生成，或是在现实性的意义上探讨现实的心理活动对有机体生存的适应价值，正如黎黑（Thomas Hardy Leahey，1947— ）所指出的那样，“如果暂时不考虑理论之间的差别，那么无论哪一种进化理论都提出了两个可以展开心理学研究的问题”，并分别地将这两个问题不甚精确地称为“物种问题”和“个体问题”。② 但是，把理解进化论作为一种思维方式及其心理学意义的出发点，这里需要特别加以强调的是，进化论的基本假设的这两个方面逻辑地密切不可分离，二者的统一构成了对有机实在的各个方面及其与有机体、环境之间在进化过程中所形成的历史同一性关系的说明；若人为地将这两个方面加以分离，则不仅同时使这两个方面都失去意义而不可理解，进而造成对进化论作为一种思维方式的各种形式的误解，而且必将导致分别地贯彻这两个方面而形成的诸理论体系，在整体局面上陷入混乱和矛盾。

进化论的本质特征在于把有机体视为环境的一个因素，并在有机体与环境之间双向的动态关系中把握有机体：有机实在的一切事实都应该在这种动态关系中被理解。心理实在作为有机实在的一个方面，对有机体的存

① 舒尔茨著，杨立能等译：《现代心理学史》，人民教育出版社 1981 年版，第 156 页。

② 黎黑著，刘恩久等译：《心理学史——心理学思想的主要趋势》，上海译文出版社 1990 年版，第 318～319 页。

在具有什么功用，即心理活动如何有助于有机体的生存？这是进化论向心理学提出的最直接的问题，也就是黎黑所谓的“个体问题”，由此形成了以美国心理学为代表的形形色色的适应心理学体系。与此同时，进化论不仅要求心理学从现实性方面追问心理实在对有机体实在的功用关系，而且还要从历史方面追问这种功用关系的历史逻辑，从而要求心理学对统一的有机体作分析的综合把握，即考察统一的有机体在其进化过程中由于保证与环境相同一的必要性而分化出脑与神经系统的历史过程，并在此基础上才有可能理解作为脑与神经系统存在方式的心理活动对有机体适应环境的功用价值。

就对心理学理论思维方式的影响而言，这后一方面的追问隐含着比前一方面的追问更大的理论价值，并拥有对前一方面的追问的逻辑先在性。它构成了进化论对心理学的理论意义的核心之所在，因为它直接指向对作为传统心理学思想的理论前提——关于心灵实体的存在这一理论信仰的否定。

在传统的哲学认识论的意义上，对心灵实体的理论信仰的逻辑必要性，在于它为人类精神活动现象确立一个主体承担者。这条认识路线同全部人类思想史同样久远，正如恩格斯所指出的那样：“在远古时代，人们还完全不知道自己身体的构造，并且受梦中景象的影响，于是就产生一种观念：他们的思维和感觉不是他们身体的活动，而是一种独特的、寓于这个身体之中而在人死亡时就离开身体的灵魂的活动。”①近代伊始，笛卡尔通过在哲学史上影响深远的怀疑方法，最终以理论体系的形式论证了心灵实体的存在，由此确立了心—身二元对立的思维方式。历史表明，对作为一门科学的心理学而言，二元论构成了它的发展的一个沉重的思想桎梏。

关于灵魂或心灵在身体内的住所，历史上曾产生过不同的猜测。这些猜测多为哲学的臆想而非科学的经验观察结果。“19 世纪以前，还没有哪一种有力的运动，将脑视为心灵的器官”；但作为 19 世纪时代精神的象征的颅相学的盛行，则标志着心理学思想正在经历着从非物质性的“笛卡尔的灵魂概念走向较为物质的神经机能的概念”，从而为“脑的生理学和感觉的心理物理学准备了条件”。② 19 世纪的生理学，特别是有关脑、神经系统及感觉器官的生理学的发展，以大量经验观察的结果为基础，牢固地确立了一个科学信念，即人的非物质的心理活动，乃是人的物质的身体，即脑与神经系统

① 《马克思恩格斯选集》第四卷，人民出版社 1972 年版，第 219 页。
② 波林著，高觉敷译：《实验心理学史》(上册)，商务印书馆 1982 年版，第 58、65 页。

的某种机能表现，乃至于这个科学信念在今天已成为我们的一个常识。

19 世纪的生理学所确立的这个科学的信念，即认为心理活动是有机体的某种机能表现，当然是全部心理学史上的一个带有革命性质的重大进步。但是，心理实在与有机体实在毕竟是性质不同的两种现象，若要问二者之间何以有此关系，亦即将非物质的心理活动理解为物质的身体的机能表现何以能够成立，则是心理学必须加以回答的问题。在进化论得以确立之前，或在进化论思维方式以外，人们习惯于在“现在”这一历史的断面上看问题，因而只能看到作为既成事实的这两种现象，而很难看出二者之间的历史同一性，往往不可避免地陷入各种形式的、特别是平行论的二元论之中。进化论则提示了心理实在与有机体实在二者在进化过程中所形成的历史同一性，从而为心理学澄清由二元论思维方式所造成的理论混乱带来了希望。

由是观之，进化论对心理学的理论意义表现在：(1) 它否定了历史上为理解人类精神活动现象而在人自身内外设定的灵魂实体和心灵实体，心理活动可以从有机体的身体结构——脑及神经系统本身得到说明。(2) 它有可能弥补心理学内部基础研究与体系研究之间巨大而惊人的裂隙，因为生理心理学的基础研究所已建立起来的理论信念，即脑或神经系统是心理活动的物质承担者，或反过来说，心理活动是脑或神经系统的机能表现，在任何系统的体系建立的心理学研究中都未能得到认真的贯彻。(3) 它为这一信念提供了科学的论证方式，因为这一信念是对性质不同的心理实在和有机体实在之间的空间关系的逻辑把握，进化论则预示着通过考察有机自然物史前时代的各个发展阶段，来阐明这种空间关系的时间逻辑的本质。“如果没有这个史前时代，那么能够思维的人脑的存在就仍然是一个奇迹。”①

在进化论思维方式以外，心理学的研究主题基本上是认识论的：它关心的是普遍的人类心灵如何产生或获得具有普遍意义的知识，与此相应的是研究心灵的构成。对于心灵的存在本身，心理学从来不进行追问。从柏拉图起一直到冯特的实验心理学，就是沿着这条路线发展下来的。进化论则以它关于心理实在与有机体实在之间的功用关系的历史逻辑的追问，隐含着对心理学理论思维方式的重大变革：心理学作为一门科学，既不是关于心理内容与作为其对象的世界之间的关系即思维与存在的关系的研究，也不是关于封闭的意识本身的思考，虽然这两个方面构成心理学的必要组成部分，而是关于心理实在与有机体实在之间的关系的阐明，即考察在物质的身体的基础上如何突显出非物质的意识现象的可能性和必要性。这正是对全

① 《马克思恩格斯选集》(第三卷)，人民出版社 1972 年版，第 527 页。

部心理学而言带有根本性的基本问题。特别是它试图考察心理实在的历史演进过程，即追溯心理实在如何在进化过程中形成与发展的历史，并在此基础上理解心理实在对有机体实在的意义。这种研究作为一种思维方式，必将有助于启示心理学：从有机体的身体结构和作为它适应环境的手段的心理活动形态，在其进化历史的每一阶段上所发生的变化以及这两种变化之间的对应关系的角度进行思考，进而在理论上把握心理实在与有机体实在之间的历史同一性，为心理实在作为有机体实在的机能表现这一理论信念提供具体的科学论证，同时以否定上帝创世说同样的方式，否定关于心灵实体的存在的哲学信念及其对心理学的影响。

二、进化论思想在美国的心理学实现

波林指出，“美国心理学至 1900 年乃有明确的性质。它的躯壳承受了德国的实验主义，它的精神则得自达尔文”。他还进一步分析了美国心理学家“用冯特的装置，发扬高尔顿的精神”的社会文化背景，并正确地指出，是进化论决定了实验心理学在从德国向美国传播过程中所发生的“性质”的“这个变化”。①

前面在讨论美国文化的社会历史背景时，曾结合美国人对待理论和行动的态度及其与欧洲人对待理论和行动的态度的差异性，谈到这样一个主题：虽然实验心理学诞生于德国，但由于受到德国理智文化传统的强制性要求的束缚，实验心理学在德国很难得到发展；相反，美国社会及一般大众对心理学及心理学家的承认，是以其对自身精神生活作为一个实在领域的素朴信仰为基础的，因而更具有普遍性。所以，当冯特在德国创立实验心理学之后，美国学生留学德国受教于冯特门下的人数剧增，回国后又都热心倡导生理心理学和实验心理学，并于各自所在的大学开设新课程、建立实验室，从而使“美国开始有了心理学”②。但是，同样作为其文化特征的反映和结果，美国人留学德国之后从冯特那里带回来的，是实验心理学这门新的科学学科形式以及从事心理学研究的实验室方法，至于冯特的理论体系，则被弃而不受。在美国人对德国实验心理学的“仿效”的表面之下，心理学似乎正在经历着一场深刻的思想革命：否定德国人关于意识的构成要素及其结构的静态分析，而倡导对处于活动之中的心灵（the mind in the process of ac-

① 波林著，高觉敷译：《实验心理学史》（下册），商务印书馆 1982 年版，第 575～579 页。

② 波林著，高觉敷译：《实验心理学史》（下册），商务印书馆 1982 年版，第 575 页。

tivities)在有机体适应环境的过程中所完成的机能的研究,从而适合于美国文化的本土气息而完全不同于德国。所以,当实验心理学传入美国之后,它的理论灵感就不再是来源于安乐椅中的思辨哲学家的头脑,而是来源于达尔文的生物进化论。

以自然选择学说为核心的生物进化论,用最简洁、最通俗的话来说,就是“最适者生存”或“优胜劣汰”。这种思想天然地投合美国人的气质,并在美国人的“日常生活中得到生动的证明”。① 所以,“一般说来,美国热烈地接受了进化论”,“其情绪的热烈在某些学者如荷尔身上,就达到了宗教的狂热程度”;他们热心传播进化论思想,并且试图用进化论的思维方式来处理他们所面临的一切问题。结果,就心理学而言,“产生了有关适应和生存价值的心理学”,“在绝少批评和几无自觉的情况下,使心理学的活动形式,从原先的对于一般化的心理的描述转变为对善于适应环境的个人才能的评价”。②

进化论的基本精神是适应或机能的概念,它主张物种是进化的产物,生存的需要决定了物种的身体结构。正是由于进化论思想“天然地投合美国人的气质”,它的基本原理在美国人的历史的“日常生活中得到生动的证明”,所以,进化论的基本原理作为思想前提,不仅“影响了生物学家,使他们把每一种解剖结构都看做是一种活的、适应的和整体系统的机能因素”,而且,一旦心理学在美国流行起来,它还特别倾向于使美国心理学家“开始以同样方式考察心理过程”,并创造“一种完全新的运动——机能主义”。所以,对美国心理学家而言,“机能的观点是自然的观点”而不需要对它加以辩护。③ 他们既已接受进化论,又有冯特为他们提供的实验心理学形式,于是便自然而不知不觉地走上了机能主义的道路,试图理解活动着的心灵或意识对有机体适应环境的功用,并在此基础上改进心灵及其活动,以帮助人们有效地顺应其现实生存环境的要求。事实上,进化的思想是如此地投合美国人的气质,机能的观点是如此地自然而不需要加以辩护,美国心理学家走向机能主义是如此地不自觉,乃至于波林针对当时美国心理学的基本状况断言:“一个心理学家在摆脱了系统的束缚后所进行的研究就被称为机能心理学。”④

以上讨论是在肯定的意义上,就美国心理学接受进化论影响而走向机

① 舒尔茨著,杨立能等译:《现代心理学史》,人民教育出版社 1981 年版,第 136 页。
② 波林著,高觉敷译:《实验心理学史》(下册),商务印书馆 1982 年版,第 577～578 页。
③ 波林著,高觉敷译:《实验心理学史》(下册),商务印书馆 1982 年版,第 627 页。
④ 波林著,高觉敷译:《实验心理学史》(下册),商务印书馆 1982 年版,第 636 页。

能主义的一般趋势而言的。在这个意义上，而且也只有在这个意义上，以波林和舒尔茨为代表的传统心理学史研究关于美国心理学的机能主义精神的论证是正确而深刻的。但是，这只是问题的一个方面，还必须从否定的方面，即从美国心理学从特定的背景出发来理解并接受进化论、从而导致对生物进化论的种种误解的方面，来揭示美国心理学与进化论之间的关系，正是对进化论的种种误解，决定了机能心理学的基本矛盾，并最终使机能心理学走向危机和衰落。美国心理学据以理解并接受进化论的特定背景，从根本上说，就是美国文化的实用主义的反理智主义特质。

如前所述，进化论的根本旨趣是生物学的，试图说明地球上生命形态的历史演化及其现实表现。虽然作为一种生物学理论，进化论已被普遍证明是原则上正确的科学理论，并已经为生物科学奠定了稳固的基础，但它却未必能够自在地就构成心理学的理论基础。心理学若要借进化论的思维方式来解决自己的问题并获得成功，首先要求它对自己问题的性质，亦即意识究竟是什么，有一个明确的适合于自己学科性质的独立解决。而在这个问题上，进化论却没有为它提供一个现成的答案。而且，正因为进化论的根本旨趣是生物学的，它不必要、也不可能为心理学论证它的理论基础，而是把意识及其诸形式的实在性作为它讨论有关心理学论题的理论前提，并在此基础上考察各种心理能力的进化对有机体适应环境而得以生存的功用性和必要性，从而为进化论本身提供论证。相反，心理学必须对在进化论中被当做前提的意识的实在性及其与有机体之间的关系的性质加以阐明，亦即阐明非物质的意识及其诸形式影响物质的身体，从而使之适应环境并得以生存的具体机制是什么。对这一机制的阐明，既是心理学据以成立自身的理论前提，又是它在进化论思维框架内的理论职责。

正是在关于意识是什么这一根本问题上，美国心理学显示出了对进化论的误解。如前所述，在真理观问题上，实用主义主张“有用就是真理”，因此，衡量一切事物的尺度就是“功用”的价值观。在心理学问题上，它亦采取同样的价值观并因而认为：作为心理学研究对象的意识是有用的，它的功用就在于帮助人作为有机体适应环境；意识的功用是我们相信它的存在的唯一正当的理由，至于意识是什么这样抽象的形而上学问题，我们可以不必关心，而只需承认意识具有某种功用这样的事实就足够了；心理学的任务正在于阐明意识的功用，亦即意识如何活动从而有助于有机体的生存的具体机制。例如，在詹姆斯看来，“由意识的分配看来，好像神经系统太复杂了，不能约束自己，因此，乃加入意识以为它的指导的一个器官”①。詹姆斯究竟是将意识看做一种与物质的身体器官同样意义上的器官，抑或只是一个隐喻，这似乎对他并不重要；重要的是意识具有某种功用这样的事实，只要愿意，我们可以随便地把意识看做是什么。所以，在机能主义的美国心理学中，作为自然选择之对象的意识及其主体承担者是什么，是没有得到自觉的澄清的；而在生物进化论中，作为自然选择之对象的变异及其主体承担者，是明确地得到规定的，那就是作为物种自然形态的生命个体的生物学特征。我们将发现，美国心理学对待意识的这种实用主义的反理智主义态度，使它更倾向于接受德国心理学的意识观，而这种意识观与隐含在生物进化论中的心理机能观作为一种意识观，在逻辑上是相互矛盾、相互对立的；正是这个矛盾构成了机能心理学的基本矛盾，也正是这个对立构成了行为主义革命的内在根据。

我们在前面讨论进化论的一般原理时曾特别强调，进化论基本假设的两个方面逻辑地密切不可分离，二者的统一构成了对有机实在的各个方面及其与有机体、环境之间在进化过程中所形成的历史同一性关系的说明，若人为地将这两个方面加以分离，则必将同时使这两个方面都失去意义而不可理解。特别是进化论通过对心理实在对有机体实在的现实的功用关系的历史逻辑的追问，对心理学隐含着一种逻辑上彻底机能观的理论思维方式，这种思维方式的实现必将揭示心理实在与有机体实在在进化的过程中所形成的历史同一性，从而在进化论思维框架内为心理学提供理论基础的论证。然而，美国文化的行动至上主义和实用主义的反理智主义特质，决定了美国心理学将进化论基本假设的两个方面人为地加以分离，并特别地关注于从现实性方面探讨心理实在对有机体适应环境的功用价值，最终使得进化论所隐含的彻底机能观的理论思维方式未能在美国心理学中得到实现。

所以，关于机能心理学与生物进化论之间的关系，既要从肯定的意义上理解，是进化论的影响使美国心理学走向了广义的机能主义，又要从否定的意义上理解，美国心理学是从美国文化的特定的历史背景出发，以实用主义的方式理解并接受进化论影响的。只有这样，才能真正理解机能心理学的实质，并把握其历史发展的内在的逻辑线索。

① 波林著，高觉敷译：《实验心理学史》(下册)，商务印书馆1982年版，第586页。

第三节　对德国心理学的继承与改造

到目前为止，我们已经多次引述波林的观点，并以他的观点作为我们讨论的出发点。他说，美国心理学至1900年乃有明确的性质。它的躯壳承受了德国的实验主义，它的精神则得自达尔文。关于美国心理学与生物进化论之间的关系，我们已经认识到，虽然就心理学在美国发展的历史的一般趋势而言，波林的论断是令人满意的，但对于机能心理学的专题研究而言，他的论断就显得很不够了。与此相类似，关于美国心理学与德国心理学之间的关系，波林的论述也只是在历史发展的一般趋势的意义上是有效的，特别是对于深入理解心理学历史发展的内在根据而言。历史证明，波林的论述还起到了一种严重的误导作用，似乎美国心理学继承于德国心理学的，仅仅是心理学作为科学的"实验主义"的外在形式，至于德国心理学的理论实质或它的内在精神，美国心理学则完全地弃而不受。事实上，美国心理学与德国心理学之间的关系，要远较此复杂得多，因为在关于意识是什么的问题上，美国心理学实际上以一种不甚自觉的方式，接受了德国心理学的说明。所以，要理解美国心理学与德国心理学之间的关系，就必须首先揭示德国心理学的理论性质，并以对心理学在德国的发展道路的考察为参照，来理解心理学在美国的发展道路。

一、德国心理学的理论性质及其发展道路

在展开这个论题的讨论之前，首先需要交代清楚两个问题。其一，这里所谓德国心理学不是一个地理概念，而是一个思想史范畴，即在19世纪下半叶普遍兴起于德国学术界、特别是哲学学术界的理论思潮。其二，作为一个思想史范畴的"德国心理学"，本身不是一个性质单一的思想体系或理论体系，如下文将要揭示的那样，它代表着两种逻辑、两个思想史形态的学术发展趋势的思想萌芽，即以冯特和布伦塔诺为代表的心理学体系。由于美国心理学与之发生直接关系的是以冯特为代表的实验心理学，这里的讨论

将主要以冯特的实验心理学为对象；又由于布伦塔诺的心理学在逻辑上是与冯特的心理学相对立的，并产生了不同的思想结果和理论结果，这里的讨论也将涉及到布伦塔诺，并以之作为理解以冯特为代表的实验心理学的理论性质及其发展道路的参考背景。

在传统的心理学史研究中，我们通常倾向于并满足于在一般意义上接受这样一个教科书式的“标准”论断，即心理学是在19世纪下半叶从哲学母体中分离出来而诞生并独立的，但同时却忽视了具体分析这一“分离”的过程本身，没有意识到对这一“分离”的过程具体探讨所蕴涵的重大的历史意义和理论意义。这种意义就在于，正是在这一“分离”的过程中，德国心理学获得了它的理论性质，并由此制约着心理学随后的历史发展进程。

事实上，在上述“标准”论断中，就已经包含着这样一个假定并以之为前提，即心理学在刚刚“诞生”的时候与其“哲学母体”有着千丝万缕的联系，乃至于虽然从心理学方面看，我们当然可以说心理学是作为心理学而诞生的，但从哲学方面看，我们同样也可以说心理学最初是作为哲学而诞生的，而且心理学作为哲学的诞生在逻辑上先在于心理学作为心理学的诞生。这个关系及其理论意义，只有在促成心理学“诞生”的哲学史背景中，才能得到完全的理解。

关于促成心理学“诞生”的哲学史背景，有三个层次的问题需要加以澄清。

第一，冯特所创立的实验心理学，或广而言之，19世纪下半叶兴起于德国的科学心理学思潮，是对德国哲学在19世纪中叶全面陷入危机的发展状况的一个富有建设性意义的积极反应。德国哲学之所以在19世纪中叶全面陷入危机，根源于黑格尔哲学体系的完成对近代意义上的传统哲学的“终结”。近代意义上的传统哲学及其全部发展的根本旨趣，是要解决由笛卡尔的“我思主体”的确立所造成的世界的二元分裂，并最终孕育出黑格尔关于“绝对理念”自我运动、自我发展、自我认识的包罗万象的哲学体系。黑格尔哲学体系的完成，同时也就意味着整个传统哲学的“终结”，因为他的哲学体系“以最宏伟的形式概括了哲学的全部发展”[①]，在他的“博大体系中，以往哲学的全部雏鸡都终于到家栖息了”[②]。而且，随着黑格尔本人于1831年去世，他的哲学体系对整个传统哲学的“终结”意义，也就得到了完全的实现。

① 《马克思恩格斯选集》(第四卷)，人民出版社1972年版，第216页。

② 阿金著，王国良、李飞跃译：《思想体系的时代——十九世纪哲学家》，光明日报出版社1989年版，第64页。

所以，在黑格尔之后，如果不抛弃笛卡尔的“我思主体”所确立的“第一原理”，如果不突破传统哲学的思维方式，那么哲学要想还有所作为是不可能的，就像在古代条件下唯物主义思想要想超越德谟克利特的原子论哲学是不可能的一样。

第二，德国哲学事业的这种发展状况决定了当时的哲学家们的首要任务是以各种不同的方式寻求并探索哲学的出路。其中，“纯”哲学家们的努力终于导致了整个哲学思维方式的转变，从而开创了哲学事业的现代局面。从近代哲学向现代哲学的转换，是哲学自身内在逻辑的历史展开。就 19 世纪中叶的德国哲学而言，只有实现并完成这一转换才能真正解决并摆脱它所面临的发展危机。

然而，从近代哲学向现代哲学的转换不是一蹴而就的，而是经历了半个多世纪的过渡期。其间，实证自然科学的充分发展在双重意义上对传统哲学产生着强烈的冲击作用。首先，在“自然哲学”“最终被清除”的意义上，实证自然科学的发展使传统哲学不断丧失它的“世袭领地”，正如恩格斯所指出的那样：“如果世界模式不是从头脑中，而仅仅是通过头脑从现实世界中得来的，如果存在的基本原则是从实际存在的事物中得来的，那么为此所需要的就不是哲学，而是关于世界以及关于世界中所发生的事情的实证知识；由此产生的也不是哲学，而是实证科学。”[①]其次，就哲学和自然科学作为知识体系而言，实证自然科学的发展使二者无论是世俗生活世界还是理智生活世界在人们心目中的社会地位以及人们对它们的社会情感发生了倒转：自然科学的基本特征是研究对象的素朴客观性、理论体系的感性精确性和社会实践的直接可感性，因此，它的充分发展一方面使它自身受到人们的普遍青睐，另一方面又普遍地使人们对任何形式的思辨的哲学形而上学体系发生怀疑，并也导致曾经令世人叹服的、在逻辑上极为精致的古典哲学体系在德国理智生活界的地位和声誉日渐衰微，进而使整个哲学事业面临“消亡”的危险。

于是，迫于自然科学的发展的挑战并受到它的成功的启发，有一大批学者，包括某些哲学家自身，采取了自然科学的实证态度，并试图利用自然科学的经验方法来研究或“治疗”哲学，以把哲学建设成一门像自然科学那样精密的知识体系。其中，此时兴起的实验心理学，特别是科学心理学思潮，既是这种理论冲动的表现，又是这种理论努力或尝试在学术实践上的主要形式，并被它的倡导者们认为是为所有的哲学问题提供基础的“一项真正的

① 《马克思恩格斯选集》(第三卷)，人民出版社 1972 年版，第 75 页。

哲学事业”。[1] 这就是哲学思维中的对后世哲学产生了深远影响的“自然主义”态度和“心理主义”思潮兴起的历史根源。

第三，虽然冯特多年来一直声称要建立“科学的一个新领域”，但是，与上述哲学史背景相一致，在他的理解中，由他所建立起来的这个“科学的新领域”就是哲学，因而是对哲学史的延续，而不像后人在一般意义上理解的那样直接地就是一个独立的新科学的起始，虽然历史证明，他的“建立”在事实上起到了使心理学作为一门独立科学而诞生的作用。早在1858—1862年间，冯特关于实验心理学的哲学理解，就已经明确地表现出来。在回顾以往的“心理学家们”和以往的“心理学”之所以不能有所“进展”的原因时，他指的是传统的哲学家及其哲学事业；当他展望“今天的心理学有着极大的进展的可能性”时，他是试图以他所构想的“实验心理学”来取代传统哲学，因此他才能够合乎逻辑地进一步论证道：“（今天的心理学的）这种进展是同我们关于一般哲学的性质和任务的观点的根本改革联系在一起的。”我们可以认为，冯特是在词句上表现为倡导心理学作为一门独立的实证科学的建立，实质上是在论证哲学作为心理学的进展，所以他指出：“只要形而上学（指传统的思辨哲学——引者注）作了多少退却，心理学就取得多少进步。我们几乎可以说，在现在，我们整个的哲学就是心理学。”[2]波林也中肯地指出：“冯特不仅是哲学教授，他还相信哲学应得为心理学的。”[3]

这里需要强调指出的是，冯特对心理学的哲学理解，绝不是他的某一特定历史时期的偶然特征，而是贯穿于他的全部学术生涯的一个理论信念。例如，与传统哲学的终结所造成的哲学发展的理论危机相比，实验心理学在德国哲学界的迅速扩张，真正引起了“纯”哲学家们如狄尔泰（Wilhelm Dilthey，1833—1911）、文德尔班（Wilhelm Windelband，1848—1915）、李凯尔特（Henrich Rickert，1863—1936）、胡塞尔等对哲学命运的担忧，并终于酿成1913年107位“纯”哲学家联名上书德、奥、瑞（士）三国教育部及其所属德语大学校方的请愿活动（其中狄尔泰于1911年去世，实际没有在请愿书上签名）。虽然这些哲学家们因各自学术观点的不同而经常发生争论，但在反对“实验心理学家”充任“哲学教授”这一问题上的态度是完全一致的。请愿书的基本内容为：实验心理学是一门已经充分发展了的与哲学无关的独立

① Kusch，M.（1995）. Psychologism：A case study in the sociology of philosophical knowledge. London：Routledge. p. 122.

② 冯特：《对感官知觉理论的贡献》，载张述祖主编：《西方心理学家文选》，人民教育出版社1983年版，第3页。

③ 波林著，高觉敷译：《实验心理学史》（上册），商务印书馆1982年版，第366页。

学科，虽然由于历史的原因，它曾是借哲学的名义而被发展起来的；有鉴于此，为了同时促进这两门学科的共同繁荣和发展，教育行政当局应当考虑为实验心理学家们设置心理学教授职位，并考虑让已经占有哲学教授职位的实验心理学家们将他们的教授职位退还给哲学家。面对"纯"哲学家们的挑战，冯特是第一个而且也许是唯一的真正严肃对这一请愿活动做出反应的实验心理学家，并于当年正式出版了一本书，名为《心理学的救亡图存》。他的这本书是从两个方面展开论证的：第一，驳斥哲学家们企图"将心理学驱逐出哲学"；第二，驳斥某些心理学家（特别暗指屈尔佩）企图"将哲学驱逐出心理学"。[①] 简而言之，在冯特看来，哲学就是（实验）心理学，（实验）心理学就是哲学。特别是他的第二个方面的论证尤其具有重要的心理学史意义。屈尔佩（Oswald Kulpe，1862—1915）曾于 1912 年撰文指出，实验心理学应与哲学心理学（意指当时特定背景下的哲学——作者注）相分离，前者由于其经验的和实验的性质应朝向自然科学方向发展（这实质上是要求心理学与哲学相脱离而独立）；两者的合而不分使实验心理学的研究工作无法展开，因而也就不能取得进展。如果说冯特于 19 世纪中叶倡导实验心理学的建立是一种历史的进步的话，那么他在 20 世纪初对屈尔佩的这种"驳斥"就是一种历史的退步了。事实上，体现于冯特身上的这种"进步"和"退步"背后的，是同一个深层的理论动机，即以实验心理学的形式把哲学改造成科学。

如果说由于冯特是作为一个生理学家而进入（心理学和）哲学领域的，因而哲学的这种发展趋势在他身上的体现多少带有某种"素朴"性的话，那么它在布伦塔诺身上就体现为一种自觉的"运动"。与被称为"生理学家的哲学家（physiologist-philosopher）"的冯特等人相比，布伦塔诺是一个经受过传统的、严格的哲学训练的哲学家。他在那个时代强有力地论证着：要想改变哲学的衰败景象，唯一的出路就是将它与更加受人敬重的自然科学紧密结合起来；而且，他也和冯特等人同样明确地将这一"结合"的产物理解为科学的亦即实验的心理学。例如，他指出："哲学的诸分支学科是密切相关的……[但]我必须指出，在新心理学（即科学心理学或实验心理学——引者注）的研究基础上，我已经使基础逻辑彻底改观，并为伦理知识诸原则提供了一个更为深刻的见解。同样，我们可以证明，对美学及哲学的其他全部分支学科而言，一旦它们被切断了与心理学的[基础]联系，它们就会像从一棵

---

① 关于这个背景，参阅 Kusch，M.（1995）. Psychologism：A case study in the sociology of philosophical knowledge. London：Routledge. pp. 188～193.

树上被砍下的树枝一样枯萎而死。”①不仅如此，与铁钦纳和波林对布伦塔诺的误解相反，布伦塔诺也和冯特一样强烈地主张，这种新心理学必须以自然科学方法为基础，并因而强调建立心理学实验室的理论重要性。关于前一个方面，布伦塔诺指出，对已经衰败的哲学的唯一“治疗措施”，就是建立心理学研究所，而这样的研究所只能由那些遵循自然科学方法开展研究工作的人来主持；没有这样的研究所，心理学的很多基础性的核心问题就不可能得到解决。关于后一个方面，他指出：“如果当时（指 19 世纪 70 年代中期——引者注）教育部接受我的建议的话，那么[现在]，维也纳大学就会拥有[在建立心理学实验室方面为]全德[奥]第一的美誉。”②所以，在布伦塔诺看来，他所倡导的这种科学心理学，不仅是“真正的哲学事业”，而且正是这一事业为所有的哲学问题，包括认识论的、逻辑学的、伦理学的、美学的，以及文化、教育、政治、法律等人类事业提供了“基础”。

19 世纪下半叶在德国出现的将实验心理学亦即科学心理学理解为就是哲学，或者认为本来意义上的哲学应该是这种心理学，或者说这种心理学是哲学乃至整个世界观的基础的这种思想倾向，并不是冯特和布伦塔诺以及与他们具有学术继承关系的少数人，包括屈尔佩、克鲁格、斯图姆夫、麦农、（早期）胡塞尔等的一种“意见”，而是当时的一个普遍的思想潮流，并因而同时不仅为与冯特和布伦塔诺同时代的其他心理学家如 G·E·缪勒、陆宰等所持有，而且也为与心理学没有直接关系的其他学者，如早期新康德主义者朗格、柯恩、文德尔班、李凯尔特（均就 19 世纪 70 年代以前而言）、经验批判主义者阿芬那留斯以及历史学家兰普莱希特等所持有或同情。③ 从历史发展的趋势来看，在这个背景中，仅就心理学作为哲学的意义而言，实验心理学在 19 世纪下半叶的产生带有某种偶然性。

以上讨论是在学科水平上亦即从心理学作为哲学而诞生的角度来揭示德国心理学的理论性质。那么，在哲学作为时代精神的精华的意义上，德国心理学作为哲学，它所体现或代表的究竟是一种什么样的时代精神呢？正是在这个问题上，德国心理学显示出了它的内在的复杂性；也只有通过对这个问题的回答，才能在完全的意义上理解布伦塔诺和冯特之间对立的实质。由于布伦塔诺意义上的德国心理学构成了德国哲学正统历史的一个内在环节，我们在这里先讨论布伦塔诺，以作为理解冯特的背景。

---

① 布伦塔诺：《我对奥地利的最后愿望》，1895 年德文版，第 39 页。

② 布伦塔诺：《论哲学的未来》，1893 年德文版，第 51 页。

③ 参阅 Kusch, M. (1995). Psychologism: A case study in the sociology of philosophical knowledge. London: Routledge. pp. 122～159.

布伦塔诺作为一个经受过系统而严格哲学训练的哲学家，无论是对传统哲学的批判，还是对(他的)新哲学的构想，都是以自己关于哲学发展的内在历史的深刻洞见为基础的。1860 年前后，年轻的布伦塔诺深深地陷入对哲学的失望之中。正当此时，关于哲学发展史的四阶段论的理论洞见，重又使他树立起对哲学的信心，①并由此生出将哲学“改造”成科学的使命感。在布伦塔诺看来，哲学史的发展经历了三个大的循环，即古代哲学、中世纪哲学和近代哲学；在这每一个循环中，哲学的发展都经历着一个由四个连续阶段所构成的相似的过程，其中第一个阶段为上升阶段，后三个阶段为连续下降的衰退阶段：(1) 对纯理论知识的无偏见的思辨兴趣普遍兴起；(2) 继之而起的是各种实际的功利兴趣；(3) 作为各种功利兴趣之兴起的结果，真知识之理论性质被抛诸脑后，怀疑主义乘机兴起；(4) 由于人在本性上不能容忍怀疑主义，于是便转向神秘主义，以作为对怀疑主义的补救。② 他认为，肇始于康德的德国唯心主义，就是由从培根到莱布尼茨的伟大哲学传统不断衰退的下降过程的最低点：“他在康德的学说中看到了科学哲学的结束，和一个总是恣意空想的神秘哲学阶段的开始。”③

布伦塔诺关于哲学史的四阶段论，绝不仅仅是要对哲学在其过去发展史中的几次衰退现象加以描述，而且还要指出其衰退的原因，并阐明哲学如何才能在其未来发展中避免类似的衰退现象。他认为，一旦我们理解到哲学家忘记哲学的纯理论性质之时，就是哲学走向衰退之始，那么，我们就拥有了对哲学的周期性衰退症的医治之方；只要哲学保持着对它自身本性的信念——这个本性就是哲学乃是一种纯思辨知识——它就能够持续地拥有一个健康的发展环境，并像自然科学那样循着一个连续进步的发展道路前进。所以，对布伦塔诺而言，他关于哲学史四阶段论的发现，就“不仅是一道哲学理解之光，而且也是一次哲学思想的解放”④。

那么，哲学在哪里才能获得“拯救”并寻求到它的连续进步的发展道路呢？“心理学应该是对哲学进行必要改造的适当工具，也是重建科学形而上学的适当工具。”⑤正是这种信念，不仅决定了布伦塔诺的哲学首先表现为一

---

① Gilson, L. (1976). Franz Brentano on science and philosophy. In L. L. McAlister (ed), *The philosophy of Brentano*. London: Gerald Duckworth. pp. 68～79.

② Gilson, E. (1976). Franz Brentano's interpretation of medieval philosophy. In L. L. McAlister (ed), *The philosophy of Brentano*. London: Gerald Duckworth. pp. 56～67.

③ 施太格缪勒著，王炳文等译：《当代哲学主流》(上卷)，商务印书馆 1986 年版，第 46 页。

④ Gilson, E. (1976). Franz Brentano's interpretation of medieval philosophy. In L. L. McAlister (ed), *The philosophy of Brentano*. London: Gerald Duckworth. pp. 56～67.

⑤ 施皮格伯格著，王炳文、张金言译：《现象学运动》，商务印书馆 1995 年版，第 72 页。

种心理学体系，而且也决定了他对哲学的心理学态度。通过这种心理学特别是其描述部分的研究，布伦塔诺不仅试图为作为一门独立的经验科学的心理学提供一个稳固的基础，而且也试图将哲学建设成科学的哲学。这种心理学在理论内容方面所拥有的历史意义，一方面表现在布伦塔诺在理论观点上对作为心理现象之区别特征的“意向性”概念的阐发，另一方面表现在他在方法论上对直观描述的强调。这两个方面又是密切相互关联的，它们共同决定着“哲学的核心问题变成了对规范科学（美学、逻辑学和伦理学）之基本概念的描述性澄清”①。所以胡塞尔评述说，布伦塔诺“为我们提供的哲学体系所产生的非同寻常而至今仍然十分广泛的影响作用，其原因通过最后的分析乃在于这样一个事实，即他自己作为一个原创性的思想家，通过回溯到直观的根源而为到 1870 年已退化为无所事事的德国哲学提供了一系列新的、富有生命力的研究主题。他的方法和理论在未来多长的历史时期内仍将经久不衰，我们目前尚无法判定”②。胡塞尔所说的这些“研究主题”，当然包括他自己的现象学，或许也还包括英、美意义上的分析哲学传统，如施太格缪勒所指出的那样：“引向各个不同方向的许多条线索都在布伦塔诺那里汇聚在一起。”③

关于近代哲学和现代哲学各自的规定性以及二者之间的过渡关系，不同的作者提供了不同的说明。但无论如何，布伦塔诺以他自己的方式达到了一种恰当的理解并产生了恰当的结果。从这个意义上讲，布伦塔诺真正体现了那个时代的过渡性质，并由这种过渡性质而表现出现代性格，从而完成了那个时代的哲学家们拯救哲学的历史使命。从这个背景出发，我们可以有把握地预言，在德国作为理论科学的心理学，只有采取从布伦塔诺经验心理学到胡塞尔现象学的发展道路，才能既符合它的理智文化传统，又顺应它的历史发展潮流，从而得以生存下来。

与此形成鲜明对照的是，冯特作为当时主要的实验心理学家中唯一缺乏正规哲学训练的心理学家的哲学家（psychologist-philosopher），无论是对哲学及其危机本身的理解还是对哲学“改造”的措施，都带有不可救药的素朴性：他不可能真正洞察到这种危机的理论实质。因此不难理解，一方面，无论是对传统哲学的批判，还是对（他的）新哲学的构想，他都是从方法论意义上加以论证的；另一方面，与纯哲学家们从哲学的问题及其性质着手对传

① 德布尔著，李河译：《胡塞尔思想的发展》，三联书店 1995 年版，第 63 页。

② Husserl, E. (1976). Reminiscence of Franz Brentano. In, L. L. McAlister (ed), *The philosophy of Brentano*. London: Gerald Duckworth. pp. 47～55.

③ 施太格缪勒著，王炳文等译：《当代哲学主流》（上卷），商务印书馆 1986 年版，第 41 页。

统哲学加以改造从而导致整个哲学思维方式的转换不同,冯特仅仅是在研究方式上而不是从问题及其性质出发来改造传统哲学的。这就决定了,冯特的新哲学亦即他的实验心理学,就其哲学理念而言,依然属于近代哲学的范畴。由此,我们可以将冯特心理学体系的基本特征概括为以下两个方面:其一,他的心理学在理论上是对传统哲学心理学思想的直接继承;其二,他是通过给传统哲学心理学思想穿上一套近代自然科学的外衣而使之转变为"科学"的。因此,它的"科学"主要是方法论的科学,而不是理论的科学。波林也正确地指出,对冯特及费希纳等人而言,"科学之意即为实验的"①。

关于冯特心理学体系的基本特征及其哲学理念的近代性质,还可以从他的体系的内容方面得到论证。一般认为,冯特心理学体系是由两大部分即个体心理学和民族心理学所构成的统一体。其中,个体心理学以自然科学取向的实验室实验方法特别是实验内省法,对呈现于个体意识中的直接经验进行研究:分析它的基本构成要素(冯特的分析结果是感觉和感情),并探明这些要素相互组合而形成不同复杂程度的心理复合体的规律(冯特认定的规律是联想和统觉);民族心理学以人文科学取向的精神产品分析法,亦即通过对作为人类(民族)共同生活之精神产物而存在的语言、神话、宗教、风俗、艺术、法律、伦理等的分析研究,探明民族心理的发生过程。在冯特的心理学体系中,我们几乎可以说,没有一样东西是他自己的首创。实验室实验作为科学研究的一般模式是近代自然科学的产物,并在促进生理学的成熟与发展方面,为冯特提供了一个成功的范例。构成他据以研究个体意识的各种方法亦已由他人提供,例如内省是传统哲学家的主要方法,而且,在非批判的意义上也是19世纪上半叶的生理学家们的基本方法;而能够被他运用并因而使实验心理学成为可能的,则主要是费希纳的心理物理法。至于他的个体心理学的理论内容,如感觉、观念、联想、统觉等,则全是近代哲学的产物。民族心理学传统实导源于黑格尔的"世界精神"说,并已于19世纪60年代由哲学家拉扎勒斯和语言学家施泰因塔尔推进而成为一种学术研究潮流。所以,客观而公正地说,冯特之所以赢得"实验心理学之父"的尊荣,不在于他的理论创见,而在于他的人格力量:他怀着"建立"科学的一个新领域的意向,以他"百科全书"式的学术背景为基础,大胆地对相关领域的知识和成就加以综合,从而实现他的意愿。黎黑也认为:"历史证明,冯特对心理学的长远重要性在于对社会习俗的影响,因为正是他开创了一

① 波林著,高觉敷译:《实验心理学史》(上册),商务印书馆1982年版,第362页。

个为社会所承认的独立学科，也为从事这一学科的人们创造了一种社会角色。"①

结合从近代哲学向现代哲学过渡的哲学史背景，我们可以进一步地认为，冯特的哲学（或心理学）企图，是想在现代哲学背景下以自然科学的实证方法为依托，以它的"科学"形式为理想，建立一个以近代哲学精神为基础的理论体系。这个体系在它正在被筹划的时候，当哲学尚未探明由于它的传统形式的终结而造成的它的危机的理论实质时，由于它的形式的科学化而颇为令人耳目一新、颇具吸引力，于是乘势兴起；但是，当哲学终于探明了它的危机的实质并因而得以确立它的现代旨趣之后，这个体系便成了空中楼阁而急速地走向崩溃或消亡。这也是传统的心理学史研究之所以忽视对冯特心理学体系自身历史命运的考察的客观原因：现代心理学只是从它那里承袭了它的科学形式；至于它的理论内容，则是与现代心理学格格不入的，因而现代心理学可以不必理会它。

正是冯特心理学体系作为哲学而诞生的特定的历史背景以及由这一背景所决定的它的理论性质，决定了它自身的历史命运。黎黑正确而不带任何偏见地、并且也并非过于尖刻地指出，冯特的实验心理学体系"在它刚刚诞生时就已经过时，因为它是一个濒于绝境的文化的产物"；作为一种观念，它所代表的是"一个已经逝去了的时代"；它是"19 世纪德国思想的一个时代错误的产物，并因而既未能移植国外，亦未能幸免纳粹政体和第二次世界大战对它的理智生态的摧毁"。② 我们可以认为，冯特意义上的德国心理学构成了德国哲学的一个相对独立的历史：它是在哲学尚未探明由其传统形式的终结而造成的理论危机的实质时，以某种不得要领的新颖形式而兴起；当哲学终于探明了它的危机的实质并因而得以确立它的现代旨趣之后，它便自然地趋于消亡。铁钦纳在美国坚持冯特意义上的德国式"纯科学"的心理学研究方案，作为对它的一个历史的回响在心理学中的命运，可以被认为是对这一论断的一个历史的印证。所以，冯特意义上的德国心理学作为一种哲学尝试乃是哲学史的一个错误，并因而如历史所已证明的那样，注定将被哲学自身的历史所否定。

---

① 黎黑著，刘恩久等译：《心理学史——心理学思想的主要趋势》，上海译文出版社 1990 年版，第 237 页。

② Leahey, T. H. (1980). A history of psychology: Main currents in psychological thought. Englewood Cliffs, NJ: Prentice-Hall. p. 211, p. 245.

二、美国心理学与德国心理学之间的关系

毫无疑问，在美国心理学与德国心理学之间的关系中，既有继承的方面，又有改造的方面。关于改造的方面，前面结合进化论思维方式的心理学实现，已经进行过详细的讨论，那就是，美国心理学从实用主义背景出发，接受生物进化论思维方式，从而否定了德国心理学关于意识的构成要素及其结构的静态分析，转而倡导对处于活动之中的心灵（the mind in the process of activities）在有机体适应环境的过程中所完成的机能的研究，以适合于美国文化的本土气息而完全不同于德国心理学。关于继承的方面，我们也曾在波林的论断的水平上，谈到过美国学生留学德国受教于冯特门下，回国后又都热心倡导生理心理学和实验心理学，并于各自所在的大学开设新课程、建立实验室的背景。但是，美国心理学继承于德国心理学的，绝不仅仅是心理学作为科学的"实验主义"的外在形式，它同时还在意识观的水平上，也就是在关于作为心理学研究对象的意识是什么的问题上，接受了德国心理学的理论前提。正是在这个问题上，我们必须要超越波林过于表面化的论断，才能揭示美国心理学亦即机能心理学的实质，并把握其发展的历史，因为正是从德国心理学中继承过来的它的理论前提，与隐含在进化论思维方式中的关于心理学的理论前提，在逻辑上是相互对立的，从而构成美国心理学亦即机能心理学的基本矛盾。前面关于德国心理学理论性质的详细讨论的意义，也只有在这个关系背景中才能得到实现。

如前所述，心理学最初是在德国作为哲学而诞生的；冯特意义上的实验心理学作为哲学的理论企图，是想在现代哲学背景下以自然科学的实证方法为依托，以它的"科学"形式为理想，建立一个以近代哲学精神为基础的理论体系，并因而在哲学理念方面属于近代哲学的范畴。那么，这个近代哲学精神作为哲学理念究竟是什么呢？对不具有哲学史背景的读者而言，还必须对这个问题有一个明确的交代。

与古代哲学相比，近代哲学的基本特征是所谓认识论转向，它要求哲学家在建立关于"世界是什么"和"世界如何"的理论之前，必须先有关于"意识是什么"和"意识如何"的理论。这是因为，随着西方近代社会变革运动以及近代工业和近代实验科学的发展，西方哲学愈来愈明确地自觉到："凡属对象在人类思维中的规定性，都是人的思维关于对象的规定；这些规定之是否合理，不仅需要考察关于对象的思维内容，而且必须探究形成思维内容的思

维形式。”[①]笛卡尔作为西方近代哲学的开端，通过系统的怀疑方法，最终以理论体系的形式论证并确立了作为思维主体的心灵实体的存在。笛卡尔的基本命题，即“我思故我在”，固然有着复杂的哲学史背景，并承载着丰富的哲学史内涵，这里不必过多涉及，而只需指明，在笛卡尔以及整个近代哲学思维中，心灵实体在性质上是一种封闭的“单子”式存在；在理论本体论的意义上，心灵实体是不能与包括有机体的肉体存在在内的“物质实体”发生相互作用的。而进化论以及接受进化论思维方式影响的美国心理学，恰恰是以心理实在与有机体实在之间的直接的相互作用关系为前提的，这和相互作用关系就是隐含在进化论思维方式之中的关于心理实在与有机体实在之间的历史同一性关系的理论把握。所以，笛卡尔的心灵实体作为对意识或心理实在的一种理论把握，与隐含在进化论思维方式中的关于意识或心理实在的理论把握，在逻辑上是相互对立、相互矛盾的。但是，这两种在逻辑上相互对立、相互矛盾的关于意识或心理实在的理论把握，却同时被美国心理学当做它的前提而接受，从而构成机能心理学的基本矛盾。正是这一层关系，是波林关于美国心理学与德国心理学之间关系的论断所没有把握到而必须加以论证的。

要把握并理解波林所没有把握到的美国心理学对德国心理学的这一层继承关系，需要对以下两个层次的问题加以论证，而对这两个层次的问题的论证和理解都是有难度的，也正是这个难度，是导致波林以及其他人之所以不能把握到美国心理学对德国心理学的这一层继承关系的客观原因之所在。

第一，冯特心理学体系并不是直接地、明确地以笛卡尔的心灵实体的设定为出发点的，而是以对“直接经验”的经验批判主义阐释为出发点的，从而使得人们难以把握到冯特心理学体系在哲学理念方面的近代性质。事实上，正是以冯特对“直接经验”的经验批判主义阐释为客观依据，有人甚至对他做出一种现象学的解释。[②] 这是因为，在冯特看来，一切科学研究的基础和出发点都是人的“经验”。心理学是就这个经验本身来研究这个经验的，它试图如实地“描述”直接呈现于我们的意识之中的、“具有充分现实性的经验内容”，因而是对待经验的一种“直接经验的观点”，它的“认识方式乃是一种直接的或直感的方式”；而自然科学则是从直接呈现于我们的意识之中的经验内容出发，“从它们所被设想的独立于主体之外的特性方面来加以考

① 孙正聿：《理论思维的前提批判》，辽宁人民出版社 1992 年版，第 132 页。

② Benjamin, L. T. (1980)(Ed). A history of psychology. New York: McGraw-Hill. p. 180.

察”，它“必须从每一种实际经验所包含的主观因素中进行抽象的作用，才有实现的可能”，因而是对待经验的一种“间接经验的观点”，它所“获致的知识乃是一种间接的或概念的知识”。[①] 仅从冯特关于“直接经验”的经验批判主义阐释来看，他的体系似乎确实表现出了现象学的特征，但从他的体系的整体背景来看，这种现象学特征只能被解释为是他建立他的体系的现代哲学背景的一个偶然的产物，而不能被理解为他的体系的主要特征。如前所述，从它的产生的背景、它的内容及其历史命运来看，冯特心理学体系在哲学理念方面是属于近代哲学范畴的，并因而在思维方式上必然地是以笛卡尔的“我思主体”所确立的“第一原理”为理论前提的。

人们难以把握到冯特心理学体系在哲学理念方面的近代性质，还因为下列事实而得到强化，即冯特心理学体系作为哲学与正统哲学之间的距离。从正统哲学的历史来看，近代哲学精神原本是在人作为主体和世界作为客体的关系中才能成立并得到发展的。但是，冯特实验心理学体系的建立，却是与正统哲学的这个历史背景相脱离的：它只是将生理学的方法与正统哲学的认识论主题相嫁接，以图在认识论背景中“对哲学问题提供科学的解答”[②]；而它将之与生理学及其方法相嫁接的认识论主题，则是从原本处于上述关系之中并因而才获得其意义的认识论中截取下来的，作为认识论探讨之结果的关于人类认识活动的过程或机制。与正统哲学之间的这个距离，既是导致人们难于从其哲学理念来理解冯特心理学体系，并因而难于把握到其哲学理念的近代性质的客观原因，又为冯特心理学体系作为哲学与正统哲学相脱离而走向独立的心理学提供了一个逻辑的空间。

第二，美国心理学在接受德国心理学的“实验主义”的科学形式的同时，也不自觉地接受了它的理论前提，即以冯特和铁钦纳为代表的德国心理学的意识观。这主要表现在，美国心理学家所倡导和发展的机能主义的实验心理学思想，其概念体系基本是从德国意识心理学那里承袭过来的，并接受了后者关于感觉、感情、意志等心理过程或状态的性质的说明。例如，安吉尔（James Rowland Angell，1867—1949）是在承认构造主义关于“是什么（what，或 what is there and in what quantity——铁钦纳语）”研究的前提下提出机能心理学的基本主张的，认为机能心理学研究“如何（how）”和“为什么（why）”的问题，并认为二者之间的差异只是对同一个主题的两种不同的

① 冯特：《心理学大纲》，1907 年德文版。转引自杨清：《现代西方心理学主要流派》，辽宁人民出版社 1980 年版，第 80～81 页。

② 黎黑著，刘恩久等译：《心理学史——心理学思想的主要趋势》，上海译文出版社 1990 年版，第 36 页。

研究态度而已。[1] 黎黑在对一个不同的主题的论证过程中也指出了美国心理学与德国心理学之间的这种内在联系："虽然从进化论中衍生出来的适应心理学不像[德国]意识心理学那么富于传统哲学的意味，但适应心理学所使用的全部概念，依然是与传统哲学一脉相承的。"[2]

与此同时，对于美国心理学接受德国心理学的意识观亦即它的理论前提而言，美国文化的反理智主义传统及其理论表达即实用主义哲学，也起到了推波助澜的作用。如前所述，美国文化的反理智主义传统决定了，美国心理学家对于意识是什么这样的形而上学问题是不感兴趣的；他们所感兴趣的是意识有什么功用这样的实用主义问题。而实用主义真理观用以衡量事物的尺度，就是"功用"的价值观。因此，意识是什么不重要，重要的是意识有什么用，意识的功用性是我们相信它的存在的唯一正当的理由；只要愿意，我们可以随便地把意识看做是什么。在这样的理论背景中，意识当然可以根据进化论思维方式被理解为作为有机体的脑的活动机能，但这只是我们用以确立信仰、建立理论的一个方便的习惯而已，而不是对意识是什么的问题的回答。在这同样的理论背景中，对美国心理学而言，德国心理学的意识观不仅不是不可接受的，而且事实上，正是这种理智文化氛围才使得美国心理学不自觉地接受了德国心理学的意识观，德国心理学的意识观亦借此潜入美国心理学之中，从而与试图在进化论思维方式内理解意识如何指导有机体适应环境的理论努力，构成一个逻辑上不可调和的矛盾。正是这一矛盾构成了美国机能主义的实验心理学思想的基本矛盾。随着美国实验心理学在实证研究和理论建构两个维度上的不断深化和扩展，这一基本矛盾日渐展开并得到彰显，最终使整个实验心理学陷入危机，从而引起行为主义革命。

---

① Angell, J. R. (1907). The province of functional psychology. Reprinted in W. Dennis (ed). *Readings in the history of psychology*. New York, NY: Appleton-Century-Crofts, 1948. pp. 439～456.

② Leahey, T. H. (1980). A history of psychology: Main currents in psychological thought. Englewood Cliffs, NJ: Prentice-Hall. p. 385.

第二章

发生心理学

黎黑在评述进化论对心理学的影响时，曾颇有见地地指出："如果暂时不考虑理论之间的差别，那么无论哪一种进化理论都可以提出两个可以展开心理学研究的问题。第一个可以称为物种问题，如果躯体和脑是机体进化的产物，那么我们便要问这种遗传以什么方式形成了有机体的思想和行为。这个问题导致了比较心理学，后者研究心理和行为能力的物种差异……我们可以把进化论所提出的第二个心理学问题称为个体问题。生物个体的生长可以看作是以类似于机体进化的方式从心理上对环境的适应，这个问题导致了对学习的研究，这种研究用于揭示个体如何顺应环境。"①虽然黎黑的评述因过于倚重心理学史的现实而不能完全地把握进化论的理论意义，但他洞察到了进化论及其对心理学的影响的实质。确实，如前所述，进化论作为心理学的思维方式，它的基本假设包含着在逻辑上密切相互关联而不能被分离的两个方面，并隐含着两种不同的心理学研究思路：其一，有机实在是在进化过程中由于自然选择的作用而历史地形成的；其二，历史地形成的有机实在的一切方面，都对维持有机体的存在具有积极的意义。如果我们把意识实在或心理事实理解为有机实在的一个方面，那么，进化论便意味着意识实在或心理实在是在进化过程中由于自然选择的作用而历史地形成的；历史地形成的意识实在或心理实在对维持有机体的存在具有积极的意义。因此，在进化论的思维框架内，我们自然要通过追踪物种进化的历史，来把握意识实在如何经受自然选择的作用而逐步形成的具体过程，进而理解意识是什么，并在此基础上才能进一步理解意识及其活动如何有助于有机体适应

① 黎黑著，刘恩久等译：《心理学史——心理学思想的主要趋势》，上海译文出版社 1990 年版，第 318～319 页。

环境而达到生存的目的。

试图通过追踪物种进化的历史来把握意识形成的过程，便是黎黑所说的物种问题，或更准确地说，是(种系)发生心理学问题；与此相对应，试图理解意识及其活动如何帮助有机体适应环境而达到生存的目的，便是黎黑所说的个体问题，或更准确地说，是适应心理学问题。发生心理学研究在直接的意义上关注的是意识据以形成的进化的历史，在间接的意义上是要回答意识是什么。因此，在机能心理学范围内，发生心理学的研究旨趣是基础的、理论的，而适应心理学的研究旨趣则是实际的、应用的。这是因为，在适应心理学研究中，意识及其存在是被当做一个前提、当做一个既成的事实而被接受的，至于意识是什么，则要由发生心理学研究来回答，而适应心理学的研究及其结论的有效性，是要以发生心理学关于意识是什么的回答及其有效性作为保障的。

当然，这并不是说，机能心理学家们已经对此有了清醒的意识，否则，历史将要重新改写。事实上，历史本身的进展以及历史研究的成果都表明，无论是进化论及其作为心理学思维方式与心理学的关系问题，还是机能心理学内部发生心理学与适应心理学各自的逻辑及其相互关系问题，都还远未能够在透彻的意义上得到阐释。特别是下文即将揭示的发生心理学研究的实际困难和前文述及的美国文化的实用主义特质，加上心理学内外各种思想趋势的共同作用，其结果亦如黎黑所指出的那样，是“促使心理学家集中于个体问题的研究而忽略物种差异”①，从而决定了：一方面，发生心理学没有能够像适应心理学那样在机能心理学背景中构成一个基本的研究主题；另一方面，适应心理学也因为发生心理学研究的缺失而失去它自身的前提保障，从而易于陷入危机并走向衰落。这里关于发生心理学的讨论，不是在历史重构的意义上进行的，而是作为理解和解释历史的发展趋势的前提而必须完成的预备工作。

① 黎黑著，刘恩久等译：《心理学史——心理学思想的主要趋势》，上海译文出版社 1990 年版，第 319 页。

第一节　发生心理学与心理进化的逻辑

一、发生心理学的思想起源

发生(genetic,或 genesis)一词的基本含义,是指事物的属性在事物存在的时间维度上从无到有的生成过程。把这层含义引申运用到心理学中,便形成发生心理学(genetic psychology)的研究思路。发生心理学把作为心理学研究对象的意识或心理的事实理解为有机体生物存在的一个属性,并试图考察意识作为有机生命的属性如何在有机体的生命运动中逐步生成的过程,从而有助于推进关于意识是什么的理解。

发生心理学最直接的含义是个体水平上的发生学研究。这种意义上的发生心理学又被称为个体发生心理学(ontogenetic psychology),它所追求的,是关于各种具体的心理现象如知觉、记忆、语言等在个体生命成长过程中的时间规划(time schedule)等的规律性知识。在西方心理学史中,这种研究工作曾一度和遗传与教养、先天与后天的争论交织在一起,并逐步演化为一个相对独立的心理学研究领域,即儿童心理学(child psychology)或发展心理学(developmental psychology)。在机能心理学背景中,这种个体水平上的发生学研究,虽曾在学术实践上构成一个重大的研究主题和强势的发展线索,但就理论而言——无论是在当初对机能心理学家关于机能心理学作为实验心理学研究方案的理论基础的论证而言,还是在今天对我们关于机能心理学作为一个思想流派的历史理解和历史批判而言——它只占有一个次要的和从属的地位,并因而也不构成我们讨论的重点。

在机能心理学背景中,对机能心理学具有奠基意义的是种系水平上的发生学研究。这种意义上的发生心理学,更准确的说法是种系发生心理学(phylogenetic psychology),正因为种系发生心理学对机能心理学具有为它奠定基础的重要意义,所以,一般所谓发生心理学就是指种系发生心理学。

种系发生心理学试图考察心理实在的历史演进过程,即追溯心理实在如何在进化过程中形成和发展的历史，并在此基础上理解心理实在或意识的活动对有机体实在的生存的适应价值。毫无疑问，种系发生心理学只有在进化论的思维框架内才能成立并实现其意义，因为正是生物演化的思想，不仅在生命的个体表现形态与种的表现形态之间建立起了联系，而且还特别为我们理解生命的个体表现形态提供了种的历史的维度，从而以种的历史的渐进的变化及其累积，来消解关于个体生命的奇迹般的惊人成就的神秘性质。这正如恩格斯所指出的那样，进化论通过对“机体从少数简单形态到今天我们所看到的日益多样化和复杂化的形态，一直到人类为止的发展系列”的暗示，不仅为我们提供了“可能”，“来说明有机自然产物中的现存者，而且也提供了基础，来追溯人类精神的史前时代，追溯人类精神从简单的、无构造的、但有刺激感应性的最低级有机体的原生质起到能够思维的人脑为止的各个发展阶段。如果没有这个史前时代，那么能够思维的人脑的存在就仍然是一个奇迹”。①

对于理解有机生命包括它的意识的存在的本质而言，种的历史的维度为我们提供了前所未有的新的视野，并因而对于推进包括心理学认识在内的人类认识的历史而言，具有真正革命的意义。在进化论为我们提供关于个体生命作为种的进化的历史产物的解释之前，个体生命的存在是不可理解的；一切形式的创世说的兴起和流行，正是以事物对人的认识而言因缺乏历史的维度而表现出的不可理解性为前提和基础的。换句话说，若缺乏关于生命的种的历史的理解维度，那么，我们所面对的便是孤立的、离散的、高度复杂化而又不能从它自身得到合理解释的个体生命。结合心理学的历史，如前所述，19 世纪的生理学所确立的一个科学的理论信念，即认为心理活动是有机体、特别是其脑和神经系统的机能活动的表现形式，虽然构成全部心理学史上另一个真正带有革命性质的重大进步，但因为缺乏关于心理活动作为个体的人的生命存在形式的种的历史的理解维度，这一科学的理论信念尚未得到充分的论证，并因而难以在系统的体系建立的心理学研究中认真地得到贯彻，由这一科学的理论信念的确立所隐含的潜在的革命价值，也就难以完全地得到实现。事实上，在我国心理学界构成全部心理学研究的理论基础的马克思主义经典作家关于“意识是人脑的机能”的科学论断（“我们的意识和思维，不论它看起来是多么超感觉的，总是物质的、肉体的器官即人脑的产物”②），也正是以进化论以及隐含在进化论之中的（种系）发

① 《马克思恩格斯选集》（第三卷），人民出版社 1972 年版，第 526～527 页。

② 《马克思恩格斯选集》（第四卷），人民出版社 1972 年版，第 223 页。

生心理学的思想方法为基础，才能够做出的一个理论判断。

关于种系发生的心理学研究，必将揭示有机体的身体结构和作为它适应环境的手段的心理活动形态，在其进化历史的每一阶段上所发生的变化以及这两种变化之间的对应关系，进而揭示心理实在与有机体实在之间的历史同一性，为心理实在作为有机体实在的机能表现这一理论信念提供具体的科学论证，同时否定关于心灵实体的存在的哲学信念及其对心理学的影响。所以，(种系)发生心理学所关心的根本问题，乃是心理进化的逻辑。达尔文本人在《物种起源》一书的写作过程中所获得的关于心理学以及关于人类及其社会和历史的洞察，即“我看到了将来更为重要的广阔的研究领域。心理学将稳固地建立在斯宾塞先生已充分奠定的基础上，即每一智力和智能必由梯级途径获得。人类的起源和历史也将由此得到许多启示”①。实质上也就是对心理进化的逻辑的洞察，或者说是以对心理进化的逻辑的洞察为基础的。所以，在完成《物种起源》的写作之后，达尔文便着手将他关于心理进化的逻辑的理论洞察在科学研究上付诸实施，并在《人类的由来》一书中得到初步的表达：“人和其他高等哺乳类动物之间，在各种心理才能上，是没有根本的差别的”；不同物种之间在心理上的“差别并不是截然两码事，而是由一系列差别极为微小的高低的层次联系起来的”；我们人类所拥有的各种高度发达的心理能力，是经由“无数的由浅入深的层次”而“逐步逐步发展出来的”。② 而且，在达尔文及其进化论的鼓舞下，在英国立即形成了一股以比较心理学的形式表现出来的关于心理进化的研究热潮，并涌现出一批杰出的进化论的比较心理学家，如斯波尔汀(Douglas Spalding，1840—1877)、卢波克(John Lubbock，1834—1913)、罗曼尼斯(George J. Romanes，1848—1894)、摩尔根(C. Lloyd Morgan，1852—1936)、霍布豪斯(Leonard T. Hobhouse，1864—1928)等。他们的研究工作的基本目标是在进化论的思维框架内，从发展的角度将“心灵的最简单的表现形式……与最高级的概念思维联系起来”③，从而试图揭示心理进化的历史及其逻辑。

然而，从心理学史来看，不仅种系发生心理学作为整体未曾形成一个连贯的历史和线索，而且任何一个种系发生心理学的研究方案，都没有能够在直接的、肯定的意义上实现揭示心理进化的历史与逻辑的理论目标。这是因为，一方面，在实践上，种系发生心理学的研究方案存在着极大的实际困

① 达尔文著，谢蕴贞译：《物种起源》，科学出版社 1955 年版，第 320 页。

② 达尔文著，潘光旦、胡寿文译：《人类的由来》(上册)，商务印书馆 1997 年版，第 98～99 页。

③ 参见 Hearnshaw, L. S. (1964). A short history of British psychology 1840—1940. London: Butler & Tanner Ltd. pp. 86～104.

难，因为我们很难恢复某一特定物种的进化的历史，因而就人类而言，我们很难——实际上是不可能——具体而真实地把握人类及其心理是如何在其进化的历史演进过程中逐步形成、发展而演化至目前的现实的；另一方面，关于心理进化是否符合与机体进化同样的逻辑，在到目前为止的心理学发展史中，尚未得到清晰而系统的论证——如果心理进化所遵循的是与机体进化不同的逻辑，那么，直接地以进化论为基础的种系发生心理学研究，必将是缘木求鱼式的努力而不可能达到它的理论目标；事实上，在关于人及其历史的科学研究中，一直都存在着对直接地以作为一种生物学理论的进化论为基础的关于心理进化符合与机体进化同样的逻辑的理论信念的怀疑论，而且，由这种怀疑论精神所促进的研究工作，已经显示出了对于理解人及其历史的更加光明的希望和愈来愈旺盛的生命力。

关于第一个方面，即种系发生的研究方法在实践上所面临的巨大困难，即使对于生物学家来说也是一个难以逾越的障碍。关于种的历史的系谱重构（phylogenetic reconstruction），曾与种的生命及其性状的连续性问题密切地交织在一起。虽然生物学家可以借助于古生物化石在一定程度上克服重构种的进化的历史的困难，但古生物化石的记录总是不完全的，所以，种的历史的系谱重构也就不可能在完全的意义上得到实现。与生物学家相比，当心理学家试图对心理进化的历史进行系谱重构时，他们所面对的实际困难就更显突出，因为与生物学的形态结构或生理结构相比，心理结构本身是不可能以化石的形式留下任何直接的记录痕迹的；虽然心理结构可以通过它的对象化的存在即生命活动的产物如人造物等的遗迹（此即考古学的领域）而得到某种间接的暗示，但与古生物学相比，考古学的时间透视力度却是极其有限的，而远远不能满足系谱重构的需要。所以，虽然进化论作为一种思维方式合乎逻辑地隐含着种系发生心理学的研究方案，但种系发生心理学研究因所面对的实际困难而无法在学术实践上以任何直接的形式被展开。事实上，在实验心理学的历史中，种系发生心理学的研究工作主要是以各种间接的方式，如比较心理学、儿童心理学等而大量展开的。比较心理学、儿童心理学等作为种系发生心理学或作为它的替代形式，都是以从进化论作为心理学思维方式中演绎出来的某种理论信念为前提的，留待下文详述。

二、心理进化的逻辑

关于心理进化是否符合与机体进化同样的逻辑，这个问题未曾在机能心理学以及种系发生心理学作为机能心理学的历史中作为一个问题被提问过，因为历史形态的机能心理学以及作为机能心理学的种系发生心理学，是直接地以作为一种生物学理论的进化论，甚至是它的理论内容为出发点的，并且是与生物进化论内在地相同一的：就机能心理学的历史来看，由机能心理学所发展出来的心理学的研究主题及其取得的理论成就，实际上是生物进化论的题中应有之义。但是，对于批判地理解机能心理学及其历史而言，或者更一般地说，对于反思并阐明心理学的性质，进而为研究机能心理学及其历史提供一个据以批判的基础而言，关于心理进化是否符合与机体进化同样的逻辑这个问题是不能回避的。对这个问题的思考与回答必将揭示，机能心理学作为实验心理学，至少就它的历史形态而言，从一开始就是一个危险的，甚至是一个错误的理论尝试，并因而必将为心理学自身的历史所否定。

在机能心理学以及作为机能心理学的种系发生心理学中，关于心理进化符合与机体进化同样的逻辑的理论信念是不被疑问的，否则，机能心理学便失去了作为历史的力量而形成的理由。关于心理进化符合与机体进化同样的逻辑的理论信念，在机能心理学思想背景中可以追溯到达尔文本人。毫无疑问，达尔文作为科学家和生物学家所取得的成就及其对解放并推进人类思想的历史进程的贡献，在整个人类历史中只有哥白尼、牛顿等少数几个人可以与之相媲美。同时，就达尔文本人的心理学成就来看，他也应当属于最杰出的心理学家之列；或者说，与他的同时代人相比，达尔文作为心理学家的研究工作，丝毫不逊色于其他任何人。只是由于达尔文“作为生物学家是如此的伟大，他对科学的许多领域的影响是如此的广泛而深远，乃至于我们经常忘记他本人就是一个杰出的心理学家”①。

然而，我们必须分别对待作为生物学家的达尔文和作为心理学家的达尔文。作为生物学家的达尔文无疑达到了历史的巅峰，并以他的理论和成就开创了一个全新的时代；但作为心理学家，达尔文和与他同时代的其他人一样，没有能够超越他自己的时代。对此，我们或可以这样来理解：作为生物学家的达尔文不仅以他的进化论为其他心理学家们提供了据以工作的出发点，从而走向机能主义或作为机能主义的比较心理学等，同时也为他自己开展心理学研究创造了背景，从而将进化论扩展到心理学领域，或者说是将心理学纳入到进化论之中。当然，作这样类比的理解，尚不足以完全地把握这里讨论的主题，因为进化论与心理学之间的关系的意义，对达尔文而言和

① Hearnshaw, L. S. (1964). A short history of British psychology 1840—1940. London: Butler & Tanner Ltd. p. 34.

对心理学家而言是不同的：对达尔文而言，他之所以要研究心理学，主要是要为进化论作为一种生物学理论提供证据和论证；而对心理学家而言，他们是受进化论的启发而将进化论的思维方式引入到心理学之中，以解决他们所面对的心理学问题。所以，在进化论背景中，从心理学方面来说，无论是就他们开展心理学研究的理论动机而言，还是就他们对心理学所承担的理论职责而言，达尔文与心理学家们是相互不同的。

如前所述，达尔文的工作的基本性质以及进化论的根本旨趣是生物学的：试图说明地球上的物种及其生命形态的历史演化及其现实表现。《物种起源》一书赖以确立进化论的经验基础，正是物种及其生命的形态结构（morphological structure）或身体结构。但是，形态结构或身体结构只构成物种及其生命的一个方面；特别是对于人或动物而言，物种及其生命在完整的意义上还包括它的精神的或心理的属性或结构。特别是在达尔文那个时代，一个强有力地制约着进化论的传播与被接受的"传统的观点是认为，真正将人与动物区分开的，不是他们的身体，而是他们的心灵"。① 对此，达尔文本人是有着清醒的认识的。例如，在《人类的由来》一书的第三章，在开始讨论心理进化的问题之前，达尔文对前两章关于人类在身体结构方面与比人低等的动物的相似性和连续性，以及由这种相似性和连续性所暗示的结论总结道："我们在上面两章里已经看到，人在身体结构方面保持着他从某种低级类型传代而来的一些清楚的痕迹"；但他紧接着便又指出，"但也许有人会提出意见，认为人在心理能力方面既然和其他一切动物有偌大的差别，这样一个结论（指人从某种低等动物传代、衍生而来——引者注）一定有它错误的地方"。② 所以，在达尔文的同时代人包括达尔文本人的理解中，要在完全的意义上确立并论证进化论，还必须提供关于人或动物的心理进化的经验基础；这个经验基础，若套用达尔文自己的话来说，必然是寻找"人在心理结构方面保持着他从某种低级类型传代而来的痕迹"。事实上，达尔文自己清楚，如果他不能在心理领域一贯地坚持自然选择学说而"突然地提出，支配心理进化的乃是一套与支配身体进化不同的法则，那必将引起对整个自然选择学说的怀疑"。③

《人类的由来》一书的写作及其发挥的心理学研究，既可以看做是达尔

① Povinelli, D. J. (1993). Reconstructing the evolution of mind. *American Psychologist*, Vol. 48, No. 5, pp. 493～509.

② 达尔文著，潘光旦、胡寿文译：《人类的由来》（上册），商务印书馆 1997 年版，第 97 页。

③ Povinelli, D. J. (1993). Reconstructing the evolution of mind. *American Psychologist*, Vol. 48, No. 5, pp. 493～509.

文将他在《物种起源》一书的写作过程中所获得的那个洞察——即“我看到了将来更为重要的广阔的研究领域。心理学将稳固地建立在斯宾塞先生已充分奠定的基础上，即每一智力和智能必由梯级途径获得。人类的起源和历史也将由此得到许多启示”——在理论上具体地加以展开的产物，也可以看做是以对人作为一个自然物种的特例的考察来补充论证《物种起源》一书所确立的进化论；既可以看做是他将《物种起源》一书所确立的关于进化论的一般原理，向心理进化作为物种进化的一个特殊方面的具体运用，也可以看做是他试图通过对心理进化作为物种进化的一个特殊方面的具体考察，来补充论证《物种起源》所确立的关于进化论的一般原理。从机能心理学背景来看，《人类的由来》及其心理学研究的意义，更主要是在于通过对心理进化的研究来补充论证关于物种进化的一般原理；在达尔文的思考中，进化论和心理学作为两个不同的研究主题，进化论总是处于统辖、支配的地位，而心理学则永远只处于从属的、次要的地位。这种状况便决定了：达尔文从进化论的一般原理出发，可以随意地处置心理学的经验材料以论证进化论的一般原理，而不是相反，即不能通过对心理学的原创性研究，来反思或批判进化论的一般原理，特别是进化论的一般原理对心理领域及其进化的解释的普适性。事实上，如前所述，达尔文是不关心心理学的理论基础的。至少在《人类的由来》一书中，他在有关心理学论题上所采取的基本立场，是随着实验心理学的兴起而被否定了的官能心理学；而且也正因为如此，作为心理学在理论原则上是根本错误了的官能心理学，才能够被安置于进化论之中，而不至于导致进化论本身在理论体系上产生逻辑困难。由此，我们也可以进一步指出并理解这样一个事实，即至少从心理学方面来说，《物种起源》及其研究结论的创造性和科学性，并不能保证《人类的由来》一书中所展开的心理学研究的创造性和科学性；或者说，达尔文作为生物学家的创造性以及他在生物学领域所取得的成就的真理性，并不能自在地保证他作为心理学家的创造性及其心理学研究工作与结论的真理性。

仔细研读达尔文的著作可以看出，在《人类的由来》一书中，关于心理进化符合与机体进化同样的逻辑的信念，是作为论证的前提而不是作为论证的结果被提出来的；作为《人类的由来》据以开展心理学研究的前提的关于心理进化符合与机体进化同样的逻辑的信念，是《物种起源》一书写作过程中所获得的那个理论洞察对人及其心理存在的应用性推演，因此必须符合并从属于《物种起源》所阐发的进化论的一般原理。例如，达尔文指出：“如果一切生物之中只有人才备有任何心理能力，或者，如果人的心理能力在性质上完全和低等动物不一样的话，我们将永远不能理解或无法说服自己，我们的这些高度的能力是逐步逐步发展出来的。”[①]从这一段论述,我们至少可以读出两个问题:其一,达尔文是为了一贯地坚持物种及其属性“是逐步逐步发展出来的”这一进化论的主题,才不得不假定不仅动物和人一样“备有心理能力”,而且动物的心理能力和人的心理能力“在性质上”没有什么不一样;其二,从中也可以看出达尔文心理学思想的匮乏,因为不仅如前所述,进化论作为一种生物学理论有完全实现其意义的它自己的合适的领域,即物种及其自然形态的现状及其历史,而且即使承认“人的心理能力在性质上完全和低等动物不一样”,也未必导致对物种及其属性“是逐步逐步发展出来的”这一进化论主题的否定。不仅如此,关于心理进化符合与机体进化同样的逻辑,他也只能笼统地说:“我们可以指出,人和其他动物的心理,在性质上没有什么根本的差别,更不必说只有我们有心理能力,而其他动物完全没有了。”[②]以这种方式“指出”的结论,自然不像《物种起源》在系统地考察物种及其生命的形态结构的基础上得出关于物种进化的结论那样具有逻辑的说服力。总而言之,纵观达尔文的思想进程,在达尔文那里,关于心理进化符合与机体进化同样的逻辑的信念,是没有得到论证的,而是从《物种起源》所确立的进化论的一般原理中获得的一个理论直观,并在一种素朴的类比的意义上将意识实在或心理的存在等同于有机体实在或身体的存在,进而将这一理论直观直接地应用于人作为一个自然物种的心理存在。

关于意识实在是否能够被等同于有机体实在以及二者在何种意义上能够被等同,关于心理的体验的世界和物理的经验的世界是否能够以同样的方式被思考、被理解,以及与此相关的关于心理进化是否符合与机体进化同样的逻辑等,虽然这些问题在机能心理学的历史中或一般而言在心理学的历史中未曾在严肃的意义上被提问,并在系统的意义上被讨论过,但这种历史状况并不意味着,这些问题如心理学在历史上一贯主张的那样属于所谓“形而上学问题”而与作为一门科学的心理学无关。相反,心理学的历史进展一再表明,这些问题恰恰是心理学不能回避的根本的基础性问题。每当心理学以回避这些“形而上学问题”为代价或策略而取得的某种理论形态发展到一定阶段时,这些“形而上学问题”便浮出水面而要求心理学做出回答。虽然这些问题已经远远超出了本书的范围,这里也不可能在展开的意义上对这些问题进行系统的讨论,但在这里提出这些问题是恰当的,因为对机能心理学作为实验心理学的一个历史形态或理论形态而言,关于心理进化是

① 达尔文著,潘光旦、胡寿文译:《人类的由来》(上册),商务印书馆 1997 年版,第 98 页。
② 达尔文著,潘光旦、胡寿文译:《人类的由来》(上册),商务印书馆 1997 年版,第 98 页。

否符合与机体进化同样的逻辑,就是这样的一个形而上学问题;而且,对这些问题的思考必将有助于极大地扩展心理学的理论视野,并促进心理学与其他学科的相互融通和共同发展,因为这些问题并不只是心理学的特权领域,如下文即将指出的那样,它们同样也是其他一些学科,如生物学、人类学、哲学等共同关注的核心问题。实际上,从这个问题背景来说,机能心理学的兴起,正是以对关于心理进化是否符合与机体进化同样的逻辑这个"形而上学问题"的回避为前提的;而机能心理学最终陷入危机并走向衰落,也正是因为它还没有回答并澄清这个"形而上学问题"。

因为机能心理学未曾回答并澄清心理进化是否符合与机体进化同样的逻辑,我们在这个问题上似乎也就不能对机能心理学的历史说些什么。但是,如果我们超越了狭义的心理学及其历史,如果我们将视野扩展到心理学以外,如生物学、人类学、哲学等学科及其历史,我们必将能够获得据以回答并澄清这个问题的一些极富启发性的线索。

事实上,与达尔文同时代,并几乎与达尔文同时提出以自然选择学说为基础的生物进化论的英国生物学家华莱士(Alfred Russel Wallace,1823—1913),就倾向于把人排除在自然选择的作用范围之外,并求助于上帝的创造来解释人类理智(human intellect)亦即人类心理的起源。尽管与一切生物结构都是因为适应环境的需要并经受自然选择的作用而被塑造成型的这一进化论原则相违背,华莱士还是相信:"自然选择不可能塑造出像人脑这样令人惊异的复杂结构,因为人脑似乎包含着进步的无限的潜能。"所以,对华莱士而言,"他所能想象到的、能够产生人类理智的唯一机制,只能是上帝之手"。[①] 虽然华莱士只能在自然选择学说和上帝创造说之间做出非此即彼的选择来解释人类理智的起源,而想象不到关于人类理智起源的其他可能的机制,这显示了华莱士心理学思想的贫乏,而且毫无疑问,求助于上帝的创造来解释人类理智的起源乃是一种历史的倒退趋势,但从这里讨论的主题来看,华莱士的意义恰恰在于,他看到并指出了心理进化与机体进化之间的差异性,并为构想与机体进化不同的关于心理进化的机制或逻辑保留有充分的理论空间。

苏联生物学家和遗传学家杜布赞斯基(Theodosius Dobzansky,1900—1975)更明确地指出了心理进化(或文化进化)与机体进化(或生物进化)之间的原则性差别。他认为:"人类生物学和人类文化,乃是同一个系统的两

① Povinelli, D. J. (1993). Reconstructing the evolution of mind. *American Psychologist*, Vol. 48, No. 5, pp. 493~509.

个部分，是在生命历史中有它独特性和前所未有的。人类的进化若不是生物的和社会的变异因素相互作用的结果，那是不可能了解的”；“在动物和植物中，形成对环境的适应性，是通过其基因型的变异。只有人类对环境刺激的反应，才主要是通过发明、创造和文化所赋予的各种行为。现今文化上的进化过程，比生物学上的进化过程更为迅速和更为有效”；“获得和传递文化特征的能力，就成为在人种内选择上最为重要的了。”①

在当代世界，德国哲学家卡西尔(Ernst Cassirer，1874—1945)是为数不多的百科全书式的思想家之一。作为哲学家，卡西尔在我们这里所讨论的问题背景中的意义，至少表现在以下两个方面。其一，他的文化哲学体系是以心理实在或意识实在作为与物理实在完全不同的一种存在为出发点的，并试图通过对作为意识的具体存在样态的宗教、神话、语言、艺术、科学等符号形式的考察，来理解意识及其历史。例如，他认为“在语言的纯粹感觉材料中，在人类声音的纯粹发音中，存在着一种超越事物的特殊力量”②，这个力量就是与“语言的纯粹感觉材料”作为物理存在相对峙的人的精神存在；而且，在卡西尔看来，“我们绝不可能用探测物理事物的本性的方法来发现人的本性。物理事物可以根据它们的客观属性来描述，但是人却只能根据他的意识来描述和定义”③。其二，通过对“人是什么”问题的追问，卡西尔不仅与上述第一方面相一致地把人定义为“符号的动物”，而且正是以此为基础才能够发现并指出文化进化或心理进化自己的逻辑，而不是盲目地把进化论关于身体进化或物理进化的一般原理，直接地套用过来说明人类文化或心理的进化。因此，与我们在前面关于达尔文的思想进程的分析和讨论相一致，卡西尔虽然一方面赋予了达尔文及其《物种起源》一书以世界历史的意义，认为“从此以后人类学哲学的真正品格似乎是一劳永逸地被确定了；在无数次无效的努力以后，人的哲学终于站到了牢固的基地之上”。但同时，在另一方面，他也暗示着对《人类的由来》，特别是作为其有关心理学研究的前提的关于心理进化符合与机体进化同样的逻辑的不满和质疑：“但是，在一个真正的人类学哲学能够得以发展之前，还有另一个或许是最重要的步骤必须被采取。进化论已经消除了在有机生命的不同类型之间的武断的界线。没有什么分离的种，只有一个连续的不间断的生命之流。但是我们能把同样的原则应用于人类生命和人类文化吗？文化的世界，也像有机

① 转引自孙正聿：《理论思维的前提批判》，辽宁人民出版社 1992 年版，第 199～200 页。

② 卡西尔著，黄龙保、周振选译：《神话思维》，中国社会科学出版社 1992 年版，第 46 页。

③ 卡西尔著，甘阳译：《人论》，上海译文出版社 1985 年版，第 8 页。

世界那样是由偶然的变化所构成的吗？——它不具有一个明确而不容否认的目的论结构吗？”①虽然“显而易见，对于统辖一切其它有机体生命的生物学规律来说，人类世界并不构成什么例外”②，但是，“在人类世界中我们发现了一个看来是人类生命特殊标志的新特征……这个新的获得物改变了整个的人类生活。与其它动物相比，人不仅生活在更为宽广的实在之中，而且可以说，他还生活在新的实在之维中”。③

自20世纪90年代以来，在英美学术界，关于文化进化问题形成了一股新颖而颇有创造性的理论思潮，即谜米学研究（the memetic approach）。这一理论思潮的兴起所针对的一般背景是百余年来在进化论影响下，生物学、心理学、人类学等学科及其综合形式如社会生物学、进化心理学等，在关于人类文化进化或心理进化问题的研究中只取得了不尽人意的极有限的成就或进展的历史现状；它提出的直观的经验基础是人类普遍的模仿能力；它形成的方法论基础是基因学类比，即将生物学把基因作为自然选择的对象和单位的思想方法，类比引申到对文化的理解，认为文化有类似于基因的基本单位，并构成文化进化中自然选择的对象，这个基本单位就是谜米（the meme）。限于本书主题，这里不可能详细评述所谓谜米学及其基本内容，而满足于指出如下事实及其在这里所讨论的问题背景中的意义。在以进化论为基本思维框架的关于文化进化或心理进化的学术努力中，谜米学是质疑并否定关于心理进化符合与机体进化同样的逻辑的信念，并明确主张心理进化拥有并符合它自己的逻辑的第一个系统的理论尝试。例如，第一个合成并使用“meme”一词的英国生物学家道金斯（Richard Dawkins，1941—　）就指出：“一伺这种新的进化过程（意指谜米的进化、文化的进化或心理的进化——本书作者注）发轫于斯，它就未必非得从属于旧的进化过程（意指基因的进化、生物的进化或机体的进化——本书作者注）不可。”④道金斯的学生、试图将谜米学作为一门科学建立起来的英国学者布莱克摩尔（Susan Jane Blackmore，1951—　）则更明确地指出：“基因是储存于生物体细胞之中的、合成蛋白质的生化信息，并且是通过繁殖过程而实现代际传递的；基因之间的相互竞争推动着生物世界的进化。谜米是储存于大脑之中的、执行行为的文化信息，并且是通过模仿过程而实现人际传递的；谜米之间的相

① 卡西尔著，甘阳译：《人论》，上海译文出版社1985年版，第26～27页。

② 卡西尔著，甘阳译：《人论》，上海译文出版社1985年版，第32～33页。

③ 卡西尔著，甘阳译：《人论》，上海译文出版社1985年版，第24页。

④ Dawkins, R. (1976). The selfish gene. Oxford University Press. pp. 193～194.

互竞争推动着(人类)心理的进化。"①"一旦谜米产生了,它们就必将获得它们自身的生命。"②特别是在否定的、批判的意义上,布莱克摩尔还颇敏锐地指出,此前以进化论为基本思维框架的关于文化进化或心理进化的各种理论,包括机能心理学以及当代兴起的进化心理学,"大多没有将一般的进化理论与生物进化的特殊理论加以区分",因而不能澄清生物世界及其进化与文化世界及其进化之间的关系,并由此陷入一个理论解释的误区或陷阱,即总是要以对基因或生物的生存与进化的"利益"为准绳,来理解或解释文化进化或心理进化的机制。对此,布莱克摩尔指出:"全部谜米学的根本要点,是将谜米理解为一种独立存在的复制因子,它的运作完全是为了它自身的利益,亦即它的自私的自我复制。如果没有除基因以外的另一种复制因子,而你又是一位热心的达尔文主义者,那么,在你那里,每一件事情都必须以某种方式回溯到基因——也就是说,对于每一件事情,你都必须追溯到它的生物学方面的优越性才能加以理解。如果存在着两种(或两种以上)的复制因子,那么,在不同种类的复制因子之间就必然存在着利益的冲突——一方面是基因使整个事情朝一个方向发展,另一方面是谜米又使整个事情朝另一个方向发展。对谜米学而言,这些事例具有重大的意义,因为它们仅仅通过基因学是不可以加以预见的,并因而揭示了谜米学的价值。如果这种事例发生了,那么它们就证明,我们需要一种关于谜米的理论——或者至少可以说,我们需要这样一种理论,这种理论关涉到某种除基因以外的其它类型的复制因子。"③

以上对相关学科关于心理进化或文化进化与机体进化或生物进化之间关系的理解的历史趋势的极其概略的讨论,意在说明,不仅这个问题是一个真实的问题,而且心理学应该可以从这些学科中获得启示以完成它自己对这个问题的论证,从而才能完全地理解进化论与心理学之间的关系以及进化论作为一种生物学理论对心理学的意义。进化论作为一种生物学理论,试图说明的,是有机自然物在自然力的盲目作用下的演化过程。就人类而言,它只适用于对人类自然历史过程的理解。人的自然历史过程包含两层含义:一是指当人类处于前人类的动物状态时的演化史,二是指当人类进入

① 布莱克摩尔著,高申春等译:《谜米机器——文化之社会传递过程的"基因学"》,吉林人民出版社2001年版,第30页。

② 布莱克摩尔著,高申春等译:《谜米机器——文化之社会传递过程的"基因学"》,吉林人民出版社2001年版,第52页。

③ 布莱克摩尔著,高申春等译:《谜米机器——文化之社会传递过程的"基因学"》,吉林人民出版社2001年版,第51~52页。

文明状态后的历史发展过程的自然的方面。人类文明的诞生，如卡西尔等人所指出的那样，彻底改变了人的生存方式，使人类摆脱了自然力的盲目作用，并从自然界中突显出来而成为自然力的驾驭者。因此，在人的文明的历史进程中，自然力的作用便隐退为人的存在的背景因素；此时，对人类历史过程起主要决定作用的，就是人的自觉的实践活动，而不再是盲目的自然力。就对文明的人类历史的理解而言，进化论失去了它的解释的优先性。对此，马克思曾高度概括地指出："人的存在是有机生命所经历的前一个过程的结果。只是在这个过程的一定阶段上，人才成为人。但是一旦人已经存在，人，作为人类历史的经常前提，也是人类历史的经常的产物和结果，而人只有作为自己本身的产物和结果才成为前提。"[①]按照马克思主义者的理解："人作为历史的经常的前提和结果，人就不仅仅是作为有机生命体的自在的存在，而且是作为历史的创造者的自为的存在，人类的进化就不仅仅是生物学意义上的遗传与变异，而且是历史学意义上的延续与创新。"[②]依本书作者看，无论是在特殊的意义上对于批判地理解机能心理学及其历史而言，还是在一般的意义上对于理解心理学的理论基础并回答包括心理进化的逻辑等心理学的"形而上学问题"而言，"马克思的关于人及其历史的辩证法"[③]，都是一个巨大的理论资源；特别是在我国的心理学背景中，这个理论资源值得，而且应该作为一个专门的论题得到系统的探讨。

第二节　发生心理学的研究路线

前面曾指出，在机能心理学的历史中，与适应心理学相比，(种系)发生心理学未曾作为整体形成一个连贯的历史和线索，而且任何一个(种系)发生心理学的研究方案，都没有能够在直接的、肯定的意义上实现促成(种系)发生心理学研究的理论动机，原因之一是(种系)发生心理学的研究方案存在着极大的实际困难。事实上，在机能心理学的历史中，(种系)发生心理学

① 《马克思恩格斯全集》(第26卷)，人民出版社1972年版，第545页。
② 孙正聿：《理论思维的前提批判》，辽宁人民出版社1992年版，第199页。
③ 孙正聿：《理论思维的前提批判》，辽宁人民出版社1992年版，第202页。

的研究工作，主要是以各种间接的方式如比较心理学、儿童心理学等而大量展开的，从而形成（种系）发生心理学的不同的研究路线。以下将尝试从比较心理学、儿童心理学以及詹姆斯关于必然性真理的讨论等几个侧面，粗线条地勾勒（种系）发生心理学的历史线索。

一、比较心理学

一般地说来，比较心理学可以被等同于动物心理学。但是，在机能心理学，特别是发生心理学作为机能心理学的背景中，必须对二者做出区分，才能理解比较心理学作为发生心理学的意义与实质。为此，还必须首先就动物心理学和比较心理学各自的思想史背景以及二者之间的关系作一概略的讨论。

动物心理学本身有着极其复杂的思想史背景，而且是多种不同的思想线索共同作用的产物。首先需要明确的是，一方面，按照希腊文字根的含义，心理学（psychology）一词意指"灵魂的逻辑（the logos of the psyche）"，或者也可以直接引申为"关于灵魂的知识（knowledge about the soul）"；另一方面，就西方文化思想史的主流趋势而言，从古代到近代早期，"灵魂"被认为是人的独特的拥有物，并因而是将人与动物区别开来的标志。在这个意义上讲，就无所谓动物心理学。因此，动物心理学要成立自身，必须首先完成一个具有理论基础意义的论证，即"灵魂"或"灵魂"一词所意指的那种存在，亦即一般所谓的心理活动或心理能力，并不是人的独特的拥有物，同时也为动物所拥有；只有当动物被认为也有灵魂或心理时，将动物作为心理学的研究对象才是合乎逻辑的。在某种意义上讲，如前所述，达尔文及其进化论为动物心理学提供了这个理论基础的论证。其次，这并不意味着在达尔文以前的西方文化思想史中，未曾有过对动物行为的观察和关于动物心理的猜测。事实上，正如进化论思想在西方文化中源远流长一样，对动物行为的观察和关于动物心理的猜测也可以追溯到古希腊。例如，亚里士多德就曾对各种不同的物种有过广泛的观察和记录，并认为，不同的物种从最低级物种到最高级物种，可以被排列构成一个连续的系统，他甚至还赋予某些动物如蛇、大象等以很高的智慧；古罗马哲学家普罗提鲁认为，动物也具有灵魂，因而关于人类世界的伦理同样也应该适用于动物世界。① 至17世纪，随着关于自然史的博物学的兴起，有关动物及其行为的观察研究更趋系统化。早期博物学的研究旨趣是宗教的，即通过对动物的智慧行为的观察，来证明并理解上帝创世的意图与功绩。② 这里可以顺便指出，达尔文以前的动物研究不具有它自身的意义和价值：它在古代构成通向理解人的本质的一条参考途径，在近代则构成人据以通向上帝的途径之一。也正因为如此，有人认为，桑代克（Edward Lee Thorndike，1874—1949）是真正意义上的动物心理学的创建人，正是桑代克不仅将心理学的实验室实验方法系统地引入动物行为的研究，而且主张“动物行为的实验研究有它自身的独立价值”③。第三，就心理学作为一门独立科学的历史而言，特别是在20世纪上半叶，随着行为主义的兴盛，动物研究曾构成心理学研究的主导范式，并对心理学作为一门独立科学的发展做出了实质性的贡献。如后面将要论证的那样，行为主义的兴起以及动物研究范式的发展，在形式方面是心理学追求科学、追求客观化的一般趋势的产物，在实质方面是对由心理学关于意识的理解方式的内在矛盾所引起的理论危机的反应的结果。第四，从地域特征及民族气质来看，动物心理学研究首先于19世纪下半叶随着进化论的创立在英国开始，其后于20世纪随着心理学在美国的发达而兴盛，如波林所指出的那样：“动物心理学和比较心理学以及人和动物的心理进化的概念，在达尔文的影响下都先发端于英国。不久这些方面的兴趣全部移到美国得到了蓬勃的发展。”④现代意义上的动物心理学，主要是由后两条线索塑造成形的。

根据波林的记述，“比较心理学”一词是由罗曼尼斯创造出来的，“用以鼓励心灵进化的研究”⑤。毫无疑问，比较心理学必然要以动物心理学为基础，只有在关于各种不同物种的动物心理学研究资料的基础上，才有可能对不同物种的动物心理学研究资料进行比较。从这个意义上讲，比较心理学便是动物心理学的一个综合的组成部分。不仅如此，与动物心理学相比，比较心理学还必须完成一个进一步的理论论证，即不仅动物拥有灵魂或心理，而且，动物的灵魂或心理在性质上与人的灵魂或心理是同一的。亦如前文

---

① 参见 Capaldi, E. J. (2000). Animal learning and behavior. In Kazdin, A. E. (Ed.), *Encyclopedia of psychology*. Washington, D.C.: American Psychological Association, 2000, Vol. 1, pp. 175～179.

② Hearnshaw, L. S. (1964). A short history of British psychology 1840—1940. London: Butler & Tanner Ltd. p. 86.

③ Sheehy, N. (2004). Fifty key thinkers in psychology. London: Routledge. p. 221.

④ 波林著，高觉敷译：《实验心理学史》（下册），商务印书馆1982年版，第535页。

⑤ 波林著，高觉敷译：《实验心理学史》（下册），商务印书馆1982年版，第717页。

所指出的那样，正是达尔文及其进化论以某种方式为比较心理学完成了这个理论基础的“论证”。一旦进化论及其关于人和动物心理连续性观念被确立，并作为理论基础被心理学接受之后，在这样的理论视野中，全部心理学研究，包括人类心理学以及关于任何一个物种的心理学研究，都可以纳入到比较心理学范围之内。正是在这个意义上，墨菲等人认为：“十九世纪晚期与二十世纪早期的全部心理学都可以看作比较心理学。”①

按照字面含义来理解，“比较心理学”必须首先完成对不同物种的行为特征或心理能力的观察或研究，并在此基础上对这些观察结果或研究结论加以比较，以发现行为特征或心理能力是否针对不同物种具有种的差异性，或表现出跨物种的普遍性或连续性。我们将发现，在一种意义上，即在首先完成对不同物种的行为特征或心理能力的观察，然后再得出某种结论的意义上，罗曼尼斯的比较心理学研究以及整个比较心理学的历史发展，正遵循着这样的逻辑。但在另一种意义上，亦即在比较心理学的指导思想及其研究的理论动机方面，无论是达尔文、罗曼尼斯，还是整个比较心理学的历史发展，都未能遵循这样的逻辑，并特别需要我们批判地加以反思，才能把握历史形态的比较心理学，特别是比较心理学作为发生心理学及其成就的真意。

事实上，比较心理学从一开始就有着明确的指导思想，虽然这个指导思想本身是不甚明确的。这个指导思想就是达尔文及其进化论关于人与动物心理连续性的假说以及关于心理进化符合与机体进化同样的逻辑的理论信念。说这个指导思想本身是不甚明确的，就是因为如前文所详细讨论的，关于人与动物在心理上是否具有连续性以及关于心理进化是否符合与机体进化同样的逻辑等问题，未曾在比较心理学的历史中得到认真的追问和系统的澄清。与此相一致，比较心理学从一开始就有着明确的研究动机，即通过不同物种的行为特征或心理能力的观察和研究，来发现或证明人与动物的相似性和连续性。所以，在比较心理学与进化论的关于人与动物心理连续性假说之间的关系中，前者绝对地从属于后者，而不是相反，恰如前文所指出的达尔文的心理学研究与其生物学理论之间的关系一样。

波林曾追踪过罗曼尼斯的思想进程和比较心理学关于心理进化研究的历史。罗曼尼斯出身于一个富有贵族家庭，在生活气质上类似于高尔顿。他不必为生计而承担任何社会的职责，相反，他的研究工作完全出自他学术兴趣的本性。他主要是一个生理学家，在神经系统解剖学方面颇有建树，又

① 墨菲、柯瓦奇著，林方译：《近代心理学历史导引》，商务印书馆 1980 年版，第 491 页。

受达尔文的影响而成为一个热心的进化论的生物学家。他对心理学的贡献，主要表现在1874—1887年间卓有成效的比较心理学研究。虽然从对比较心理学作为一门学科的建立和发展的历史意义来说，他于1882年发表的半通俗的《动物的智慧》，被认为是心理学史上第一部比较心理学著作，但罗曼尼斯自己并不认为这是他"最重要的著作"，因为"他在此书内仅欲立一事实的基石，好建筑其心理进化说于其上"①。以此为基础，他陆续发表《动物心理的进化》(1883)和《人类心理的进化》(1887)。虽然史家普遍认为，"由我们看，第二第三两部书似都不及第一部的重要"②，这主要是因为史家关注于罗曼尼斯的工作的学科史意义，而不是其研究主题的理论意义，但对罗曼尼斯自己而言，《人类心理的进化》才是他"最重要的一部"著作，因为关于人类心理进化的主题，是他的全部比较心理学研究的最终目标。

罗曼尼斯的比较心理学研究以及英国早期比较心理学及关于心理进化的研究，总体上表现出以下两个特征。其一，它不是通过比较心理学的研究资料，合乎逻辑地推理出人与动物心理连续性的"结论"；相反，与达尔文的工作所表现出的典型性质相一致，它首先把生物进化论关于人与动物心理的连续性"假说"作为信念承诺下来，然后寻找比较心理学资料来补充"论证"这一信念。其二，与比较心理学后来在美国的发展相比，英国比较心理学研究在规模上零散而不够系统化，在理论上相对盲目而不甚自觉，这与比较心理学的成熟状态以及生物进化理论的完善程度有关。随着心理学在美国的发达以及进化论的渐趋完善，特别是进化论关于物种进化的等级系列的认识逐渐明朗化，比较心理学作为发生心理学的研究亦逐步趋向于自觉和系统化，并在美国心理学家叶克斯(Robert M. Yerkes，1876—1956)那里达到了顶峰。波林曾简洁而形象、生动地为我们描绘出了这个历史背景，可以省却我们在这个问题上的努力。他指出："罗曼尼斯曾创造比较心理学一词用以鼓励心灵进化的研究……但是否有任何一个心理学家像罗伯特·M·叶克斯那样完全接受它的涵义，那是很可怀疑的。他肯定地可被视为美国比较心理学运动的领导者，这不仅因为他信仰比较的研究，还因为他的工作范围，他的坚韧性，他对研究组织的影响。他的研究计划可说是沿着进化等级而上升，因为从1900年以来，他继续研究各种较低等的动物，然后上升至蟹、鳖、蛙、跳鼠、鼠、爬虫、鸦、鸠、猫、猴和人……最后，如他所常愿望的那

① 波林著，高觉敷译：《实验心理学史》(下册)，商务印书馆1982年版，第536页。

② 波林著，高觉敷译：《实验心理学史》(下册)，商务印书馆1982年版，第537页。

样，他先在耶鲁后在佛罗里达，使实验室对类人猿作广泛的系统研究。”①

我们在这里所要关心的，主要不是比较心理学本身及其历史发展，而是比较心理学关于心理进化的研究，亦即比较心理学作为（种系）发生心理学的研究进展，特别是这种发生心理学作为机能心理学的历史意义和理论意义。如前所述，（种系）发生心理学试图考察心理实在的历史演进过程，即追溯心理实在如何在进化过程中形成和发展的历史，并在此基础上理解心理实在或意识的活动对有机体实在的生存的适应价值。然而，在实践上，种系发生心理学的研究方案存在着极大的实际困难，因为我们很难恢复某一特定物种进化的历史，因而就人类而言，我们很难——实际上是不可能——具体而真实地把握人类及其心理是如何在其进化的历史演进过程中逐步形成、发展而演化至目前的现实的。正是作为应对这一实际困难的权宜之计，发生心理学的研究方案才转而通过比较心理学这一间接的方式得到展开。比较心理学在这一方面的研究工作是以人类心理与动物心理的连续性假设为前提的。这一假设在逻辑上成立，但在运用和推理时却非常危险而易于造成失误。当我们说人类心理是由动物心理演化而来时，我们只能理解为人类心理是由当人类处于前人类的动物状态时所具有的心理——动物心理——演化而来的，这种演化过程在时间上具有连续性，由这种演化过程所实现的人类心理与动物心理的连续性，也只有在时间逻辑的意义上才能成立。但比较心理学却试图通过现存的、空间上的不同物种的心理的比较研究，来推测人类心理在时间上的进化过程，如叶克斯的研究工作所典型地表现出来的那样。这种研究工作是以一个比人类心理与动物心理连续性假设更进一步的、更为基础的潜在假设为前提的，即认为人类心理不仅在时间的意义上，而且在空间的意义上与动物心理具有连续性，而且这种空间意义上的连续性与时间意义上的连续性具有同一性。这一假设作为对生物进化论的一个推论，不仅因为未能在理论上得到系统的论证而在逻辑上是武断的，而且与进化论本身不相容。正因为如此，比较心理学最终导致了否定普遍存在的心理实在的行为主义，因而未能实现比较心理学作为发生心理学的理论初衷。也正因为如此，在机能心理学背景中，心理学家们普遍地转而倾向于适应心理学亦即黎黑所说的个体问题的研究，而忽视发生心理学亦即黎黑所说的物种问题的研究。

① 波林著，高觉敷译：《实验心理学史》（下册），商务印书馆 1982 年版，第 717～718 页。

二、儿童心理学

前面在讨论发生心理学思想的一般背景时曾指出，在一种意义上，亦即在关于心理现象的个体发生的意义上，儿童心理学或发展心理学构成一种发生心理学，即个体发生心理学，它所追求的是各种具体的心理现象，如知觉、记忆、语言等在个体生命成长过程中的时间规划等的规律性知识；在机能心理学背景中，这种意义上的发生心理学不是我们所要关注的焦点。在机能心理学背景中，我们所关心的是儿童心理学或发展心理学作为种系发生心理学的理论意义和历史意义。

如前所述，种系发生心理学试图考察心理实在的历史演进过程，即追溯心理实在如何在人类作为一个物种的进化过程中形成和发展的历史，并在此基础上理解心理实在或意识的活动对有机体实在的生存的适应价值。那么，儿童心理学或发展心理学如何能够作为种系发生心理学而成立并得到发展的呢？儿童心理学或发展心理学之所以能够作为种系发生心理学而成立并得到发展，是以美国心理学家霍尔（Granville Stanley Hall，1844—1924）关于心理发生的复演论（recapitulation theory）为基础的。事实上，儿童心理学或发展心理学正是以霍尔的复演论为历史的理论基础才走上科学的发展道路的。换句话说，正是通过以霍尔的复演论为理论基础这一历史的契机，儿童心理学或发展心理学才获得了作为科学心理学得到发展的推动力，虽然儿童心理学或发展心理学终因不能证实霍尔的复演论而逐渐淡忘之。所以，一般认为，霍尔是“儿童心理科学研究的真正奠基人”①。

由于霍尔不仅在发生心理学思想背景中占有一个重要的地位，而且作为美国心理学的主要先驱人物之一，霍尔既在理论方面对他那个时代的心理学，又在社会组织方面对整个美国心理学的历史发展产生了广泛而深远的影响，这里有必要对霍尔的个人背景做些介绍。

霍尔于1844年出生在美国马萨诸塞州西北角的一个叫阿希费尔德的偏僻山村，父母受过教育，且都做过乡村教师。其母亲毕业于奥尔巴尼女子学院，差不多是当时新英格兰地区唯一一所女子高等教育机构。总的来说，其母亲的教育程度高于其父亲，并因而比他的父亲更加开明，所以史称霍尔是在母亲赞助、父亲反对的情形中上大学的。在霍尔童年的时代，在像阿希费尔德这样偏僻的小山村，这样的家庭也可谓是书香门第了。霍尔自幼虽

① 李丹主编：《儿童发展心理学》，华东师范大学出版社1987年版，第8页。

算不上天资聪颖,但也善于沉思而对多种事物产生强烈的兴趣。或许正是这样的出身背景,决定了霍尔成年后野心勃勃而又充满忌妒的人格特征以及他的好大喜功的做事风格。

1863年,霍尔入威廉兹学院,至1867年毕业。正是在这个学院,霍尔不仅接受了科学的基础训练,而且对哲学产生浓厚兴趣,特别是对进化论产生了深刻的印象并深受进化论的影响。也正是进化论思想构成了他成年后全部心理学研究的统一的基本主题。霍尔上大学原本是要做牧师的,所以1867年毕业后,入纽约联合神学院。霍尔在纽约一年,虽在学业上未有所成,但纽约的都市生活却极大地开阔了来自偏僻山村的霍尔的视野,并结识著名传道士比彻尔(Henry Ward Beecher,1813—1887),后者力促霍尔赴德国留学。于是霍尔便于1868年留学德国,先在波恩大学学哲学和神学,后转赴柏林大学,除哲学和神学外,又随杜布瓦—莱蒙(Emil Heinrich Du Bois-Reymond,1818—1896)钻研生理学和物理学。霍尔在德国留学三年,学业上依然未有所成,不仅没有获得学位并负债很多,1871年回国后生活也没有着落。颇费一番周折后,霍尔于1872年接受俄亥俄州安提阿学院的邀请,于该学院讲授英文,但他的兴趣却在哲学方面。其间,霍尔于1874年读到冯特的《生理心理学原理》,于是对这种新的科学的心理学发生兴趣,决意赴德国随冯特学心理学。1876年,霍尔离开安提阿学院,准备第二次赴德国留学。途径波士顿时,暂时寓居于哈佛大学附近,幸得哈佛大学校长埃略奥特之邀,任哈佛大学英文教师。霍尔欣然接受埃略奥特校长的邀请,原本是想要以此为跳板,逐步转入哲学系专门研究哲学和心理学,结果未遂其愿。对霍尔来说,给低年级学生讲英语课是令人乏味的,他便在业余寻找机会到哈佛大学医学院跟鲍迪奇(Henry Pickering Bowditch,1840—1911)学生理学,又追随詹姆斯钻研心理学,并于1878年在詹姆斯指导下获心理学哲学博士学位,史称这是全美授予的第一个心理学博士学位,也是霍尔一生创下的"许多杰出的'第一'的记录"①的第一个。获博士学位后,霍尔立即赴德国,先在柏林大学学习一年,主要是在杜布瓦—莱蒙的生理学实验室从事研究。1879年9月,霍尔在柏林遇见在安提阿学院教过的一个学生费什尔,两人多年后重逢于异国他乡,也算一种缘分,便相爱而成亲,构成心理学史的一段佳话。婚后,霍尔即携妻来到莱比锡,与费希纳为邻,并自荐为冯特的助手,成为冯特创立世界第一个心理学实验室后的第一个美国学生。虽然促成霍尔第二次留学德国的主要动机是想追寻冯特学习新心理学,但总的

① 舒尔茨著,杨立能等译:《现代心理学史》,人民教育出版社1981年版,第150页。

来说，随冯特学习心理学的经历是令霍尔感到失望的。于是，霍尔便返回柏林，试图追随赫尔姆霍茨（Hermann von Helmholtz，1821—1894）研究生理学，结果发现，赫尔姆霍茨此时正在钻研物理学而不是生理学，让霍尔感到大为扫兴。在这种情势下，一方面出于既来之则安之的心态，另一方面也是为将来的生计着想，霍尔转而考察欧洲教育，希图将心理学应用于教育及其实践。

1880年9月，霍尔回国。此时对霍尔来说，生活依然惨淡：既没有找到工作，又看不到学术或职业上的任何希望，只得再次寓居于哈佛大学附近。综观霍尔的一生，他应当感谢哈佛大学校长埃略奥特，因为正在这时，又是埃略奥特校长邀请他以哈佛大学的名义在每星期六上午向公众讲演教育问题。这个系列讲演极其成功，是霍尔“从默默无闻变成赫赫有名的第一步”[①]。早在1878年，新成立的约翰·霍布金斯大学校长吉尔曼（Daniel Coit Gilman，1831—1908）就曾有意邀请詹姆斯赴霍布金斯大学组建哲学和心理学学科，但詹姆斯因个人婚恋问题的困扰而拒绝了吉尔曼校长的邀请。[②]至1881年，吉尔曼校长又邀请霍尔赴霍布金斯大学讲演。至少部分地是由于讲演的成功，吉尔曼校长于1882年决定将霍尔作为詹姆斯的替补请进了霍布金斯大学（霍尔受聘霍布金斯大学，另一个很重要的原因是他回国前请冯特为他写的颇为肯定的推荐信[③]）。1883年，霍尔在霍布金斯大学创办全美第一个心理学实验室，又于1887年在霍布金斯大学创办全美第一份心理学杂志，即至今仍然在心理学界具有重大影响的《美国心理学杂志》。霍尔在霍布金斯大学的工作是卓有成效的，除创办心理学实验室和心理学杂志外，他还在霍布金斯大学培养了一大批后来在心理学界享有盛名的心理学家，如杜威、卡特尔、唐纳尔森（Henry H. Donaldson，1857—1938）、桑福德（Edmund Clark Sanford，1859—1924）、伯纳姆（William H. Burnham，1855—1941）、贾斯特罗（Joseph Jastrow，1863—1944）等。

1888年，霍尔应邀前往位于马萨诸塞州中部的伍斯特（Worcester，Massachusetts），准备就任新成立的克拉克大学第一任校长。克拉克大学是伍斯特地方富商克拉克（Jonas Gilman Clark，1815—1900）捐资兴建的。作为

① 舒尔茨著，杨立能等译：《现代心理学史》，人民教育出版社1981年版，第152页。

② 参见 Allen，G. W.（1967）. William James. New York，N. Y.：The Viking Press，Inc. pp. 219～220.

③ Bringmann，N. J. and Bringmann，W. G.（1980）. Wilhelm Wundt and his first American student. In W. G. Bringmann and R. D. Tweney（eds）. *Wundt Studies：A centennial collection*. Toronto：C. J. Hogrefe，Inc. pp. 176～192.

商人，克拉克在教育上原本没有太高的期望，只是想在家乡为乡邻提供一个接受普通高等教育的机会。但霍尔却另有图谋，以此为契机实现他出人头地的个人野心。于是在1888年至1889年间，霍尔再次游历欧洲，遍访名校，想仿照霍布金斯大学把克拉克大学建成像欧洲大学那样的研究型大学。组建克拉克大学的过程，既显示了霍尔的野心，同时也证明了霍尔的魅力和组织能力，因为在不到一年的时间里，霍尔就网罗了一批最杰出的学者，如生理学家唐纳尔森、人类学家波亚斯（Franz Boas，1858—1942）等，从而使克拉克大学在刚刚诞生时就成为全美研究队伍和师资力量最强的高等学府之一。然而，一方面由于霍尔的办学思想与克拉克的办学思想相去甚远，另一方面或许更主要地是因为对霍尔而言，他的杰出的组织能力是服务于他的个人野心的，结果到1892年，霍尔精心招聘的教研人员纷纷前往资金更加充足、待遇更加优厚的新成立的芝加哥大学，既让霍尔在行政上陷入困境，又让芝加哥大学坐收渔翁之利。关于前一个方面的历史背景是不难理解的，因为霍尔是按照自己建立一流的研究型大学的设想来招聘教研人员并许诺相应的待遇和条件的，但克拉克却是按照建立一所普通学院的计划注入资金，让霍尔无法兑现他的承诺，从而引起教员与霍尔之间的紧张关系。关于后一个方面的历史背景，虽然历史学家们讳莫如深，但种种迹象表明，霍尔为了实现他的个人野心，确也在组建克拉克大学的过程中，在对待他招聘的教研人员时是有欺诈性的。① 事实上，这两个方面的历史背景之间不是没有必然联系的：假若霍尔没有那么大的个人野心，而是按照克拉克的意愿，满足于建设一个普通学院，那么，他既不会成就事实上的克拉克大学，也不会遭遇到教员弃他而去、前往芝加哥大学的行政困境。更让霍尔哭笑不得的是，芝加哥大学校长居然还试图把霍尔本人也请至芝加哥大学。对此，霍尔后来自嘲说："他的行为（指芝加哥大学校长——引者注）就像是一个家庭主妇，偷偷摸摸地从自家后院潜入自己家中来勾引自己的男仆，还索要更高的价钱。"②所以，美国著名心理学史家罗伯特·华生（Robert I. Watson，1909—1980）认为，霍尔晚年写作自传《一个心理学家的生平与自白》（1923）的主要动机之一，就是想向世人澄清这里讨论的克拉克大学与芝加哥大学之间关系的第一个方面的历史背景，以为自己开脱。③

霍尔在组建克拉克大学的过程中所显示的个人野心，也可见于如下历

① 参见 Sokal, M. M. (1990). G. Stanley Hall and the institutional character of psychology at Clark 1889—1920. *Journal of the history of the behavioral sciences*. Vol. 26, April 1990. pp. 114～122.

② 转引自 Watson, R. I. (1978). The great psychologists. Philadelphia, Lipincott. p. 348.

③ Watson, R. I. (1978). The great psychologists. Philadelphia, Lipincott. p. 348.

史事实，即由霍尔所组建的克拉克大学，可以说是心理学一枝独秀，在克拉克大学的发展规划中，心理学的发展占有绝对的优先权。所以，在霍尔的生活中，校长的角色并不是绝对主导的，心理学教授的角色同样重要。霍尔作为克拉克大学校长和心理学教授，在克拉克大学发展规划中所推行的这种倾斜政策，客观地说对成就克拉克大学在心理学界的地位和推动美国心理学事业的发展功不可没。但平心而论，对克拉克大学作为整体而言，这样的发展规划是有失公正的，因而自然在克拉克大学引起普遍的不满情绪。所以，当霍尔卸任校长并去世后，克拉克大学第二任校长阿特伍德（Wallace Atwood，1920—1946 年在任）决意要在克拉克大学取消心理学的研究生教育。如果不是毕业于心理学系的校友和校内在职的心理学家如波林等以及克拉克大学以外的心理学家们的坚决抵制，那么，克拉克大学的心理学事业恐怕真的要毁于一旦了。①

如前所述，在克拉克大学期间，在霍尔的生活中，心理学教授的角色和校长的角色是同等重要的。事实上，在霍尔的领导下，克拉克大学的心理学事业，无论是就学生培养、学术研究，还是就组织建设及其对全美心理学事业的发展而言，都取得了令世人瞩目的成就。关于研究生培养，罗伯特·华生曾指出，“霍尔是美国心理学界最有成就的研究生导师”，并提供了如下统计数字以为佐证：“至 1893 年时，全美各高校共授予了 14 个（心理学）博士学位，其中 11 人是由霍尔培养出来的；至 1898 年时，全美共授予了 54 个博士学位，其中有 30 人是由霍尔培养的。”②而且，亦如在霍布金斯大学时的情形一样，在霍尔于克拉克大学培养的学生中，也有很多后来成为著名心理学家的，如智力测验的领袖人物推孟（Lewis Madison Terman，1877—1956）、教育心理学家戈达德（Henry Herbert Goddard，1866—1957）及儿童发展心理学家盖塞尔（Arnold Lucius Gesell，1880—1961）等。

霍尔在克拉克大学的研究工作，最令人瞩目的是儿童心理学，并促成声势浩大的全国性的儿童研究运动，以及关于作为儿童心理学研究之基础的发展心理学的理论思考，对于作为儿童心理学研究之实践的动机指向的教育心理学及教育改革实践的关注。为了推进儿童心理学研究并实现其研究结果的社会价值，霍尔又于 1891 年私人出资创办《教育研究》杂志，为他的学生发表研究报告提供机会，同时也刊发其他人的儿童研究和教育心理学

① Wapner, W. (1990). Introduction to the symposium papers to commemorate the establishment of the Clark University Psychology Laboratory and Department. *Journal of the history of the behavioral sciences*. Vol. 26, April 1990. pp. 107～113.

② Watson, R. I. (1978). The great psychologists. Philadelphia, Lipincott. p. 349.

研究成果。这是全美第二份专业心理学杂志(第一份就是霍尔1887年于霍布金斯大学创办的《美国心理学杂志》,霍尔赴克拉克大学时将它一同带入克拉克大学),后来更名为《发生心理学杂志》,刊行至今。1904年,霍尔发表两卷本巨著《青少年:它的心理学及其与生理学、人类学、社会学、性、犯罪、宗教和教育的关系》。这部著作在真正的意义上是霍尔的代表作,最集中地反映了霍尔的心理学思想,他关于心理发生的复演论,就是在这部著作中得到系统说明的,或宁可说这部著作的构思与写作,是以他关于心理发生的复演论思想为基础而完成的。霍尔晚年时,一方面作为他的发生心理学思想的自然延伸,另一方面也是作为他对自己退休后的晚年生活的观察、体验和思考的产物,他于1922年发表《老年心理》一书,认为人生在老年阶段的发展,并不像传统观点所理解的那样是一个消极的衰退过程,而是一个积极的、肯定的、趋向于人性完满的创造性过程。

霍尔"勇敢进取"的精神及其在学术研究中表现出来的"无限的热情"曾令史家"惊叹"不已。[①] 确实,霍尔兴趣多样,从来不将自己局限于某种无论是主题的还是方法的框架之内。虽然史书常记述霍尔在纽约联合神学院试行讲道、院长为他跪祷灵魂的故事,但事实上,霍尔终身保持着对宗教的兴趣,并于1904年创办《宗教心理学杂志》,只是他赋予了宗教以新的意义,以他自己关于心理发生的理论思考为基础。霍尔晚年在自传中就表达了这种对宗教的进化论的理解:"就我所已获得的关于人及其在自然中的位置、他的起源及他的命运的认识来说,我自信,与和我同时代的许多其他人相比,我是现阶段文明发展进程的更加成熟的产物,我比他们超越了更多的迷信而达到了更高的觉悟,并在内心获得一种更加深沉的宁静感。对于人类,我虽深爱之,但或许更多的还是怜悯:可怜的人啊,你摸索着蹒跚前行,常又在通往天国的征途上滑落退行。关于人类的这种悲惨境况,我相信我看得和耶稣或佛陀一样清晰,这是曾经在这个星球上行走过的、我至敬至畏的两个最伟大的灵魂。"[②]在霍尔看来,通往天国的路程就是人类进化的历史,我们这个时代是产生"超人"的时代;他通过"新"心理学看到了"应许之地"(the promised land),"新"心理学也就成了我们通往天国的新的福音。或许正是以此为背景,波林才评述道:"新的进化论为精力充沛的美国人所接受,其情绪的热烈在某些学者如荷尔(即霍尔——引者注)身上,就达到了宗教的热

① 舒尔茨著,杨立能等译:《现代心理学史》,人民教育出版社1981年版,第155页。

② 转引自 Karier, C. J. (1986). Scientists of the mind: Intellectual founders of modern psychology. Urbana, Il.: University of Illinois Press. p. 159.

诚程度。”[①]也正是以对宗教的这种进化论的心理学的理解为情感基调，霍尔于1917年出版《从心理学的观点看耶稣基督》，把耶稣描绘为“一种青年超人”。

1892年，在霍尔的倡议和领导下，美国心理学会（American Psychological Association，简称APA）成立，他也自然被推举为美国心理学会的第一任主席。美国心理学会的成立，极大地推动了心理学作为一种职业化、机构化的社会存在的发展。这也是霍尔“无限的热情”的一个表现和产物，在这个意义上，每一个后世心理学家都应当对霍尔怀有感激之情。所以，史家普遍认为，综观美国心理学发展的历史，霍尔和詹姆斯“同是新心理学的先进人物，对于形成中的美国心理学同有很伟大的影响”[②]；其中，詹姆斯的影响主要在理论的、思想的方面，霍尔的影响主要在社会的、组织的方面。

霍尔对于心理学史还有一个很伟大的贡献，就是在1909年通过邀请弗洛伊德和荣格等人参加克拉克大学20周年校庆活动，极大地推动了精神分析在美国心理学界及美国社会的传播。对于这个历史背景，史书多有记载而为世人所知，并以赞许的眼光从肯定的角度评述其客观的历史效果。这里将换一个角度提供一些补充论证，以复原霍尔的人格。前面曾把霍尔的人格概括为野心勃勃、好大喜功而又充满嫉妒，并结合克拉克大学的创办过程描述了他的个人野心。实际上，霍尔邀请弗洛伊德等人参加克拉克大学20周年校庆，是怀有一种个人动机的，即借弗洛伊德等人的影响来抬升自己的地位。这种个人动机在霍尔与冯特的关系中表现得更加明显。可以想象，霍尔邀请弗洛伊德参加克拉克大学20周年校庆而不邀请被称为心理学之父的他的老师冯特，那是不大可能的。事实上，多年以来，霍尔一直保持着与冯特的联系，特别是1888年霍尔任克拉克大学校长后，二人关系甚为友好，至少是在礼节的形式方面互相恭维、相互赞赏。所以，霍尔不仅在1909年克拉克大学20周年校庆之际邀请过冯特，而且在1899年克拉克大学10周年校庆之际就曾邀请过冯特，但冯特两次都以年长体衰（1909年时，冯特已是76岁高龄的老人）和公务繁忙（冯特自1899年以来荣任莱比锡大学校长）婉言谢绝了，特别是在第二次邀请中，冯特还特意向霍尔说明，他不仅遗憾地不能赴美参加克拉克大学20周年校庆，而且，由于身体的原因，已经安排好了的他在自己学校（即莱比锡大学）500周年庆典上的讲话，也不得不取消。（附带指出，霍尔最早一次正式邀请冯特以荣耀他自己是在1887

① 波林著，高觉敷译：《实验心理学史》（下册），商务印书馆1982年版，第578页。
② 波林著，高觉敷译：《实验心理学史》（下册），商务印书馆1982年版，第588页。

年，即创办《美国心理学杂志》时，希望冯特能赐稿于该刊创刊号；但冯特因过于繁忙而未能满足霍尔的意愿。）这一切表明，冯特拒绝霍尔的邀请是事出有因、情有可原的，但霍尔对此的反应几乎可以说是妒火中烧，虽然他也不至于有立即的公开的表示。但是，到 1912 年时，当哥伦比亚大学邀请他去做一个系列讲演时，他选择了历史的主题，介绍并评述他认为是科学心理学先驱的若干人等，包括冯特，并在评述冯特时对冯特颇有微词，又在史料方面为了与对冯特的评述相一致而多有虚构，与此前对冯特的虔敬和奉迎形成鲜明对照。当这个系列讲演以著作的形式《现代心理学的奠基人》(1912)公开发表并为冯特所知后，冯特当然甚为不满。从此，二人关系便笼罩着一层厚重的阴影而终生不散。所以，有人不无嘲讽地指出："显然，任何一个人，若想赢得霍尔持久的敬意，就只能像赫尔姆霍茨那样，尽可能少地与他发生关系。"①

霍尔作为一个历史人物是不易评述的。总而言之，虽然历史学家不愿对他的人格说些什么，但就客观的历史效果而论，他对心理学、特别是早期美国心理学发展的贡献是伟大的，只有詹姆斯可以与之相提并论。1924 年，霍尔在第二次当选美国心理学会主席（在美国心理学史上，也只有詹姆斯曾有此殊荣）后不久去世，结束了美国心理学史的"一个充满浪漫情调和英雄主义气概的时代"②。

以上对霍尔的生平与人格进行了较为详细的介绍和分析，既是因为霍尔的重要，也是要为理解儿童心理学作为发生心理学的性质提供一个概略的背景。我们已经知道，进化论以及以进化论为基础的关于心理进化的思考，是霍尔全部心理学研究的统一的中心主题。关于心理进化的研究，按其本意，当然是种系发生心理学，但同样由于种系发生心理学研究的困难，霍尔信仰复演论，认为人类个体的心理发展过程是对人类种族心理发生的历史的重演；而且，个体心理发展的阶段序列与人类作为种族的心理发生的阶段序列具有对应性或同一性。因此，儿童期的心理活动所表现的，是人类远古时代的行为和心理特征，青年期的心理活动则反映了人类近祖的较为高级而完备的特性，成年人的心理活动所反映的是现时代人类文明的状态，而老年人的心理活动则预示着未来人类更高级的进化阶段。在这样的思考框架内，种系发生心理学的理论目标，即试图追溯心理实在如何在人类作为物

① Bringmann, N. J. and Bringmann, W. G. (1980). Wilhelm Wundt and his first American student. In W. G. Bringmann and R. D. Tweney (eds). *Wundt Studies: A centennial collection*. Toronto: C. J. Hogrefe, Inc. pp. 176～192.（这一部分的论证所依据的史料背景，主要来自这个文献。）

② Watson, R. I. (1978). The great psychologists. Philadelphia, Lipincott. p. 352.

种的进化过程中形成和发展的历史，便可以间接地通过儿童心理发展的研究而得到实现，因为，虽然我们无法重构种系发生的历史，但儿童心理发展的内容和过程却是我们可以直接把握到的，而儿童心理发展又与种系心理发生的历史具有同一性。所以，一方面，关于儿童心理发展的研究，亦即儿童心理学或发展心理学，是在以复演论为中介的（种系）发生心理学背景中，才获得了它的存在的理论基础和发展的历史动力；另一方面，也只有在（种系）发生心理学背景中，或者说只有在作为发生心理学时，儿童心理学或发展心理学才获得了它的完全的理论意义，与教育及教育实践的关系，只是它的完全的理论意义的一个方面而已。

应该指出，复演论作为对问题的思考方式和对现象的解释方案，不是霍尔的首创。它首先是随着生物进化论的确立以及由此推动的，如解剖学、遗传学、胚胎学等的生物学研究工作的进展而在生物学领域内形成的。例如，在胚胎学研究中发现，人类胚胎在发育的不同阶段表现出了进化程度不等的低等动物的某些形态特征，如鳃裂等。因此，如果假设人类在其作为一个物种的进化的不同历史时期的生命，与现在可以观察到的进化程度或完善程度不等的原始物种或低等物种的生命具有某种相似性或同一性，那么，复演论便能够对上述胚胎学研究的经验发现提供一种令人满意的解释，或者反过来说也一样，即从上述胚胎学研究的经验发现走向复演论，乃是人类追求知识的本性向前迈出的一个自然的步伐。一旦复演论的想法被人把握到，它便因为对广泛的生命现象具有潜在的解释力而受人欢迎。例如，人类儿童喜欢攀爬、嬉水等游戏活动，与类人猿的树居生活方式及人类祖先的渔猎生活方式具有某种相似性，复演论同样能够为这种经验的相似性提供一种令人满意的解释。事实上，以复演论为指导思想进行发生心理学研究的第一次尝试，是达尔文 1877 年的著作《一个婴儿的生活传略》。其后，德国生物学家海克尔（Ernst Haeckel，1834—1919）将复演论作为一种遗传学规律加以倡导，认为个体发育是对种系发生的重演。霍尔正是通过海克尔而接受并信仰复演论的。

然而，无论是就其生物学意义还是就其心理学意义而言，复演论思想关于个体发育或个体发展与种系发生之间的同一性关系的信仰，同样也没有得到认真的追问和系统的论证，恰如前面讨论的在进化论思想背景中产生的关于心理进化符合与机体进化同样的逻辑的信仰一样。而且，霍尔及其领导下的儿童研究运动，虽然正是因为受复演论思想的驱动而兴起的，但终因不能证实复演论而趋于衰落。[①] 所以，在机能心理学背景中，儿童心理学或发展心理学作为发生心理学，同样没有能够实现促成发生心理学研究方案的理论动机。

三、詹姆斯关于必然性真理的讨论

关于詹姆斯的心理学思想，我们将在下一章做专门的、系统的评述。这里主要是结合发生心理学思想背景，通过考察詹姆斯关于必然性真理的讨论，既揭示他的思想受进化论影响之深，又说明发生心理学的另一个研究思路。

应该指出，在西方心理学以及关于西方心理学历史发展的研究中，詹姆斯的发生心理学思想基本上遭到了被忽视的对待，虽然就詹姆斯心理学思想的整体而言，有关发生心理学的思考构成了一个必然的组成部分。对此，墨菲公正地指出："有一个不十分引起心理学者注意的贡献是很能说明詹姆斯思想深受进化原理影响的有趣例证。这就是《心理学原理》的最后一章，题目是：'必然的真理和经验的意义'。"[②]

詹姆斯的发生心理学思想之所以"不十分引起心理学者的注意"，是有多方面的原因的。首先，和前面所指出的机能心理学的一般背景相一致，在詹姆斯的心理学思想的整体中，有关心理发生的研究主题，远远未能像有关心理适应的研究主题那样得到充分的发展。所以，相形之下，有关心理适应的研究主题得到了更普遍的关注。其次，这也与詹姆斯本人对心理学及其领域以及心理学及其领域与"形而上学"或哲学及其领域的理解和划分有关。詹姆斯在《心理学原理》一书的前言中就指出，"心理学"乃是关于"有限的个体心灵"的科学，而有关心理发生（亦即心理的种系发生）的问题，自然因为超出了"有限的个体心灵"即心理学的领域而成为一个"形而上学"的问题，并因而超出了《心理学原理》一书的讨论范围。詹姆斯的意思或许是要说，像心理发生这样的"形而上学"问题，将不能在《心理学原理》一书中得到更详细、更系统的探讨。而且，詹姆斯还明确地指出，《心理学原理》一书的许多章节，包括最后一章"必然的真理和经验的意义"，包含了更多的"形而上学"性质，并建议专业心理学读者在初读本书时忽略这些章节，而詹姆斯

---

① 当然，导致儿童研究运动走向衰落的原因很多，如方法论问题等，但限于主题，这里不详加讨论，读者可参阅高觉敷、叶浩生主编：《西方教育心理学发展史》第二章"儿童研究运动"。福建教育出版社 1996 年版。

② 墨菲、柯瓦奇著，林方译：《近代心理学历史导引》，商务印书馆 1980 年版，第 275 页。

关于心理发生问题的讨论，主要是在最后一章中完成的，这就更加强化了专业心理学读者对最后一章及其阐发的詹姆斯的发生心理学思想的忽视态度。[①] 第三，与第一个方面的原因有关，而且也是詹姆斯发生心理学思想遭到忽视的根本原因，是因为发生心理学研究的难度以及因这一难度所决定的整个问题研究进展的不明朗的现状。詹姆斯也正是以对整个问题的这种研究进展的无可奈何的心态结束《心理学原理》一书的写作的："造成我们心理结构的原因无疑是自然的，并……与造成我们神经结构的原因密切相关。我们所有的心理属性，如我们的兴趣、我们的注意倾向等等，都是经由某些我们目前尚不能加以说明的（进化的）途径生长出来的……而且，一个人越是热忱而笃实地追寻心理进化的实际过程（the actual course of psychogenesis）……他就会越真切地感受到：'暮色之光将渐渐消逝于午夜之寂'。"[②]

在《心理学原理》最后一章"必然的真理和经验的意义"中，詹姆斯讨论的基本主题，是关于必然性真理之合理性根据的认识论问题，并根据当时因受进化论影响而形成的理论发展的一种趋势以及他自己对认识论问题的基本理解，将关于必然性真理之合理性根据的认识论问题，称之为"心理发生（psychogenesis）"问题。不难理解，这种讨论必将与哲学史、特别是哲学认识论的发展的历史具有密切的关系。在哲学及哲学认识论的历史中，关于人类知识的起源，亦即关于真理的合理性根据的问题，形成了两条互不相容、相互对立的论证思路，即经验论传统和唯理论（詹姆斯称之为先验论，apriorism）传统。其中，前者认为，知识起源于经验，即作为认识对象的事物及其关系在心灵中留下印象或痕迹，并成为人据以认识对象的根据；后者认为，知识起源于心灵的先天结构，即人类心灵生而具有某种内在结构，并成为人类据以认识世界的根据，经验只起到一种辅助的催化作用，帮助心灵将它自身的内在结构及其产物表现出来。詹姆斯对这两个传统都持批判的否定态度：经验论者无法解释人类认识的先验倾向，先验论者又无法解释心灵的内在结构的起源，因而都是不可理解的。而且，相比之下，詹姆斯更倾向于同情先验论者，并明确地指出："总的来说，先验论者关于事实的陈述将是我要加以辩护的，虽然关于这些事实的原因，我将提供一种自然主义观点的

① James, W. (1890). Principles of psychology, Vol. 1. Beijing: China Social Sciences Publishing House, 1999. pp. v-vi.

② James, W. (1890). Principles of psychology, Vol. 2. Beijing: China Social Sciences Publishing House, 1999. pp. 688～689.

解释。”①

这里所谓先验论者所陈述的“事实”，就是詹姆斯所谓的“必然的真理”，也就是人类普遍表现出的、以詹姆斯特别强调的“本能”为主要形式的、用“经验”无法得到充分说明的人与世界之间的关系。所以，詹姆斯用了很大的篇幅，分别考察了分类学的、数学的、形而上学的、逻辑的、美学的、伦理的等知识领域，以证明在我们的世界中，“存在着巨大数量的先验真理或直观上必然的真理”②。詹姆斯关于必然性真理的论证的要义与贡献，在于对先天真理或必然性真理提供了一种进化论的经验论解释，即按照达尔文关于偶然变异接受自然选择而趋于定型化的原理，将先验论者所指出的人类心灵的内在结构，解释为人类作为物种的进化的产物。墨菲曾结合詹姆斯的思想背景，对《心理学原理》最后一章的内容做了颇有创意而又简洁、明了的解释，可以帮助我们理解詹姆斯的论证要旨，故摘录如下，以为结论：

“在这一章里，他坚持说，经验可能为我们提供所谓知识的方式有两种。有些东西是强加于我们的；严格说来，我们是‘通过学习而得到’的……这样的事实是强制性的。它们是以其规律性和不可避免性絮絮不休地影响我们。婴儿必须一步一步地积累这种知识。另一方面，也有许多东西是由于进化过程赋予我们心理的结构本身而‘不得不然’的。几何关系或逻辑学原理属于这一类。逻辑结构的所以然是由于宇宙的结构，由于在宇宙中生活的生物中发展形成的心理的本性。

这指出在我们的心理发展过程中有一种基本的分裂出现在那些由物种进化而形成的和那些在个人生活期内形成的心理之间。在我们看来似乎是那么不可避免的，必然真理的不可避免仅仅是因为我们的心理不能超越其自身的生物构成。它们就任何绝对的意义来说都不是不可避免的。这里可以明显地看到进化论说法的影响，即认为心理是适应环境的产物。”③

---

① James, W. (1890). Principles of psychology, Vol. 2. Beijing: China Social Sciences Publishing House, 1999. p. 618.

② James, W. (1890). Principles of psychology, Vol. 2. Beijing: China Social Sciences Publishing House, 1999. p. 677.

③ 墨菲、柯瓦奇著，林方译：《近代心理学历史导引》，商务印书馆 1980 年版，第 275 页。

第三章

詹姆斯与机能心理学

詹姆斯的心理学是完全开放而且远未完成的,我们很难用给一个思想体系以名称的方式而能够一劳永逸地说明詹姆斯的心理学是什么。詹姆斯心理学的开放性,源自于詹姆斯真诚地追求真理的思想态度,或者用后来的现象学的话来说,源自于他"面向实事"的勇气和精神。在詹姆斯的思想态度中,对无论是心理学、哲学还是其他的什么而言,唯一可靠而值得信赖的出发点,乃是我们对鲜活的人类生存经验的观察或体验,而不是任何既有的思想框架或理论偏见。正因为如此,詹姆斯才能够"得以脱离形式的、因袭的束缚,承认心灵所有明显的事实"①。也正因为如此,在肯定的意义上我们几乎可以说,在詹姆斯的心理学中,包含了心理学后来的几乎一切发展形式的真理性的萌芽:不仅"他能于某些方面预言格式塔心理学,在某些方面预言行为主义……就美国的机能主义而言,詹姆斯更直接是它的开路先锋"②,而且现在的认知心理学、人本主义心理学以及进化心理学等,都在詹姆斯心理学中找到了为自己辩护的思想材料,甚至现象学家们也发现,詹姆斯的心理学至少就其理论的方面而言,与胡塞尔的现象学是息息相通的。詹姆斯心理学的未完成性,恰恰反映了他追求真理的执著精神:他不会满足于心理学作为一门经验科学的某种完成形式的并因而是固定而僵化的体系;与胡塞尔相类似,他所追求的最后目标乃是人类生存的终极基础。因此不难理解,他不仅在表面上放弃了心理学而走向哲学,而且,就是他的哲学来说,他也不能满足于关于真理和意义的实用主义,而是走向了彻底的经验主义,以图提供并阐释包括心理学在内的全部人类事务的形而上学基础。

詹姆斯心理学的完全的开放性意味着,甚至想客观地介绍詹姆斯的心

① 波林著,高觉敷译:《实验心理学史》(下册),商务印书馆 1982 年版,第 587 页。
② 波林著,高觉敷译:《实验心理学史》(下册),商务印书馆 1982 年版,第 587 页。

理学都是不可能的。同时,詹姆斯心理学的开放性和未完成性,为我们理解并解释他的心理学遗产留有广阔的思想空间,在这个思想空间内,无论是就詹姆斯心理学的理论主题而言,还是关于詹姆斯心理学的历史解释,其中任何一个方面都足以让另一个詹姆斯再重新生活一次。然而,限于主题,作者在这里只能遗憾地离开詹姆斯心理学本身,转而以美国心理学的机能主义为背景,远距离地透视詹姆斯及其心理学。

第一节　詹姆斯的生平与他的心理学道路

如果心理学可以按国别来划分的话,那么,毫无疑问詹姆斯便是美国心理学之父。正是詹姆斯向美国人介绍德国的新心理学并加以"批判"的"诠释"[①];特别是詹姆斯还以他在这"批判"的"诠释"的过程中所形成的自己的心理学思想,"激发了美国人的研究灵感……并奠定了美国心理学从1890年到1913年的历史发展的基调"[②]。不仅如此,从美国文化思想史的意义上来说,詹姆斯不只是一个心理学家,甚至也不只是一个哲学家和一个思想家,而是一个符号、一个象征,是美国文化思想史的分水岭;无论是他的人格还是他的思想,都如此紧密地与他所处的时代交织在一起并同步发展,乃至于可以说,他就是他所处时代和文化的"晴雨表"。[③] 就他的人格来说,他是他的家族史的产物;就他的思想来说,他是他所处的那个时代及其文化特质的体现。

一、詹姆斯家族

或许正是为了要更加有效地理解詹姆斯对心理学、哲学,还是一般而言

① 波林著,高觉敷译:《实验心理学史》(下册),商务印书馆1982年版,第579页。

② Leahey, T. H. (1980). A history of psychology: Main currents in psychological thought. Englewood Cliffs, NJ: Prentice-Hall. p. 264.

③ Bjork, D. W. (1983). The compromised scientist: William James in the development of American psychology. New York, N. Y.: Columbia University Press. p. x.

对美国文化的意义，在美国文化思想史研究领域，詹姆斯家族历来普遍地受到了特别的关注。确实，詹姆斯常说，他是“误打误撞地闯入”心理学领地的，这一职业自白所透露出的正是詹姆斯对自己人格与思想的发展历程与家庭背景之间复杂而微妙的影响关系的深切感受。

身为心理学家和哲学家的威廉·詹姆斯，是美国的詹姆斯家族的第三代，与他的祖父同名。他的祖父因发迹并生活于纽约州的奥尔巴尼，史书常称他为奥尔巴尼的威廉·詹姆斯（William James of Albany，1771—1832）。奥尔巴尼的威廉·詹姆斯祖籍爱尔兰。一方面是出于对北爱尔兰农民悲惨的生活命运的抗争，另一方面也是出于对美国革命的向往，他于 1789 年 18 岁时只身随北爱尔兰的移民大潮来到美国。历史不久将证明，这位健壮的爱尔兰人精明强悍，善于投机，通过土地买卖、投资伊利运河及西部铁路的开发与建设等商业活动，很快成为纽约州乃至全美屈指可数的富豪之一。他所积累的巨大财富惠及子孙，使他们不必为生计奔波，却拥有充足的资本和闲暇，可以随心所欲地享受一切文化成就的熏陶和教育，并悠然自得地思考宗教、艺术、科学、哲学及人生的意义等大问题。

奥尔巴尼的威廉·詹姆斯一生有过三次婚姻。前两次婚姻都很不幸。他的第一任妻子在婚后第二年产下一对双胞胎兄弟后便离开了人世。两年后，他娶了第二任妻子，也在产下一个女儿一年后离他而去。他的第三任妻子倒很健壮，为他生下了七个儿子和三个女儿（其中两个儿女幼时夭折），其中第四个儿子取名亨利·詹姆斯（Henry James，Sr.，1811—1882），便是心理学家和哲学家威廉·詹姆斯的父亲。在奥尔巴尼的威廉·詹姆斯的子女中，这个亨利·詹姆斯特别与众不同，他天资聪颖，性情怪僻，充满了对传统的叛逆精神，正是他将詹姆斯家族引向了美国文化思想史舞台的中心。特别是在亨利·詹姆斯早年生活中所经历的两件富有悲剧色彩的事件，更加强化了他的叛逆精神。其一，13 岁时，他在由学校的一次半实验、半游戏的教学活动所引起的火灾事故中被严重烧伤，医生诊断的结果是必须对右腿施行截肢手术，从而落下终身残疾。其二，父亲去世后留下的遗嘱，几乎剥夺了亨利·詹姆斯的遗产继承权，因为在奥尔巴尼的威廉·詹姆斯的印象中，亨利·詹姆斯是一个放荡不羁、游手好闲、挥霍无度，而且必将一事无成的浪荡公子，这样一种人生自然是奥尔巴尼的威廉·詹姆斯所信奉的加尔文教教义传统所不能容忍的。正是通过对这些悲剧性生活事件所蕴涵的宗教的、神学的及人生的意义的反思，亨利·詹姆斯断然拒绝父亲的宗教信仰与生活理想，同时为了辩护自己的存在，他逐步倾向于追求一种更加人性化、更注重人的内在精神自由成长与自我实现的生活道路。

商业的成功不仅给奥尔巴尼的威廉·詹姆斯带来了财富、权力和社会地位,也通过改变他的生活方式而影响到詹姆斯家族的历史命运。由于商业和社会事务之繁忙,奥尔巴尼的威廉·詹姆斯很少顾及孩子的教育与成长,只要求他们在道德生活领域遵循他所信奉的长老会派教会的传统:勤奋、节俭,像他那样努力工作以创造并积累财富。这样一种生活态度的要求及其实现的日常生活方式,对生性活泼而又善于沉思的亨利·詹姆斯的幼小心灵所产生的长远效果,是具有创伤意义的。亨利·詹姆斯成年后回顾自己的童年经验时指出,他有一种深深的被生活遗弃的感觉,并对勤奋、节俭等传统美德的意义以及金钱等物质财富的价值产生怀疑,其结果是,不管是有意的还是无意的,总而言之,他在生活的几乎所有方面都与他的父亲背道而驰;父亲痛心疾首对他倍感失望,而他却毫不掩饰地蔑视并嘲讽父亲的生活方式。渗透于他们富足的物质生活之中的是苦涩的精神挣扎。这种在世俗眼光看来多少有些畸形的父子关系,多年以后又以极其微妙的方式,在亨利·詹姆斯和他自己的子女之间重新上演,并至少是部分地造成了一些子女,如威廉·詹姆斯在生活、事业、人生及价值追求等问题上的精神迷惘,又决定了另一些子女,如艾丽斯·詹姆斯个人生活的悲惨命运。这正如詹姆斯的传记作者之一范斯坦所指出的那样:"但在这个家庭中,痛苦的辩证已经起动,它会把成功转变成苦涩的失望……亨利嘲弄奥尔巴尼的威廉所生活的世界,公开地反对工作、资本主义和加尔文的上帝。此次战役留下的创伤深深地刺痛了几代人,即使在结痂之后,还是深深地影响了他的孩子们。"①

父亲去世后,亨利·詹姆斯确也曾慎重地考虑过自己的职业问题;同时,作为他试图合法地获得对父亲遗产的继承权的策略之一,亨利·詹姆斯决定入普林斯顿学院(即后来的普林斯顿大学,当时是美国坚决捍卫加尔文教派的最后一个堡垒)研读神学,准备将来做长老会派牧师。这个求学经历的结果是不难设想的,亨利·詹姆斯不仅不会去做长老会派牧师,而且在尚未完成学业之时就逃离了普林斯顿学院。但是,在普林斯顿学院,亨利·詹姆斯结识了一个和他志趣相投、同样也准备逃离普林斯顿学院的名叫休·沃尔什(Hugh Walsh)的朋友,这个朋友以一种方式注定要改变亨利·詹姆斯的生活道路。在逃离普林斯顿学院之后,休·沃尔什邀请亨利·詹姆斯去位于纽约市华盛顿广场的家中做客。沃尔什的外祖父和父亲都是极其富有的商人,虽然相对而言他们在商业上不如奥尔巴尼的威廉·詹姆斯那么

---

① 范斯坦著,季广茂译:《就这样,他成了威廉·詹姆斯》,东方出版社 2001 年版,第 18~19 页。

成功。其时，两人都已去世，给沃尔什寡居的母亲留下了大量财产。沃尔什在家中还有两个姐妹玛丽·罗伯逊·沃尔什(Mary Robertson Walsh, 1810—1882)和凯瑟琳·沃尔什(Katharine Walsh)。这两个姐妹不仅为机智、善辩而又生气勃勃的亨利·詹姆斯所深深吸引，而且还在亨利·詹姆斯未来的生活中扮演了极其重要的角色。其中，姐姐玛丽·罗伯逊·沃尔什于1840年嫁给了亨利·詹姆斯，妹妹凯瑟琳·沃尔什除了短暂的婚姻外，一直帮助姐姐照顾亨利·詹姆斯及其子女，乃至于成了亨利·詹姆斯夫妇及其子女生活中不可缺少的一部分。

玛丽·沃尔什是一个性情温和、遇事镇定、办事果断、生活平实的人，她不像亨利·詹姆斯那样好高骛远、苦思冥想、乖戾无常而又野性十足。同时，玛丽·沃尔什又是一个可以说在她那个社会阶层随遇而安、富有见识的人，她爱慕亨利·詹姆斯的才华，愿意倾听亨利·詹姆斯的高谈阔论，体贴甚至在很多时候迁就亨利·詹姆斯的生活主张。因此，对亨利·詹姆斯来说，玛丽·沃尔什正是他所需要并值得信赖的生活伴侣。既已获得美满的婚姻，又通过合法的程序推翻了父亲的遗嘱而获得他应得的遗产份额，亨利·詹姆斯果真"自由"了，他要实践他与父亲完全不同甚至截然对立的生活信念：视金钱等物质财富为粪土，视职业及其劳作为平庸，惟求精神自由实现之高雅。这样一种生活信念及其实现的生活氛围，日后证明对他那身为心理学家和哲学家的儿子威廉·詹姆斯的影响和意义是双重的：在否定的意义上，他给威廉·詹姆斯在职业选择的问题上带来了无尽的烦恼；在肯定的意义上，他提供了威廉·詹姆斯之所以成就为威廉·詹姆斯的精神支柱。我们将发现，威廉·詹姆斯的职业态度是深受父亲影响的，他的职业选择几乎是与父亲相妥协的产物，而这种妥协却从来不是一劳永逸的，同样也是一个"痛苦的辩证"的过程。对亨利·詹姆斯而言，那些以世俗的利益为指向的职业如商业活动等，自然不在他的视野之内；而那些有可能通向精神创造的职业如艺术、科学、哲学等，亨利·詹姆斯的态度总的来说是暧昧不明的，而且都会经历一个从肯定地看到否定地看的过程。从儿子与父亲之间在职业态度问题上的关系的"痛苦的辩证"的过程来看，儿子的职业决断总是赶不上父亲的职业态度的改变：当儿子因父亲曾一度把艺术家视为人生的理想典范而准备献身绘画事业后，父亲却说所谓艺术不过是工艺的制作而已；当儿子在父亲的胁迫下选定科学为职业后，父亲又怀疑科学渗透了太多的唯物主义；而当儿子终于走向哲学之后，父亲又开始抱怨哲学太过于技术化了。总之，在亨利·詹姆斯看来，一切有形的、形而下的劳作，都不是人的本性的展露；只有无形的、形而上的追求，才是人的精神的自我实现以及人据以通向天国的道路。或许正是这一家族史的精神氛围,最终决定了威廉·詹姆斯的心理学之所以是它自身的独特的方面:当心理学正遭受科学唯物主义思潮全面扫荡的时候,威廉·詹姆斯一定要为心理学保留一个形而上学基础的理论空间,并在晚年趋向于对这个形而上学基础提供论证。

如果一定要论职业的话,那么,大致说来,亨利·詹姆斯可以说是一个自由的神学理论家或神学评论家,他把自己的一生奉献给了对斯维登堡教派神学理论的阐释,并特别从中追寻他自己的生存意义。但是,严格说来,对亨利·詹姆斯而言,这不能算是一个"职业",因为他从来不曾隶属于任何一个社会的组织机构,也不需要从这一"职业"中谋取或哪怕是补贴他的生计(他的生计完全来自于他所继承的遗产)。事实上,亨利·詹姆斯一生写过十余部著作,但是,他不仅没有从这些著作的出版中获得稿酬的收益,而且,这些著作基本上都是他自己出资付印的,且销量甚微。关于亨利·詹姆斯的神学理论本身,因为它既未曾在社会上产生广泛的影响,又未对威廉·詹姆斯的人格和思想产生过实质性的影响,我们可以不必在细节上涉及它。这里提到亨利·詹姆斯的"职业",只是为了更完整地把握亨利·詹姆斯自命不凡地把自己视为"真理的追求者"的肖像。不难设想,依亨利·詹姆斯的人格来说,他必将以一种方式无疑在肯定的意义上潜移默化地影响了自己的子女,那就是在社会生活中广泛结交文化名流,如美国历史上在威廉·詹姆斯之前最有成就的哲学家之一爱默生(Ralph Waldo Emerson,1803—1882)、19 世纪著名的浪漫主义诗人和思想家梭罗(Henry David Thoreau,1818—1862)、英国文学家卡莱尔(Thomas Carlyle,1795—1881)、诗人丁尼森(Alfred Tennyson,1809—1892)、哲学家刘易斯(George Henry Lewis,1833—1911)和约翰·穆勒(John Stuart Mill,1806—1873)等,而且,亨利·詹姆斯还以特有的民主与自由的精神,鼓励自己尚处于幼年的子女参与他们的对话和讨论。多年以后,这种与世界范围内之思想先进保持密切联系的社交方式,又重现于威廉·詹姆斯的生活中,从而构成至少是从亨利·詹姆斯起到威廉·詹姆斯止的詹姆斯家族的传统之一。

关于孩子的教育问题,亨利·詹姆斯执意要小心避免自己父亲的错误,并以行动来否定自己父亲的教育理念。前文述及,奥尔巴尼的威廉·詹姆斯因忙于商业及社会的事务,很少顾及孩子的教育与成长。与此形成鲜明对照的是,亨利·詹姆斯宁可为了孩子的教育而举家搬迁,特别是亨利·詹姆斯典型地是一个性情中人,他往往为了实践一个灵感闪现般的教育理念或是为了抓住某一个孩子的某一个教育机会,而于转瞬之间决定,从巴黎搬家到伦敦,或是从伦敦搬家到巴黎,不仅令家中所有人感到措手不及,而且也增加了家庭的神经质气氛。在那个时代，与欧洲国家相比，美国的教育显得原始而狭隘，所以亨利·詹姆斯更加倾向于把子女送到欧洲国家接受教育；同时，他又觉得自己的孩子作为美国人，理应接受美国学校的教育而回到美国。对子女来说，这样一种教育方式及其必然伴随的生活方式，虽然极有助于增长见识、扩大视野，但同时也因为居无定所加上语言的障碍，实际上是剥夺了孩子们家庭以外的社会生活，从而孕育了他们对生活的漂泊意识和无根之感。这种对生活的漂泊意识和无根之感，亨利·詹姆斯的女儿艾丽斯感受最为深切，并在她身上产生了实际的效果。她原本是一个感情细腻、颇有文学天赋且又楚楚动人的上流女子，但却终生未嫁，并为歇斯底里、神经衰弱等心理疾病所困扰，孤独地度过寂寞的人生，令世人惋惜。传记作者常称她为一个"浪费了的天才(wasted talent)"：以她在死后才被发现的日记里所表露出来的文学天赋来看，她本当可以成就为一个杰出的文学家或小说家的。所以，在艾丽斯去世前不久，当她的哥哥威廉·詹姆斯已经结婚生子、身为人父之后，她曾情真意切地建议，甚至是乞求她的哥哥，不要让孩子们"像我们小时候那样被连根拔起。千万千万不要犯(父亲曾犯过的)那个错误，那个错误带给我们的是无根而飘忽不定的童年。欧洲再怎么好也必定不是他们(指威廉·詹姆斯的子女——本书作者注)的家；等他们长大成人之后自己来体验欧洲吧"①。

亨利·詹姆斯和玛丽·沃尔什共生育了五个孩子，按出生次序为威廉·詹姆斯(William James，1842—1910，心理学家和哲学家)、小亨利·詹姆斯(Henry James，Jr.，1843—1916，后来成为驰名文坛的小说家)、加思·威尔金森·詹姆斯(Garth Wilkinson James，1845—1883)、罗伯逊·詹姆斯(Robertson James，1846—1910)、艾丽斯·詹姆斯(Alice James，1848—1892)。其中，加思·威尔金森和罗伯逊两人成年后生活失意，平庸地度过他们各自的人生。威廉·詹姆斯和小亨利·詹姆斯年龄相仿，性格迥异，但都深爱他们聪慧而敏感的妹妹艾丽斯，并对她那脆弱而易受伤害的心灵倍加呵护。就人格而言，威廉·詹姆斯颇类似于其父：性情烦躁不安，生命充满活力，善于接受并主动寻求各种新鲜经验，虽不像父亲那么富有野性；而小亨利·詹姆斯更像他们的母亲：内敛而沉稳，理性而实在。两人幼时是游戏伙伴，成年后保持着终生的友谊：在情感上相互支持，在理智上互相促进，终于在各自的事业中成就大业。就父母与子女之间的关系来说，父亲从内

① Allen，G. W.(1967). William James：A biography. New York：The Viking Press，Inc. pp. 343～344.

心更喜欢威廉·詹姆斯，而母亲从内心更喜欢小亨利·詹姆斯，虽然他们各自的偏爱不至于表现于外而伤及其他子女的情感。或许是作为对自己幼年时被生活遗弃的挫折感的补偿，亨利·詹姆斯对自己的孩子充满了慈父之爱，甚至达到了溺爱的程度，这在他与身为长子的威廉·詹姆斯的关系中表现得尤为突出，乃至于让人不禁怀疑，亨利·詹姆斯实际上是想在儿子威廉·詹姆斯身上实现自己所追求的但又被自己的父亲耽误了的人生理想。事实上，至少是就子女的理智的成长和职业的选择而言，亨利·詹姆斯投入心力最多的就是长子威廉·詹姆斯。就父子关系来说，与奥尔巴尼的威廉·詹姆斯相比，亨利·詹姆斯要幸运得多，因为儿子威廉·詹姆斯对自己顺从多于叛逆，尊敬多于蔑视，报答多于抱怨。既有祖父留下的财产的支持，又有父亲精心的培育，威廉·詹姆斯注定将要成就伟业，三代人的理想和追求将在他身上得到实现。

二、詹姆斯的教育与追求

作为詹姆斯的父亲的古怪的教育理念的牺牲品，詹姆斯的早期教育是混乱而不系统的。他 2 岁时便随家庭赴欧洲旅行。大约从 1845 年至 1855 年，詹姆斯在纽约市度过相对正常的童年生活。在学校，他初步显露出绘画天赋，特别擅长于素描，给绘画老师留下深刻印象。长大以后，他甚至还慎重地考虑过以绘画作为终生职业，虽然因为父亲竭力阻挠而未能如愿。1855 年至 1860 年间，除有一年回美国在罗得岛州的纽波特学习绘画外，因为父亲抑制不住地试图为子女寻求新的或更有效的教育机会的冲动，詹姆斯随全家穿梭于英国、法国、瑞士、意大利及德国等，以接受父亲希望接受的教育。詹姆斯的传记作者之一艾伦(Gay Wilson Allen，1903—1995)形象地将这一受教育的过程称为“锯齿式旅行(Zigzag Voyages)”。这期间，詹姆斯受教育的成效，笼统说来，无非是一种泛化的人文主义教养。对詹姆斯后来走向科学之路幸运的是，1857 年至 1858 年，詹姆斯在法国海滨旅游度假城市布洛涅，入读当地相当于高中的帝国学院(College Imperial)。正是在这里，詹姆斯最初体会到了科学研究的乐趣，并展现了科学研究的才能和兴趣。传记材料常记述詹姆斯在家中做化学试验而污损手指和衣服使母亲感到烦恼，以及父亲送给他一台显微镜作为圣诞礼物而使他兴奋不已等，[①]都

① 参见舒尔茨著，杨立能等译：《现代心理学史》，人民教育出版社 1981 年版，第 139 页；Allen，G. W.（1967）. William James：A biography. New York：The Viking Press，Inc. p. 47.

是发生于这个时期的事情。特别是詹姆斯的弟弟亨利后来对他在这一时期所做的一些“秘密实验”的回忆，更能说明詹姆斯在这时对科学的好奇心，以及他成年后作为心理学家和哲学家的思想特征或学术品格，那就是，他开始偷偷地通过服用各种药物和化学物品以真切地体验其效果的方式来理解它们的性质。[①] 詹姆斯在布洛涅帝国学院的科学表现给他的老师以很好的印象，他的老师还特别建议其父亲，应该让他接受“只有巴黎才能提供的第一流的科学训练”[②]。老师的评价和建议，让父亲亨利·詹姆斯既得意于自己对儿子科学潜质的判断，又强化了他要把儿子培养成科学家的信心。

1861年，一方面是因为对自己作为画家将来能否有所作为犹疑不定，另一方面也是迫于父亲的压力，詹姆斯入读哈佛大学劳伦斯科学学院。实际上，以詹姆斯所接受的基础教育背景，他是入不了哈佛大学的。劳伦斯科学学院不是哈佛大学本部，而是哈佛大学才成立的一个附属机构。从其校史来看，到19世纪中叶，哈佛大学的立校之本是强调古典学术和人文研究，而对新近发展起来的自然科学嗤之以鼻。由于实业界对工程技术人员的需求，便有富商艾博特·劳伦斯捐资哈佛大学兴办科学学院，为实业界培养实用型技术人才。后来由于埃略奥特校长的改革，才与哈佛大学本部合为一体，哈佛大学乃至于美国的科学事业，实发端于此。所以，詹姆斯的科学之路实际上是与美国的科学事业同步发展的。

作为哈佛大学的一个松散的附属机构，劳伦斯学院的入学条件不像哈佛大学本部那么严格，既不要求高中毕业文凭，也没有入学考试，而只需要申请者有学习科学的意向并向指导老师付费即可。入学之后，这些学生根据其学科的兴趣与志向被分配给相应的指导老师。詹姆斯想学化学，自然要师从于不久将当选为哈佛大学校长的查尔斯·埃略奥特(Charles William Eliot，1834—1926)。埃略奥特作为化学家，和当时哈佛大学及美国多数科学家一样，并没有取得什么惊人的成就，但历史证明，他的管理天赋是令人敬慕的，正是通过他以现代德国大学为模式实现的对课程体系及组织机构的改革，哈佛大学很快发展成为一所现代意义上的研究型大学，并为哈佛大学科学事业的发展奠定了坚实的基础。在那个时代，与德国、法国、英国等欧洲国家相比，美国的科学事业处于起步阶段，而且远远落后于欧洲国家。事实上，那时美国科学家的一般成长模式是，在国内接受基础教育，之后必须花几年的时间到德国等欧洲国家接受严格的科学训练，回国之后按照欧

① Allen, G. W. (1967). William James: A biography. New York: The Viking Press, Inc. p.48.

② Allen, G. W. (1967). William James: A biography. New York: The Viking Press, Inc. p.45.

洲的科学模式开展自己的研究工作。由于詹姆斯具有极为扎实的法语和德语基础，对他来说直接在欧洲国家接受科学教育与训练，应该是更便捷、更有效的科学道路。艾伦所指出的一个历史事实，既说明了为什么詹姆斯不是从欧洲国家的某一个大学而是从哈佛大学劳伦斯科学学院开始其科学旅程的，又有助于理解詹姆斯父子之间的关系，这种关系不是一个只具有传记价值的逸闻趣事，而是一种生活模式，一种对詹姆斯的人格及其未来的思想和生活道路影响至深的生活模式。如前所述，詹姆斯的父亲是想在詹姆斯身上实现自己的人生理想，或者说是以一种投射的方式将自己的生活理想强加于詹姆斯，因此，詹姆斯的父亲终其一生都是把詹姆斯作为自己的影子加以细心看护的。所以，艾伦指出，詹姆斯的父亲不可能考虑把他送到国外接受大学教育的可能性，"因为他的父亲无法容忍，甚至无法想象与大儿子之间长时间的分离"；在父亲与儿子之间的情感需求中，父亲对儿子的需求要远甚于儿子对父亲的需求。① 所有这一切似乎都是偶然的机缘，但正是这些偶然机缘的偶然结合，最终塑造并规定了詹姆斯未来的人生轨迹与思想道路。

事实证明，詹姆斯的化学学习是不甚成功的，因为两年之后，他便改学解剖学，师从于比较解剖学教授杰弗里斯·惠曼(Jeffries Hyman)，这是当时詹姆斯真正欣赏并仰慕的科学家之一。在化学学习阶段，詹姆斯就已经表现出了典型的特征，有助于理解其内在的人格和心灵深处的思想冲动。一方面是因为他在科学上没有受到过系统的基础训练，另一方面是因为他的人文主义教养背景及其对科学唯物主义的尚处于朦胧状态的拒斥，他不善于甚至不愿意从事在他看来是枯燥乏味的、作为具体"劳作"的实验工作，而更擅长于广泛的文献阅读。这个特征是如此典型乃至于伴随其终生；在他后来学习医学、生理学以及心理学时，情况亦莫不如此。其次，即使是在化学学习中，他的学习主题也是有所选择的，那就是他所真正关心的，不是化学本身，而是有机化学，是把化学作为研究和理解人类生命过程的预备道路。对此，他的指导老师埃略奥特早已有所洞察："已经让他发生兴趣的问题是，人的生理的结构和功能是如何影响人的情绪生活和理智生活的。"②同时，他那虚弱的身体又时时刺激着他去思考身与心之间的关系。至少从1861年入读哈佛大学到1872年在哈佛大学获得一个稳定的教职这10年间，詹姆斯几乎可以说是一个百病缠身的人，其中有生理的疾病，如眼疾、背

① Allen, G. W. (1967). William James: A biography. New York: The Viking Press, Inc. p.75.

② Allen, G. W. (1967). William James: A biography. New York: The Viking Press, Inc. p.89.

疾、头痛、神经性消化不良等，又有心理的疾病，如神经衰弱、极度的抑郁、莫名的烦躁以及自杀冲动等。这些疾病大多没有明确的原因，甚至症状也不是很明确，大致说来应该属于心因性(psychosomatic)疾病的范畴。从心理病理学角度来说，这些疾病正反映了他内心的焦虑、不安，是他因为无力与命运抗争而引起的挫折感的替代的表现形式，是一个精神迷惘的青年在寻求生活的意义的过程中所进行的艰苦的内心挣扎的外部表现。若干年后，詹姆斯在给朋友的信中的内心表白，展示了他对这种挫折感和精神挣扎的痛切感受："如果在六年之前我能够获得同样的令人心满意足的信仰——信奉日复一日地投身于简单的、有耐心的、单调的、科学的劳作之中的生活价值……同时……通过紧张的锻炼……养成有序的思维习惯……我或许现在正走在有所成就的道路上。"[①]当然，这样一种"有所成就的道路"，无疑将是典型的自然科学家的成就道路，而不是后来实现的作为心理学家和哲学家的詹姆斯的成就之路。

然而，解剖学不可能安顿下詹姆斯那颗思辨的心灵，虽说当时他还没有明确的意识，自己所要追求的目标究竟是什么。于是，一年后他便又转入医学院。詹姆斯之转入医学院，绝不是为了要济世行医。即使是在因职业问题而陷入绝望时，他也不曾考虑以行医为职业。事实上，詹姆斯入读医学院后，自然对医疗行业的实践状况有了更直接的了解。在当时，由于科学如生理学、病理学等尚不发达，医疗实践主要依赖的是渗透着传统偏见的经验的观察和积累；从稍后医学基础学科如生理学、病理学等得到发展之后的眼光来看，这种医疗实践不仅是不人道的，而且充满了欺诈性。对此，詹姆斯写道："我对医疗行业的最初印象是，那里充满了欺诈行为。除了外科手术有时确能产生一些积极的效果外，一个大夫所能做的，无非是他在病人面前的出现给病人及其家属带来了些微的精神安慰作用而已。而且，他还要从病人及其家属那里榨取钱财。"[②]詹姆斯的这一评判，并不是什么愤世嫉俗的挑战，而是对当时医疗行业实践状况的真实描写，他也因此更加对医疗行业鄙视。

詹姆斯之所以转入医学院，是对生理学及其与人的心理和行为之间关系的兴趣使然。因为在当时，生理学的教学与研究工作主要是在医学院完成的，而且，虽然当时哈佛大学医学院的生理学研究还十分落后，但只有在

---

① 转引自范斯坦著，季广茂译：《就这样，他成了威廉·詹姆斯》，东方出版社 2001 年版，第 425 页。

② 转引自 Allen, G. W. (1967). William James: A biography. New York: The Viking Press, Inc. p. 98.

医学院，他才能接受相对系统的生理学训练。历史将证明，对于詹姆斯最终成就为一个心理学家而言，转入医学院是一个至关重要的人生选择，因为，和心理学初创时期的其他许多心理学家如冯特、弗洛伊德等人一样，詹姆斯也是经由生理学的道路而带有某种必然性地走向心理学的。

从长远来看，埃略奥特于1869年当选哈佛大学校长之后推行的全面改革，在直接的意义上对于科学包括生理学的发展，并因而在间接的意义上对于新心理学在哈佛大学的建立与发展以及詹姆斯的心理学道路，起到了极为重要的推动作用。前文述及，与欧洲大学相比，哈佛大学的生理学远处于落后状态。自19世纪30年代以来，生理学在欧洲国家已发展成为一门较为成熟的实验科学，特别是在有关神经生理学、脑的机能及感官生理学领域，积累了大量的研究成果，并保持急速发展的势头。正当此时，哈佛大学一批年轻的学者，如詹姆斯的学友鲍迪奇（Henry Pickering Bowditch，1840—1911）、普特南（James J. Putnam，1847—?）等，在哈佛大学完成学业后，纷纷前往欧洲国家，特别是实验生理学处于领先地位的法国和德国，接受进一步的严格的实验研究的训练。学成之后，埃略奥特校长把他们请回哈佛大学委以重任，按欧洲大学的方式组建实验室，开展生理学的基础科学研究。正是在鲍迪奇这一代科学家手中，美国的实验生理学很快赶上欧洲国家的水平，而实验生理学正是科学意义上的现代心理学诞生的摇篮。所以，有人认为："或许我们应该说，导致心理学作为一门科学在哈佛大学得到发展的最强劲的推动力，乃是亨利·皮克林·鲍迪奇于1871年创办的教学用生理学实验室，这是全美第一个实验生理学实验室。在哈佛大学，实验心理学正是作为詹姆斯与鲍迪奇、普特南在神经系统结构与机能的有关问题上的合作研究的结果，起步于这个实验室。"①

1865年，詹姆斯中断医学学习一年，随著名动物学家阿加西斯（Louis Agassiz，1807—1873）赴亚马孙河进行动物学考察。这次探险历程，再一次体现了詹姆斯不愿意从事作为科学研究必须遵循的枯燥乏味的、耐心的、资料收集的、作为具体"劳作"的实验工作；其结果是进一步强化了他对实验工作的厌倦以及对思辨生活的设想和向往，所以在回程之前，他写信给弟弟并

① Taylor, E. (1990). New light on the origin of William James's experimental psychology. In Johnson, M. G. & Henley, T. B. (eds), *Reflections on The Principles of Psychology: William James after a century*. Hillsdale, N. J.: Lawrence Erlbaum Associates, Publishers. pp. 33～61.

感慨说:"等我回家之后,我必将关起门来苦读哲学。"①

詹姆斯在医学院的学习,既不是连续一贯的,更不是一帆风顺的,常为各种疾病所困扰,这些疾病起源于学习和生活的压力及精神的迷惘。虽然詹姆斯的理论学习或文献阅读是极富成效的,因为他不仅读书勤奋而广泛,而且对所读文献有更深的领悟力,但医科学生的课程体系中还包括临床实习的环节。临床实习作为具体的"劳作"形式,自然不合詹姆斯的秉性并消耗他的体力,而且在临床实习中所看到的医疗行业的现状,更形成对他的道德情感的强烈冲击。特别是随着年龄的增长,詹姆斯越来越强烈地感受到职业与生计的压力,因为他心里清楚,与父亲从祖父那里继承了巨大的财产相比,他不可能从自己的父亲那里继承足够的财产而能够像父亲那样地过上一种逍遥自在、在完全的意义上是"自由"选择的生活方式。这一切共同作用的结果使詹姆斯陷入绝望的深渊,处于精神崩溃的边缘。总而言之,在1866年底至1867年初的那个冬天,他身心疲惫,深受身体的及心理的疾病的煎熬,不得不中断学业,以游学欧洲并寻求治疗的方式逃避这一残酷的现实。

1867年4月至1868年底,詹姆斯主要是在德国度过的,一边疗养,一边学习,同时广泛结交知识名流,如狄尔泰(Wilhelm Dilthey,1833—1911)等。虽然詹姆斯常自责在德国这一年半是"浪费时间和生命",是他"全部生命中最空虚的一年"②,但这一自我评断更主要是情绪的而不是事实的,因为他的这一次德国之行原本没有明确的目的。事实上,如历史将要证明的那样,这一年对詹姆斯未来走向心理学和哲学的道路是至关重要的。正是这一年半的时间内,特别是1867年下半年在柏林大学通过结识杜布瓦—莱蒙,并选修他的生理学课程,詹姆斯认识到:"看来,心理学开始成为一门科学的时机已经成熟——在神经系统的生理过程与意识的出现(主要是感知形态的意识现象)之间的过渡领域,已经形成了一些定量的研究成果,而且必将有更多的研究成果涌现出来。我正准备钻研这一研究领域所已取得的全部知识,并有可能在这一领域独立地做些研究工作。在海德堡大学,赫尔姆霍茨和一个叫冯特的人已经着手开展这方面的研究工作了,我打算来年夏天赴

① Evans, R. B. (1990). William James and his Principles. In Johnson, M. G. & Henley, T. B. (eds), *Reflections on The Principles of Psychology: William James after a century*. Hillsdale, N. J.: Lawrence Erlbaum Associates, Publishers. pp. 11~31.

② Allen, G. W. (1967). William James: A biography. New York: The Viking Press, Inc. p. 151, p. 146.

海德堡聆听他们的教诲。"[①]也正是杜布瓦—莱蒙作为科学家及其生理学研究的典范意义,更加强化了詹姆斯已经形成的一个信念,即生理学乃是通向心理学的必由之路。特别是杜布瓦—莱蒙的实验室的完善程度及其研究结论的科学水准,更令詹姆斯震撼不已,他写信给他刚获得博士学位、正准备赴巴黎学习的朋友鲍迪奇并规劝说:"我觉得,这里的科研条件是无与伦比的。就算巴黎的研究条件再好,也不可能有比这里更好的了。(杜布瓦—莱蒙的)生理学实验室令我'大饱眼福',各种研究设备及研究材料,如什么青蛙呀、狗呀等等,几乎是应有尽有。每当我走过这个实验室时,我都忌羡不已而又心急火燎(意指急切地想利用这些研究条件而有所成就——本书作者注)……在这里,研究工作之严谨与精确,实属世所罕见;而且,这里几乎每一个研究课题的每一个细节领域所积累的图书资料之丰富,是我们讲英语的人所无法想象的。"[②]

然而,尽管有这样的震撼,詹姆斯的学习和研究并没有顺利地取得他在信中流露出的高涨情绪与冲动所可预期的进展。在实验室的工作背景中,由于他缺乏必要的基本技能的训练,他永远只能以观摩者的身份出现,而不能实际参与其中,并在实验工作方面有所收获和有所作为。同样由于基础知识的薄弱与零散,他听杜布瓦—莱蒙等人的课程或讲座是有困难的,因为这些课程或讲座所涉及到的很多基础知识是他所不具备的。这一点他倒可以以勤奋加以弥补。确实,詹姆斯以惊人的毅力广泛阅读生理学和心理学的文献,而且,每当在阅读过程中遇到自己不熟悉的基础知识背景时,他便在"补课"的意义上进一步跟踪阅读,从而为日后成就为心理学家打下了坚实的基础;从后来完成的《心理学原理》一书的内容来看,他几乎知晓心理学及生理学内的所有的知识和事实,就是明证。同时,正因为他这一次德国之行原本没有明确的目标,除了特定的时期为了特定的任务,如选修杜布瓦—莱蒙的生理学课程而有针对性地阅读专业文献外,关于詹姆斯这一时期生活的总体特征,从否定的意义上来说,他在情绪上是低沉的,在阅读上是散漫的,经常把自己关在屋里,手捧一本书坐在窗前发呆,总感觉生活暗无天日,还时时遭受自杀念头的袭击;但在肯定的意义上,正是从这散漫的阅读

① 转引自 Evans, R. B. (1990). William James and his Principles. In Johnson, M. G. & Henley, T. B. (eds), *Reflections on The Principles of Psychology: William James after a century*. Hillsdale, N. J.: Lawrence Erlbaum Associates, Publishers. pp. 11～31.

② 转引自 Taylor, E. (1990). New light on the origin of William James's experimental psychology. In Johnson, M. G. & Henley, T. B. (eds), *Reflections on The Principles of Psychology: William James after a century*. Hillsdale, N. J.: Lawrence Erlbaum Associates, Publishers. pp. 33～61.

中孕育出一种积极的力量，推动詹姆斯走向他尚不明了的目的地——经由心理学而通达哲学。这一时期，除了生理学和心理学的专业文献外，詹姆斯还大量阅读文学、哲学、科学等。

1868 年 11 月，詹姆斯回国准备博士论文及其答辩。在詹姆斯的全部写作生涯中，他的博士论文大概是最不足道的。这是因为，一方面，在那个时代，哈佛大学对博士论文的水准及其答辩的程序要求很低，另一方面，如前所述，詹姆斯绝无意于开业行医，而那时医科学生多怀有实践的动机，即通过博士答辩获得行医资格，因为博士文凭就是行医执照，但对詹姆斯而言，完成博士论文及其答辩只是履行他生命中的一个日常的程序而已。所以，詹姆斯只是通过重温先前在医学院读书时的课本"敷衍"出一篇博士论文，绝不代表他在生理学和心理学领域内的阅读进展和思考结果。总而言之，他在 1869 年 6 月顺利通过答辩并获得了博士学位。

从表面上看，完成博士论文及其答辩，似乎意味着詹姆斯"完成"了他的学业，并从作为学生的日常事务中解脱了出来。对于多数人来说，情况往往是这样。但对詹姆斯而言，他的"学业"还远未完成。因为他既未获得一个职位，也看不出任何职业的希望，特别是对未来的生活还没有一个明确的规划或设想，此后三年便"赋闲"在家，以他惯常的散漫的文献阅读的方式继续他的"学业"。从一种意义上来说，詹姆斯倒确也获得了某种解脱感，因为此时，他的阅读不再服务于任何外在的任务，而是随"心"所欲：在这一时期，他阅读的文献和思考的问题主要是哲学的和心理学的，并更热衷于与赖特、皮尔士等人进行哲学讨论。从长远来看，以他目前所接受的教育背景，绝看不到一个著名的心理学家和一个著名的哲学家的未来前景。对詹姆斯而言，要成就为一个著名的心理学家或一个著名的哲学家，不仅还需要一个漫长的以文献阅读的方式实现的"求学"的过程，而且还要经历一个精神挣扎的过程。

1870 年，詹姆斯遭遇了一次最为严重的伴有多种身体疾病的精神危机，并于危机之后在精神上获得新生。这次精神危机的实质乃是父亲强加于他的生活理念和生命价值观与自己必须承当的生活理念和生命价值观之间的潜在冲突在适当时机的实现。如前所述，父亲亨利·詹姆斯从他自己的父亲那里继承了足够的财产，从而能够与作为世俗生活的职业保持距离，转而追求一种在他看来是宗教意义上高尚而纯洁的、内在精神自我实现的生活；同时，他又以投射的方式将这种生活理想强加于詹姆斯，希望在詹姆斯身上得到实现，而詹姆斯自不谙世事的童稚时期起就不得不接受这种生活理想的熏陶而深受影响，并就其肯定的意义而言接受了这种生活理想本身。然而，当詹姆斯成年之后，他自知不可能从父亲那里获得足够的财产而能够像父亲那样生活；相反，他必须以职业的方式谋取自己的生计，在此基础上才有可能追求父亲强加于他的精神自我实现的生活。但不幸的是，詹姆斯此时丝毫看不到任何职业的希望，并因而在自觉不到的内心深处不无自卑地自责为一个废人。多年以后，詹姆斯在《宗教经验种种》一书中，以匿名的方式描绘了当时自己觉得是一个废人的这个自我意象。① 如詹姆斯自己的生活史所证明的那样，只有当他在世俗的职业与精神的追求之间求得一个妥协的平衡之后，也就是说，只有当詹姆斯能够获得一个自己认可的职业之后，这个自我意象及其多种躯体化的表现才能被消除，他的精神危机才能在某种程度上得到解决；或如范斯坦所指出的那样："因为没有真正的自我确认，他的一切努力都会令他感到孤苦无助。"②

当然，日常的生活事件及其轨迹不可能像文字的描述那么简洁、那么清晰可辨，而是由多种生活主题相互纠缠在一起共同发展的。也就是在这次精神危机中，詹姆斯认真阅读了两年前在德国读到的法国哲学家雷诺维叶关于自由意志的著作，并以一种实用主义的方式受其影响，将信仰自由意志的存在作为自己的自由意志所采取的第一个自由的行动。这个行动实质上是一个信号，是一种姿态，它意味着詹姆斯自我意识的觉醒，预示着詹姆斯要挣脱父亲的束缚而追求人格的独立。当然，这种觉醒和独立不是轻而易举能够获得的，而是心灵在遭受剧烈震荡时做出痛苦抉择的结果。对此，詹姆斯在日记中表白说："我究竟是应该率真地将道德的考虑（moral business）视为与我的内在秉性不合而抛弃掉呢，还是应该小心谨守这种道德的考虑，而将其他一切（everything else）仅视为实现这一道德的素材呢？"③这里所谓"道德的考虑"，可以解释为父亲的价值观，作为生活方式，就是父亲所追求的那种纯洁而高尚的内在精神自我实现的生活；这里所谓"其他一切"，可以解释为为父亲所鄙视的、作为世俗生活的职业等。对詹姆斯而言，"率真地"抛弃这种"道德的考虑"，意味着将去实践像鲍迪奇作为纯粹的自然科学家那样的生活；无论是就他的主观的动机还是就他的客观的处境而言，这样一

① 在《宗教经验种种》一书中，这个自我意象是作为病态灵魂的一个典型的案例，即一个法国精神疾病患者的幻觉形象被表现出来的，但詹姆斯私下解释说，这个病例实际上是他自己的体验。参见本书中译本，尚新建译：《宗教经验种种》，华夏出版社 2005 年版，第 97 页"译者注"。而且，据詹姆斯的儿子亨利·詹姆斯推算，詹姆斯的这个幻觉经验发生于 1870 年春天，正值此次精神危机期。参见 Allen, G. W., William James: A biography. New York: The Viking Press, Inc., 1967. pp. 165～166.

② 范斯坦著，季广茂译：《就这样，他成了威廉·詹姆斯》，东方出版社 2001 年版，第 421 页。

③ 转引自 Allen, G. W. (1967). William James: A biography. New York: The Viking Press, Inc. p. 164.

种生活道路对詹姆斯是不现实的。对詹姆斯而言,他只能选择折中的生活道路。

相信自由意志的存在并不完全是阅读雷诺维叶的结果,同时也得益于詹姆斯在与病痛相抗争的过程中在心理病理学上所获得的理论洞察。长期以来,詹姆斯相信,即使是精神的病痛或心理的症状,也必然有某种生理的根据或基础,因而不是自我能在其中起到任何干预作用的;只有当詹姆斯相信,不仅精神的病痛或症状,而且身体的病痛或症状,在性质上都是心理的(前已述及,詹姆斯的生理的症状多为心因性的),并因而在他的意志控制的范围内之后,他才有可能通过发挥自由意志的作用,在一定程度上摆脱各种病痛的折磨与困扰。所以,对詹姆斯而言,信仰意志自由所产生的效果不只是人格的,依此摆脱父亲的束缚而获得人格的独立与解放,也不只是情绪的,由此治愈自己的病痛,同时也是理智的,由此培育了自己心理学思考的一种理论的态度或气质,即认为心理的事实并非无区别地、必然地以生理的事实为基础,或者说,心理学不是、也不可能是绝对服从于物理自然科学的因果解释模式的。

1872 年夏天,埃略奥特校长聘请詹姆斯为哈佛大学生理学讲师,彻底改变了詹姆斯的生活状况。此事颇富戏剧性。虽然埃略奥特欣赏詹姆斯的才华与深刻,但当时还看不出有哪个位置适合于詹姆斯。前文述及,詹姆斯的朋友鲍迪奇在当时被认为是一个极有前途的年轻的生理学家,1868 年至 1871 年在法国和德国接受生理学的实验研究的训练。埃略奥特一直在关心并跟踪他的学业进展,并在当选哈佛校长、着手他的改革事业时希望鲍迪奇于 1870 年回哈佛大学组建生理学学科、创办生理学实验室、开展生理学教学,但这一切只有等鲍迪奇于 1871 年夏天回国后才能实现。可以设想,鲍迪奇当时日常的工作事务一定是繁忙的,他首先需要一个实验助手,而且他希望这个实验助手是詹姆斯。1872 年 6 月,他写信给詹姆斯说,只要埃略奥特校长同意,他准备将"解剖学与生理学"这门选修课转让给詹姆斯。詹姆斯的母亲当然深知这个机会对詹姆斯的健康意味着什么,于是便拿着鲍迪奇写给詹姆斯的信去找埃略奥特校长。在征求鲍迪奇的意见后,埃略奥特校长于 8 月决定聘用詹姆斯为生理学讲师。

史书及传记作者常令人欣慰地记述生理学讲师这个职位给詹姆斯带来的巨大的精神振奋作用和疾病治疗效果,但这种振奋作用和治疗效果不能被过分地夸张,不能在绝对的意义上被理解,因为生理学讲师这个职位原本不是詹姆斯自由选择的结果。特别是我们将发现,生理学这门科学的理论内容,与詹姆斯最内在的思想脉动不是完全合拍的,虽然是恰当而必要的。

事实上，詹姆斯的这个生理学讲师的委任，最初是临时性的，为期一年，用现在的话来说，带有试讲性质；他所承担的课程的全称为“脊椎动物的比较解剖学与比较生理学”，由他和一个叫德怀特（Timothy Dwight）的解剖学教授共同承担，其中，德怀特承担解剖学部分，詹姆斯承担生理学部分。由于教学的成功，埃略奥特校长于第二年希望由詹姆斯独立承担这门课程的全部教学。按通常情况来说，这应该是一个求之不得的机会，但詹姆斯却对此犹疑不决，虽然最终还是在事隔一年、旅欧回国之后接受了埃略奥特校长的计划与委任。詹姆斯之犹疑不决，既不是因为教学内容之艰难及教学任务之繁重——事实上，他自己的感觉是，随着教学经验的积累，教学工作必将越来越轻松；也不是因为他的教学能力不足及教学效果欠佳——事实上，他的教学很受学生的欢迎。他之所以犹疑不决，是因为内心的冲突，而他内心冲突的根源乃在于解剖学、生理学等自然科学的理论内容，远不能满足他那思辨的心灵对精神世界的探索的需要。如前所述，詹姆斯长期受父亲的生活理念的熏陶，自然也深受父亲关于科学及科学家的理解的影响。在父亲亨利·詹姆斯看来，科学家们大多盲目于与物理世界相对峙的精神世界；他们不能满足于将自己的知识局限于能够被测量的世界（即物理世界）的范围之内，相反，他们还倾向于认为，凡不能被测量的事物（如精神世界的事物），或者不存在，或者是不重要的。詹姆斯自己在生理学的教学过程中也越来越深切地感受到自然科学方法的局限性，而且结合自己的生存经验，他也越来越清楚地意识到，虽然一方面，生理的过程如身体器官的活动状态会影响到情绪等心理的生活过程，但另一方面，有很多心理的生活过程如自由意志等，不是生理的过程能够完全加以说明的，甚至是生理的过程完全不能加以说明的。同时，亦如前所述，詹姆斯此时的兴趣已转向心理学和哲学。所以，生理学讲师职位的获得，只是外在地解决了詹姆斯的“职业”问题，他由此获得的也只是世俗生活水平上的“自我确认”，而不是他所要求的人生的终极目标。他在内心所要追求的依然是父亲强加于自己的那种生活理想，即纯洁而高尚的内在精神的自我实现，只是在詹姆斯，这个追求在主题上表现为哲学的、形而上学的，而不像在父亲那里主要表现为宗教的。对詹姆斯而言，这种内在的精神追求只能逐步地得到实现，并表现于他的事业的发展与成就之中。

三、詹姆斯的事业与成就

如前所述，生理学讲师职位的获得，只是外在地解决了詹姆斯的“职业”

问题以及与此相关的生计问题，而不能解决詹姆斯心灵深处的焦虑与冲突。詹姆斯自知并相信，如果他安心于讲授并研究解剖学和生理学，那么，他将能够按部就班地接替杰弗里斯·惠曼的职位，成长为一个即使是平庸的、但也绝不至于是失败的科学家。但是，他在内心所向往的乃是在哲学系谋得一个职位，过哲学家的生活，这个职位和这种生活必将更符合他的内在秉性与精神追求，只是在这个时候，他对于自己将来能否在哲学上有所作为以及能否谋得哲学的位置，尚没有自信。所以，出于这样一种"感觉，即哲学作为一项事业，对绝大多数人来说是不合宜的，对我恐怕也是不合宜的"①，他只得接受埃略奥特校长的安排。这并不意味着詹姆斯放弃了哲学的追求；事实上，他准备通过生理学的道路，进而通过心理学的道路，间接地达到哲学的生活，并通过若干年的探索和准备，最终实现了自己的设想。

1874年，詹姆斯回国之后，按埃略奥特校长的意思，独立承担"脊椎动物的比较解剖学和比较生理学"这门课程。然而，詹姆斯却不是在通常的意义上，亦即不是在完全的科学的意义上讲授解剖学和生理学的，而是以一种心理学的及哲学的思考为基础，来讲解解剖学和生理学的科学内容；或者，从詹姆斯的人格和思想的发展历程这个背景来看，他对"解剖学和生理学"这门课程的讲授方式，决定并反映了他的这样一种思想态度，即把解剖学和生理学的科学内容，作为据以通向心理学、哲学及形而上学的思考的经验素材，所以是与他若干年前在痛苦的思考之后所看到的据以摆脱精神危机的希望相一致的。对此，当时任哲学系主任的帕尔默(George Herbert Palmer, 1842—1933)后来回忆说，詹姆斯认识到，"骨骼与肌肉，一旦失去了机能，便毫无意义，从而走向了生理学"；不仅如此，在詹姆斯看来，"生理的机能活动，仅只是从属于并服务于心理的机能活动，并因而只有从心理学的角度才能被理解"。②

1875年，詹姆斯给研究生新开设一门课程，名为"生理学与心理学的关系"。这是在美国开设的第一门新心理学课程，在当时被普遍认为是更接近于哲学而不是生理学，因而应该在哲学系开设而不是在科学学院开设。显然，这样一种意见导向使詹姆斯心满意足，虽然他还不能立即转入哲学系。同时，为了配合教学，詹姆斯将刚兴起的实验研究方法引入这门课程。这就是史书记述的"詹姆斯向哈佛请得三百元购买'生理学'仪器"，又"在学院内

① 转引自 Allen, G. W. (1967). William James: A biography. New York: The Viking Press, Inc. p. 181.

② 转引自 Allen, G. W. (1967). William James: A biography. New York: The Viking Press, Inc. p. 196.

另辟房屋二间让学生进行实验，了解教师演讲的内容”[①]的背景。1876年，他又将这门课程面向本科生开放，并利用英国哲学家及心理学家斯宾塞(Herbert Spencer，1820—1903)于1855年出版的《心理学原理》为教材。无疑，斯宾塞在《心理学原理》中所贯彻的进化论思想对詹姆斯产生了深刻的影响。也就是在1876年，詹姆斯升任生理学助理教授，从而永久地稳定了自己在哈佛的教职。至1877年，虽然詹姆斯仍然是生理学的助理教授，但他终于能在哲学系开设“心理学”课程，为自己走近哲学迈出了重要的一步。

詹姆斯继续讲授解剖学、生理学及心理学，同时为自己进入哲学及哲学系做准备。这种准备工作是在两个方向上进行的：其一是继续通过阅读和思考使自己在哲学上更趋于成熟；其二是试图改变哲学学术的理论气质及哲学学科的学术氛围，使之更符合于自己对哲学的理解而易于接受自己为哲学家。这个问题需结合哲学史的宏观背景才能被理解，而这个宏观的哲学史背景又涉及到两个方面的内容。就一个方面来说，自19世纪中叶开始，哲学正在世界范围内经历着巨大的变化，变化的一个方向是全面接受心理学的洗礼，特别是在作为科学心理学诞生地的德国表现得尤为明显，乃至于到19世纪末及20世纪初，人们认为，真正的哲学就是实验的科学心理学，实验的科学心理学乃是科学的哲学必须采取的形式。[②] 美国哲学家怀特在回顾哲学发展的历史时指出，“到那一个世纪(指19世纪——引者注)的末期，心理学大有主宰哲学研究的希望”[③]，就是针对这个历史背景而言的。在美国，首先感受到并在国内积极宣传、鼓动哲学的这一发展动向的，就是而且也只能是作为美国心理学先驱的詹姆斯和霍尔二人，因为真正地感受到并自觉地接受哲学的这一发展动向，要求他们熟悉并理解新心理学及其作为哲学在德国的发展状况与态势。所以，波林也指出：“詹姆斯正像斯顿夫，在十九世纪七十年代看不出哲学和生理心理学之间有何明确的界限。”[④] 就另一个方面来说，在詹姆斯及霍尔等人倡导新心理学之前，美国普遍流行苏格兰学派的官能心理学，而且其宗旨是为宗教服务的。就哈佛大学哲学系当时的情况而言，已有鲍文(Francis Bowen，1811—1890)在传统的官能心理学意义上开设“心理学”课程，所以詹姆斯开设新心理学课程使他感到极为恼怒。对詹姆斯而言，他不仅要在人事方面面临着与鲍文的竞争，而且在事业及学术方面还要面临与以鲍文为代表的传统哲学的抗争。他要进入哲

① 波林著，高觉敷译：《实验心理学史》(下册)，商务印书馆1982年版，第579页。

② 参见高申春：《德国心理学的理论性质及其发展道路》，载《社会科学战线》，2003年第2期。

③ 怀特编著，杜任之等译：《分析的时代：二十世纪的哲学家》，商务印书馆1981年版，第242页。

④ 波林著，高觉敷译：《实验心理学史》(下册)，商务印书馆1982年版，第581页。

学系过哲学家的生活，尚待时日。

1878 年，詹姆斯的生活中发生了两件注定影响他终生并最终将他的人格和思想塑造成型的事情：一是与艾丽斯·豪·吉本斯（Alice Howe Gibbens，1849—1922）喜结良缘，二是与亨利·霍尔特签订《心理学原理》的出版合同。詹姆斯与艾丽斯之间的婚恋过程，充满了浪漫情调。他们二人都是谨守传统道德情操的人，而且在他们于 1876 年相识之前都未曾恋爱过。詹姆斯未曾恋爱，是因为他不愿以病弱的身体连累他人，以及担忧当时尚不充裕的收入不足以支持一个家庭的生活；艾丽斯·吉本斯未曾恋爱，一方面是迫于生活的压力，另一方面也是因为她在生活中还没有遇见一个足以让她爱慕、同时又爱慕她的人。到 1876 年时，27 岁的艾丽斯·吉本斯可以说是一个已历尽世间沧桑的人。她父亲生活失意，母亲情感脆弱且依赖成性，二人婚姻一度处于危机状态。国内战争爆发时，失意的父亲奔赴战场，当战争结束后，父亲不是战死于疆场，却于回家的路上自杀身亡，给母亲以毁灭性的打击。从此，家庭生活的重担便全落在年仅 16 岁的艾丽斯身上，她也就成了家庭生活的支柱：她不仅要服侍母亲，而且还要照顾两个年幼的妹妹；甚至母亲康复后，无论是在精神上还是在生活上都形成了终生依赖于女儿的习惯。这样一种生活经历既磨炼了艾丽斯·吉本斯坚强的意志和独立的个性，也培育了她颇为世故的处世态度。此后带领全家旅居欧洲五年的漂泊生活，既增长了她的见识，又锻炼了她独立判断事物的能力。现在的艾丽斯·吉本斯，外表沉着、镇定，常以冷峻的眼光观察世间一切人和事，内心却充满了智慧和对生活的热望，一当遇到心满意足的对象，必将报以热烈的爱情和贴心的关怀。詹姆斯似乎就是她耐心等待的这样一个对象，二人一见钟情，互相倾慕，虽然恋爱过程因各自的顾虑颇费一番周折，但日后的生活证明，不仅他们的婚姻对詹姆斯的健康大有裨益，而且对詹姆斯的事业和思想的发展来说，艾丽斯也是一个得力的助手。

事实上，在与霍尔特签订出版合同并着手《心理学原理》的写作之前，詹姆斯已经有了一次较为系统阐释其心理学思想的机会。1878 年春天应邀赴约翰·霍布金斯大学做讲演，题目是"脑与心"（The Brain and the Mind）。讲演的内容颇能反映詹姆斯心理学思想的进展以及他在心理学基本理论问题上的一般态度。他首先考察了关于脑的结构和功能的各种科学理论及其历史发展，并分析脑及其活动与心及其活动之间的关系。在方法问题上，詹姆斯坚决抵制当时普遍兴起的科学唯物主义，而为反思的、内省的方法辩护。这种科学唯物主义方法论的基本态度是，只有以生理的测量为基础的统计资料，才有可能产生科学的"真理"；而詹姆斯认为，即使是作为这种科学“真理”之基础的生理的测量，也是以心的内省的反思活动为基础的。特别是詹姆斯在自己的思考中已经感受到了并在讲演中加以讨论的一个理论论题，已经明白无误地显示了他的哲学家的气质，并决定了他日后全部理论探索与思想发展的基本方向，那就是：意识是如何产生的，或更具体地说，意识及其活动如何在脑及其活动的基础上产生出来。试图寻求对这个问题的回答，将是詹姆斯全部理论活动的最后目标，他晚年倡导的彻底的经验主义，在某种程度上说就是对这个问题的一个相当完满的回答。在詹姆斯看来，生理学关于神经系统及其活动所已积累的全部知识，尚不足以解释意识及其产生的问题，关于意识的这个问题，依然属于形而上学的领域；虽然生理学家和坚持科学唯物主义态度的心理学家们，普遍倾向于将意识视为迷信和愚昧加以“消除”，但在詹姆斯看来，只要人们以一种诚实的态度来面对人的真实的生存经验，人们就会承认，意识是无论如何也不可能被“消除”的，人们所能做的，只能是努力寻求关于意识的更具有真理性的理论解释。所以，当詹姆斯还是一个生理学讲师的时候，他就已经抓住并开始思考全部哲学中最基本的哲学问题了。

与霍尔特签订《心理学原理》的出版合同，是有某种必然性贯穿其中的一次偶然的机缘。霍尔特是纽约著名的出版商，正在陆续编辑出版系列教材，试图为各门科学或学科提供标准的、具有经典意义的教科书。其时，心理学正在经历从哲学心理学向科学心理学的历史转变，科学心理学的研究成果不断涌现，而美国各大学也正在陆续开设新心理学课程，霍尔特便在其系列教材的出版规划中加入心理学。霍尔特最初约请的作者是詹姆斯的朋友，形而上学俱乐部成员之一，后来成为著名历史学家，当时在哈佛大学图书馆任管理员的费斯克(John Fiske，1842—1901)。但是，一方面因为费斯克没有进行过心理学的专门研究，也未曾跟踪过心理学在世界范围内的发展动向，另一方面也因为詹姆斯不仅对心理学有专门的研究，而且一直在跟踪心理学在欧洲国家特别是德国的发展趋势，所以，费斯克在初步尝试写作后便放弃了，同时向霍尔特推荐詹姆斯。霍尔特希望詹姆斯在一年内完成书稿的写作，詹姆斯说需要两年才能交稿，但两人都想不到，詹姆斯通过12年的艰苦劳动，才最终于1890年完成《心理学原理》的写作。当然，历史证明，无论是对出版商霍尔特来说，还是对作者詹姆斯而言，耐心等待12年不只是值得的，他们由此收获的乃是名垂青史的伟绩。

从各个角度来说，特别是对詹姆斯而言，要写作《心理学原理》这样一部著作，既是一个巨大的理论挑战，又是一次艰辛的精神探险。詹姆斯不想把他的《心理学原理》写成一部知识汇编或资料手册性质的教科书——虽然实际成书的《心理学原理》几乎包含了心理学当时所知的全部事实；以詹姆斯的文笔，写作这样一本教科书绝不是什么困难的任务，而且必是同类著作之上乘者而足以让出版商感到满意。然而，如果那样的话，詹姆斯也就不可能成就为詹姆斯，由此形成的《心理学原理》也就不可能像实际成书的《心理学原理》那么具有永久的历史意义。实际上，在詹姆斯准备写作《心理学原理》之前，在美国不仅传统的哲学心理学意义上的教科书已有十余种，新心理学教科书也已开始面世，而且在詹姆斯写作《心理学原理》期间，又有若干部新心理学教科书陆续出版，特别是耶鲁大学心理学家赖德(George Trumbell Ladd，1842—1921)于1887年出版的《生理心理学要义》，原是以冯特的《生理心理学原理》为蓝本的；不仅如此，即使考虑到詹姆斯《心理学原理》出版后整个美国心理学历史上出现的难以计数的原理性教科书，其中不乏颇受欢迎的杰作，但是，所有这些教科书没有哪一部像詹姆斯的《心理学原理》那样产生了如此广泛的影响，并如此地具有永久的历史意义，就是明证。

对詹姆斯而言，有几个方面的原因决定了他不可能把《心理学原理》写成知识汇编式的教科书。首先，就詹姆斯的人格来说，虽然他已经在哈佛大学获得了一个稳定的职位，但如前所述，生理学的职位及生理学家的“自我确认”(self-identity)，因不合詹姆斯的内在秉性而不是他所珍视并作为人生的最终目标加以追求的；詹姆斯想要追求的乃是他的父亲强加于自己的那种生活理想，即追求内在精神的自我实现，在职业上表现为作为哲学家对人的存在的全部形而上学问题的探索。因此，一方面，他要通过《心理学原理》向世人证明，他有足够的资质作为哲学家过哲学的生活，因而《心理学原理》必须贯穿一种对心理学以及对人生的哲学的理解；另一方面，即使是哲学家的“职业”本身，也不可能是詹姆斯真正要追求的，哲学家的“职业”不过是他追求并借以实现其生活理想的道路而已，所以，詹姆斯真正面临的任务，不是“劳作”意义上的《心理学原理》的写作过程，而是通过《心理学原理》的写作，以澄清自己的哲学思考，达到对世界与人生的一种透亮、明澈的理解和把握。正因为如此，最终实现的《心理学原理》就不只是一部心理学著作，同时也是一部哲学著作，“其中不仅论述了心理学，也论述了哲学”[①]。其次，就心理学本身的状况来说，虽然心理学当时正在取得令人振奋的进展，已经积累了巨大数量的知识，而詹姆斯以自己惯常的文献阅读的习惯和能力，熟悉德国、法国及英国在新心理学领域所已出版的文献背景，但所有这些知识不仅是零散而不连贯的，甚至是相互矛盾的，没有一个一以贯之的总的学术理

① 刘放桐：《现代西方哲学》，人民出版社1981年版，第264页。

念将所有这些知识组织成一个系统或一门科学。但是，詹姆斯是一个思想开放的人，既有追求精神自我实现的动机，又有“面向实事”的勇气，他便不可能像其他作者那样，仅仅局限且满足于某一特定的视角，有选择地从现有文献背景中摘取某些知识的片段，编出一部必然受某种偏见束缚的教科书；相反，他希望提供的是不受任何偏见制约的、值得永久信赖的关于心理学的理论阐释。用英国思想家伯林爵士（Sir Isaiah Berlin，1909—1997）的话来说，詹姆斯想做的是心理学的“刺猬”而不是“狐狸”——至于他的《心理学原理》是否一劳永逸地为心理学提供了这样一种值得永久信赖的理论阐释，尚不能给以定论，我们或可以给出一个倾向于否定的回答。也正因为如此，在完成《心理学原理》的写作之后，詹姆斯不仅认识到目前还“不存在所谓心理学这样一门科学”（给出版商霍尔特的信），目前的心理学“尚处于伽利略时代以前的物理学的状态”（给英国心理学家詹姆斯·萨利的信），[1]而且还痛切地感受到，心理学乃是一门令人生厌的“难以应付的小科学”[2]。或许这也是导致詹姆斯最终放弃心理学而走向哲学的原因之一。其三，作为父亲生活信念的影响及其教育实践的产物，詹姆斯在思想上可以说是一个真正的“世界公民”，同时因为美国尚没有自己的心理学和哲学的“流派”，所以，他能够自由地接受德国、法国、英国的文化素养，而不像德国、法国或英国的学者那样，受狭隘的民族情感的束缚而不相往来。当然，我们不能由此否认詹姆斯是一个原创性的思想家，因为欧洲国家的文化素养，在他那里生长为一种独树一帜的、不同于欧洲国家的思想体系，正如怀特所说的那样：“詹姆斯是独创的，动人的，一视同仁的……詹姆斯并不是英国哲学或者大陆哲学的第二流的模仿者或卫星；他是哲学界的一颗大行星：他在自己的轴心上旋转……”[3]

历史证明，由霍尔特出版的这部《心理学原理》只能由詹姆斯来写，否则，它便和其他教科书一样成为历史的过眼烟云而不是它自身，因为《心理学原理》亦如詹姆斯其他的文章及著作一样，乃是詹姆斯的人格的展现，而詹姆斯的人格是与众不同的。波林虽然在学术和理论上从来不对詹姆斯发生兴趣，但他无论如何还是把握到了这一点：“他的书在事实上都表现出他的人格；我们用不到辨识其人与著作的界线”；“一个拘迂而词不达意的著作

① 转引自 Allen, G. W. (1967). William James: A biography. New York: The Viking Press, Inc. p. 315, p. 318.

② 转引自舒尔茨著，杨立能等译：《现代心理学史》，人民教育出版社 1981 年版，第 137 页。

③ 怀特编著，杜任之等译：《分析的时代：二十世纪的哲学家》，商务印书馆 1981 年版，第 155 页。

家，也许能说同样的话，而不能有同样的影响”。[①] 在这一点上，我们当感谢詹姆斯的勇气和胆识，为我们写出了这部《心理学原理》，因为一方面，詹姆斯无论是在科学或心理学上还是在哲学上，都未曾受过系统的训练，另一方面，作为写作与思考的主题的心理学，是一个极其困难的任务，其困难的程度不仅在当时，即使是到现在，都是不能真正理解詹姆斯人格的人所不可想象的，他为此付出的艰辛，也绝不是 12 年的时间所能完全说明的。惟其如此，《心理学原理》的写作进展是缓慢而艰难的。虽然詹姆斯与霍尔特最初约定的交稿时间为 1880 年夏天，并赶在秋季开学前出版上市，但实际上，直到 1883 年底，书稿的写作不仅没有真正开始，甚至还没有形成一个思路。期间，詹姆斯所感受到的理智的孤独是令人难以忍受的，因为在 19 世纪七八十年代，在他身边，能感受到并理解新心理学在德国的发展态势，并因而能与之沟通、讨论的，只有霍尔一人，而霍尔却在 1878 年获得博士学位后再次赴德国留学。所以，詹姆斯总是抑制不住赴欧洲游学的冲动，并设法成行。特别是 1882—1883 年，他不仅在欧洲结识海林（Ewald Hering，1834—1918）、马赫（Ernst Mach，1838—1916）、斯图姆夫（Carl Stumpf，1848—1936）等人，并再次与路德维希、冯特等人会晤，特别是与斯图姆夫建立起终身的友谊而受益匪浅，而且也就是在这一次的欧洲之行，詹姆斯在英国接触到灵学研究而深受吸引和影响。这里附带指出，詹姆斯此后 20 余年对灵学研究的热衷，虽然给他的事业，特别是给他的名誉带来了极为消极的影响，但应当承认，与灵学研究者的接触，还是帮助他澄清了一些思考的疑点的。

毫无疑问，《心理学原理》不是在 12 年的时间内连续写成的，甚至也不是在这 12 年的最后几年内连续写成的。《心理学原理》的主体内容是在这 12 年内以文章的形式断续写成并公开发表，最后以这些文章为基础加以修订、补充而组织成书的。这或许也是很多批评家认为《心理学原理》不构成一部系统的著作的原因之一。确实，对詹姆斯而言，或对任何人而言，在其生命力最旺盛、学术思想最活跃的人生阶段，学术的思想或观点不断发生变化，乃是再自然不过的事情。所以，虽然詹姆斯在写作《心理学原理》之前，曾希望为心理学寻求到一个统一的原理，以把心理学所已取得的全部知识组织成一个系统或一门科学，但完成之后的《心理学原理》并没有能够为心理学提供这样一个统一的原理，或者说，实际贯穿于《心理学原理》之中的是若干个相互不同甚至有可能被认为是相互矛盾的基本的原理。这既足以说明心理学作为詹姆斯写作与思考的主题，其任务的困难程度，又能说明为什

① 波林著，高觉敷译：《实验心理学史》（下册），商务印书馆 1982 年版，第 581、583 页。

么詹姆斯在完成《心理学原理》的写作之后，越来越痛切地感受到心理学乃是一门令人生厌的“难以应付的小科学”。

这里有必要附带说明詹姆斯在写作《心理学原理》期间在职业生活上发生的变化，以更好地理解他的人格与思想的发展进程。如前所述，詹姆斯希望进入哲学系过哲学家的生活。至1880年时他如愿以偿，在哲学系被任命为助理教授，并于1885年升任哲学教授，又于1889年改头衔为心理学教授，1897年时，詹姆斯的学术头衔再次改为哲学教授。我们不能按现在的学科划分方案，通过詹姆斯职衔的变化来理解他的人格和思想的发展。只有1897年后，詹姆斯才是现在意义上的、哲学作为哲学的“哲学教授”；他虽然在职衔的称谓上为哲学的助理教授或教授，但那是在心理学作为哲学或哲学作为心理学意义上的“哲学教授”，他在学术身份上必须被理解为心理学家，因为那时还没有“心理学教授”这样的职衔，只是到1888年时，卡特尔(James McKeen Cattel，1860—1944)于宾夕法尼亚大学在世界范围内第一个被正式任命为现在意义上的、心理学作为心理学的“心理学教授”，从而使“心理学教授”这个职衔的称谓为世所公认，[①]詹姆斯于1889年改职衔的称谓为“心理学教授”，正是以此为背景的。

《心理学原理》的出版立即获得了巨大的成功，当时几乎所有主要的心理学家和有关的哲学家，都从各自的角度对詹姆斯及其《心理学原理》做出评论。这样的影响和反应自然也使出版商霍尔特大喜过望，但他同时又感到多少有些缺憾，因为他原本是要出一部心理学教材的，而詹姆斯实际完成的具有百科全书性质、多达1300余页的《心理学原理》，作为大学教材显然不是最理想的。于是，詹姆斯便按照霍尔特最初的设想和要求，立即着手将《心理学原理》节编为一部500页左右的大学教材，这就是1892年出版的《心理学简编》(Psychology：The Briefer Course)。虽然因为有《心理学原理》作为背景，《心理学简编》同样也获得了成功，但詹姆斯自己对《心理学简编》及其成功却并不太在意，因为他自己心里清楚，《心理学简编》实质上是把《心理学原理》中独特的詹姆斯式的特征内容删节掉之后形成的一部不那么具有詹姆斯特征的教科书；它的成功实在是以《心理学原理》的成功为背景的，如果没有《心理学原理》及其成功为背景，《心理学简编》大概也会成为历史的过眼烟云而不会引起特别的注意。所以，完成《心理学简编》的改写工作后，詹姆斯写信给霍尔特，在良心上不无自我谴责地说，《心理学简编》

① 参见舒尔茨著，杨立能等译：《现代心理学史》，人民教育出版社1981年版，第158页。

的出版必将“使你我的口袋殷实，但却未必会使学生的心灵殷实”①。

《心理学原理》和《心理学简编》的出版极其成功，使詹姆斯声誉卓著。于是，哈佛大学请詹姆斯在波士顿地区面向中小学教师进行心理学及其教育应用的系列讲演。这个系列讲演同样获得了巨大的成功，使詹姆斯成为一个家喻户晓的人物。至1895年时，美国各大学纷纷在暑假期间开设夏季学期。这种夏季短学期本不属于各大学日常教学，而主要是面向中小学教师，为他们提供短期的进修、培训的机会。由于詹姆斯的声望，各大学争相邀请詹姆斯，詹姆斯的日常生活也因此发生巨大变化，大有在全国进行巡回演讲之势。后来，他将这些讲演材料整理成《对教师讲心理学》，于1899年出版。

詹姆斯本人不擅长于也不喜欢实验室的工作，而倾向于进行理论的反思及哲学的思辨。但是，必须公正地指出，关于实验室的研究工作对于心理学作为一门自然科学的发展及其对于学生学习心理学之重要性，詹姆斯是有着充分的意识的。所以多年来，作为心理学教学的一个组成部分，詹姆斯不得不抽出相应的时间和精力，在实验室指导学生的实验工作。直到1892年，他成功地将德国心理学家闵斯特伯格（Hugo Munsterberg，1863—1916）请至哈佛大学主持心理学实验室，他才得以从实验指导工作中脱身，又一次获得了更多的“自由”，以进行哲学的思考。

关于詹姆斯从心理学转向哲学，常有人做出一种肤浅而过于表面化的解释，认为心理学和哲学分属詹姆斯学术生涯的两个不同阶段：“《原理》出版后，他感到他已说出了他所知道的关于心理学的一切，所以转向哲学。”②这种肤浅而过于表面化的解释，自然因为不能说明并揭示詹姆斯人格发展及其学术追求的最内在的核心，反过来又制约着对其心理学的整体理解而难以把握其精髓。事实上，对詹姆斯的思想发展而言，从心理学向哲学的过渡，乃是合乎其思想发展自身的逻辑的一个自然的过程，其间并不存在任何断裂：当他写作《心理学原理》时，就已经预留出了未来哲学思考的理论空间；正是以未来哲学思考的这个理论空间为背景，《心理学原理》才获得了它自身的品质而独树一帜。在这一点上，墨菲和波林都有准确而深刻的把握。墨菲指出，“当他写作《原理》时，詹姆斯很明显地逐渐转向哲学研究”，③所以在墨菲看来，詹姆斯的哲学生长于他的心理学，他的哲学的思考和研究乃是其心理学的思考和研究的自然延伸；波林则更精当地指出，“他的《心理学原

① 转引自 Allen，G. W.（1967）. William James：A biography. New York：The Viking Press，Inc. p. 336.

② 舒尔茨著，杨立能等译：《现代心理学史》，人民教育出版社1981年版，第142页。

③ 墨菲、柯瓦奇著，林方译：《近代心理学历史导引》，商务印书馆1980年版，第276页。

理》的脱稿，标志着他的哲学的生命受心理学统治的时期的结束”①，所以波林认识到，对詹姆斯而言，心理学不过是其“哲学的生命”的表现形式而已，他的心理学研究若失去了其“哲学的生命”的支持，便像一个器官从活的有机体中被切割下来而失去生命一样。

詹姆斯作为哲学家同样获得了世所罕见的巨大的成功和声望。这里试举二例对此加以说明。1901 年春天，詹姆斯应邀赴英国爱丁堡大学主持吉福德讲座(Gifford lectures at the University of Edinburgh)，讲授自然宗教，其结果便是 1902 年出版的《宗教经验种种》。在此之前，詹姆斯的同事和朋友罗伊斯(Josiah Royce，1855—1916)已经在爱丁堡大学主持过同样的讲座，并告诫詹姆斯不要对讲座抱太大的希望：只有很少的听众赴会，最后只剩下大约 15 人左右。罗伊斯的告诫当然是以他自己在爱丁堡大学的讲座经验为基础的。然而，詹姆斯的讲座一开始就吸引了 250 人左右，而且，几天后听众人数就增至 300 余人，他们风雨无阻，常对詹姆斯的讲座报以热烈的掌声和欢呼声。1907 年初，就在詹姆斯 65 岁生日前，他终于获准从哈佛大学退休。退休后不久，哥伦比亚大学邀请他去讲演实用主义。校方原先计划将讲座安排在一个能容纳大约 250 人的报告厅内举行，但海报却吸引来千余听众，只得将讲座临时移至师范学院的大教堂进行。② 一个学术讲座能吸引千余听众，自然是没几个人敢于设想的。

詹姆斯的哲学和其心理学一样，也是完全开放而远未完成的。虽然詹姆斯在生前出版了一系列的哲学论著，如 1897 年出版《信仰的意志》，1902 年出版《宗教经验种种》，1907 年出版《实用主义》，1909 年出版《多元的宇宙》和《真理的意义》。其中，《宗教经验种种》甚至产生了比《心理学原理》更大的影响，并给他带来了更大的声誉；而《实用主义》的意义和影响，可以从他在哥伦比亚大学讲座的情形窥见一斑，特别是由于实用主义是对美国人由其生存的历史经验塑造而成的其民族性格的理论表达，所以实用主义作为哲学最终荣登美国国家哲学的宝座，詹姆斯也便成了美国文化和美国精神的象征。但是，在詹姆斯看来，哲学只能是个人的，而不可能是绝对的。那么，上述这些哲学论著，哪一种可以作为他的哲学呢？哪一种也不可以。虽然由于实用主义荣获美国国家哲学的美誉这个缘故，詹姆斯作为实用主义的真正创始人，从美国文化的大背景中突现出来而受到欢呼，但是，即使实用主义也不是作为哲学家的詹姆斯的哲学。詹姆斯作为哲学家，他自己

---

① 波林著，高觉敷译：《实验心理学史》(下册)，商务印书馆 1982 年版，第 581 页。

② 参见 Allen, G. W. (1967). William James: A biography. New York: The Viking Press, Inc. p. 423, p. 457.

的哲学乃是关于经验的形而上学，也就是他最早在《信仰的意志》一书中提到、晚年试图倾力加以倡导的彻底的经验主义，虽然他最终也未能将彻底的经验主义作为一个形而上学体系完整地阐释出来，而只是零散地发表了一系列的文章。在詹姆斯看来，彻底的经验主义不仅是“一个独立的学说”，而且，“对于理解他的其他一些著作都是必不可少的”；它比实用主义“更为根本，更为重要”，虽然“实用主义的真理学说之建立”，是“彻底经验主义取得优势”的“一个第一等重要的步骤”。①

事实上，彻底的经验主义作为一种“哲学态度”，这种“态度”或“气质”最早在《心理学原理》中就已经有了充分而明确的表现，甚至可以追溯到詹姆斯接受父亲影响的家庭生活的精神氛围。蓝伯斯（David C. Lamberth）在评述詹姆斯《宗教经验种种》时指出，虽然《宗教经验种种》这本书本身讨论的是宗教经验，但其背后却隐含着詹姆斯的整个哲学体系，即经验的形而上学；必须从这种哲学背景出发，才能真实而准确地理解《宗教经验种种》及其文本的意义。② 关于《心理学原理》，必须坚持这同样的态度，才能准确而完整地理解其全部的意义。对詹姆斯而言，无论心理学、宗教研究，还是实用主义，都不过是他的“哲学的生命”的表现形式而已，不过是他试图追求其“哲学的生命”的自我实现时所采取的具体的道路而已，而其“哲学的生命”的内核及追求的最后目标，就是尚未完成的、作为关于经验的形而上学的彻底的经验主义。

关于实用主义对美国早期心理学及其机能主义的影响，前文曾结合美国文化的历史特质做过系统的评述。以下将以詹姆斯的彻底的经验主义为背景，来理解他的心理学，并在理解他的心理学的过程中，适当地并试图恰当地评述他的彻底的经验主义。

第二节 詹姆斯的心理学

前面曾指出过，詹姆斯的心理学是完全开放而远未完成的，这种完全的开放性和未完成性意味着，甚至想客观地介绍詹姆斯的心理学都是不可能

① 詹姆斯著，庞景仁译：《彻底的经验主义》，上海人民出版社 1987 年版，“编者序言”第 1、2 页。
② 参阅詹姆斯著，尚新建译：《宗教经验种种》，华夏出版社 2005 年版，“中译者导言”第 2、20 页。

的，任何对詹姆斯心理学的"介绍"，都只能是一种历史的"解释"，而不可能完全地再现詹姆斯心理学的原貌；就詹姆斯的人格和思想而言，它的最内在的核心以及他所要追求的最后的目标，乃是关于经验的形而上学，即表现为他那尚未完成的彻底经验主义的哲学体系，他的心理学不过是通往这一目标的道路上的一个临时的"客栈"而已，因此，必须以他的彻底的经验主义为背景，才能有效地理解他的心理学。

一、心理学的形而上学基础

对于那些不是真正理解詹姆斯的人格和思想的人而言，或者对于那些喜欢以断章取义的方式来理解詹姆斯的心理学的人而言，提出关于詹姆斯心理学的形而上学基础这个问题，或许会显得有些唐突，因为詹姆斯曾明明白白地把心理学当做一门自然科学，并按照自然科学的方式将某些事实作为前提承诺下来而不加以反思，从而才能够设想心理学摆脱形而上学而作为一门自然科学的存在。特别是当詹姆斯早年对心理学进行专门的研究和思考时，形而上学问题以及关于心理学形而上学基础的问题，在詹姆斯的思想背景中还远未构成一个突显着的、显在的理论主题，而只是作为一个尚未得到澄清的基本理念，隐含在詹姆斯关于心理学的研究和思考的具体内容的背后；只有当詹姆斯脱离了心理学而走向哲学之后，形而上学问题才突现为其思考的主题。但是，这并不是说，在詹姆斯学术生涯的早年，尚处于隐伏状态的形而上学冲动，未曾对他关于心理学的思考和研究产生过影响。事实上，从《心理学原理》一书的内容来看，这种影响的表现虽然是零散的，但无论如何也是直接而随处可见的。所以，虽然詹姆斯在理论态度上声称要以自然科学态度来对待心理学而不涉及形而上学，但实际上，他的具体的心理学思考及《心理学原理》的写作，总也摆脱不了形而上学。反过来说，当詹姆斯在晚年于哲学上趋于成熟，并试图构想其形而上学体系即彻底的经验主义时，他据以构想这一形而上学体系的思想材料，主要还是最初在《心理学原理》中讨论过的心理学的论题，虽然关于这些心理学论题的理解，自然会随着其思想的成熟不断发展、不断深化。所以，对詹姆斯而言，其心理学与其哲学及形而上学，在逻辑上构成一个一体化的整体而不能被人为地分离。也只有以这个逻辑上一体化的整体为背景，才能理解其心理学的真髓。当然，必须明确，这里首先讨论詹姆斯心理学的形而上学基础，不是以时间的先在性，而是以逻辑的先在性为根据的。也就是说，不是以詹姆斯从心理学的科学思考走向哲学的形而上学思考的时间顺序为根据，而是以詹姆斯的学术思考据以展开的逻辑为根据。

詹姆斯的形而上学体系(如果可以称之为一个体系的话),就是詹姆斯作为哲学家的哲学体系,这个哲学体系就是他关于经验的形而上学,即彻底的经验主义。彻底的经验主义作为詹姆斯的形而上学,在起点上是詹姆斯全部思想冲动的最内在的核心,在终点上是詹姆斯全部思想追求的最后的目标。心理学作为他通往这个目标的一条道路、一个"客栈",自然是以这个内核为中心的,是对这个目标的一个具体的实现,所以,彻底的经验主义,不仅在体系的意义上是詹姆斯的形而上学,同时也是他的心理学的形而上学基础。正是以此为理解的出发点,《詹姆斯著作集》的编者麦克德默特(John J. McDermott, 1977)告诫说:"不管要从哪一种意义上来理解詹姆斯,若是低估了彻底经验主义之重要性,都必将完全不知詹姆斯为何物。"[①]同样,若是低估彻底经验主义作为詹姆斯心理学形而上学基础之重要性,我们将完全误解詹姆斯的心理学。

彻底经验主义作为哲学和形而上学的主旨,是要在否定传统哲学的二元论思维方式及其对世界的解释的同时,尝试寻求世界的统一的基础。它所寻求到的关于世界的统一的基础就是"纯粹经验",彻底经验主义就是试图对这个"纯粹经验"进行系统的理论阐释。虽然如前所述,詹姆斯最终没有能够把彻底经验主义作为哲学或形而上学在体系的意义上建构出来,而只是零散地发表了一系列的文章,并在死后由他的学生佩里(Ralph Barton Perry, 1876—1957)汇集成册,但无论如何,他于生前毕竟在《真理的意义》一书的序言里,在讨论实用主义真理观以及他自己的思想发展进程的背景中,对彻底经验主义作为整体给出了一个简短但具有纲领性的说明,可以作为我们理解彻底经验主义的一个有效的切入点。他指出:

"彻底经验主义由三个要件构成:首先是一个公设,其次是一个事实的陈述,最后是一个总的结论。

这个公设是:在哲学家之间唯一可以展开论辩的,只能是那些可以用从经验中抽出来的项加以说明的事物。[具有不可经验的性质的事物尽可以任其存在,但不构成哲学论辩的素材。]

这个事实的陈述是:恰如事物本身是直接的具体经验,事物之间的诸关系,无论是连接性的关系还是分离性的关系,也都在完全同样的意义上是直

---

① 转引自 Crosby, D. A., & Viney, W. (1992). Toward a psychology that is radically empirical: Recapturing the vision of William James. In Donnelly, M. E. (Ed), *Reinterpreting the legacy of William James*. Washington, D. C., American Psychological Association, 1992. pp. 101~118.

接的具体的经验。

总的结论是：因此，经验的各部分通过诸关系相互接续而连接在一起，其中，诸关系本身也是经验的组成部分。简而言之，直接被把握的宇宙并不需要一个外在的、超经验的连续性支持物，它本身就拥有一个相互连接的或者说是连续的结构。”①

在这个研究纲领中，“公设”是彻底经验主义对哲学的论阈和职责的划定：哲学必须将自己限定在直接可经验的范围内，并在经验的范围内对世界作出解释，至于经验以外的世界，不要去说它，说了也没有意义。或者换句话说，这个“公设”是彻底经验主义对自己作为哲学的思想态度或“方法论准则”的自我表白：严格地忠实于经验本身，如实地对所看到的经验及其过程作客观的描述，至于不能被直接经验到的、超越经验范围以外的（extraneous trans-empirical）“实体”、“动因”等，都必须被扩除掉（bracketed）。它所陈述的“事实”，就是彻底经验主义视野中的世界的本来面目。如佩里所指出的那样，詹姆斯在生前关于彻底经验主义的这个研究纲领所已初步完成的工作，即构成《彻底经验主义论文集》的 12 篇文章，主要是对世界的本来面目作为“事实”的分析与揭示。纲领中的“总的结论”，既是詹姆斯构想彻底经验主义的内在动机，又是彻底经验主义在体系上被完成之后必将得出的结论。

彻底经验主义的这个研究纲领及其表达出的思想态度或“方法论准则”，立即使人联想到胡塞尔现象学的“面向实事”的思想态度，所以当胡塞尔的现象学被世人所理解之后，自 20 世纪 60 年代起，很多人尝试对詹姆斯的思想进行现象学的理解和阐释，并认为詹姆斯通过他自己的道路独立地达到了现象学。例如，60 年代初，哈佛大学心理学家奥尔波特（Gordon W. Allport，1897—1967）对他专门研究现象学的朋友、耶鲁大学哲学家威尔德（John Wild，1902—1972）评述说，如果詹姆斯的《心理学原理》得到了恰当的理解的话，那么，它“本当在美国引起一场本土的现象学运动”；受此启发，威尔德在系统钻研《心理学原理》的基础上写出《威廉·詹姆斯的彻底经验主义》，并在这本书的序言里写道：“我希望本书将能更稳固地确立这样一个很多人疑虑不定的历史事实，即在上个世纪之交，一个本土的美国哲学家就已开始按存在主义的方式进行思考，并在广义上对现象学运动做出了重要的贡献。我们现在开始认识到，这对于理解现象学运动作为整体而言是必不

---

① James, W. (1911). The meaning of truth. New York: Longman Green and Co., pp. xvi-xvii.

可少的。"①艾迪(James M. Edie，1927—1998)也通过对詹姆斯的独立研究认识到："早在现象学这个词出现之前很久，詹姆斯就已经有了对现象学方法的理解。"②

彻底经验主义潜在地是一个巨大的理论思考的空间，但限于本书主题，我们这里只能给出一个粗线条的勾画，以揭示它与詹姆斯心理学之间的关系。彻底经验主义所研究的理论主题是人类意识现象，它的基本概念是"纯粹经验"，这是我们理解彻底经验主义的关键所在。关于"纯粹经验"，詹姆斯有不同的论述。他指出："如果我们首先假定世界上只有一种原始素材或质料，一切事物都由这种素材构成，如果我们把这种素材叫做'纯粹经验'，那么我们就不难把认识作用解释成为纯粹经验的各个组成部分相互之间可以发生的一种特殊关系。这种关系本身就是纯粹经验的一部分；它的一端变成知识的主体或负担者，知者，另一端变成所知的客体。"③这是彻底经验主义作为形而上学的总的理念，因尚未展开而不易被理解，要"弄懂"它"还需要做很多的解释"。于是他又进一步指出："一种经验主义，为了要彻底，就必须既不要把任何不是直接所经验的元素接受到它的各结构里去，也不要把任何所直接经验的元素从它的各结构里排除出去。对于这样的一种哲学来说，连结各经验的关系本身也必须是所经验的关系，而任何种类的所经验的关系都必须被算做是'实在的'，和该体系里其他任何东西一样"；"我把直接的生活之流叫做'纯粹经验'，这种直接的生活之流供给我们后来的反思与其概念性的范畴以物质材料。"④关于詹姆斯的"纯粹经验"，到目前为止，人们已经作出了很多具体的解释工作，其基本趋势是按解释学的传统，把"纯粹经验"解释为"前反思的经验"。这样一种解释当然有其充分的合理性，但本书作者坚持认为，要想更接近于詹姆斯的本意，就必须结合詹姆斯试图解决的问题，按发生学的思路来理解他的"纯粹经验"。詹姆斯试图要解决的问题，可以简单地表述为：事物如何在意识中生成；发生学的思路是指，设想人类在获得概念的反思能力之前的意识经验。这样来理解"纯粹经验"当然是极其困难的，因为它需要我们摆脱现实意识对我们思维的束缚作用。虽然詹姆斯对这个困难有着充分的意识，但无论如何他还是设法表达

① Wild, J. (1980). The radical empiricism of William James. Westport, CT: Greenwood Press, Publishers. p. vii, p. ix.

② Edie, J. M. (1987). William James and phenomenology. Bloomington, IN: Indiana University Press. P. viii.

③ 詹姆斯著，庞景仁译：《彻底的经验主义》，上海人民出版社 1987 年版，第 2～3 页。

④ 詹姆斯著，庞景仁译：《彻底的经验主义》，上海人民出版社 1987 年版，第 22 页、第 49～50 页。

了这样的理解方式。因为,他一方面间接地举例说,“只有新生的婴儿,或者由于从睡梦中猛然醒来,吃了药,得了病,或者挨了打而处于半昏迷状态中的人,才可以被假定为具有一个十足意义的对于这的‘纯经验’”,另一方面又试图指出现实意识的自然本性:“但是纯粹经验之流一来就立即用一些重点去充实它自己,这些突出部分被同一化了,固定化了,抽象化了。这样一来,经验就显得像是由一些形容词、名词、前置词、连接词等贯串起来而流动一样,它的纯粹性只是一个相对的说法,意指经验中无论如何存在着,但尚未被言词化的那一定比例数量的感觉。”①

从这个粗线条的勾画我们不难看出,彻底经验主义作为詹姆斯晚年的形而上学追求与他早年的心理学研究,不仅在思想逻辑上是连续一贯的,就是在理论内容方面也是互相交融、相互补充的。彻底经验主义关于“经验之流”、“生活之流”的讨论,无非是对《心理学原理》中“意识流”、“思想流”的进一步深化;“纯粹经验之流”中“用重点去充实”而被“同一化”、“固定化”、“抽象化”了的经验部分,与“尚未被言词化”的“感觉”的经验部分之间的分别,无非就是《心理学原理》中关于意识的“实体状态”与“过渡状态”之间的进一步阐释;彻底经验主义中的“关系理论”,无非就是对《心理学原理》中意识的“过渡状态”的进一步发挥;而彻底经验主义所强调的“既不要把任何不是直接所经验的元素接受到它的各结构里去,也不要把任何所直接经验的元素从它的各结构里排除出去”,无非就是对《心理学原理》中告诫要加以谨防的“心理学家的谬误”的另一种解释。所有这些方面,从逻辑上反过来说也同样是成立的:詹姆斯在《心理学原理》中对这些问题的讨论,正是以他晚年以彻底经验主义的形式表达出来。但在写作《心理学原理》时尚未在理论上主题化,并在思想上加以自觉的同样的逻辑为基础的。

在彻底经验主义的背景中,詹姆斯有一个理论的反思。这个理论的反思,无论是对于理解詹姆斯本人而言,还是对于理解心理学及心理学史而言,都具有极端的重要性价值。当我们结合后来的心理学史、特别是行为主义革命来理解詹姆斯的这个理论反思时,我们立即就能看到詹姆斯作为心理学家在应对心理学的理论危机时所表现出的大家风范及其典范意义。本书作者曾在多个不同场合表达过这样一种理解,即心理学在刚刚诞生时就是一门在理论上处于危机中的科学;它的危机的根源与实质,就是它对作为

① 詹姆斯著,庞景仁译:《彻底的经验主义》,上海人民出版社 1987 年版,第 50 页。注:后半句译文有所改动。

它自己研究对象的“意识”的理解的无效性。[①] 詹姆斯在1904年发表的《“意识”存在吗?》一文中表白说:“过去二十年来(也就是在《心理学原理》还远未完成之前),我曾对‘意识’之是不是一种实体表示过怀疑,过去七八年来我曾对我的学生们提出过这样的一个意见,即意识是不存在的”,而“现在(即1904年时)我觉得把意识公开地、普遍地抛弃掉的时机已经成熟了”。[②] 那么,詹姆斯究竟是在什么意义上要把“意识”抛弃掉、否定掉呢?我们知道,华生后来是在完全的、绝对的意义上把“意识”作为“鬼影”给否定掉而发动行为主义革命的,那么,詹姆斯是否也是在绝对的意义上认为“意识是不存在的”呢?答案毫无疑问是否定的。事实上,詹姆斯是通过考察“意识”范畴在到19世纪末的哲学史和心理学史中所经历的种种变故后,否定经历这些历史的变故之后留下来的那个“意识”概念的;这个“意识”概念,如詹姆斯所指出的那样,已经退化为一个“失去了具有人格性的形式和活动”的、“只是表示经验的‘内容’是被知的这一事实的一个名称而已”,它已经“消散到纯粹透明的这种地步”而成为“一个无实体的空名,无权立于第一本原的行列中”。[③] 与此同时,我们还必须要认识到,虽然詹姆斯要否定“物质”和“心灵”这些不是能被直接经验到的“实体”,但彻底经验主义作为形而上学必须要有一个实体为基础,否则世界和人生将失去存在的根据。所以,詹姆斯在否定“意识”的存在后,紧接着便指出,“谁要是把意识这一概念从他的第一本原表里抹掉,谁就仍然必须设法以某种方式使这种职能得以行使”[④],这便是詹姆斯所提出的“纯粹经验”。

本书作者在评述行为主义革命时亦曾指出过,就其可能的意义而言,行为主义革命隐含着两种在理论逻辑上相互不同甚至相互对立的结果:其一,在否定传统意识心理学理论前提的同时,对作为心理学终极理论关怀的、或者说对作为它作为一门科学的唯一合乎逻辑的基础的意识实在,作出符合它自身理论性质的科学论证,从而奠定心理学的理论基础并确立它的理论同一性;其二,在否定传统意识心理学理论前提的同时,连同这个前提试图加以把握的“意识”的理论本体论意义一起加以否定,从而使心理学丧失自己存在的逻辑基础。华生提出的行为主义纲领,只是在否定传统意识心理学理论前提这个意义上,才构成心理学史的一次具有进步意义的“革命”;但

① 参见《意识实在与行为主义革命的破产》,载《南京师大学报》(社会科学版),2002年第1期;《危机的根源与革命的实质——论冯特对后冯特心理学的关系》,载《吉林大学社会科学学报》,2005年第5期。

② 詹姆斯著,庞景仁译:《彻底的经验主义》,上海人民出版社1987年版,第2页。

③ 詹姆斯著,庞景仁译:《彻底的经验主义》,上海人民出版社1987年版,第1页。

④ 詹姆斯著,庞景仁译:《彻底的经验主义》,上海人民出版社1987年版,第2页。

这一革命所导致的结果，或者说由它所实现的现实的历史意义，至少就理论而言，则是完全消极的，因为对历史而言不幸的是，华生正是在上述第二种意义上发动行为主义革命并被实验心理学家们普遍接受的。如果我们把詹姆斯对作为传统意识心理学理论前提的“意识”概念的否定也称为一次“革命”的话，并结合他提出的用以代替“意识”概念的“纯粹经验”的概念，那么，詹姆斯的“革命”就是上述第一种意义上的“革命”，虽然这个“革命”显然不能被称为是一种“行为主义革命”；也只有通过这个詹姆斯式的“革命”，那个时代的心理学才能真正摆脱它的理论危机，并通过詹姆斯的彻底经验主义而走上现象学的道路。

二、心理学作为一门自然科学

狭义地说，詹姆斯的心理学就是他的《心理学原理》，就是他在《心理学原理》中所表达的关于心理学作为整体的理解，以及在其中所阐发的关于心理学各个具体论题的思考。有一个历史的事实特别耐人寻味，并极有助于我们理解詹姆斯的心理学。詹姆斯的《心理学原理》，即使有人不同意说它是全部心理学史中唯一一部最伟大的著作，也不会有人反对说它是极少的几部最伟大的著作之一。像这样的著作，作者往往会根据自己思想的进展进行修订，但詹姆斯对他的《心理学原理》，除应出版商霍尔特的要求把它节略为《心理学简编》外，从来不曾进行过修订。即使后来又有其他的出版商反复恳请詹姆斯以各种可能的方式修订、再版他的《心理学原理》，他也都婉言谢绝。甚至在詹姆斯死后很多年，总有人试图根据詹姆斯晚年逐渐成熟的思想趋势，来设想《心理学原理》有可能进行怎样的修订，但这永远只能是詹姆斯心理学的解释者的“设想”而已。对詹姆斯本人而言，《心理学原理》构成了他通向自己的哲学即彻底经验主义的一个阶梯、一个“客栈”；或者在不那么严格的意义上借用詹姆斯自己的隐喻来说，《心理学原理》作为他的思想流的一个片段，过去之后就不可能再回来了。从这个意义上可以肯定地说，詹姆斯的《心理学原理》是不可修订的。

毫无疑问，詹姆斯的《心理学原理》是一部极具原创性的论著，而不能被当做“不成体系”的心理学的“知识总汇”来对待，虽然同样毫无疑问，在知识的层面上，它在当时完全称得上是一部百科全书式的知识手册或知识总汇，因为它涉及到或评述了到当时为止所已知道的几乎全部心理学的知识，甚至是它最前沿的细节。历史上之所以总有人把詹姆斯称为“典型的不成体系的心理学家”，就是因为如前述麦克德默特所告诫的那样，“低估了”或甚至是根本没有认识到彻底经验主义对詹姆斯心理学的重要性。事实上，贯穿于整个《心理学原理》之中的，是关于人类意识现象的一种理解方式，正是关于意识的这种理解方式，在趋向于形而上学并逐步成熟的过程中生成为彻底经验主义。只有认识到彻底经验主义对詹姆斯心理学的重要性意义，才能看到詹姆斯心理学的体系的性质。

关于心理学是什么这个问题，詹姆斯在《心理学原理》中，特别在其序言、第一章及第七章中有较为集中、较为系统的论述。在第一章"心理学的范围"中，詹姆斯开篇便指出："心理学乃是关于心理生活的科学，既包括心理生活的诸现象，又包括这些现象的条件。"[①]詹姆斯所谓心理生活的"诸现象"，就是在思维中所把握到的诸如感觉、知觉、记忆、认知、判断、想象、欲望、意愿、情感等主观的活动或现象。在进一步说明这些"现象"是什么之前，詹姆斯首先明确地批判并否定了理性主义传统的官能心理学和经验主义传统的联想心理学。詹姆斯所谓心理生活诸现象的"条件"，是指身体的存在及其活动，特别是脑的存在及其活动，并指出："脑是心理活动的直接的条件这一事实，在现时代是如此普遍地被承认，乃至于我无需作更多的说明，而只是把它作为基本假定承诺下来，并在此基础上继续本书的论证。本书以下全部内容，都将在不同程度上是对这一假定之正确性的证明。"[②]

结合《心理学原理》一书的全部论证，这里需要特别指出的是，在詹姆斯关于心理学的这个界定中，心理生活的"诸现象"和它们的"条件"是同一的："没有哪一种心理的变化不伴随着或是导致相应的身体的变化"，所以，"心理学家在某种意义上说必然是神经生理学家"。[③] 隐含在这一界定背后的，是詹姆斯的一个理论的冲动，即试图对世界做出某种一元论的解释而摆脱二元论，并在理论上具体地表现为对意识现象及其活动如何在脑活动的基础上产生出来，亦即前述"事物"如何在"意识"中生成为"现象"这一难题的追问和思考，虽然詹姆斯承认，这个难题是"任何终有一死的凡人所永远无法知道的"。[④] 詹姆斯关于心理生活的现象和它的条件是同一的这种理解方式，逐渐演化为他在晚年提出的"纯粹经验"概念。

关于心理学的这样一个界定，尚不足以明确詹姆斯对心理学的理论态度，因为两千年来的传统哲学，特别是以认识论转向为基本特征的近代哲学，就是关于心理生活的"诸现象"的研究，并在这一研究过程中形成了理性

---

① James, W. (1890/1907). Principles of Psychology. Macmillan and Co., Ltd. Vol. 1, p. 1.
② James, W. (1890/1907). Principles of Psychology. Macmillan and Co., Ltd. Vol. 1, p. 4.
③ James, W. (1890/1907). Principles of Psychology. Macmillan and Co., Ltd. Vol. 1, p. 5.
④ James, W. (1890/1907). Principles of Psychology. Macmillan and Co., Ltd. Vol. 1, p. 182.

主义的官能心理学和经验主义的联想心理学，亦即所谓传统的哲学心理学或形而上学心理学。但是，无论理性主义传统的官能心理学还是经验主义传统的联想心理学，都是詹姆斯所不能接受的。所以，詹姆斯还必须说明他所主张的心理学与传统的哲学形而上学的心理学之间的区别。于是，在第七章“心理学的方法与陷阱”中，詹姆斯进一步指出，心理学是一门自然科学。那么，詹姆斯究竟是在什么意义上说心理学是一门自然科学呢？在第七章的“心理学是一门自然科学”这专门的一节中，詹姆斯以康德的知识论批判为背景，以几何学、化学、植物学等典型的自然科学为类比，认为心理学恰如自然科学那样，把它的研究对象当做“对象”来处理，至于这“对象”本身是什么，以及心理学家作为认识主体如何获得关于这“对象”的知识等，则属于形而上学问题而不是心理学要回答的。这样一个解说依然不能说明詹姆斯对心理学的理论态度，因为他所批判的、作为心理学发展的主流趋势的所谓“科学心理学”是符合他的界定和解说的；而且，如果《心理学原理》是一部名副其实的关于“心理学”的“基本原理”的话，那么，《心理学原理》从总体上看是远远超出了这个界定和解说的，因为其中充满了关于主观的思想之流，亦即他把它规定为心理学家所要处理的“对象”本身的描述，充满了关于这个“对象”是什么以及这个“对象”与其他对象的关系，亦即认识主体如何获得关于认识对象的“知识”等问题的形而上学的反思，而这些恰恰是《心理学原理》获得它的无论是理论的还是历史的重要性意义的根据和保障。

只有在詹姆斯思想与人格发展的总体框架内，才能理解他把心理学规定为一门自然科学的真实含义。从这个意义上说，把心理学规定为一门自然科学只是一个权宜之计，只具有对詹姆斯个人而言的思想史的传记意义，是詹姆斯思想进展的一个路标，是他对自己的思想作为整体的各部分之间还没有达到互相融通的进展状况的一个托词式的自我辩解或自我表白。对此，詹姆斯在完成《心理学原理》的写作之后所写的“序言”中，有也许是他不甚自觉的交代。在这个“序言”中，詹姆斯一方面指出：“我在本书中自始至终贯彻自然科学的观点。任何一门自然科学，都不加批判地将一定的资料[作为前提]承诺下来，进而获得它关于这些[资料]要素之间的‘定律’，并由这些[资料]要素展开它的推论，而不对这些[资料]要素本身加以批判的反思。心理学作为关于有限个体的心灵的科学，将以下三项资料承诺下来：(1) 思想和感觉；(2) 与这些思想和感觉共存的、处于时空之中的一个物理世界；(3) 思想和感觉对这个物理世界有所知。”詹姆斯所谓“思想和感觉”，是泛指主观的意识及其各种状态本身的一个类名，在《心理学原理》第七章中有详细的术语讨论；所谓“思想和感觉对这个物理世界有所知”，是指“思想和感觉”作为认识主体对物理世界作为认识对象之间的认识关系的事实。至于心理学把它们作为“资料”承诺下来的“思想和感觉”、“物理世界”及“思想和感觉”为什么会对“这个物理世界有所知”的事实本身等，则不属于心理学，并因而不在本书讨论的范围之内，所以，“本书……认为，心理学，当它确定了各思想或感觉与脑的具体条件之间的经验关系之后，它就不能再有所作为了——也就是说，作为一门自然科学，它就不能再有所作为了。一旦它超出了这个界线，它便转而成为形而上学”。这句话是否意味着，心理学除作为“自然科学”而存在外，还可以作为其他的什么而存在呢？若心理学还能够作为其他的什么而存在，那么，这种形态的心理学的使命又将是什么呢？关于这个问题，詹姆斯显然还没有思考清楚，而只有一个朦胧的、犹疑不定的把握，所以他进一步指出，“我……将把[确定]思想与脑的活动状态之间的共存法则作为我们心理学的最高法则”。这句话的含义也是不确定并因而易于引起误解的：我们当然可以像多数人通常按詹姆斯将心理学界定为一门自然科学那样来理解它，即思想的活动状态和脑的活动状态作为心理学承诺的“资料”不属于心理学的范畴，心理学的任务在于确定它们之间的共存关系或“法则”；我们也可以按照前述詹姆斯将“心理生活”的“诸现象”与它们的“条件”理解为是同一的那种方式来理解这句话，那么，思想的活动状态和脑的活动状态之间的共存关系或“法则”，便是后来的“纯粹经验”法则，虽然詹姆斯自己对此也还没有明确的意识。总之，在这方面，即关于心理学作为一门自然科学的说明中，詹姆斯首先在自然科学与形而上学之间划出一条明确的界线，然后将心理学“规定”为一门自然科学。那么，在如此“规定”之后的心理学究竟是什么呢？这样一种心理学究竟能否被实行呢？且不说关于脑的活动状态的知识不仅在当时就是到现在也还远未达到完善的程度，因而想“确定”意识的活动与脑的活动之间的“经验关系”或“共存法则”是不可能的，所以心理学作为一门自然科学也就成为不可能的了；即使我们完全掌握了脑的活动状态的知识，并把心理学规定为“确定”意识活动与脑活动之间的“经验关系”或“共存法则”，那么，《心理学原理》绝不是这种意义上的“作为自然科学”的心理学，詹姆斯便以他自己的著作否定了他关于心理学的“规定”而陷入自我矛盾。

事实上，在同一个“序言”中，詹姆斯同时指出，“当然，这种观点(即关于心理学作为自然科学的观点——本书作者注)绝不是最后的观点”。也就是说，它只是一个临时的、权宜的、阶段性的观点。“人总要不断地进一步地去思考；心理学[作为前提而]承诺的资料，恰如物理学及其他自然科学[作为前提而]承诺的资料一样，必须在[将来的]某一时间被彻底检查[而得到澄清]。对这些资料进行清晰而彻底的检查，就是形而上学"，所以，在心理学作为一门自然科学和它作为形而上学之间，是不能划出一条明确的界线的，二者互相融通、合而为一。从这个意义上来说，詹姆斯极力加以否定并拒绝的形而上学，乃是以理性主义官能心理学和经验主义联想心理学为代表的传统的形而上学。关于这一点，詹姆斯毫无疑问是有着明确的自我意识的，整个《心理学原理》在消极的意义上就是对这种传统形而上学的否定。但是，对传统形而上学的否定，决不意味着要在绝对的、完全的意义上否定形而上学；相反，如我们在前面评述詹姆斯的思想和人格时指出的那样，他不仅需要而且一直在追求一种形而上学，只是在《心理学原理》阶段，这种形而上学还没有被思考清楚还没有被明确地表达出来。所以我们发现，整个《心理学原理》充满了形而上学的冲动，同时又处处遭遇着思想不清的困苦、尴尬和犹疑不定。从这个角度来说，《心理学原理》在积极的意义上就是对一种形而上学即后来渐趋成熟的彻底经验主义的追求。应该说，詹姆斯关于这一点也是有着较为清醒的自我意识的，因为在"序言"中，在指出形而上学是"对这些资料进行清晰而彻底的检查"之后，他紧接着说，"但是，形而上学，只有当她清醒地意识到它的广阔的领域之后，才能很好地完成她自己的任务。片面的、不负责任的、糊里糊涂的以及意识不到她自己是形而上学的形而上学，当她将自己侵入到自然科学中之后，必将[同时]毁坏自然科学和形而上学这两样各自原本美好的事物。"这里所谓"清醒地意识到它的广阔领域"的形而上学，就是詹姆斯试图追求的形而上学形态，具体地说就是后来渐趋成熟的彻底经验主义；这里所谓"片面的、不负责任的、糊里糊涂的以及意识不到她自己是形而上学的形而上学"，就是指传统的无论是理性主义还是经验主义的各种形而上学体系。而且，詹姆斯还表白说，"读者若想在本书中寻求到一个完善的体系，那必将是枉费心机。"——因为这样一个体系还没有被建构出来——"本书主要是一大堆描述性的细节，这些细节的展开碰到了很多问题，而这些问题，只有一个能够担当起其重任的形而上学才有望能够解决它们。这或许还要等上若干世纪；而与此同时，一门科学所能展示的最好的健康标志，就是这种永无止境而又充满希望的前沿领域[的不断扩展]。"①

总之，我们不能按其字面含义，特别是不能按科克(Sigmund Koch，1917—1996)所已指出的心理学在历史上刻意追求自然科学的地位或性质

① 这一部分的引证，见 James，W.(1890/1907). Principles of Psychology. Macmillan and Co.，Ltd. Vol. 1，pp. v-vii.

的那种方式，来理解詹姆斯关于心理学作为一门自然科学的规定。詹姆斯将心理学规定为一门自然科学，就他个人的思想发展史意义而言，是一个权宜的策略，为他自己作为形而上学家及《心理学原理》作为形而上学还远未完成的状况提供解脱或进行辩解；就社会的思想发展史意义而言，是要否定传统的形而上学，而隐含在这一切背后的乃是对一种合理形态的形而上学即彻底经验主义的不懈追求。所以，对于理解詹姆斯及其《心理学原理》而言，上述结合其"序言"所讨论的第一个方面，即詹姆斯关于心理学作为一门自然科学的说明是无关紧要的，重要的是上述讨论的第二个方面，即詹姆斯关于形而上学以及心理学作为形而上学的说明。詹姆斯及其《心理学原理》给我们留下的，不只是一部著作、一个经典，而是对待心理学的一种态度、一种精神，即"面向实事"的追求真理的理论态度和反思的批判精神。墨菲曾结合后来心理学的历史发展趋势，对詹姆斯留给我们的精神遗产及其典范意义，作出了虽说谨慎但却十分中肯，并对我们理解心理学及其历史极富启发性的评价，值得详细摘录如下：

"在评价詹姆斯的地位和影响时，应该注意到他作为导师的角色，注意到美国和欧洲对他的著作的迅速反应。在他担任哈佛心理学教授直到1897年的时期中，以及在此后若干年他把重要精力献给哲学的时期中，许多在本世纪已经著名的心理学者那时都是他的学生。在地球上的每一个角落，只要心理学为人所知，他的名字就会被提到……有很长一段时间，说詹姆斯是美国最杰出的心理学家，那似乎是在说废话，因为不论是学者还是一般人都承认，任何仅次于他的人物都远不及他。但是，应该记住，甚至在他的权威极盛的时期他仍然抵制美国心理学中最风靡的思潮；而对于以后流行的倾向，如对智力的测量，他则充耳不闻。不足为奇，当时间的长河吞没了他以后，他就成为不朽的一员，成为一个永恒的人物，而不是一个善于驾驭潮流的天才。欧洲的心理学家，读书少而精，不(原文为还，疑为误印——本书作者注)追求一时的风尚，更不像某些生物学家那样以表演精彩的实验去赢得威望，近几十年来对詹姆斯的认识超过了詹姆斯本国的人士；他们只要有重大的心理学尝试——不论是实验的还是理论的——要提出讨论，就总是邀请他的亡灵赴会。对于许多美国人，他已退居身后，终于给框架固定住了；对于多数欧洲人，他在继续前进。有些人可能觉得，欧洲心理学已经太困倦了，不可能注意到1890年以来在这一领域中发生的任何事情；另一些人则认为，美国心理学还太幼稚，太爱卖弄小聪明，不可能由它最伟大的人物引起共鸣。当然，在这两种判断中都有某种程度的真理。说得不那么招人怨恨些吧，他不信赖的实验工具已经成为一个技术世界的主要关键，对于这个世界他毫无兴趣。不论原因如何，他的篇章今天面对的是这样一代美国心理学者，他们的兴趣和课题同他当年的兴趣和课题很大部分是不相二的。今天，他们觉得他们应该把他当作'经典'来读。他一定会多么讨厌这个字眼啊！

这一切已经被那些非职业心理学家的富于思想的美国人模糊地意识到了，他们当中有艺术家、医师、实务家；有小说、杂文和剧本的作者和读者；有那些对于人类经验的无限完善、复杂、微妙进行广泛摸索和自由思考的人。放弃对于这些更广阔的视野的渴望已经成为我们极正规的成长过程的一部分。科学在学步的时候，就必须留心'脚跟的不牢'，它对于自己领域有条不紊的掌握已经在望了。但是，问题在于，当忘记前景的时候，是否还一定能立足于正确的方位，导致重要的发现。忘掉詹姆斯，人们可能会觉得自己的科学良心可以得到安宁了。但是，有时候，却很需要一般的科学史作者告诉我们，当科学摒绝个人经验的丰富内容和直接意义时将会如何。"①

三、詹姆斯关于意识的理论与论证

《心理学原理》一书的理论内容是极为丰富的，几乎涉及到了心理学的所有方面；它的理论主题是多元化的，既是心理学，又是哲学，既在心理学作为一门自然科学的意义上是科学的，又在隐含着彻底经验主义的意义上是形而上学的。如果说有哪一个论题能够集中地反映《心理学原理》以及詹姆斯全部思想的基本特色，那便是意识。前面在讨论彻底经验主义时曾指出过，詹姆斯所关心并思考的问题的核心，就是人类意识现象；下文的讨论还将揭示，正是从詹姆斯关于意识的一种理解方式中，衍生出全部美国心理学的机能主义精神。以下从心—物关系、心—身关系及意识流理论三个方面讨论詹姆斯关于意识的理论与论证，从而把握其心理学的基本特征。

1. 心—物关系

心—物关系问题是人所面对的最基本、也最难以回答的问题之一。作为问题，它可以简单地表述为：作为独立存在的心（或心灵），如何能够知道心外之物？在非反思的思维方式中，这个问题所包含的全部复杂性以及历史上所已形成的关于这个问题的认识的丰富内涵，是难于被把握的。事实上，在非反思的思维方式中，这个问题甚至不构成一个"问题"，人们素朴地、直观地相信，心灵所把握到的世界就是世界本身。把这个问题当做"问题"

① 墨菲、柯瓦奇著，林方译：《近代心理学历史导引》，商务印书馆 1980 年版，第 282～284 页。

加以反思，必然走向形而上学；任何形而上学体系，也都必须对这个问题作出自己的回答。我们知道，詹姆斯的思维气质无疑是批判地反思的，而且，深藏在詹姆斯人格和思想内核的，正是一种形而上学的冲动和追求。然而，在《心理学原理》时期，詹姆斯的反思的能力还不足以回答或解决心—物关系问题，所以，他虽然尝试在这个问题上做出努力，但并没有获得突破性的结果。对詹姆斯而言，这个问题的解答尚待时日。

在形而上学问题上，詹姆斯的思想是谨慎的。前面曾指出过，在詹姆斯看来，形而上学必须彻底才能担当起它的重任；任何片面的、不负责任的、糊里糊涂的形而上学，都必将毁坏形而上学本身，而当这样的形而上学侵入到科学之后，又必将毁坏科学。所以，詹姆斯认为，对任何问题，包括心—物关系问题，在形而上学意义上，“我们不能摇摆不定。我们必须要么是无偏见地朴素的（impartially naif），要么是无偏见地批判的（impartially critical）”①。对心—物关系而言，所谓“无偏见地朴素的”，就是直观地相信心灵所把握的世界就是世界本身的那种非反思的思维方式。所谓“无偏见地批判的”，一般说来，是指在形而上学意义上彻底地批判的、反思的思维方式；就心—物关系而言，结合詹姆斯后来的思想发展趋势，就是指抛弃心—物关系问题成立于其中的传统哲学，特别是近代哲学的思维方式，同时走向以“纯粹经验”为基础的彻底经验主义的对世界的一元论解释。正因为如此，对詹姆斯而言，当一个问题还不能在作为形而上学彻底的意义上被反思地把握时，宁可对它保持朴素的、非反思的思维方式，而不要试图对它提出任何片面的、不负责任的或是糊里糊涂的形而上学阐释。所以，我们发现，关于心理学，詹姆斯不仅把“思想和感觉”作为它的资料承诺下来，同时也把心外的“物理世界”以及“思想和感觉对这个物理世界有所知”的事实作为资料承诺下来，而不对它们本身进行反思。

关于心—物关系问题，詹姆斯在第八章“心灵与他物的关系”中有专门的讨论。詹姆斯首先承认：“知的关系（即心灵对心外之物有所知的关系——本书作者注）是全部世界中最为神秘的事情。如果我们探问，一物如何能知他物，我们便被引向知识论及形而上学的核心。就心理学家[作为自然科学家]而言，他并不[像形而上学家那样]如此好奇地思考这个问题。面对眼前这个[物理的]世界，他只能相信他对这个世界有所知，别无他法。”在这里，詹姆斯一方面批判了以黑格尔绝对理念论为代表的传统哲学形而上学，另一方面也批判了当时流行的新康德主义。关于第一个方面，詹姆斯认

① James, W. (1890/1907). Principles of Psychology. Macmillan and Co., Ltd. Vol. 1, p. 137.

为，绝对理念(absolute mind)即使拥有它自己的思想(thoughts)，如黑格尔关于绝对理念的概念辩证法，这思想也不可能是关于世界的知识(knowledge)，或换句话说，绝对理念不可能拥有关于世界的知识——因为思想可以是自我封闭的，而知识则必须关涉到对象——否则，它就不可能是绝对的；只有拥有思想的有限的个体心灵(finite individual minds)才可能拥有关于世界的知识——因为有限的个体心灵是世界中各对象之中的一个对象——并通过检验它对世界产生的实际效果来判定它的思想作为知识的真假。顺便指出，詹姆斯在这里关于如何检验有限的个体心灵所拥有的知识之真假的讨论，已经隐含着后来发展成型的实用主义真理说的思想萌芽。关于第二个方面，詹姆斯虽然承认新康德主义的部分的真理性，即认为心灵所拥有的思想或知识，必须以神经系统特别是脑的活动模式为中介(心理学的读者可以参照约翰内斯·缪勒和赫尔姆霍茨的神经特殊能学说来理解新康德主义的知识论)，但他无论如何还是认识到，心灵所拥有的思想或知识，并不就是神经系统或脑的活动模式本身，而是以某种到目前为止我们几乎还没有获得任何理解的线索，并因而显得极为神秘的方式，在以神经系统或脑的活动模式为基质的基础上产生出来的一个"全新的本质(an entirely new nature)"。

在对旧的形而上学进行这样一番历史的批判的考察之后，由于詹姆斯(暂时地)还没有形成一个清晰的、在他看来彻底解决心—物关系问题的一个新的形而上学思路(亦即后来渐趋成熟的彻底经验主义的思路)，他只得(权宜地)承认并主张这样一种观点："知识(亦即知的关系——本书作者注)[对心理学家作为自然科学家而言]，就成了他必须接受[而不必作进一步解释]的终极关系"；心理学家对待知识的态度只能是"一个彻头彻尾的二元论(a thoroughgoing dualism)，它[作为前提]假定两个要素的存在，即能知的心灵(mind knowing)和被知的事物(thing known)，并将二者当做是不可还原的。二者各自都既不可能跳出它自身，也不可能进入另一个之中，既不可能在任何意义上是另一个，也不可能在任何意义上生成为另一个。它们在一个共同的世界中并立而行……这种独特的关系决不能用任何较低层次的术语来表达(to be expressed in any lower terms)，也不能用任何更具可理解性的术语加以转译(translated into any more intelligible name)"。就《心理学原理》的文本而言，詹姆斯在心—物关系问题上公开表达的理论态度是："客体与主体之间的二元论及其前定和谐[的关系]，是心理学家作为心理学家必须加以承诺的"。但是，这绝不意味着将构成詹姆斯在这个问题上的最后的态度和观点。事实上，无论是就这里讨论的心—物关系问题而言，还是就下文即将讨论的心—身关系问题而言，任何形式的二元论，都不是对问题的解答，而是对问题的回避；而且，下文讨论还将揭示，这里主张的二元论，与詹姆斯在有关心—身关系问题上的一系列论证是相互矛盾的。所以，即使是在这里，詹姆斯也抑制不住自己将追求一种彻底的、对世界（包括心—物关系在内）作出某种一元论解释的形而上学的内心冲动，并表现出因暂时还没有寻求到这样的形而上学、因而不能对这个问题作出一元论解释的尴尬与困惑。所以，在上述引证的关于“心理学家作为心理学家”必须“承诺”关于“客体与主体之间的二元论及其前定和谐”的同一句话中，詹姆斯紧接着限定说，“不管他因为作为个人同样拥有成为一个形而上学家的权利而在内心隐藏着什么样一元论哲学”。①

2. 心—身关系

心—身关系问题与心—物关系问题密切相关。在身体属于物理世界的成分的意义上，心—身关系似乎可以被视为心—物关系的一个特殊形态而被纳入后者之中。但是，心—身关系作为“问题”所隐含的理论意义决不在这个方面，而在于关于心本身是什么的理解。因此，在认识论背景中，心—身关系是一个比心—物关系更为基本的关系，对心—身关系的不同阐释，必将影响到甚至是决定对心—物关系的解答。对心理学而言，与心—物关系相比，心—身关系作为“问题”更具有妥帖性（pertinence），对它的解答在理论上因而也就显示出一种更大的急迫性，因为从某种意义上说，心—身关系问题就是心理学本身。所以我们发现，对作为心理学家的詹姆斯而言，心—物关系问题可以暂时地放在一边而不必过多地顾及它，但对心—身关系则必须首先而立即展开研究，那是一个心理学家的本分，也是他作为心理学家的社会身份的实质内涵。事实上，就《心理学原理》一书的文本内容来看，心—物关系在其中并未凸显为一个重大的基本理论主题，詹姆斯在这个问题上篇幅有限的讨论，也没有获得实质性的突破。相比之下，对心—身关系问题的讨论不仅贯穿全书，而且正是在这个问题上所获得的突破性进展，不仅奠定了詹姆斯作为心理学家在心—身关系问题领域内的历史地位，同时也奠定了詹姆斯未来走向哲学和形而上学，并提出作为他自己的哲学的彻底经验主义的概念基础，也正是在这个基础之上，詹姆斯才在彻底经验主义中形成了对心—物关系问题的明确的解决方案，即经验片段在与其他经验片段的关系脉络中“呈现”为“事物”，“事物”

① 这一部分的引证，见 James, W. (1890/1907). Principles of Psychology. Macmillan and Co., Ltd. Vol. 1, p. 137, pp. 216～220.

作为物理对象也因此而被"知"。

关于心—身关系问题,詹姆斯的论证主要揭示了两个密切相关的理论主题,或者说,他的论证过程在不同的背景中正是以这两个主题为核心而展开的,他在心—身关系问题上的思考结果对历史而言的突破性也主要表现在这两个主题上。这两个主题就是心—身同一论和心理动因论。其中,心—身同一论是一个在逻辑上更为基本的主题,詹姆斯关于心—身同一论的理解方式,逐渐演化为彻底经验主义作为形而上学的基础概念,即"纯粹经验";心理动因论可以看做是心—身同一论逻辑的自然产物,詹姆斯是因为信仰自由意志说,同时受益于进化论的思维方式而在批判传统的心—身二元论,特别是心—身平行论的背景中,论证了心理动因论,并揭示了它的逻辑的必要性,后来的心理学家正是通过接受心理动因论并进一步发挥它的逻辑而造就美国心理学的机能主义精神的。这里有必要预先指出,在詹姆斯本人的思想中,心理动因论是与他的心—身同一论相统一,并以后者为前提,但后来的心理学家在接受心理动因论的同时,却没有看到它与詹姆斯心—身同一论之间的逻辑关系,并因为在思维方式的意义上缺乏詹姆斯所拥有的那种批判的、反思的精神或气质而进一步忽视了二者之间的这一层逻辑关系,从而将詹姆斯的心理动因论放回到詹姆斯所批判的传统的心—身二元论特别是心—身平行论框架内,由此造成机能心理学的危机并引发行为主义革命。所以,在历史研究中,有一种意见倾向于将机能心理学的理论危机直接归因于詹姆斯,①这是有失公允的,虽然詹姆斯因为思想尚未成熟而在一系列论题上表现出犹疑不定甚至是自相矛盾,确也是造成这种历史的发展趋势与结果的客观原因之一。

仅仅指出心—身同一论这个说法是远远不够的,因为对历史而言,心—身同一论这个说法并不新鲜,真正有意义的是赋予这个说法以什么样的理论内涵。在传统的二元论思维方式的框架内,心—身同一论有两种不同类型的表现形态,或者是唯灵论地将身向上还原为心,或者是唯物论地将心向下还原为身。就心理学史而言,对心理学作为一门科学的诞生做出实质贡献的,是表现为盛行于 19 世纪中叶的生理学,特别是有关脑、神经系统及感觉器官的生理学研究中的科学唯物主义思潮的心—身同一论。波林曾较为系统地考察过 19 世纪生理学中这种科学唯物主义思潮的发展状况及其理

① Leahey, T. H. (1980). A history of psychology: Main currents in psychological thought. Englewood Cliffs, NJ: Prentice-Hall. p. 265.

论产物，即它使生理学家们普遍地“认为心灵主要等同于脑”①。这种物理主义心一身同一论的实质，是将心理活动当做就是发生于脑及神经系统内的生理的运动过程，从而将心理学纳入到生理学范畴。心理学也正是通过首先被纳入到生理学范畴之内而获得其科学的性质或地位，然后又通过强调其研究对象的独特性而与生理学相分离，从而作为一门独立的科学而诞生。

一般说来，生理学家作为科学家，往往缺乏哲学家所特有的那种批判的、反思的思想态度。所以，当一个生理学家对心理学问题发生兴趣时，通常走向上述科学心理学的道路。但是，如果这样一个生理学家同时拥有哲学家的批判的、反思的思想态度，那么，他必将看穿生理学的上述物理主义心一身同一论逻辑的谬误性质，因为，稍加反思便可以把握到，心理学家或哲学家所研究的意识活动或精神活动与生理学家所研究的生理运动过程，在性质上是截然有别的，近代世界观的二元论分裂，正是人类思维的反思精神在一定历史阶段的产物。詹姆斯正是以具有哲学家的反思精神的生理学家开始其心理学生涯的。因此，决不能按照生理学中盛行的物理主义一元论来理解詹姆斯的心一身同一论。恰恰相反，詹姆斯正是试图克服近代世界观的二元分裂的矛盾才主张一种心一身同一论的，在这种心一身同一论中，那“同一”的根基既不是心，也不是身，而是一种源初的“同一”，心和身倒是这源初的“同一”在两个方向上的不同表现。

然而，要透彻地理解并清晰地论证这种心一身同一论，却是极其困难的，它要求在科学的意义上阐明，一方面是就感觉而言，神经系统及脑的物质的生理运动过程如何造成非物质的“感觉”的主观“质”的生成的具体机制是什么，另一方面是就行为而言，思想、观念、动机、欲望等主观的“质”如何影响物质的脑及神经系统的生理运动过程从而造成身体的动作的具体机制是什么，而这却是人所面对的最大的难题之一。对这个困难及其程度，詹姆斯有着充分的认识和估计。所以我们发现，在《心理学原理》中，他每当触及到这个难题时，都表现出对这个难题的困惑，而且还在第六章“心灵要素理论”中有专门的一节来阐明心—脑关系的困难。面对这个困难，作为写作策略，詹姆斯暂时或权宜地采取一种看似平行论的观点或方式，来阐明他要论证的问题，这种看似平行论的观点就是强调意识的思想之流与脑的神经之流（stream of innervation）之间的“对应（correspondence）”关系或“共生（concomitance）”关系，也就是前文引述的他将心理学作为一门科学规定为确定“心理生活”的“诸现象”与它们的“条件”之间的“共存（coexistence）”关

① 波林著，高觉敷译：《实验心理学史》（上册），商务印书馆1982年版，第47页。

系或"法则"的那种观点。也正是这个困难导致了《心理学原理》作为整体，在行文上表现出至少表面看来是自相矛盾的，如前文所已引述的那样，詹姆斯一方面强调"心理生活"的"诸现象"与它们的"条件"是同一的，并因而主张，"心理学家在某种程度上说必然是神经生理学家"，另一方面又强调"意识的出现"乃是"一个全新的本质"，而不是作为它的基质的脑的活动模式本身。但是，尽管有这个困难的存在及其导致的自相矛盾，我们一定不能在任何意义上按照传统的二元论方式来理解詹姆斯的心—身同一论，正如詹姆斯自己所指出的那样，面对这个困难，我们不能退回到无论是不可知论的还是联想主义的传统形而上学的老路上去，我们"最好是披荆斩棘、坚持不懈[地奋勇前行]"①。如果我们谨记麦克德默特的告诫，那么，我们就只能按照前述发生学的思路，将"纯粹经验"设想为人类在获得概念的反思能力之前的意识经验作为源初经验的那种方式，来理解詹姆斯心—身同一论的内在本质。

所谓心理动因论，是指主张并强调心的事实或意识的事实，对身的事实、脑及神经系统的运动过程等而言，构成一种具有因果效力的动力因素，即心的过程可以影响身的过程而产生实际的效力。在常识的思维方式中，这原本不构成一个"问题"。造成它作为一个严肃的"问题"出现的背景，一方面是在作为近代世界观基础的二元论思维方式中理解心—身关系的困难；事实上，在二元论思维方式中，心—身关系问题不可能真正得到"解决"，因为二元论思维方式的根本前提，正是将心和身当做两个性质截然不同并因而不发生相互关系的存在；在二元论思维方式中，对心—身关系问题的唯一"合理"的(也就是合乎二元论思维方式的逻辑的)"解决"方案，似乎只能是心—身平行论，如莱布尼茨的"前定和谐"。因此，在这个哲学史背景中，要主张心理动因论，除唯灵论地将身还原为心，如黑格尔的绝对理念论(但如前所述，这是詹姆斯所不能接受的)而外，就必须突破二元论的思维方式；对心理动因论的论证，同时也就必然是对二元论思维方式的否定。另一方面，对心理学而言更直接的是生理学在 19 世纪的凯旋式的挺进。特别是在生理学中，随着对反射及反射弧概念的理解的深入，有机体包括人在内的行为，甚至是那些看起来是"智慧"的行为，都可以用物理主义一元论的语言以在"科学"的意义上"成功"的方式得到解释，由此造成一个普遍流行的理解方式，即将有机体包括人类理解为一个自动机。在这种理解方式中，特别是对于人类而言，因为"意识"看起来又似乎是一个不容否认的事实，由此进一步形成一个与此密切相关并同样普遍流行的关于"意识"的理解方式，即将"意

① James, W. (1890/1907). Principles of Psychology. Macmillan and Co., Ltd. Vol. 1, p. 179.

识”视为与身体即脑和神经系统的运动过程相伴而生的附带现象(epiphenomenon),恰如钟表的滴答声是钟表的机器运动附带产生的伴随现象,而不对钟表的机器运动反过来产生具有因果效力的影响关系。

詹姆斯关于心理动因论的讨论,正是在这个背景中并针对这个背景而进行的,并在《心理学原理》第五章“自动机理论”中有集中的论述。詹姆斯关于心理动因论的论证,主要是沿着两条思路得到展开的。一条思路是常识的思维方式,因为常识告诉我们,我的“欲望”可以通过影响并指导我的身体的“行动”以实现它的“目的”。对詹姆斯而言,常识的论证不是最终的论证,因为常识在理论思维中终将被超越。从詹姆斯在形而上学问题上的一贯的谨慎态度,我们也不难理解,这种常识的论证思路无非是一个权宜的论证策略,因为,在一个彻底的形而上学思路得以形成之前,我们宁可接受常识的思维方式,而不要那种似是而非的形而上学(quasi-metaphysics);前文引述的詹姆斯关于在形而上学问题上“我们必须要么是无偏见地朴素的,要么是无偏见地批判的”那个观点或态度,正是在这个论证背景中提出来的。心理学作为一门自然科学,必须将常识的心理动因论作为“资料”承诺下来:如果心理学在“她自己的研究领域内发现,观念似乎构成原因(ideas seem to be causes),那么她最好还是按照将观念视为原因的方式来讨论它们”;否则,她不仅“将一无所获”,而且还必将“完全丧失她的话语的自然性(all naturalness of speech)”。所谓心理学将“完全丧失她的话语的自然性”,也就是说,心理学的研究、思考、理论等的全部活动,都将失去其真理性的根据,或者借用后来科克在系统地批判心理学及其历史的基础上所指出的那样,心理学将(对科克而言是“已经”)蜕化为一种“失去意义的思想活动(ameaningful thinking)”。①

另一条论证思路是进化论的思维方式。按照进化论的理解,“意识”及其现象作为生命进化的产物,一定有它的“用途”,而它的“用途”一定是“通过”影响身体的活动,以帮助“拥有”它的生命有机体达到生存的“目的”而得到实现的。所以,在詹姆斯看来,“如果说意识与它如此忠实地与之相伴随的某一事物(即脑及神经系统,或整体而言,身体——本书作者注)无关,那是完全不可理解的。对这样一个问题,即:‘意识究竟做什么?’心理学无权加以‘超越’(to ‘surmount’),因为对这个问题进行思考,恰恰是她最本分的职责”。詹姆斯不仅以这种先验推理(a priori analysis)的方式来论证心理动

① 参见 Leary, D. E. (2001). One big idea, one ultimate concern: Sigmund Koch's critique of psychology and hope for the future. *American Psychologist*, Vol. 56, No. 5. PP. 425～432.

因论，而且还通过对“意识的分布”的经验事实进行归纳的(a posteriori)分析讨论，并得出结论认为，意识恰如附加于脑的一个“器官”：“好像神经系统太复杂了，不能约束自己，因此，乃加入意识以为它的指导的一个器官”。从进化论的历史来看，一个动物物种进化的等级越低，其神经系统越简单；其进化的等级越高，其神经系统越复杂，并在人这里达到最大的复杂性。神经系统的复杂性意味着它的反应的不确定性，因此，若仅从物理主义一元论来理解，那么，人类神经系统的复杂性对人的生存而言是一个劣势而不是优势。对只具有简单的神经系统的动物来说，它可以以完善地进化了的、完全确定的方式来适应有限的、完全确定的环境刺激而可靠地达到生存的目的，恰如后来的习性学家对动物行为的解释那样。只有承认意识的因果效力，才能理解人类神经系统的复杂性对人的生存而言是一个优势而不是劣势的事实，詹姆斯还用给骰子灌铅以增加其点数最大的一面朝上的概率的隐喻，来类比说明，意识也是以给脑及神经系统作为物理机器“灌铅”的方式，来增加其对复杂多变的环境条件做出成功反应的概率，从而有助于人类有机体的生存。同时，詹姆斯还认识到，对于作为物理机器的有机体而言，“生存”不过是一个“假设”而已；只有当意识介入其中时，“生存”才由“假设”转变成为“真实的目的(real ends)”，正是在这个意义上，詹姆斯将意识比喻为一个“为目的而战的勇士(a fighter for ends)”。①

3. 意识流理论

一般认为，意识流理论是詹姆斯思想中最富有特色的篇章之一，也是他对思想史做出的一项很少有人能与之相媲美的杰出贡献。这是毫无疑义的。在具体讨论詹姆斯意识流理论之前，先指出以下两个背景因素，作为据以理解詹姆斯及其思想的指导性框架，是有益而必要的。

其一，严格说来，詹姆斯关于意识流并没有形成一个明确的理论，至少在《心理学原理》中是这样。他在这里为我们提供的，乃是关于意识的本来面目的细致的描述性分析，至于在这个描述性分析的基础之上，怎样进行理论的建构以及将建构什么样的理论体系，他尚处于探索之中，前文引述的他在“序言”中写下的那一段话，“读者若想在本书中寻求到一个完善的体系，那必将是枉费心机。本书主要是一大堆描述性的细节，这些细节的展开碰到了很多问题，而这些问题，只有一个能够担当起其重任的形而上学才有望能够解决它们”，就是对他当时所处的这种思想状态的一个自我表白。从詹

① 这一部分的引证，见 James, W. (1890/1907). Principles of Psychology. Macmillan and Co., Ltd. Vol. 1, p. 137, pp. 128～144.

姆斯关于意识流的描述性分析的现象学特征来看，就理论而言，他或许会同意胡塞尔的研究方案；而胡塞尔和斯图姆夫等人欣赏詹姆斯的，也正是他关于意识流的描述性分析。若从詹姆斯人格和思想发展的全程来透视，那么，在关于意识流的描述性分析的基础上进行的理论建构，就是彻底经验主义作为形而上学的体系。从这里又可以引出一个可以与前面关于詹姆斯心理学形而上学基础的论证相互印证、相互补充的论题。在《心理学原理》第九章“思想之流”的标题下，詹姆斯给出一个脚注，说本章内容大部分是对1884年发表的一篇论文的重新刊印。如果说由关于意识流的描述性分析生出的理论，是詹姆斯晚年倾力倡导的彻底经验主义，那么，这个理论的胚芽早在1884年时就已深植于詹姆斯心中。换句话说，彻底经验主义，无论是在早年作为思想的胚芽，还是晚年作为思想的体系，都是詹姆斯终生不变的追求。这也印证了前述麦克德默特关于彻底经验主义对理解詹姆斯之绝对重要性的那个论点。

其二，如果我们将詹姆斯关于意识流的描述性分析研究称为意识流理论的话，那么，这个理论本身当然是极其重要的，但或许更重要的是这个理论据以形成的思想方法。这个思想方法詹姆斯称之为“经验方法”。若结合思想的时代背景及其发展的主流趋势来说，詹姆斯的“经验方法”，实质上就是后来由胡塞尔加以明确规定的“面向实事”的现象学方法，如施皮格伯格所指出的那样，“阅读胡塞尔著作的学者们常常对于胡塞尔关于意识结构的现象学洞察与詹姆斯的《心理学原理》一书中某些主要章节之间的许多相似之处有很深刻的印象”，而且，“詹姆斯与胡塞尔之间的这许多相似之处肯定不只是一种巧合”。[①] 例如，詹姆斯指出，“心理学作为起点有权对它作出假定的唯一的事实，就是思想本身”，因为它是我们直接、可靠地把握到或直观到的存在；“作为心理学家，我们所拥有的第一个事实就是，某种思想在进行着”。虽然如施皮格伯格所指出的那样，“……詹姆斯的主要兴趣是在心理学方面。相比之下，胡塞尔所关心的主要是认识论问题”[②]，但我们发现，作为起点，作为出发点，詹姆斯和胡塞尔所承诺的是同一个存在，即我们在自身之内直接地拥有并直观地把握到的主观的意识之流或思想之流：“思维内在，确切些说，认识现象本身，是无疑的，并且它不具有超越之谜……诸思维表现着一个绝对内在的被给予性领域，无论我们是在什么意义上说明内

① 施皮格伯格著，王炳文、张金言译：《现象学运动》，商务印书馆1995年版，第160页。

② 施皮格伯格著，王炳文、张金言译：《现象学运动》，商务印书馆1995年版，第165页。

在。”[①]面对这样一个思想之流，我们首先需要做并且只能做的，是如实地描述它自身，而不是受任何片面的、似是而非的形而上学的偏见支配试图去解释它。正是詹姆斯的这种描述的方法及其对传统形而上学的否定，不仅引起了胡塞尔的共鸣，而且还给他独立而相同的追求以支持，甚至是勇气，因为胡塞尔自己在评述詹姆斯时写道：“我看到，一个大胆而具有独创性的人是怎样不使自己被传统压倒，并力图真实地记载和描述他所看到的东西……确实，描述，并且是忠实地描述，这是绝对不可少的。”[②]

根据詹姆斯的术语习惯，他用“思想”一词作为泛指一切意识形式的一个类名，所以在詹姆斯的文本中，意识流也被称为“思想流”。詹姆斯根据自己的直观，把握到了意识流或思想流的五个特征。通过对这五个特征的描述，詹姆斯既在否定的意义上驳斥了传统的形而上学，又在肯定的意义上隐含着一个新的形而上学。

（1）思想倾向于表现为个人的形式，即每一个思想之流都为某个具体的个人所拥有，不可能存在那种脱离个人的肉体而存在的抽象的思想流，不同个体所拥有的思想之流，因而也就各自分离而不相交易。这个特征不难被理解。直观而言，现实的人类意识总要以个体的肉体存在为必要条件，虽然不以之为充分条件。就詹姆斯的思想背景来说，他对思想流的这个特征的把握，与他的心—身同一论是相互一致的，也与他关于心理学作为一门自然科学的理解相互一致，因为他指出，“心理学家所研究的，是生活于真实而确定的时空关系中的具体个人的心灵”。

（2）思想总是处于流变之中，即任何一个心理状态一经流逝，就不可能再次发生并与它先前发生时的状态相同一。在对这个特征的描述性分析中，詹姆斯不仅揭示了一个事实，即思想与思想对象的分别，而且还由此进一步地揭示了人类思维的一个根深蒂固的习惯，即将思想的对象与思想本身相等同。对人的生存而言必要的是确定“事物的同一性（the sameness of the things）”，例如，“草坪的绿色”在不同的光照条件下所引起的主观感觉是不同的，但我们无论如何还是把作为这些不同的主观感觉的“对象”的“草坪的绿色”确定为是同一的，否则我们便无法适应我们生活于其中的世界而生存；但是，正因为我们思维的根深蒂固的习惯，“任何担保我们[据以确定]事物的同一性的感觉（sensations），将极有可能被粗略地认为是相互同一的”，也就是说，由于对象是由感觉或思想提供的，又由于确认对象或事物的“同

① 胡塞尔著，倪良康译：《现象学的观念》，上海译文出版社 1986 年版，第 39 页。

② 转引自施皮格伯格著，王炳文、张金言译：《现象学运动》，商务印书馆 1995 年版，第 162 页。

一性”乃是我们生存的必要性，于是，我们便将关于对象或事物的“同一性”，误置于感觉或思想本身，从而把握不到感觉或思想的流变性。在这里，詹姆斯还为我们提供了一个有助于我们敏锐地把握感觉与感觉对象之分别的实际例证：画家必须用不同亮度的绿色来描绘同一个草坪的光照部分和阴影部分，以造成不同的感觉，才能保证我们将画面中的草坪及其绿色把握为是同一的。

意识的流变性与它的连续性是紧密相关的，所以，关于意识的第三个特征即它的连续性的讨论，反过来将有助于我们理解它的流变性。

(3) 思想是直接可感地连续的，即思想作为整体就它本身来说是连续的，而不是由分离的各要素或片段通过某种外在的联结关系串联而成，如联想主义所主张的那样。因此，在类比的意义上，思想作为整体不能被比喻为“链(chain)”或“串(train)”，而只能被比喻为“河(river)”或“流(stream)”，所以，詹姆斯说，“以下在讨论到它的时候，我们就称之为思想之流、意识之流或主观生活之流(the stream of thought，of consciousness，or of subjective life)”。这是詹姆斯所把握到的意识的最基本的特征，也是他分析得最深入、最透彻、所用篇幅最长的一个特征，詹姆斯关于意识的理论被称为意识流理论的根据，也在于此。

詹姆斯说，思想的连续性意指两种情况，一种情况是指有时间间隔的连续性，另一种情况是指没有时间间隔的连续性。第一种情况不难理解。詹姆斯举例说，假设保罗和彼特两人同枕而眠，第二天早晨醒来之后，两人的思想将各自与他们前一天晚上入睡前的思想相连续，而不会相互交叉。思想流在这个意义上的连续性，可以与上述第一个特征参照理解。

关于第二种意义上的连续性，非得有敏锐的反思能力并参照上述第二个特征才能被理解，即我们每个人在清醒状态时的思想或意识本身是连续的，而不是由“感觉”、“观念”、“意象”等元素经由“联想”、“统觉”等联结关系而被联为整体的。我们之所以难于把握到思想或意识在这种意义上的连续性，除上述将因为生存的必要性而确定的对象或事物的同一性误置于感觉或思想本身而外，还因为现实的人类意识的自然本性：“自从我们诞生之日起，[我们的]意识就被各种各样的对象和关系所充盈”，如果其中的“关系”不能被把握到，那么，我们所把握到的就只能是意识中的各分离的“对象”，从而意识也就难于被把握为是连续的。关于这个困难，詹姆斯于晚年在彻底经验主义中有更明确的表述，如上文引述的那样：“但是纯粹经验之流一来就立即用一些重点去充实它自己，这些突出部分被同一化了，固定化了，抽象化了。”与此同时，语言也增加了我们理解意识或思想之连续性的困难。

语言同样是因为生存的必要性而产生的，因此，在语言的发展过程中，衍生出极为丰富的词汇以标志我们所确定的思想中的“对象”或“事物”，至于其中的“关系”，我们的语言在词汇方面却极为贫乏，从而使我们无法表达并把握思想中的这些“关系”。借用弗洛姆（Erick Fromm，1900—1980）的无意识观念来说，语言中表达“关系”的词汇的缺乏所造成的结果，是使这“关系”对我们而言成为无意识的。

詹姆斯还用“实体（substantive）”的状态或成分和“过渡（transitive）”的状态或成分及其关系来类比思想流。所谓“实体”的状态，是指思想流中具有明确的感性形象或实在内容的部分；所谓“过渡”的状态，是指连接思想流中“实体”状态的各关系。比如这样一句话：“詹姆斯是美国最富原创性的一个心理学家和/或哲学家”，就是一个连续的思想流。仅从语法分析的角度来看，其中，“詹姆斯”、“美国”、“最”、“富（有）”、“原创性”、“心理学家”、“哲学家”等语法成分，就是具有明确的感性形象或实在内容的“实体”状态；而“是”、“的”、“一个”、“和”、“或”、选词符号“/”以及用这个选词符号连接起来的“和/或”等语法成分，就是将这些实在内容连为整体的“过渡”状态。但是，这样的语法分析还不能穷尽其中作为“过渡”状态的全部“关系”，因为我们在读过这句话后所把握到的全部意义，不是这些语法成分合乎语法规则的组合所能完全实现出来的。也是在这个背景中，詹姆斯提出“边缘（fringe）”概念，意指思想流中的“实体”状态的意义不是完全确定的，每个“实体”状态都潜在地拥有很多在不同关系背景中会呈现出来的不同的含义。造成我们理解意识流或思想流之连续性的困难的，主要就在于这“过渡”状态，如果我们试图在思想流的进程中突然停止下来，以把握或反思其中的“过渡”状态究竟是什么，那是不可能的，就像我们试图以急速地打开灯的方式来察看屋中的黑暗究竟是什么是不可能的一样。

（4）思想总表现为与独立于它自身的对象相关，即它是认知的，或者说它拥有知的功能（the function of knowing）。无疑，詹姆斯对这个特征的把握，与他对心—物关系问题的理解是密切相关的，特别是这里关于意识或思想的知的功能的描述性分析，相对于前面关于心—物关系问题的论证而言，是一个突破，这个突破赖以实现的基础，是在关于意识的第二个特征的描述性分析中所揭示的思想与思想对象的分别。前面曾谈到，在对心—物关系的讨论中，詹姆斯认识到，思想可以是自我封闭的，而知识必须关涉对象，只有在与对象的关系中，思想才会表现出知的功能或特征；与此同时，在关于心—物关系的讨论中，詹姆斯将为心所知的物理世界作为对象当做在心理学中不必进一步加以批判地反思的“资料”承诺下来。在上述关于意识的第二个特征的讨论中，詹姆斯进一步对思想与思想的对象进行了区分。在这里，詹姆斯的分析又前进了一步，他揭示了我们信仰作为思想对象之副本存在(to believe that the objects of our thoughts have a duplicate existence outside)的外部实在(亦即前面所说的物理世界)的根据。这个根据就是，在这个世界上，"有很多人的思想"，而这些不同的思想，同样因为生存的必要性，"我们不得不假定，[它们]关涉的是同一的对象(the *same* objects)。正是这样一个判断，即我的思想与他的思想拥有同一的对象，使得心理学家说，我的思想是对一个外部实在的认知。[同样，]正是这样一个判断，即我自己过去的思想与我自己现在的思想关涉的是同一的对象，才使得我将这对象从[我过去的思想和现在的思想]二者之中截取出来，并……将它投射到一个独立存在的地位。所以，多样性的对象性表象之中的同一性(*sameness* in a multiplicity of objective appearances)，乃是我们对外在于思想的实在之信仰的基础"。所以，在詹姆斯看来，正是作为意识的操作特征与我们生存的必要性共同作用的结果，首先使我们信仰外部实在的存在；只有当外部实在的存在(虽然是作为信仰)被确立之后，意识或思想才表现出它的认知功能。假若这个世界上只有一个思想存在，如黑格尔的绝对观念，那么，思想便是它的对象，对象也便是它的思想，二者合而为一，那么，这样的思想也就无所谓认知的关系或功能。

詹姆斯关于意识或思想的这个特征的描述性分析明白无误地显示出，在认识论问题上，他的解决方案与传统哲学是恰相反对的。传统哲学的认识论主张，自我的反省意识(reflective consciousness of the self)是思想的认识功能的首要前提：一个思想，若要认识一个事物，它就必须首先明确地将作为认识对象的事物与它自己的自我区分开来。詹姆斯认为，"这是一个彻头彻尾的荒唐的假定，没有一丝一毫的理由证明，可以相信它是真的"，就像"我因为没有梦见我做梦，所以我不会做梦"一样地荒唐。而詹姆斯的意思是说，是思想的操作特征首先使我们将思想的对象外投为一个独立的存在，从而才显现出与被外投为独立存在的外部实在之间的认知关系，所以，认知的功能或属性是内在于思想本身的。

(5) 意识在它自己的进程中具有选择性，即它总是对它自己的对象的某些部分发生兴趣而排斥其他部分，或者说，它总是欢迎它自己的对象中的某些部分而拒绝另一些部分。直观而言，意识的这个特征是不难把握的。我们所面对的世界是由无限多样的事物所组成的，但我们并不对每个事物给以同等的注意，相反，我们总是根据我们当下的态度、兴趣、情感、欲望、任务等，从中选择那些与我们当下的态度、兴趣、情感、欲望、任务等相关的事物加以注意。在这里，詹姆斯还特别讨论了选择行为的伦理意义：我们每一个人在生命历程的每一个阶段，都面临着许多不同的选择的可能性，而每一个实际完成的选择，都将进一步规定下一个选择的可能性，从而规定我们人生的历程和结果。从本书论题来说，如果把意识的选择性与前述詹姆斯关于心理动因论的讨论结合起来理解，必将有助于突显詹姆斯心理学的机能主义主题。事实上，后来的机能主义心理学正是以这种方式来理解詹姆斯对意识的选择性特征的强调，从而按照机能主义的方式来理解詹姆斯。①

第三节 詹姆斯心理学的机能主义主题

前面曾多次指出，詹姆斯的心理学是完全开放而远未完成的，我们很难用给一个思想体系以名称的方式而完整地把握詹姆斯的心理学思想。詹姆斯心理学思想的基本特征，是以现象学意义上的"面向实事"的态度，如实地观察、记录或描述意识本身及其活动的特征和过程。正因为如此，在某种意义上，我们可以说詹姆斯的心理学思想包含着意识的几乎全部的事实，乃至于我们甚至可以说，詹姆斯的心理学思想就是意识本身。意识作为一个存在，并不是一个只具有单一性质的存在，它在与不同事物的关系背景中相应地会表现出不同的特征或属性。如果我们把心理学的不同的思想流派看做是从某一特殊的角度或侧面对意识的理论阐释，那么，我们就不难理解，一方面，心理学在詹姆斯之后的历史发展过程中所形成的各思想流派，如（胡塞尔传统的）现象学心理学、机能主义、行为主义、格式塔心理学、认知心理学、人本主义心理学以及时下流行的进化心理学，甚至是（包括精神分析在内的）各种无意识心理学体系等，都可以在詹姆斯心理学中找到为自己辩护的思想基础；另一方面，就它们各自作为心理学而言，没有哪一个心理学流派像詹姆斯的心理学思想那样具有持久的历史意义和永恒的理论价值，仅就机能主义、行为主义及格式塔心理学而言，虽然它们的合理成分已被吸纳而融入心理学思想的主流趋势之中，但它们作为心理学流派无疑早已退出

① 本节论证过程中的引文，除已标出作者外，见 James，W.（1890/1907）. Principles of Psychology. Macmillan and Co.，Ltd. Vol. 1，p. 224，p. 188，p. 231，p. 239，p. 224，pp. 271～272，p. 274.

历史舞台,正如前文引述的墨菲对詹姆斯的评价那样,“不论是学者还是一般人都承认,任何仅次于他的人物都远不及他”。

就詹姆斯心理学本身的发展趋势而言,我们在前面的讨论中已经给出过暗示。虽然表面看来,詹姆斯在心理学作为一门自然科学与形而上学之间划出了一条界线,但从詹姆斯思想的内在实质来看,这条界线不过是一个权宜的论证策略,詹姆斯的心理学思考在逻辑上必然通向一种形而上学即彻底经验主义。所以,亦如前文已引述过的墨菲对詹姆斯的评述那样,“甚至在他的权威极盛的时期他仍然抵制美国心理学中最风靡的思潮;而对于以后流行的倾向,如对智力的测量,他则充耳不闻”。而且,我们还通过与华生的行为主义革命相比较而认识到,詹姆斯对作为传统意识心理学基础概念的“意识”范畴的否定意味着,他的心理学思想构成对传统意识心理学的一次“革命”;但是,与华生及行为主义革命不同的是,詹姆斯在否定“意识”范畴的同时,主张以“纯粹经验”概念来取代它,以为心理学提供一个更符合它自身逻辑的理论基础,从而使心理学(也就是他自己的心理学)通过彻底经验主义而走向现象学的道路。所以,自 20 世纪 60 年代以来,有很多人尝试从现象学的角度来理解詹姆斯的心理学思想,或者说赋予詹姆斯的心理学思想以一种现象学的解释,并形成相当数量的研究成果。应该说,这个研究动机及其引导的研究传统,是符合詹姆斯心理学的本性的,并因而把握到了詹姆斯心理学思想的实质,值得进一步做更深入的研究工作,只是在这里,这种研究工作已远远超出了本书的范围而不能系统地加以展开。

从本书论题背景来看,意识作为生命现象的一种表现形式,自然要执行或完成相应的生命功能,即帮助有机体适应环境而达到生存的目的。詹姆斯的心理学作为对意识本身及其过程的描述,自然要涉及到意识的适应功能,因而也包含了机能主义的主题。但是,我们不能反过来说,机能主义就是詹姆斯的心理学,甚至说机能主义以詹姆斯的心理学思想为先驱也不完全是准确的。事实上,如墨菲指出的那样,就机能主义作为心理学而言,詹姆斯是不会对它发生兴趣的,只是在机能主义作为实用主义如在杜威手里那样,才让詹姆斯在实用主义意义上发生兴趣,但如前所述,实用主义决不是詹姆斯思想的最深层的本质。只有从心理学在美国发展的历史趋势,才能合理地理解詹姆斯心理学与机能主义之间的关系。这个历史趋势就是,一方面如科克所指出的那样,心理学一定要追求“科学”的地位或性质,并在科学的意义上越来越倾向于接受生物学、特别是生物进化论的影响而趋向于生物学化,另一方面拒绝哲学及形而上学,似乎心理学越是远离哲学,同时也就越接近于科学,从而失去詹姆斯所拥有的那种批判的、反思的思想态度。而这个历史的趋势，亦如墨菲所已指出的那样，是詹姆斯所不能驾驭的。一旦心理学在远离或拒绝哲学及形而上学的意义上走上科学的道路之后，并在这个背景下接受詹姆斯及其心理学的机能主义主题，这个机能主义主题就不再是詹姆斯的了，如前面在讨论詹姆斯心理动因论时所已指出的那样。这样看来，把詹姆斯的心理学思想理解为机能心理学的先驱，是以后来的心理学发展趋势对詹姆斯心理学进行历史解释的产物，虽然詹姆斯的心理学思想就它自身而言，确也包含了机能主义的主题。

第四章

芝加哥学派

前面在评述机能心理学的历史背景时曾指出，心理学的机能主义精神，内在地与美国人历史的生存经验以及作为这种生存经验的历史产物的美国人的民族性格相一致。所以，假使心理学作为一门独立科学的诞生最初孕育于美国文化，那么，心理学在气质上必将是机能主义的，心理学史的面貌也就不会有机能主义作为一个"学派"与其他学派之间的对立。也正因为如此，即使从心理学史的现实出发，心理学作为一门独立科学诞生于欧洲，对美国文化来说，心理学乃是一个舶来品。但即便如此，在美国文化中，只要心理学得以盛行，这种心理学也必将会自发地走向机能主义，而不会感觉到需要特别地对这种"机能主义"加以阐释、辩护。如舒尔茨所指出的那样，美国心理学家"根据达尔文、高尔顿和冯特的研究工作形成了这个新运动(或新方法、新态度)，而没有感到把这个运动公式化的需要；这就是说，没有使它成为一种具有公式化所必需的严格性和严密性的特点的固定学说的必要"①。

然而，同样从心理学史的现实出发，在19世纪末20世纪初，在新成立的芝加哥大学，确实形成了一个旗帜鲜明的、自觉作为"学派"而存在的学术群体，这就是作为美国机能主义心理学思想的典型表现形式的芝加哥学派(the Chicago School)，主张心理学不应该局限于用实验内省法来研究意识的构成要素及其结构，更应该在有机体与其生存环境的动态关系中来研究意识的适应功能，并将这种研究结果应用于现实生活世界，以改进人的心灵、帮助人们更好地适应环境。所以，要想完全地理解芝加哥学派及其理论的和历史的意义，至少需要首先在历史解释的意义上阐明芝加哥学派形成的背景与过程。

---

① 舒尔茨著，杨立能等译：《现代心理学史》，人民教育出版社1981年版，第165页。

第一节 芝加哥学派的形成

关于芝加哥学派的形成，必须同时包含肯定的理解和否定的理解，才能得到合理而完整的说明。所谓肯定的理解，是指阐明芝加哥学派本身是什么，涉及到的是芝加哥学派据以形成的充分条件。这种理解又包含三个方面的线索。其一，阐明孕育了包括芝加哥学派在内的全部美国心理学机能主义精神的美国人的民族性格对心理学思维方式的塑造作用，这就是前面关于机能心理学以及美国心理学机能主义精神的历史背景的一般概述。其二，芝加哥大学作为一个学术研究机构的进取精神对机能主义及其芝加哥学派的促进作用。关于这一点，海德布来德（Edna Heidbreder，1890—1985）曾给出了一个简明扼要的说明："认为第一个与众不同的美国心理学学派是在这所新大学中产生的，无疑，这是适宜的，这所新大学本身显示了很多美国特点。彻底创建一所伟大的大学的几乎难以令人置信的功绩——实现一个计划，集结杰出的教职员，建成整个复杂的组织、体制与精神——使这个地方具有一种完成和将要完成伟大事业的气氛；毫不使人感到意外，一个发起于这样环境中的思想学派是会繁荣发展的。"①事实上，作为芝加哥大学创建背景的那些"美国特点"，正是塑造美国心理学机能主义精神的那些美国特征。所以，在芝加哥大学创建不久，这里便形成了能够典型地代表美国特征的"芝加哥学派"。在1902年至1903年间，作为芝加哥大学建校10周年庆典的内容之一，芝加哥大学出版了"十周年庆典丛书（the Decennial Publications）"，其中就包括杜威的《逻辑理论研究》（Studies in Logical Theory）。虽然这本书的研究主题是逻辑，但其思想的基础是机能主义心理学；或者更准确地说，杜威在这里关于逻辑理论的研究，与他关于心理学的总体思考，都是以他尚在形成之中的未来的实用主义哲学思想为基础的。当这本书出版之后，詹姆斯给予了很高的评价，认为"芝加哥大学有了一个思想学派！这个思想学派，我们可以有把握地预言，必将在未来25年的时

① 转引自舒尔茨著，杨立能等译：《现代心理学史》，人民教育出版社1981年版，第167页。

间里以‘芝加哥学派’的美誉存在于学术界”①。其三，阐明芝加哥学派的代表人物即杜威(John Dewey，1859—1952)、安吉尔(James Rowland Angell，1867—1949)、卡尔(Harvey A. Carr，1873—1954)等人对芝加哥学派作为一个“学派”的思想内容的阐述与发展，正是这些思想内容在肯定的意义上规定了芝加哥学派是什么，留待下文详述。

这里所谓否定的理解，是指从对立面之间的否定关系的背景来理解芝加哥学派的形成，具体说来是要阐明作为机能心理学对立面的构造心理学，特别是它的主要代表人物铁钦纳(Edward Bradford Titchener，1867—1927)对机能心理学的挑战和否定，因为正是在对来自铁钦纳的挑战加以回应的过程中，芝加哥大学的心理学家们、特别是安吉尔，系统地阐释了机能心理学的一系列基本主张，从而使以芝加哥大学为代表的机能主义的心理学研究获得一个“学派”所具有的特征。对芝加哥学派的形成而言，来自铁钦纳的挑战和否定，构成了一个历史的必要条件。如果没有来自铁钦纳的挑战，那么，美国心理学虽然可以自发地在机能主义道路上得到发展，但它能否像历史的现实那样自觉地以机能主义作为一个“学派”的方式发展，那是很值得疑问的。所以，史家常称道铁钦纳帮忙“建立”了机能心理学和芝加哥学派。

铁钦纳是一个在美国代表着德国心理学中冯特心理学传统的英国人。虽然如前所述，德国心理学不是本书讨论的主题，但对于理解美国心理学的机能主义精神，直接地对于理解铁钦纳、间接地对于理解芝加哥学派而言，是一个必要的背景知识，读者可以参考本书第一章有关的历史背景概述。概括地说，这个背景就是：在德国，心理学首先是作为哲学而诞生的；其中，冯特的心理学，是想在现代哲学背景中，以自然科学的实证方法为依托，建立一个以近代哲学精神为基础的理论体系，并因而如历史所证明的那样，注定将被哲学自身的历史所否定；布伦塔诺的意动心理学真正体现了那个历史时代的过渡性质，并富有成效地在哲学史上孕育了胡塞尔的现象学传统，在心理学史上孕育了格式塔心理学传统；在德国，作为理论科学的心理学，只有采取从布伦塔诺经验心理学到胡塞尔现象学的发展道路，才能既符合它的理智文化传统，又顺应它的历史发展潮流，从而得以生存下来。

铁钦纳早年就读于英国的牛津大学，研习哲学，对英国经验论和联想主义传统较为熟悉。1890年赴莱比锡大学随冯特学习心理学。在铁钦纳于莱

① James，J.，The Chicago School. *Psychological Bulletin*，1.1(15 January，1904)：pp.1～5. Reprinted in John Dewey et al.，Studies in Logical Theory. Bristol，England：Thoemmes Press，2001.

比锡大学随冯特学习心理学时,同学者中有屈尔佩(Oswald Kulpe,1862—1915)。比较铁钦纳与屈尔佩之间的差异,并交代冯特对他们二人的关系,颇有助于理解铁钦纳及其未来的学术方向和学术命运。在冯特这个时期的学生中,大致说来,屈尔佩最受冯特的赏识,但屈尔佩最终接受布伦塔诺的影响而趋向于意动心理学,并创立符茨堡学派;铁钦纳并不是一个真正富有原创性的思想家,也不是冯特特别看好的学生,却以他自己的方式自认为是冯特最忠实的学生,甚至在授课方式及日常生活等方面处处以冯特为楷模。波林曾对他们二人及其与冯特的关系作过类似的比较:“屈尔佩在心理学内的哲学家的风度较冯特为甚,且以符茨堡的基本的学说,同他的老师相反。铁钦纳逃避哲学也较冯特为甚,却从未在重要问题上反对他的老师。”①关于铁钦纳对冯特的“忠实”,较近时期的历史研究倾向于给出否定的回答。例如,黎黑认为:“铁钦纳的体系之所以比冯特的体系‘简明得多’,是因为他对老师的教导大打折扣。他把冯特的复杂的唯意志论心理学拿来,经过自己的实证主义和原子主义观点的过滤,筛出一个还原的感觉论。对他来说,心理不过是经验中发现的元素的复合。他拿不出任何能与冯特的民族心理学相提并论的东西。冯特的整体心理学与当代的认知心理学有不少共同之处,而铁钦纳的构造主义在这方面却全然没有。”②虽然就黎黑对铁钦纳和冯特的分别的评说而言,其中有很多观点值得进一步探讨(本书作者就不同意他关于冯特心理学与当代认知心理学之间的“共同之处”的理解),但就他关于铁钦纳与冯特之间关系的这个解释,应该说基本上是符合历史本来面貌的。

从冯特那里获得博士学位后,铁钦纳原本打算回到牛津大学,开创英国的实验心理学事业。但在那个时代,英国对实验心理学普遍持怀疑态度。于是在 1892 年,铁钦纳前往美国康奈尔大学,从而与美国心理学结下不解之缘。

铁钦纳在美国心理学史、特别是在美国早期心理学史中是重要的。这种重要性不在于他自己的构造心理学体系,因为美国心理学家根本不接受他的心理学,他们要研究的是意识的意义或包含于意识之中的知识,而不是存在于意识之内的纯粹的内容。他的重要性也不在于他对实验心理学的传播,因为美国的前辈心理学家先于铁钦纳前去莱比锡从学于冯特,并于回国后热心倡导“新”心理学,虽然他们在骨子里所要倡导的是一种完全不同于冯特的“新”心理学。铁钦纳对美国心理学史的重要,更主要地在于他的人

① 波林著,高觉敷译:《实验心理学史》(下册),商务印书馆 1982 年版,第 461 页。

② 黎黑著,刘恩久等译:《心理学史——心理学思想的主要趋势》,上海译文出版社 1990 年版,第 257 页。

格力量。他不仅学识渊博、治学严谨而令世人景仰，而且性格坚毅、喜好争辩，对他自己所信奉的正统理论怀有一股宗教般的热情和忠诚，而不能容忍任何形式的对这一正统的背叛。因此，他一方面勤勉工作，发展实验室，培养学生，从事大量的研究和著述，另一方面又因感觉到美国心理学对德国正统的背离而要澄清心理学的发展道路，并充当正统的卫道士。于是，他在自己的研究工作之余，展开了对美国心理学机能主义倾向的批判，并在这一批判的过程中使构造主义与机能主义之间的对立更显突出，进而使双方所代表的运动更加明确和自觉。

铁钦纳对美国心理学的机能主义倾向的批判，是以他自己关于心理学的科学观为基础的。在铁钦纳看来，科学必然是纯粹的，是对基本事实的描述；心理学必须是科学，因而要限于或满足于对基本事实的发现和描述。结合心理学的特殊性质来说，心理学作为科学就是关于意识经验之内容的如实描述，这个内容包括意识经验的基本要素以及要素之间的关系；任何超出对意识经验的基本要素及其相互关系的说明，都不是心理学作为一门科学本身，而是关于它的研究对象的形而上学的思辨或是它的应用。正是以关于心理学的这种科学观为基础，铁钦纳（在这个问题上倒是很敏锐地）把握到了美国心理学的基本特征：就心理学在美国采取的机能主义道路的一般发展趋势而言，它已不是心理学作为科学本身，而是应用心理学；就机能心理学在某些富有哲学家头脑的心理学家如詹姆斯、杜威等人那里的命运来说，心理学成了通向哲学的预备道路。所以，铁钦纳在评述机能心理学时指出，"机能系统心理学的出现是过渡性的，既是向哲学顶峰艰难攀登的一个过渡阶段，又是走向各种应用科学的一个过渡阶段"；美国心理学家的机能主义企图，意欲"把心理学写成哲学的绪论或某些实践学科的绪论"，从而"威胁着心理学作为一门独立科学的稳固地位"。[①]

前面指出，铁钦纳对美国早期心理学的历史发展是重要的，这种重要性不在于他的学术和思想，而在于他的人格，即以冯特最忠实的学生自居，以一种强烈的使命感来巩固由冯特开创的心理学的科学地位。于是，他不能容忍美国心理学的这种"非科学"的发展趋势，并着手系统地对这种发展趋势进行批判。这种批判工作集中地表现于1898年发表的论文《构造心理学的基本假设》。[②] 在这篇论文中，铁钦纳以生物学类比的方式，来说明构造心

① 铁钦纳著，李丹译：《系统心理学：绪论》，浙江教育出版社2001年版，第128～130页。

② 以下关于这篇论文的引证，见 Titchener, E. B., The postulates of a structural psychology. In W. Dennis (Ed.), *Readings in the History of Psychology*. New York: Appleton-Century-Crofts, Inc., 1948. pp. 366-376.

理学的基础科学地位及其对机能心理学的奠基作用。在生物学中，有解剖学（铁钦纳称之为形态学，morphology）和生理学的分别。其中，解剖学“通过分析的方法，来确定有机体的构成要素，又通过综合的方法，来揭示这些构成要素如何形成有机体的方式”；而生理学则研究“由（解剖学的）分析而确定的各结构部分所执行的功能，以及各结构部分作为功能器官之间相互关系的模式”。与此相类似，在心理学中有构造心理学和机能心理学，其中，构造心理学类似于生物学中的解剖学或形态学，其任务是揭示意识经验“包含着什么，其数量如何，而不是意识经验的功能（what is there and in what quantity, not what it is there for）”；机能心理学类似于生物学中的生理学，试图解释意识经验所执行的功能是什么。在铁钦纳看来，心理学作为一门科学本身就是构造心理学；至于“意识是否真的像詹姆斯所说的那样具有一种生存价值”，则是与心理学作为一门科学本身“毫无关系的”。而且，即使承认机能心理学作为心理学应用学科的存在，也必须牢固地建立在构造心理学的基础之上，否则将有可能导致心理学倒退到形而上学的过去。特别是由于机能心理学必然是目的论的，所以，铁钦纳还结合目的论与科学之间的对立关系指出，“如果在完全地揭示（意识经验的）结构之前就着手开展功能的研究，必将带来这样一个危险：迫使心理学的研究者接受目的论的解释，而目的论对于科学的进步而言是致命的”。结合当时心理学发展的基本状况，铁钦纳指出，“只有关于心灵的形态学研究，而不是其他任何研究方法，才能够强化并巩固这样一个命题：心理学是一门科学，而不是形而上学的一个领域；但目前的文献明显地表明，这个真理还需要反复不断地加以强调”。铁钦纳所谓“这个真理”，就是指“心理学是一门科学”的真理；他所说的“目前的文献”，当然是指美国心理学家按机能主义方式写出的心理学著作。所以，铁钦纳写作这篇论文，是要达成两个相互关联的目的：一方面是强化和巩固心理学的科学地位，实质上也就是要求心理学按照他的构造主义的“正统”路线加以发展；另一方面是挑战并否定美国心理学的机能主义的非科学的发展道路。

面对铁钦纳的挑战和否定，机能主义的美国心理学家有不同的反应。从詹姆斯和杜威这些具有哲学家头脑、向往哲学形而上学的心理学家来说，他们以一种居高临下的态度来对待铁钦纳，也就是说，他们倾向于不理睬铁钦纳的挑战，而是按照他们自己的理解来阐释心理学是什么。或者换句话来说，他们直观地感受到，铁钦纳的主张是不可取的，甚至是错误的，只是由于他们有更加宏大的计划和追求，他们便无暇或不屑于对铁钦纳的挑战做出回应。詹姆斯就曾颇厌恶地说铁钦纳是一个“胡搅蛮缠的人”，带有蔑视铁钦纳无理取闹的味道。詹姆斯的意思是说，且不论铁钦纳对他自己的构造心理学的主张和对机能心理学的挑战和否定是否具有学术的合法性和真理性，无论如何机能主义乃是心理学的一个自然的发展道路，铁钦纳本不该“胡搅蛮缠”地或无理取闹地对机能心理学横加指摘。结合铁钦纳及其构造心理学的历史命运来看，詹姆斯对待铁钦纳的态度是可以理解的。波林曾为我们提供了一个关于铁钦纳的历史事实。至1917年时，胡塞尔（Edmund Husserl，1859—1938）的现象学已经取得了举世瞩目的成就和影响，但在这个时候，铁钦纳对他的学生们说：“他以一年少一天的时间去理解胡塞尔，现在已经懂得他了，‘他是空无所有的’。”①对于我们想象铁钦纳的人格并同情于詹姆斯等人对待铁钦纳的态度而言，这个历史事实颇耐人寻味：大概铁钦纳狭隘地以为他自己就是真理的化身，所以，他不仅对美国的机能心理学横加指摘，而且还居然对胡塞尔的现象学做如此大胆（或许我们应该说是无知）的评断。对于这样一个狭隘的人，或许也只能像詹姆斯那样指出他是一个“胡搅蛮缠”的人，否则是没有办法的。

从安吉尔这些以心理学为自己的学术认同的心理学家来说，他们还是在心理学的范围内与铁钦纳展开论战，并在论战的过程中在否定的意义上回应铁钦纳的挑战，同时又在肯定的意义上更加明确地阐释机能心理学是什么。从机能主义方面来说，这个论战的最主要的成果，就是安吉尔1906年当选美国心理学会主席时的就职演说，一年后以《机能心理学的领域》发表于《心理学评论》杂志（关于安吉尔对机能心理学的系统的阐释，详见下文评述）。一般认为，安吉尔的这篇论文是机能心理学作为一个“学派”成熟的标志，从而也使芝加哥大学的心理学成了机能心理学的旗帜。

第二节　杜威对机能心理学的奠基

如果按照杜威的成就和影响，并以最简略的方式来描述的话，我们应该说，他首先是一个哲学家，并在哲学史中被尊为“实用主义神圣家族中的家

① 波林著，高觉敷译：《实验心理学史》（下册），商务印书馆1982年版，第472页。

长”;[①]其次,杜威是一个教育家,他的教育思想及其倡导的实验学校,不仅在美国国内产生了巨大的影响,而且波及全世界;其三,杜威是一个社会活动家,他不仅在学术方向上始终把社会问题和道德问题作为自己的研究中心,而且还身体力行地推进社会的自由和民主,如美国哲学家怀特所指出的那样:“就是成为一位耄耋老人的时候,他还是为全世界自由而积极奋斗;从对撒可(Sacco)和泛泽提(Vanzetti)的辩护到对‘莫斯科审判’的抨击,他都是代表美国哲学的良心。我们很难想像没有他在其中的美国场面。”[②]在心理学以外的其他领域,一般较少谈到杜威作为心理学家的身份,这大概有以下两个方面的原因。其一,杜威是一个大思想家,一生涉及了很多的学术领域和社会实践领域,而且在他所涉及的领域内都做出了杰出的贡献;他之所以在本书内占有一个重要的位置,就是因为他在心理学内也做出了杰出的贡献。只是由于杜威在上述三个领域内的成就和影响之伟大,所以,仅从杜威的方面来说,相形之下,他在心理学上的贡献就显得暗淡了许多。对于一个较为平庸的人来说,若终其一生仅在心理学这一个领域内做出了杜威的贡献,也可算是伟大的了。杜威的这种情况颇类似于前面在讨论达尔文的心理学研究时所指出的达尔文的那种情况:与他的同时代人相比,达尔文作为心理学家的研究工作,丝毫不逊色于其他任何人;只是由于达尔文作为生物学家是如此的伟大,他对科学的许多领域的影响是如此广泛而深远,乃至于我们忘记他本人就是一个杰出的心理学家。其二,从杜威的人格来说,心理学确也没有构成他终身的学术追求的兴趣焦点。就时间而言,他只是在19世纪80年代后期至90年代早期零星地思考过有关心理学的问题,他对心理学的贡献正是在这个时期完成的,所以史家常叹息,虽然杜威给了芝加哥学派以“巨大的影响”,但“他积极贡献于心理学的年数并不多”。[③] 这个事实给我们理解并解释杜威的心理学史意义提出了挑战:他对心理学做出了巨大的贡献,但心理学又不是他始终一贯地连续追求的学术目标,那么,如何才能从他的思想和人格出发,合理地解释他对心理学做出的贡献呢?无论如何,可以肯定的是,他对心理学做出的贡献不是偶然的,必源自某种内在的动机。同样可以肯定的是,不能满足于按史书通常给出的那种解释方式来理解杜威对心理学的贡献,即认为杜威在离开芝加哥大学之后,就不再关心有关心理学本身的研究,而是把心理学应用到他所关心的教育问题和哲

① 怀特编著,杜任之等译:《分析的时代:二十世纪的哲学家》,商务印书馆1981年版,第178页。
② 怀特编著,杜任之等译:《分析的时代:二十世纪的哲学家》,商务印书馆1981年版,第178页。
③ 舒尔茨著,杨立能等译:《现代心理学史》,人民教育出版社1981年版,第167页。

学问题上。

前面在评述詹姆斯和他的心理学时曾指出，就詹姆斯的人格和思想的内核而言，他所追求的最后目标乃是关于经验的形而上学的彻底经验主义，虽然他至死也没有能够把彻底经验主义作为关于经验的形而上学在体系的意义上建立起来；他毕生从事的具体的研究工作及其取得的成就，都必须从这个背景出发，才能准确而完整地理解其全部的意义；仅就心理学而言，当他写作《心理学原理》时，就已经预留出了未来哲学思考的理论空间；正是以未来哲学思考的这个理论空间为背景，《心理学原理》才获得了它自身的品质而独树一帜。这个人格模式对于理解杜威及其心理学贡献来说，同样是有效的，虽然这个人格模式应用在杜威身上，不如在詹姆斯身上体现得那么清晰、可辨。对杜威而言，虽然心理学未曾长时间地构成他的兴趣的焦点，但他关于心理学的任何思考，正是以他正在逐步形成的哲学世界观为根据的；不能仅从时间上来理解而认为他尚未形成、尚未得到明确阐述的未来的哲学世界观，就不会对他早期关于心理学的思考产生影响作用。所以，以下尝试运用在评述詹姆斯时所形成的这个人格解释模式，来理解杜威及其心理学：首先以杜威的生平为线索，粗线条地勾画出他的具有世界观意义的学术思想；然后以此为背景，具体地阐释他的心理学思想及其对机能心理学和芝加哥学派的意义。

一、杜威的生平与成就

杜威的人生内容极为丰富，若要对杜威的生平与成就进行展开的描述，显然不是本书的主题和篇幅所能允许的。这里的描述将满足于为以下关于杜威心理学思想的讨论提供一个概略的背景。

杜威1859年10月20日出生于美国佛蒙特州的伯灵顿城。富于联想的著作家，往往由杜威出生的这个年份联想到某种暗示的意义，因为在这一年，达尔文的《物种起源》一书出版面世；在哲学史上，生命哲学最主要的代表人物、法国哲学家柏格森(Henri Bergson，1859—1941)和现象学哲学的创始人、德国哲学家胡塞尔(Edmund Husserl，1859—1938)，也都出生于这一年。就美国作为一个国家的社会发展史来说，这个时期正是美国从西部边疆开拓的农业社会向现代化、都市化、工业化社会过渡的时期，杜威一生的发展和他取得的成就，正是美国这一阶段社会发展史的结果和体现。

佛蒙特州位于美国东北部新英格兰地区的北部，而新英格兰正是美国作为一个独立国家的发祥地。佛蒙特州虽然在政治、经济、文化等方面不是处于重要地位的一个州，但作为新英格兰有机组成部分之一，这里也充满了民主、自由的进步气氛，这种氛围自然会对杜威的未来成长产生广泛的潜移默化的影响作用。

大致说来，杜威在青少年时是一个很普通的孩子，他在学校的学习成绩一般，且对未来胸无大志；就个性而言，他性情内敛，在社交生活中常感羞怯；就日常生活而言，他卖过报纸，又常在伯灵顿周围嬉水玩耍。这无疑与他的家庭背景有关。他的祖先世代务农，只是到他父亲时才弃农经商，在伯灵顿城开了一家杂货铺。从他父亲的生活阅历来看，也不可能对孩子的未来有什么指望。相比之下，他母亲的祖先的生活要体面得多，他的外祖父还做过国会议员，他的舅舅也上过大学。所以，在杜威的家中，与他的父亲相比，她的母亲更开明、更有教养些，对未来也抱有更多的幻想，她希望自己的孩子将来能够接受较好的教育，过上较体面的生活。

1875 年，杜威入读位于伯灵顿的佛蒙特大学。一直到大学三年级时，杜威才开始感受到大学学习的乐趣和重要。在这个阶段，有两门课程或两种理论激发了杜威的思想兴趣，一是在科学课程中学到的达尔文的生物进化论，二是在哲学课中接触到的康德哲学。从杜威未来学术思想的发展来说，这两种理论对他产生的影响是持久的，甚至是终生的。

到 1879 年大学毕业时，杜威还是一个视界狭隘的青年。他不愿意离开伯灵顿这个小城，只是在伯灵顿花了三个月还找不到一份工作后，他在一位表兄的帮助下，前往位于宾夕法尼亚州西北部的一个叫石油城的小镇当中学老师，因为他的这位表兄在这个中学做校长。两年后又回到伯灵顿，在离家不远的一所中学当老师。就在这时，在他读大学时名叫托里（H. A. P. Torrey，1837—1902）老师的帮助和鼓励下，继续钻研哲学经典和哲学史，并写了一些哲学论文。其时，杜威对自己是否拥有值得开发的哲学天赋仍然心存疑虑。于是便将自己的两篇论文寄给《思辨哲学杂志》的主编哈里斯（William Torrey Harris，1835—1909），并询问哈里斯自己的论文是否显示出有什么哲学天赋，没想到哈里斯告诉他说，这些文章只能出自第一流的哲学头脑，使杜威信心倍增。于是，在 1882 年，杜威入读约翰·霍普金斯大学，继续追求哲学的研究生教育。

这个时候，约翰·霍普金斯大学刚成立不久，哲学系也只有三个年轻的讲师：作为实用主义开山鼻祖的皮尔士，主要讲授逻辑学和科学哲学；作为美国心理学先驱之一的霍尔，主要讲授新的生理心理学；新黑格尔主义哲学家莫里斯（George Sylvester Morris，1840—1889），主要讲授形而上学和神学。在当时的杜威看来，这三个人中只有莫里斯才算是真正的哲学家，于是选择莫里斯作为自己的指导老师，并于 1884 年以题为《康德的心理学》的论文获得博士学位。对哲学史有些了解的人都知道，杜威在年轻时主要是一位新黑格尔主义者，就是接受莫里斯影响的结果。

博士毕业之后，杜威在老师莫里斯的帮助下，前往密歇根大学哲学系任教，至 1894 年，期间有一年在明尼苏达大学。这个时期，杜威主要讲授心理学以及心理学与哲学之间的关系，并在心理学研究中已经表现出了后来的机能主义倾向，同时预示了他未来的教育学思想和关于哲学史的社会—历史分析法及自然主义经验论的哲学思考。1884 年，杜威在《安多浮评论》上发表了一篇题为《新心理学》的论文。虽然史书常忽略这篇论文及其意义，但依本书作者看，这篇论文特别是对于理解杜威的学术性格而言，是一个非常重要的历史文献。一方面，从前面的讨论来看，杜威其实并未接受过严格的、系统的心理学训练，因而较少受到心理学内正在成为常规的种种成见的束缚，而能够保持一个对待心理学的开放的理论态度；另一方面，就心理学史而言，至 1884 年时，心理学尚处于"诞生"的创立阶段，在心理学内还没有形成任何"正统"的观念，心理学正处于从关于心灵的思辨哲学向关于心灵的实验科学的过渡时期。从其内容来看，杜威写作这篇论文的动机，正是要对心理学从关于心灵的思辨哲学向关于心灵的实验科学发展的这个普遍趋势加以评述，并对心理学在未来可能的发展动向加以预言。正因为上述两个方面的原因，我们可以推定，无论是关于当时心理学发展现状的评述，还是对心理学未来发展趋势的预言，杜威都是以他自己关于心理学应该是什么的独立思考为基础的，因而，这篇论文更能反映杜威自己的心理学思想或他的元心理学观点。这里还可以预先指出，这个事实至少可以在一定程度上说明为什么杜威后来逐渐远离了心理学而趋向于教育学和哲学，因为心理学后来的实际发展与他自己关于心理学应该是什么的思考，即使不说是背道而驰的，也是相去甚远的。

在这篇论文中，杜威首先以嘲讽的口吻批判了传统的思辨哲学，特别是英国经验论的分析传统：人的"丰富而多彩的经验，无论是对两个民族而言还是对两个个人而言，都是相互不同的，甚至是对同一个生命在不同的时刻而言，也是相互不同的——正是经验中的思想、欲望、恐惧、希望等，为随着时代而不断发展的文学作品提供了素材，为荷马、为乔叟、为索福克勒斯、为莎士比亚提供了素材，为日常生活的那些没有被描写出来的悲、喜剧提供了素材——[但是，在传统的思辨哲学中，这些丰富而多彩的经验]却被干净利落而细心地加以分解，[由分解而得的]各个部分又被贴上标签并分类归档”①。然而，现在，“我们知道，人的精神生活是人能够研究的事物中最困难、最复杂的一个问题，正是人的精神生活的展开过程，为心理学提供了素材”；我们知道，“人”的意义，决不仅仅是“一架可以干净利落地加以归类的精神机器，可以当做是一个孤立的个体来加以理解，可以被放到分析的手术台上进行完全的解剖”；个体的人的生命，“必然是与社会的生命连在一起，与民族的精神气质连在一起”；人必然“通过教育、传统、遗传等手段而与全部过去的历史相联系”；我们知道，“人其实就是一个小宇宙，他将全部世界的丰富性包容在自己之内，既包括空间的世界，也包括时间的世界；既包括物理的世界，也包括精神的世界”。“我们还知道，个体生命是极其复杂的。我们知道，我们的心理生活不是一个复合的三段论，而是一个省略三段论，其中很多要件被压抑了；我们心理生活的绝大部分，从来都没有进入到意识之中；就是那些进入到了意识之中的心理生活，也是模糊而倏忽即逝的，其意义很难被把握和读懂；我们的心理生活是无限复杂的，包含着个体全部生活史的痕迹；或者，我们的心理生活也可能是替代性的，只对它所代表的其他人而言才有意义；精神的生活是一个连续的过程，决不分裂为‘界限分明、各自作为独立存在的种种观念’；[对经验进行的]分析无非是一个抽象的过程，其结果是[使作为整体的经验成为]诸部分的一个聚合体，各部分之间的‘精神纽带’则消逝不见了；我们[对经验要素]的区分，纵使是必要的，也是不真实的，而且主要是人为的；心灵既不是一个容器，也不是各分立能力的指挥部；概而言之，关于灵魂的实际活动和过程，我们几乎一无所知。我们知道，旧心理学给予描述的那些东西，基本说来都是不存在的；而且，对于这些东西，旧心理学至多只是给出了描述，而没有给出解释。”

这就是杜威对当时心理学和哲学的知识状况的基本估价。这个估价当然同时包含了否定的方面和肯定的方面。就否定的方面而言，这个估价是对传统的思辨哲学和作为思辨哲学的心理学以及它们所取得的“成就”，如将灵魂分解为各种官能、将经验分解为“观念”等要素的全面否定；就肯定的方面而言，这个估价意味着一个新的哲学发展方向或心理学发展方向，那就是：如实地观察“经验”的实际活动和过程及其全部的复杂性。或换句话说，这里所谓否定的方面和肯定的方面，更准确地应该被理解为是同一个认识

① 以下关于这篇文章的引述，见 Dewey, J. (1884), The New Psychology. *Andover Review*, 2, 278～289. 资料来源：Classics in the History of Psychology: An internet resource developed by Christopher D. Green, York University, Toronto, Ontario, ISSN 1492～3173.

或态度的两个方面：如果不能达到对传统的思辨哲学以及作为思辨哲学的传统心理学的否定的理解，那就不可能看到哲学或心理学的新的发展方向；反之亦然。杜威的这种理解和估价，无论就否定的方面而言还是就肯定的方面而言，在实质上与詹姆斯是完全相同的。例如，从肯定的方面来看，杜威关于“精神的生活是一个连续的过程，决不分裂为界限分明、各自作为独立存在的种种观念”的认识，与詹姆斯的意识流学说就是完全一致的，虽然杜威的说明和文笔，远不如詹姆斯那么生动而丰富、犀利而感人。从这个背景来看，杜威和詹姆斯二人互相影响、互相欣赏，最终共同成就一个伟大的事业，至少从人格和学术品格的意义上说，是具有某种内在的必然性的。

在完成上述基本估价之后，杜威客观地指出，早期心理学家的工作有他们特定的历史背景和时代背景，关于他们的错误，我们没有必要加以辩护，因为他们的工作属于过去；我们也没有必要加以攻击，因为我们的工作指向未来。对我们来说，更有价值的，是理解促成“新心理学”的历史的趋势。他的所谓新心理学，当然是指当时普遍兴起的实验的科学心理学思潮。关于这个“新心理学”的兴起，从大跨度的历史背景来看，是近代以来实证自然科学发展的产物；从较近的历史背景来看，是生理学影响的结果，正是生理学为心理学提供了“实验的新方法来代替并纠正旧的内省法”，并以“生理心理学”的形式，在“心理学内引起一场革命”。这里强调指出的是，关于这个“新心理学”，杜威并不是特别针对以冯特为代表的、后来成为心理学主流的那个传统而言的。事实上，他对这个传统否定多于肯定。杜威是以自己的方式来阐释这个新心理学的发展趋势的，认为“新心理学的发展，一方面取决于生理学提供的实验方法，另一方面取决于一般的人文科学提供的客观观察的方法，这两种方法彻底取代并纠正了古老而陈旧的主观内省的方法”。关于新心理学的未来，杜威的希望是以忠实于经验本身的方式加以发展，因为经验“是现实的，而不是抽象的”，所以心理学需要的是“关于事实的逻辑、关于过程的逻辑、关于生活的逻辑”，而不是某种外在地强加于“经验”的、形式化的逻辑。杜威在这里虽然没有展开地论说这个“逻辑”是什么，或者更准确地说，关于这个“逻辑”杜威还没有形成明确的理解，但就其实质而言，就是前面在评述詹姆斯时所指出的那种“面向实事”的生活态度和思想态度。所以，杜威总结说，这个新心理学将“遵循生活的逻辑，以理解生活”。

如前所述，在密歇根大学（包括明尼苏达大学）这 10 年间，杜威主要从事心理学以及心理学与哲学的关系的研究。同时，他又开始积极参与并支持各种学生社团组织和活动，其中就包括密歇根大学的“中学校长俱乐部（Michigan Schoolmasters' Club）”，预示了他对有关教育问题的兴趣和注意，他后来终身对教育哲学和教育实践的关心，实由此开始。1886 年，他在《心灵》杂志上发表两篇论文，即《心理学的立场》和《心理学作为哲学方法》，论证的主题是想将哲学和心理学加以融合，并认为哲学不需要一个特殊的方法论，因为哲学实质上就是心理学的扩展，或者说是更加综合的心理学。杜威对心理学及其与哲学之间关系的这种理解，与我们在评述詹姆斯时指出的在 19 世纪下半叶哲学全面接受心理学的洗礼的哲学史背景，是一致的。1886 年，杜威还出版了全美第一本新心理学意义上的《心理学》教科书。这本书虽然在 4 年后因为詹姆斯《心理学原理》的出版而逊色许多，但在当时还是颇受欢迎的。严格说来，这本书带有从思辨哲学向科学心理学过渡的性质，并显示出了杜威在哲学观上的黑格尔主义，因为在这本书内，杜威试图阐释一个统一的哲学体系，这个体系建立在新的心理学研究和德国古典哲学之间的联系之上。1889 年，杜威与麦克里兰（James Alexander McLellan，1832—1907）合作出版《应用心理学：教育原理与实践引论》一书，实际上是运用心理学的基本原理来讨论教育原理及其实践的著作。正因为如此，有研究者指出，杜威在"30 岁以前，他的哲学兴趣，主要限于教育，但是从心理学入手的"①，极简明地总结了杜威早年的学术生涯。

1894 年，杜威应邀来到芝加哥大学，组建哲学系，并担任哲学系主任。当时，这个系的全称是哲学、心理学及教育学系。杜威在前来芝加哥大学时，将他在密歇根大学的同事、社会学家米德（George Herbert Mead，1863—1931）一起带到芝加哥大学，同时又将安吉尔从明尼苏达大学请来，他们都将成为广义的芝加哥功能学派的主要人物。

前面提到，在密歇根大学时，杜威主要讲授和研究心理学及心理学与哲学的关系。到芝加哥大学后，杜威虽然继续对心理学做出贡献，如 1896 年在《心理学评论》上发表的《心理学中的反射弧概念》一文，被认为是为心理学的芝加哥学派提供了基本概念和理论基础，但总体而论，他在芝加哥大学期间的教学和研究工作，主要在教育学方面，并积极从事教育实践的改革实验。例如，1896 年，他在芝加哥大学创办实验学校，并在妻子的协助下管理这个学校至 1903 年。正是在芝加哥大学期间，除发表大量的论文外，杜威还出版了一系列教育学论著，系统地形成并阐释其教育思想，在教育史上通常称为"杜威的芝加哥十年"。这些著作包括《我的教育信条》（1897）、《学校与社会》（1899）、《儿童与课程》（1902）。杜威的实验学校极为推崇并切实推行理论与实践相结合的原则，代表了美国精神；他的教育学论著，从

① 邹铁军：《实用主义大师杜威》，吉林教育出版社 1990 年版，第 10 页。

哲学的高度阐释了新的教育主张，在现代教育发展史上开创了一个新局面，开拓了一条新道路。特别是其中的《学校与社会》，在教育史上占有十分重要的地位。

在芝加哥大学期间，杜威的哲学思想也经历了重大的变化：他逐渐摆脱了黑格尔哲学的束缚，全面接受达尔文进化论的影响，逐步形成他的"工具主义"认识论，即认为思想不过是解决疑难境遇的工具，从而趋向于皮尔士和詹姆斯的实用主义。前面提到的《逻辑理论研究》一书，就是他从新黑格尔主义向实用主义过渡的分水岭。

1904年，杜威离开芝加哥大学，任教哥伦比亚大学哲学系，至1930年荣誉退休。在这近50余年的学术生涯中，杜威确实远离了心理学。这期间，他一方面继续阐发他的教育思想，另一方面完善他的工具主义或实验主义的实用主义哲学体系，同时积极参与世界范围内的社会生活。就教育学方面而言，这期间发表的主要著作包括《我们如何思维》(1910)、《明日之学校》(1915)、《民主主义与教育》(1916)、《经验与教育》(1938)等。其中，《民主主义与教育》和《经验与教育》尤为重要。就哲学方面而言，主要著作包括《人生哲学》(1908)、《思维术》(1909)、《创造的智慧》(1917)、《哲学的改造》(1920)、《人性与行为》(1922)、《经验与自然》(1925)、《确定性的寻求》(1928)、《经验的艺术》(1934)、《逻辑：研究之理论》(1938)、《自由与文化》(1939)、《人的问题》(1946)、《能知与所知》(1949)等。

从心理学的角度，我们可以说杜威是一个心理学家；从哲学的角度，我们说杜威是一个哲学家(当然，从教育学的角度，我们同样可以说杜威是一个教育学家)。但是，作为心理学家的杜威和作为哲学家的杜威是同一个杜威，而不是两个杜威，因此，他的心理学与他的哲学在精神实质上应该是同一的(这里不考虑作为教育学家的杜威的教育思想，他的教育思想同样是与他的哲学世界观相同一，并以后者为基础的)。由于杜威对心理学做出了实质的贡献，特别是通过1896年的文章对机能心理学做出了实质的贡献，但杜威又没有把心理学作为他的终生事业，我们很难仅从心理学的角度而能够完全地理解1896年的那篇文章的全部意义，所以，必须参照他的哲学世界观，才能准确地把握其心理学的思想脉动。虽然这里不可能对他的哲学思想进行展开论述，但指出其要义，对于下面讨论他的心理学思想则是必要的。

关于杜威的哲学思想，从作为理解他的心理学贡献的背景来说，最重要的一点是要指出他关于经验连续性的观点。上文在讨论杜威1884年的论文《新心理学》时曾指出，他关于经验连续性的观点与詹姆斯的意识流学说是一致的，虽然杜威关于"经验"的连续性的涵义比詹姆斯关于"意识"之流的涵义要宽泛得多。事实上，在与詹姆斯的关系上，杜威深受詹姆斯的影响和启发；杜威的哲学动机，无论从否定的意义上讲还是从肯定的意义上讲，都是与詹姆斯的哲学动机相一致的。从否定的意义上讲，他反对传统哲学关于绝对真理、关于绝对实在（无论是唯心主义意义上的，还是唯物主义意义上的）的主张，反对关于物质与精神、关于心与物、关于刺激与反应、感觉与运动等之间的二元分裂的思维方式；从肯定的意义上讲，他追求关于世界以及人与世界之间关系的一元论理解，这种一元论理解的基础，就是他的自然主义的经验论，其核心是他关于"经验"及其连续性的观点。这正如当代德国哲学家哈贝马斯（Juergen Habermas，1929—　）在评述《确定性的寻求》一书时所指出的那样："杜威批评经验主义的'旁观者知识模式'，根据这个模式，基本感觉提供了经验的坚实基础。事实上，经验的获得，只有通过与一个行为期待有可能与之遭遇的实在的互动，才有可能。出于这个理由，实在不是通过感官的接受性而揭示的，而是以一种建构主义的方式在筹划和施行有赢有输的行动的情境之中被揭示的。对象不是独立于有意施行的行动的受控结果之外而被'感受的'。"①

杜威关于经验及其连续性的思想，主要是接受达尔文的生物进化论的影响的结果。"如果说培根用原先被贬的经验世界，以及人们与这个世界打交道的实验行为替代了传统哲学的形而上学以及与之相关的思辨方法，作为人们思考的重心，那么达尔文正是在这个基础上更进一步，将人置于这个经验世界之中，考察人与自然界的关系，考察物种在与环境交互作用中的进化原理。这个思想对杜威的影响是决定性的。"②按照杜威接受进化论影响之后的理解，人作为有机体与世界作为环境是共同进化的，正是"经验"作为"协调"把人与世界连在一起。所以，"我们与世界不是割裂的，而是有机统一的，我们在世界之中，世界也在我们之中，我们和世界的交互作用既促成了我们的进化演变，也促成了世界的变化。不能把我们的概念思考看做世界之外的、加于世界之上的东西，它们是世界之中的，是人与环境交互作用中自然形成的。"③

从哲学史上讲，"经验"和"经验主义"并不陌生。但是，传统的经验主义

① 杜威著，傅统先译：《确定性的寻求：关于知行关系的研究》，上海世纪出版集团2005年版。

② 江怡主编：《现代英美分析哲学》（上），叶秀山、王树人总主编：《西方哲学史》（第八卷），江苏人民出版社2005年版，第367页。

③ 江怡主编：《现代英美分析哲学》（上），叶秀山、王树人总主编：《西方哲学史》（第八卷），江苏人民出版社2005年版，第368页。

所谈论的，并不是“经验”本身，而是把作为人的概念思考的结果的、带有各种偏见的“概念”强加于“经验”，从而给我们提供了一个关于“经验”的虚幻的世界；它不是按照经验本身是什么的方式来描述经验，而是按照经验应该是什么的方式来描述经验，这种描述所提供的，就不是“经验”的本来面目，而是人关于“经验”的偏见。与此相反，杜威以类似于詹姆斯的口吻指出：“真正的对经验的理解应该是‘面向经验本身’，既不要把经验中的要素抽走，也不要把不属于经验中的要素加入”；经验不是关于世界的表象，而是人与环境之间的“协调”，是人在世界中“做事情”，是“一种行动的事件”。[①] 所以，在杜威看来，经验、意识、知识等等，都不过是人作为有机体适应环境达到生存目的的手段或工具；知识的要义不在于寻求关于世界的不变的本质，而在于为生存的实践目的服务。杜威之所以把他的实用主义体系称为“工具主义”，主要就是因为他对经验的这种理解方式。

二、心理学中的反射弧概念

反射和反射弧概念原本是生理学对有机体的不随意运动的描述和说明。在历史上，它与生理学关于脑的感觉—运动模式和经验主义哲学关于心灵的白板论密切相关，相互促进，结果，在心理学中形成了经验主义传统的原子论联想主义心理学思想，并在当时的心理学研究中构成一个普遍的、占支配地位的思想潮流。例如，它被冯特加以吸收，构成他的内容心理学体系的基本主题之一；铁钦纳继承并进一步发挥了包含于冯特心理学体系中的原子论心理学思想，从而形成他自己的构造心理学体系。

1896 年，杜威在《心理学评论》上发表《心理学中的反射弧概念》一文，对当时心理学中以反射弧概念为基础的普遍流行的这一思想潮流进行专门的批判性的考察。应该指出，杜威不是在为机能心理学辩护的意义上撰写这篇论文的，虽然随着历史的发展，特别是通过后来逐步成形的芝加哥学派中人的努力，使杜威在这篇论文中阐发的心理学思想得到发扬光大，并实现了这篇论文为机能心理学提供基本概念和理论基础的历史意义。事实上，应该这样来理解杜威与机能心理学之间的关系：正是通过杜威与詹姆斯及其他人的共同努力，使得美国心理学家的思想潜质即机能主义得到澄清而获得自我意识，从而形成心理学的新的发展道路。也正因为如此，杜威在这篇

① 江怡主编：《现代英美分析哲学》(上)，叶秀山、王树人总主编：《西方哲学史》(第八卷)，江苏人民出版社 2005 年版，第 371～373 页。

文章中开展的批判工作，并不是特别针对以铁钦纳为代表的某种思想流派的，而是针对当时心理学中以反射弧概念为基础的普遍的思想潮流。指出这一点，颇有助于理解杜威在与心理学的关系中表现出的人格：他终生保持着与心理学作为一个学科或一门科学的距离，以他自己的哲学世界观为立足点，远距离地对心理学加以审视；惟其如此，他才能以开放的思想态度来对待心理学，并能够看到别人难以看到的真理。

前面指出，在芝加哥期间，杜威完成了从黑格尔主义向工具主义的实用主义的过渡。他写作《心理学中的反射弧概念》一文的总的指导思想，正是接受达尔文的影响而形成的关于有机体与环境相统一的这种关系的理解，并因而强调"活动"作为有机体与环境之间"协调"关系的中介因素的重要意义。正因为如此，史家往往认为，杜威对"活动"的强调，构成了行为主义心理学诞生的"近因"；[①]但与此同时，与后来的行为主义者不同，对杜威而言，"活动"的内在性质是经验的或意识的，这一点是没有疑问的，所以，杜威关于"活动"或行为的论述，与后来的行为主义是相对立的。正是基于此，有人认为杜威的这篇文章，在行为主义诞生之前，就已经构成了对行为主义的批判。例如，《西方心理学史读本》的作者丹尼斯在收编杜威的这篇文章时，就以脚注的形式指出了这一点。[②] 依本书作者看，对杜威的这两种评述意见，都是历史研究中因为拘泥于后来的历史发展趋势对杜威的误解；事实上，从杜威的思想背景来看，他是不会对后来兴起的行为主义有兴趣的。

在这篇文章中，杜威首先客观地指出，从科学、哲学及心理学的历史发展趋势这个背景来看，反射弧概念作为心理学的统一的解释原则的出现，是一个历史的进步，因为正是这个解释原则取代了传统思辨哲学关于心理学的那种虚幻的、概念式的二元论解释原则；但是，反射弧概念作为心理学的统一的解释原则，对传统思辨哲学的二元论解释原则的"取代"是不彻底的，必须进一步将包含在反射弧概念中的关于心理学的解释原则，推进到"感觉—运动回路(sensori-motor circuit)"或有机体与环境之间的"协调(coordination)"的水平，这个"取代"才能完成，心理学才能走上科学的、真理性的发展道路。所以，在这篇文章中，杜威首先告诫说："对反射弧概念的批判，不是要求回复到被反射弧概念所取代的那些解释和分类的原则；相反，[这种批判工作]意在指明，它们没有被充分地取代，而且，从感觉—运动回路这个

① 高觉敷主编：《西方近代心理学史》，人民教育出版社1982年版，第251～252页。

② Dennis, W. (1948), Readings in the History of Psychology. New York: Appleton-Century-Croft, Inc., p. 355.

观点来看，从表面上被取代的[作为思辨哲学的传统]心理学中演绎出来的关于感觉和运动的性质的那些概念，仍然[在当代心理学研究中]处于支配地位。"[1]杜威写作这篇文章，在否定的意义上就是要揭示反射弧概念对传统心理学的"取代"的不彻底性，在肯定的意义上就是要将反射弧概念推进到"感觉—运动回路"或"协调"的水平。

关于反射弧概念对传统思辨哲学的继承性，杜威指出，"关于感觉和观念的旧的二元论，在目前关于外周的结构和功能与中枢的结构和功能的二元论中被重复着；关于身体和灵魂的旧的二元论，在目前关于刺激和反应的二元论中得到了明确无误的回应。[在当前的心理学研究中]我们不是从它们各自在感觉—运动回路中所处的位置和所执行的功能来解释感觉、观念及活动的性质，而仍然倾向于从我们关于感觉、思想和活动之间严格而僵化的相互分离的偏见来解释它们。[在这种解释方案中]感官刺激是一回事，代表观念的中枢活动是另一回事，代表活动本身的运动冲动又是一回事，其结果，反射弧就不是一个完整的或有机的统一体，而是各分离的部件的聚合体，是一个机械的联结或分化的过程。"以这种方式理解的反射弧概念为我们提供的，乃是"一个支离破碎的心理学（a disjointed psychology），无论我们是从个体发展或种族发展的角度来理解心理学，还是从对成熟意识进行分析的角度来理解心理学"。

杜威认为，对于心理学作为一门真理性的学术而言，所需要的是这样一个理念，即"不把感官刺激、中枢联结、运动反应理解为相互分离的、各自作为独立实体的存在，而是把它们理解为一个具体的整体内部的劳动分工或功能因素"；这个"具体的整体"，从结构上说就是"精神的有机体（psychical organism）"，从功能上说就是"协调"。这也就是说，不能按照流行的关于反射弧的理解方式而认为感官刺激通过中枢联结引起运动反应，好像刺激在先，运动在后，刺激是运动的原因，运动是刺激的结果；这样理解的反射弧概念所反映的，不是行为实在本身，而是心理学家对行为进行人为分析和简化的产物，因而不过是存在于心理学家头脑中的抽象而已。——杜威对反射弧概念的这一批评意见，与詹姆斯在批判内容心理学时所说的"心理学家的谬误"，在实质上是相互一致的。——与此相反，应该从活动作为整体的内部来理解感觉和运动的意义。

---

① 以下关于杜威这篇文章的引述，见 Dewey, J., The reflex arc concept in psychology. 文献来源：Dennis, W., *Readings in the History of Psychology*. New York, NY: Appleton-Century-Croft, Inc. 1948, pp. 355～365.

杜威是以他“面向经验本身”的理论态度，通过对现实的人的行为活动的分析来展开他的论证的。就刺激来说，刺激的意义决定于活动作为整体的背景。例如，就声音作为刺激来说，“如果一个人正在读书，如果一个人正在打猎，如果一个人在夜晚孤独地在黑暗中摸索，如果一个人正在做着化学实验，那么，在这每一种情况中，[同一个]声音将具有完全不同的心理价值，构成一个完全不同的经验”。声音本身是没有意义的，不足以构成“刺激”；声音若构成“刺激”，就必须进入经验主体的经验或意识之中而被经验主体把握到。从这个意义上来说，“刺激”本身就是反应或活动，是“听”的活动(the act of hearing)；而且，从“刺激”作为“感觉”和“活动”作为“运动”来说，“在某种意义上讲，运动是主要的，感觉是次要的”。之所以如此，就是因为，“刺激”作为“感觉”，其功能无非是要为“反应”作为“活动”提供一个有意义的背景；只有通过“反应”或“活动”的执行，才能达到有机体与环境之间的“协调”。所以，在杜威看来，刺激包含着知识、意义或价值，而不像铁钦纳所主张的那样是一种“纯粹而绝对的存在”；按铁钦纳的理解，杜威显然是犯了“刺激的错误”，但杜威绝不至于在意铁钦纳的这种批评意见。

同样，反应以及反应的意义决定于刺激，但这种决定关系，不是反射弧概念或后来的行为主义所理解的那种决定关系，而决定于反应在“活动”或“协调”的整体背景中所执行的功能。“所谓反应，绝不仅仅是针对着刺激而实现的；它是介入到刺激之中而实现的(the so-called response is not merely *to* the stimulus; it is *into* it.)。”由反应介入到刺激之中而实现的结果，就是经验的性质的改变。用通俗的话来解释杜威的意思就是，感觉或刺激意味着有机体在适应环境而生存的关系中遭遇到了某种问题或障碍，其间的“协调”或平衡关系被打破；运动或反应就是对这个问题或障碍的解决或克服，从而重新达到“协调”或平衡的关系。用前面关于声音的例子来说，“正如‘反应’对于建构刺激(to constitute the stimulus)，即把刺激明确为是一个声音、是某一种声音、是一只野兽或一个劫匪的声音等是必需的一样，声音的经验[作为感觉]必须在逃跑的行为中持续地作为一个价值存在，以保持或控制逃跑的行为。逃跑的行为所包含的运动反应，同样也是介入到声音[的感觉]之中，而不只是针对着声音，它要改变声音[的感觉]并摆脱它。由此带来的[经验的]性质，不管它本身是什么，其意义完全决定于所听到的声音是什么为参照”。所以，就现实的人的活动而言，“我们所拥有的乃是一个回路，而不是一个弧，也不是一个圆的分离的组成部分。这个回路更准确地说是有机的，而不是反射的，因为在其中，运动反应决定了刺激是什么，同样，感官刺激也决定着运动反应是什么”。

所以，在杜威看来，反射性反应中的行为在意义上不能被分析为基本的感觉—运动元素，正如意识在意义上不能被分析为它的基本构成成分一样。就感觉而言，感觉的内容具有某种意义和价值，这种意义或价值就在于它反映着作为感觉内容的经验对象与作为感觉内容的经验主体之间的关系；更进一步说，就在于感觉内容反映了经验对象是否有利于经验主体的存在。所以，"感觉或被意识到的刺激，它本身不是一个独立的事物或存在；它是某一协调的这样一个阶段，在这个阶段中需要注意的介入，因为，由于协调内部的冲突，经验主体尚不明白如何才能完成这一协调"；"感觉本身并不具有它自己的固定的性质"，"在某一特定的时刻，感觉具体是什么，完全决定于经验主体的活动的方式[和目的]"。同样，"作为反应的运动也只具有一种功能的价值，这种功能价值就在于，它的执行将完成遭到破坏的协调。""正如感觉的形成标志着某一[适应]问题的建立，反应的形成则标着这一问题的解决"。

杜威关于反射弧概念的批判和对"感觉—运动回路"或"协调"的理解，是以进化论关于机能的适应概念以及进化论所暗示的发生学的思想方法为基础的。关于前一个方面，杜威指出，自己对反射弧概念的批判，目的并不是要使反射弧概念所包含的过程更加复杂化，而在于"发现，刺激或感觉、运动和反应究竟意味着什么；在于把它们看做是可变的功能的分化，而不是固定不变的存在"。刺激和反应作为功能的分化，就是"参照一个广大的目标组织其手段"，从而达到"完全的适应"。这旦所谓"广大的目标"，就是指有机体的生存，包括生命的种的延续和个体的存活，就日常生活说，也包括指向生存的各种生活活动及其目标等；所谓"完全的适应"，既包括"感觉—运动回路"内部的"协调"，也包括有机体与环境之间的"协调"，实质上也就是有机体与环境之间的适应关系。

关于发生学的思想方法，杜威在文章中并未明确地提示，但从他的论证思路来看，无疑是他据以理解现实的有机体的行为活动的方法论基础。例如，他认为有机体的反射活动在意义上不能被分解为基本的感觉—运动元素，二者之间存在着内在的联系，而这种内在的联系只能在发生学的意义上得到理解，并在现实性上表现为不同的感觉和运动之间的具有质的差异性的对应关系。因此，撇开感觉谈运动或反之，都将同时使感觉和运动失去意义，并因而使行为失去意义。可以设想，在进化过程中，生物体为了保存自身的存在而偶然地对环境做出某种反应，自然选择则使有效的反应保存下来而使无效的反应趋于消失，从而形成了相对稳定的从感受器到效应器的反射机构。这样的自然选择的结果，是决定了有机体对特定的环境刺激做出特定方式的行为反应。反应的这种特异性，要求反应主体（或经验主体）对反应对象有明确的了解。正是这种要求，才使感觉（或刺激）成为必要的和可能的。所以，感觉和运动在起源上是同一的，二者之间在进化过程中所形成的这种发生学意义上的历史同一性，决定了并表现为二者之间联结关系的特异性的现实同一性。事实上，就杜威未来的思想发展趋势而言，发生学的思想方法起着越来越重要的作用，只是在1896年的时候，他对这种思想方法还没有形成明确的自我意识而已。

从心理学的历史发展趋势来看，杜威在这篇文章中对反射弧概念的批判及其对功能分析方法的强调，不仅为机能主义心理学奠定了理论基础，而且，由于他强调行为实在的意义和价值，于是，他“就走在格式塔心理学的前头了”①。特别是由于他强调刺激所包含的意义，于是知识也成了生存斗争中的一种武器和适应过程中的一种工具。正是这种工具主义知识观，促使杜威成了美国进步教育运动的先驱，进而将心理学应用到教育实践领域。

第三节　安吉尔对机能心理学的系统化

与杜威相比，安吉尔的人格要显得更加亲切一些。如前所述，杜威主要是一个哲学家，其次是一个教育（学）家，再次是一个社会活动家；虽然他确曾对心理学做出了历史性的贡献，但这个贡献主要说是他的哲学世界观对心理学的辐射，而不是从心理学内部努力的结果；他终身保持着与心理学作为一门独立科学的距离，所以对心理学内部所发生的很多事实是不甚关心的。相比之下，安吉尔是一个专业心理学家，他自觉地把自己的学术和人格融入心理学的主流之中，而且，他既拥有敏锐感知并把握心理学主要发展趋势的能力，又胸怀实现心理学主要发展趋势的动机，从而体现了美国心理学的机能主义的时代精神。我们已经知道，詹姆斯和杜威都经由心理学的机能主义的思想潜质而走向哲学，终于成就为伟大的哲学家；安吉尔则要实现詹姆斯和杜威思想中的心理学的机能主义潜质，从而成就为一个影响深远

① 波林著，高觉敷译：《实验心理学史》（下册），商务印书馆1982年版，第630页。

的心理学家。所以，在心理学史中，安吉尔的名字几乎就等于机能心理学；正是通过安吉尔的努力，机能心理学才获得了作为一个学派而存在的特征和地位。

一、安吉尔的生平与成就

安吉尔于1869年5月8日出生于美国佛蒙特州的伯灵顿城。就安吉尔与杜威各自的生活轨迹来说，他们二人之间的关系颇富戏剧性。杜威先安吉尔10年于1859年10月20日生于佛蒙特州的伯灵顿，可算是同乡。但是，他们二人与佛蒙特州及伯灵顿城的关系却大有不同。杜威是一个土生土长的佛蒙特人，他在伯灵顿城一直生活到成年。安吉尔按其祖籍，应该算是罗德岛州人，只是在这个时期，安吉尔的父亲詹姆斯·巴里尔·安吉尔(James Burrill Angell，1829—1916)恰好在伯灵顿城任佛蒙特大学校长(1866—1871年在任)，而且，两年后，即1871年，安吉尔的父亲赴任密歇根大学校长(1871—1909年在任)，安吉尔也就随家迁往密歇根州的安阿伯。杜威曾于1875年至1879年间入读佛蒙特大学，安吉尔的父亲已经离任佛蒙特大学校长职务。杜威博士毕业后，于1884—1887年及1889—1893年间任职于密歇根大学(期间于1888年转任明尼苏达大学哲学教授一年)，既是安吉尔父亲的职员，又是安吉尔的老师。之后，在1894—1903年间，二人又在芝加哥大学成为同事和朋友。

从他们的出身背景来看，杜威和安吉尔之间的差异亦甚为悬殊。我们知道，杜威的祖先世代务农，只是到他父亲时，才在伯灵顿城开了一家杂货铺。安吉尔的家族，虽不像威廉·詹姆斯家族那么显赫，却也属于上流社会。他的外祖父卡斯威尔(Alexis Caswell，1799—1877)是布朗大学著名的数学家，并于1868—1872年间任布朗大学校长，还是美国科学院的创始人之一。他的父亲早先担任布朗大学现代语言学教授，后分别担任佛蒙特大学和密歇根大学校长，还分别于1880—1881年间和1897—1898年间任美国驻中国和土耳其的大使。这样的家庭背景，自然有助于安吉尔开阔视野，并为安吉尔在成年之前提供了很多的机会，得以与各界社会名流、特别是知识精英相接触。

由此可以联想到，安吉尔早年的家庭教育背景与詹姆斯早年的家庭教育背景甚为相似。在这里，就安吉尔的家庭背景对安吉尔的影响与詹姆斯的家庭背景对詹姆斯的影响作一番比较，颇有助于揭示安吉尔未来的人格特征及其与詹姆斯之间的差异。如前所述，詹姆斯的祖父是一个典型的暴发户，通过自己的勤劳、机智和节俭，聚敛了巨大数量的财富。但是，詹姆斯的父亲却对自己父亲所信奉的传统充满了叛逆精神，而要追求一种更加人性化、更加注重人的内在精神自由成长与自我实现的生活道路，从而在詹姆斯家族内形成詹姆斯的传记作者范斯坦所指出的那种“痛苦的辩证”的过程：渗透于他们富足的物质生活之中的，是苦涩的精神挣扎；在不同的生活态度和生活理想的剧烈撞击中，每个人都经历着精神上的痛苦的煎熬。从某种意义上说，詹姆斯的人格和事业，正是这个家族的“痛苦的辩证”的过程的产物：他在内心所要追求的乃是他的父亲的生活理想，所以，他不会满足于无论是心理学还是哲学作为“职业”的成就，而要追寻世界和人生的真意，在理论上表现为他在晚年孜孜以求的关于世界的彻底经验主义的形而上学阐释。与此形成鲜明对照的是，在安吉尔的家族生活中，绝没有类似于詹姆斯家族的那种“痛苦的辩证”的精神磨难，他们过着舒适而平静的中产阶级的生活，这种生活方式逐渐塑造了安吉尔平和的个人性格和对事业忠诚的职业态度。

安吉尔的童年生活是平静而寂寞的。他不像詹姆斯那样随家庭奔波于大西洋两岸，也不像詹姆斯那样有年纪相仿的弟弟做玩伴。他在家中排行老三，哥哥比他大 12 岁，姐姐比他大 6 岁，都不可能形成玩伴关系。在安吉尔的印象中，童年时期唯一给他留下美好记忆的就是 1880—1881 年间，因为父亲赴任美国驻中国大使而随父母一起在北京度过的那一段时光，这是他第一次出国旅行，不仅极大地开阔了他的眼界。

安吉尔的童年和青少年时期基本上是在安阿伯度过的，在那里按部就班地接受小学和中学的教育。和所有的孩子一样，安吉尔讨厌上学，安吉尔并不付出特别的努力以获得好的成绩。总的来说，他在文科方面的学习较为轻松自如，但在理科方面、特别是数学的学习特别吃力。安吉尔在晚年写自传时，结合他成年后的专业背景，对自己在中学时没有机会学习生物学和地质学而感到遗憾。

1886 年，安吉尔中学毕业后顺利地入读密歇根大学，选逻辑学和心理学为专业。特别是阅读杜威的《心理学》教科书后，“立即打开了一个全新的世界，这个世界似乎是我长期以来所期待的，而且，平生第一次，我发自内心地感受到了所学习的材料对于我的思想发展的重要性”①。我们可以这样来理

① 以下传记材料，除特别说明的以外，见 Angell, J. R., James Rowland Angell. In Murchison, C. (ed), *A History of Psychology in Autobiography*, Vol. 3. Worcester, Mass: Clark University Press, 1936. pp. 1～38.

解安吉尔的这个自传的独白：至大学二年级时，安吉尔虽有广泛的阅读和学习，但未曾对任何一门知识产生过生命的共鸣；阅读、学习及对生活的反思，自然会萌生某种精神的理解和追求，并在杜威这里找到了共鸣。所以，安吉尔在自传中以充满感激的口吻表白，是杜威开启了他的理智的生命，并唤醒了他的学术意识，引导他走上心理学的道路。既如此，他便广泛地选修杜威开设的其他哲学课程，如伦理学、美学、形而上学及黑格尔逻辑学等，当然也包括其他老师开设的其他哲学课程，如英国哲学、哲学史等。安吉尔于1890年大学毕业后，继续留在密歇根大学跟随杜威攻读硕士学位。在攻读硕士学位这一年内，收获最大的乃是杜威开设的关于詹姆斯新出版的《心理学原理》的研讨课："毫无疑问，对于我随后20年的思想发展来说，这本书产生了比其他任何一本书都更加深远的影响。"确实，詹姆斯《心理学原理》对安吉尔的影响，不只是思想发展方面的，甚至是他具体的心理学贡献：安吉尔于1904年出版《心理学》教科书，从某种意义上说就是对詹姆斯《心理学原理》的一个阐释。

1891年，杜威推荐安吉尔前往哈佛大学跟随詹姆斯学习，不仅在学术和思想上深受詹姆斯影响，而且在生活上与詹姆斯结下深厚的友谊。那时，詹姆斯的兴趣正集中于灵学研究，收集了大量关于灵学方面的证据材料，并在所开设的"变态心理学"研讨课上加以讨论。安吉尔既已选修詹姆斯的这门研讨课，詹姆斯便委托安吉尔对这些证据材料做初步的整理。同时，我们知道，詹姆斯在哈佛大学有一个心理学实验室，但詹姆斯自己对实验没有兴趣，此时的实验室由一个叫尼克尔斯(Herbert Nichols，1852—1936)的人主持，安吉尔便花费很多时间辅助管理这个实验室的工作。事实上，到1891年底，詹姆斯有意让安吉尔继续在哈佛大学学习，熟悉实验室的工作，以便接替尼克尔斯主持哈佛大学心理实验室，但安吉尔意欲赴欧洲留学，并于1892年夏成行。安吉尔赴欧洲留学的计划是宏大的，从这个计划我们几乎可以看到詹姆斯的影子：安吉尔意欲追随冯特，所以选择德国为目的地，他又想跟随闵斯特伯格学习，但闵斯特伯格接受了詹姆斯的邀请去了哈佛大学，而且，"作为听詹姆斯研讨课的结果，我有一种急切的心情想了解克拉夫特—艾宾在维也纳的工作、伯恩海姆在南锡的工作、莎可在巴黎的工作，同时，巴黎的李播和比纳对我也产生着强烈的吸引力。此外，日内瓦的弗卢诺伊也是我很想见的一个人"。安吉尔最终在德国只待了一年，这样一个宏大的计划在一年的时间内当然是难以实现的，但确实印证了詹姆斯对他影响的深刻。

在德国，安吉尔首先去莱比锡拜见冯特和屈尔佩。因为一种特殊的缘分,冯特和屈尔佩都很热情地接待了安吉尔。这个缘分就是,安吉尔的一个堂兄弗兰克·安吉尔(Frank Angell,1857—1939,此人先在康奈尔大学任助教一年,后于1892年赴新成立的斯坦福大学任心理学系主任)刚于一年前从冯特那里获得博士学位,他特意为安吉尔拜见冯特和屈尔佩各写了一封引荐信。但令安吉尔遗憾的是,冯特的实验室名额已满,若留在莱比锡,他只能听冯特的课,而不能参与实验工作,而冯特授课的内容以《生理心理学原理》为基础,是安吉尔已非常熟悉的了。因此,安吉尔转赴柏林。此时,艾宾浩斯正任职于柏林大学,虽然安吉尔对艾宾浩斯关于记忆的研究工作怀有崇高的敬意,但艾宾浩斯的讲课却没有吸引力,于是,他便主要选听伦理学家泡尔逊(Friedrich Paulsen,1846—1909)的课,同时选听狄尔泰(Wilhelm Dilthey,1833—1911)、赫尔姆霍茨等人的课。1893年上半年,安吉尔赴哈雷大学追随新康德主义者瓦辛格(Hans Vaihinger,1852—1933),并于期末提交有关康德哲学中自由概念的博士论文。论文虽然被接受,但要求在语言上做些修改。正在这时,安吉尔面临着人生的第一次重大的选择:明尼苏达大学以较为优厚的薪水邀请他去教授哲学和心理学,由于时间的紧迫,如果接受明尼苏达大学的邀请,就必须马上起身回国,因而就没有时间完成博士学位的毕业考试和论文修改;如果想完成毕业考试、修改论文并拿到哈雷大学的博士学位,就意味着放弃明尼苏达大学的工作机会。出于生活的考虑,他还是接受了明尼苏达大学的邀请,因为他在读大学时曾与一同学恋爱,感情甚笃,明尼苏达大学提供的薪水足够他结婚之用。他计划晚些时候再回哈雷大学来完成必要的程序以获取博士学位,但这个计划终于没能实现,虽然哈雷大学后来还是授予了他名誉博士学位的头衔。

在明尼苏达大学任教一年后,芝加哥大学以更加优厚的条件邀请安吉尔任哲学和心理学的助理教授,主讲有关心理学的课程并主持心理实验室的工作。这个邀请当然是安吉尔乐于接受的,因为,不仅芝加哥大学给他提供较高的薪水,更主要的是芝加哥大学哲学系由他的老师杜威担任系主任,而且,芝加哥大学有更加自由的学术研究氛围和更加广阔的学术发展空间。在芝加哥大学的25年里,安吉尔的职业生涯大致可以分为两个阶段:1894年至1908年,他几乎专心致志从事心理学的学术研究,他对心理学及机能主义的贡献主要是在这个阶段完成的,特别是1906年他当选美国心理学会主席时所做的题为《机能心理学的领域》的演讲,次年发表于《心理学评论》杂志,被认为是机能心理学作为一个学派正式诞生的标志;后一个阶段,即从1908年开始,他逐步介入行政管理工作,并决定了他1920年以后的职业生涯。

安吉尔早年的教学工作是成功而深受学生欢迎的，他既有对心理学作为事业的忠诚，又善于启发学生对问题的主动把握和思考。特别是安吉尔的思维清晰而简洁，能将复杂的问题处理得让人易于理解。从本书主题来看，这是理解安吉尔与心理学之间关系及他的人格特征的关键所在：他之所以能够被认为是机能心理学出的实际建立者，得益于他的人格特征；但另一方面，也正是他的这个特征，使得他的心理学体系包含了通向行为主义的道路，进而决定了心理学从在詹姆斯和杜威、特别是在詹姆斯那里所达到的高度开始走下坡路的历史趋势。这里限于讨论前一个方面；关于后一个方面，将在下文讨论机能心理学的历史意义时再进行详细考察。

从前面的叙述可以把握到，当安吉尔开始他的教学生涯时，不仅詹姆斯的《心理学原理》已经为世人所知，而且他的《心理学简编》亦已出版面世。安吉尔早年的教学工作就是选用詹姆斯的《心理学简编》为教材的。关于詹姆斯的《心理学简编》，安吉尔指出："从一开始，我就发现，本书缺乏一个一般的本科学生易于把握和理解的系统的阐释，这是[学生理解本书及心理学的]一个严重的障碍。主要是出于这个原因，我开始撰写我自己的教科书。"安吉尔这里所说的，就是他后来于1904年出版的《心理学：人类意识之结构和功能的初步研究》。从安吉尔自己交代的写作背景来看，他的《心理学》教科书，是要给詹姆斯的心理学"补充"一个系统的阐释。这个系统的阐释，从根本上讲，就是安吉尔自己所理解的关于心理学的机能主义的系统的主张，也就是关于意识及其活动的生物适应机能的主题。安吉尔的《心理学》教科书，就是以这个主题来统摄心理学的研究成果、组织心理学的科学体系，从而使机能主义主题与在詹姆斯和杜威那里相比更加明朗化。所以，黎黑在评述安吉尔时指出，他的《心理学》教科书，不仅是"以机能主义方式概括了詹姆斯的观点"，而且还"令人信服地把[机能主义]这种新观点带进了教室"。①

1911年，安吉尔出版《现代心理学概说》(Chapters from Modern Psychology)一书。虽然这本书与机能主义的主题无关，但对于塑造未来普通心理学教科书的形式起到了重要的推动作用，作为安吉尔的成就和贡献值得在这里附带提上一笔。这本书的内容以他当时面向公众介绍心理学的主要分支领域的知识状况的讲演为基础，原本不是作为心理学专业训练的入门教材，而带有科学普及的性质。令安吉尔本人意想不到的是，很多学校选用

① 黎黑著，刘恩久等译：《心理学史——心理学思想的主要趋势》，上海教育出版社1990年版，第350页。

这本书作为非心理学专业学生学习心理学的教材。由于这本书的成功，并受到它的启发，至1919年时，安吉尔的学生、行为主义心理学的代表之一亨特(Walter Samuel Hunter，1889—1954)在他自己的《普通心理学》教科书中专辟一章，介绍心理学的分支领域，从而构成普通心理学教科书写作方式的一个传统。亨特认为，普通心理学教科书的这种写作传统的形成，主要应归功于安吉尔的贡献。①

应该说，安吉尔早年在芝加哥大学的生活是不那么顺心，甚至是郁闷的。这里指出一个事实颇有助于理解安吉尔的人格和学术，即对安吉尔终身事业的成功而言，在相当大程度上得益于他的家庭背景。事实上，虽然安吉尔早年对哲学有相当的钻研，但就思想而言，他显然没有詹姆斯和杜威的那种深度。或许跟这个原因有关，在芝加哥大学安吉尔在学术上的晋升是缓慢的，直到1901年，他才被提升为副教授，而且这在一定程度上还是因为有别的学校想要聘请安吉尔、芝加哥大学为了挽留他而采取的一个妥协的办法；至1903年，普林斯顿大学因为鲍德温转任约翰·霍布金斯大学而要聘请安吉尔往任教授一职，安吉尔便以这个机会与芝加哥大学校方直接谈判，芝加哥大学才于1904年提升安吉尔为教授，并同意心理学系分离为一个独立的系由安吉尔主持，1905年心理学系获得独立，安吉尔任系主任。特别是1908年，安吉尔"莫名其妙"地接到达特茅斯学院的邀请，欲聘他往任院长一职，让安吉尔很有些受宠若惊的感觉。须知，达特茅斯学院是美国历史最悠久的几所顶级高等教育机构之一。事实上，在这之前，已有好几所西部院校邀请他去做校长，他都没有认真地对待，但因为达特茅斯学院的地位，他还是认真地思考了是否接受达特茅斯学院的邀请，虽然他最终因为达特茅斯学院主要是一所面向本科教育的院校而拒绝了它的邀请。因为在此之前，安吉尔从来没有过行政管理的经验，竟有这些学校邀请他做校长，着实让安吉尔感到莫名其妙，究其原因，安吉尔自己认为，至少部分地是因为他父亲在高等教育界的巨大声望。

这些事件，特别是达特茅斯学院的邀请，虽然没有对安吉尔产生直接的影响，但从长远来看，却逐渐地、彻底地改变了安吉尔的生活道路。这些邀请一方面是让安吉尔感到"莫名其妙"，但另一方面倒确也引起了安吉尔的好奇和欲望，试图尝试一下自己是否具有行政管理的天赋。而且，这些事件当然不会是"秘密"进行的，安吉尔的同事及芝加哥大学校方当然也会知晓

① Hunter, W. S. (1950). James Rowland Angell, 1869—1949. *American Journal of Psychology*. Vol. 62, No. 3, pp. 439～450.

这些事实,于是认为安吉尔必定具备管理才能,所以这些学校才会邀请他。这样,在芝加哥大学内部,安吉尔被委以高级学院(Senior College)院长一职,又于1911年被任命为文理学院院长(Dean of the Faculties)。文理学院是芝加哥大学的主体,文理学院院长实质上就相当于芝加哥大学副校长,并在校长缺席时代行校长的职务。这个职位当然要做大量事务性的工作,几乎占去了安吉尔全部的时间而不能从事学术研究,但同时也让他了解了高等院校内部管理机制,锻炼了他的行政管理能力,并逐步将安吉尔引向职业化的行政管理的道路。

1919年安吉尔任全国研究委员会主席。任期内,他被选为美国科学院院士,这让安吉尔颇感欣慰,不仅因为这是科学界的最高荣誉,而且因为,他的外祖父是美国科学院的创始人之一。这个时期,安吉尔的人事关系还在芝加哥大学。至1920年底,卡内基基金委员会邀请安吉尔赴任该委员会主席,又一次让安吉尔面临生活的重大抉择。卡内基基金委员会是一个资金实力雄厚的非学术组织,与大学没有直接的关系。接受该委员会的邀请,意味着安吉尔将彻底断绝与大学的直接联系,这不是安吉尔希望的生活方式。但是,因为与芝加哥大学的各种紧张关系,安吉尔还是接受了卡内基基金委员会的邀请。至1921年,耶鲁大学邀请安吉尔往任校长一职,也是一次艰难的抉择,因为虽然耶鲁大学校长的职位意味着极高的荣誉,但同时也意味着巨大的挑战,特别是耶鲁大学自建校以来形成了一个独特的传统,即校长人选必须是耶鲁大学的毕业生,安吉尔到目前为止与耶鲁大学还没有任何关系。最后,安吉尔还是接受了这个挑战,任耶鲁大学校长至1937年退休。历史证明,无论是对安吉尔本人来说还是对耶鲁大学来说,安吉尔的这个抉择是英明的,因为在安吉尔的任期内,耶鲁大学在各个方面都得到了巨大的发展,安吉尔也成为耶鲁大学历史上最成功的校长之一。事实上,就安吉尔的一生来说,在美国的公众生活中,作为耶鲁大学校长远比作为专业心理学家给安吉尔带来了更大的声望和影响力。这里试举一例,以示安吉尔作为耶鲁大学校长的人格魅力、管理才能和事业的成功:1937年,就在安吉尔退休前不久,耶鲁大学获得了一笔1000万美元的匿名捐赠,以赞助有关癌症的科学研究。安吉尔在耶鲁大学任职期间,间接地对心理学做出的一个重大贡献,是1924年创办心理学研究所,又于1931年改制为人类关系研究所,正是在这个研究所内,孕育了以赫尔(Clark Leonard Hull,1884—1952)为首的耶鲁学派,对后来的心理学史产生了历史性的影响。这些事件本身都具有重要的历史研究价值,但由于超出了本书研究的主题范围,故略而不述。

安吉尔自耶鲁大学退休之后，继续活跃于社会生活的公共管理领域，至1949年3月4日去世，享年80岁。

二、机能心理学的领域

前面曾多次援引波林的一个论断，即“美国心理学至1900年乃有明确的性质。它的躯壳承受了德国的实验主义，它的精神则得自达尔文”[①]。我们可以这样来理解波林的这个论断的含义：在大约1900年之前，在美国心理学中，无论是构造主义还是机能主义，也无论是就它们各自作为学派而言，还是就它们各自作为心理学的思想特质而言，构造主义和机能主义及其界限并不是清晰而明确的；其中，少数人如铁钦纳坚持后来被称为构造主义的思想路线，少数人如詹姆斯和杜威等在对更广泛的世界观的追求中，在否定的意义上彻底地批判构造主义心理学成立于其中的那个思想传统，即近代世界的思维方式，同时在肯定的意义上阐述后来被称为机能主义的心理学思想成立于其中的新的世界观，并直接讨论心理学问题时阐述了机能主义的基本态度，而大多数人则较盲目地在构造主义和机能主义之间进行思考和研究；至1900年时，机能主义的思想态度及其与构造主义之间的分歧日渐明确，并被普遍地感受到而加以广泛的讨论。——关于1900年以前的美国心理学，读者切不可按现在有关历史回顾和历史研究的方式来设想，似乎构造主义和机能主义之间的分别是早已存在且泾渭分明的。事实上，在那个时代，不仅关于构造主义和机能主义是什么，即使是关于心理学本身是什么这样更为基本的问题，也都还处于探索和思考之中。——例如，1900年，贾斯特罗(Joseph Jastrow，1863—1944)当选美国心理学会主席，发表题为《心理学思想中的若干潮流和潜流》的就职演讲，次年刊发于《心理学评论》杂志。根据黎黑的解释：“贾斯特罗把机能心理学看作是已被接受的潜流，他想要推动它成为‘主流’。……贾斯特罗预言，机能心理学最终会表明比构造主义更有实用价值。最后，他指出，正如我们已经提到的，所有这些趋势都具有美国特征，他预言未来属于机能心理学而非构造心理学。”[②]1905年，卡尔金斯(Mary Whiton Calkins，1863—1930)当选美国心理学会主席，发表题为《构造心理学和机能心理学的和解》的就职演讲，“试图把构造心理学与机能心理学调和起来，但却错过了时机”，因为至1907年时，“安吉尔在

① 波林著，高觉敷译：《实验心理学史》(下册)，商务印书馆1982年版，第576页。

② 黎黑著，刘恩久等译：《心理学史——心理学思想的主要趋势》，上海教育出版社1990年版，第350页。

《机能心理学的领域》中提出了机能主义的方案”。①

我们已经知道，机能主义作为心理学内在地与美国人的民族性格和文化气质相一致，因而在自发的意义上在美国心理学中得到普遍的表现。虽然贾斯特罗在自觉的意义上欢呼机能主义时代的到来，并试图把机能主义作为心理学的思想潜流推进为它的主流，但他终究没有能够在纲领的意义上阐明机能心理学是什么。为机能心理学是什么提供一个纲领性的阐释，这个历史任务是由安吉尔完成的，这就是他于1906年当选美国心理学会主席时发表的、次年刊发于《心理学评论》上的题为《机能心理学的领域》的就职演讲。在心理学史中，安吉尔之所以被认为是机能主义作为一个学派的实际建立者，主要就是因为这个事实。

在《机能心理学的领域》中，安吉尔首先明确地指出，“机能心理学在目前无非还只是一种观点、一种纲领、一种追求”，他不准备就“机能心理学”这个术语作空乏的辩解和定义，而是要阐明促使心理学家追求机能主义道路的动机和理想，并“客观地”对机能心理学在“当前”的“实际状况”加以“概述”；从历史上看，机能主义作为心理学思想并不是在现时代才产生的什么新鲜事，它在古代可以追溯到亚里士多德，在近代于斯宾塞的《心理学原理》和达尔文的《物种起源》中得到越来越明确的表现，要说机能主义在现时代有什么特别之处，只是它作为心理学思想获得了更加明确的自我意识。② 以此为背景，安吉尔提出了机能心理学的相互关联的三种理论形态，或者说是机能心理学的三个问题。为方便起见，以下用命题的方式来评述安吉尔关于机能心理学的三种理论形态或三个问题的纲领性阐释。

1. 机能心理学是关于心理活动的研究

这是在与构造心理学相对峙的关系中对机能心理学的界定，既反映了安吉尔在这种对峙关系中对机能心理学的理解，又反映了安吉尔对机能心理学与构造心理学之间关系的理解。在这个意义上，与构造心理学试图分析并描述意识的构成要素不同，机能心理学试图“分辨并描绘意识在现实生活条件下的典型的操作特征(typical operations of consciousness under actual life conditions)”。对此，安吉尔举例说，“例如，关于感觉的构造心理学研究，意在确定各种不可再分的感觉材料，如颜色、声音、味道等的数量和特

---

① 黎黑著，刘恩久等译：《心理学史——心理学思想的主要趋势》，上海教育出版社1990年版，第350页。

② 以下关于安吉尔的引述，除特别说明之外，见 Angell, J. R. (1907). The province of functional psychology. IN W. Dennis(Ed.). *Readings in the history of psychology*. New York: Appleton-Century-Crofts, Inc., 1948. pp. 439～456.

征。而关于感觉的机能心理学研究,则试图从其各自不同、并与其他心理过程,如判断、理解、意志活动等相互不同的角度,来研究各种感觉活动的具体操作(modus operandi)特征”。在这个界定中,安吉尔之所以强调“现实生活条件”,是接受詹姆斯和杜威的影响、特别是接受杜威影响的结果,是类似于杜威“面向经验本身”的一种对待“意识”的理论态度,即按照“意识”在“生活之流”中的自然的本来面目来理解意识的活动过程,而不是像构造心理学那样对“意识经验”进行人为的“事后分析”——这种人为分析的结果,只能是人的臆想,即詹姆斯所谓“心理学家的谬误”,而不是意识经验本身;他所谓意识的“典型的”操作过程,是按照发生学的思路来理解的,即现实的意识的操作特征,是由进化的自然选择过程确定的,类似于后来的进化心理学所强调的由选择而确定的适应机制以及关于内容特异性的模块性的概念,而不是像构造心理学那样人为地将某种规律强加于意识及其过程。

对于批判地理解安吉尔关于机能心理学的这个界定,关键是要把握到,安吉尔是在承认构造心理学关于意识的“是什么(what,或 what is there and in what quantity——铁钦纳语)”研究的前提下提出机能心理学的基本主张的,认为机能心理学研究意识的“如何(how)”和“为什么(why)”的问题,其中,“如何”问题涉及到的就是这里所讨论的关于意识的操作特征或心理活动的具体过程,“为什么”问题涉及到的,是下面讨论的关于意识及其活动的目的和原因;在安吉尔看来,机能心理学和构造心理学面对的是同一个“意识”,只是它们对待“意识”的视角不同,表现为两种不同的研究态度。例如,关于构造心理学与机能心理学之间的关系,他指出,“一个显而易见的事实是,就构造的(structural)和机能的(functional)这两个词的原本含义而言,每一个心理事件(mental event)都可以从这两种观点之一来加以研究:构造的观点是描述这一心理事件的可分辨的诸项内容;而机能的观点则是描述它的与其它心理过程相互不同的独特的心理活动”。而且,与铁钦纳相类似,安吉尔也借用生物学类比的方式认为,关于机能的研究需要以关于构造的研究为基础,并因此表达了对构造心理学的同情和敬意:“所以,在构造与机能的争论中,[机能心理学与构造心理学之间]存在着虽说是少量的、但却是重要的共同性。正因为如此,而且也因为我坚信,将心理生活分析为它的基本形式[对心理学研究而言]是极端重要的,所以,我对构造主义者们所完成的实际工作,怀有崇高的敬意和信心。”可见,照安吉尔的理解,在关于意识是什么这个基本问题上,机能心理学与构造心理学是一致的,因而与构造心理学在理论上具有内在的血缘关系,具体表现为:机能心理学的概念体系基本是从构造心理学那里承袭过来的,并接受了构造心理学关于感觉、感情、意志等心理过程(或状态)的性质的说明。黎黑在总结他自己关于心理学史的研究结论时也指出:“适应心理学所使用的概念体系仍然是与传统哲学一脉相承的,正如我们对机能主义和行为主义的分析所显示的那样。”①

机能心理学承认构造心理学关于意识的“是什么”研究以及这种研究方案背后隐藏的意识观并以之为前提,这将对机能心理学的历史发展和学术命运产生严重的后果。前面在概述机能心理学产生的一般背景时,我们曾结合有关德国心理学的理论性质的讨论指出,构造心理学的理论基础根源于近代哲学,隐含于这种哲学之中的关于意识的理解方式,追根溯源乃是笛卡尔式的那种将心灵规定为一个独立的实体存在的哲学理念。按照这种理解方式,意识作为心灵实体,是不能与身体作为物质实体发生相互作用的。正是关于意识的这种理解方式,与进化论作为心理学的思维方式的潜在前提,在逻辑上是直接相互对立、相互矛盾的,因为,进化论作为心理学的思维方式,内在地隐含着这样一个前提,即意识及其活动作为有机实在的一个方面,与身体及其活动作为有机实在的另一个方面,在发生学的意义上是直接地相同一的,因而能够与后者发生直接的相互作用。前面在评述詹姆斯的心理学思想时,我们已经看到,无论是在哲学史的意义上还是在心理学史的意义上,詹姆斯都清楚地把握到了这个矛盾,试图建构以“纯粹经验”概念为基础的彻底经验主义的形而上学体系,以克服近代思维的这种二元论及其矛盾,并于1904年发表《“意识”存在吗?》一文,否定近代哲学所隐含的那个“意识”概念,而安吉尔却要承认这个“意识”概念作为机能心理学的前提。所以,如果说詹姆斯通过艰苦的精神探索达到对传统的哲学思想和心理学思想的否定是一个历史的进步趋势的话,那么,安吉尔承认构造心理学关于意识的“是什么”研究及其隐含的意识观并以之为机能心理学的前提,这便表现为一种历史的倒退趋势,也是前面所说的心理学经由安吉尔开始从在詹姆斯那里达到的高度走下坡路的历史趋势的一个方面。下面讨论安吉尔关于机能心理学的第三个问题的阐释时,我们将发现,安吉尔正是因为看不清这个矛盾而以他自己的方式直接开启了通向行为主义的道路。

从另一个方面来说,传统哲学在方法论上的思辨性质决定了,它所理解的“意识”概念乃是一个抽象的实体概念,这个抽象的实体概念不可能在科学的意义上得到展开的研究,从而决定了安吉尔关于心理活动或意识的操作过程的研究理想成为一纸空头支票而不能在科学体系的意义上得到实

---

① Leahey, T. H. (1980). A history of psychology: Main currents in psychological thought. Englewood Cliffs, N. J.: Prentice-Hall, Inc., p. 385.

现。所以，虽然安吉尔曾嘲讽“构造心理学是一种奇特的幻想”，[①]殊不知他自己关于心理操作的信念在理论上也是一种奇特的幻想。

安吉尔所谓心理活动是指心理操作（mental operations），类似于后来兴起的信息加工意义上的现代认知心理学所研究的那些具体的操作过程，意在对意识的具体操作过程本身进行直接的描述。现代认知心理学之所以能够对内隐的认知过程或意识的操作过程展开具体的研究工作，得益于作为现代自然科学发展成果的信息论、计算机科学、人工智能、控制论等，为它提供的一整套精确、客观、可量化、可操作的信息加工语言系统，而类似于这样的语言系统，是安吉尔在那个时代所不能拥有的。出于这个原因，安吉尔转而求助于作为常识的日常语言来描述意识的活动过程及其实现的生活价值，正如他在1904年出版的《心理学》教科书中所做的那样。常识不是科学，求助于常识的日常语言来构建机能主义作为心理学的体系，至少是与心理学追求科学的努力不合拍的。而且，因为常识的非反思的性质，借助于常识的语言系统来表述机能心理学的理论体系，反过来又使得机能心理学内在的矛盾更具有隐蔽性而不易被识别，从而阻碍了机能心理学按自身逻辑的进一步发展。

这里可以附带指出，关于安吉尔的“如何”问题的意义，波林是没有理解的，因为他说，“也许安吉尔的如何是错误的，因为冯特和铁钦纳不但相信元素的分析，而且主张心理复合体的构成所依据的综合的原理”。[②] 但是，冯特的“综合原理”或“统觉”与安吉尔的“操作”绝不是一回事。“统觉”是另外一种心理过程，它作用于心理元素而使之综合成复合体。而安吉尔的“操作”，则是指同一心理过程如何具体运作的过程，犹如一架单一结构的机器如何运作一样。

2. 机能心理学是关于意识的基本效用的

这是机能心理学的最典型的理论形态，也是对机能心理学而言最显而易见的真理。所谓意识的基本效用，是指意识及其活动在有机体与环境之间关系中完成了什么，从而有助于有机体的生存。借用铁钦纳的话来说，就是意识及其内容、活动等，是为了什么而存在的（what it is there for）——虽然铁钦纳认为，关于这个问题的研究，不是心理学本门，而是心理学的应用——也就是安吉尔所谓“为什么”问题的目的的方面。照安吉尔的理解，意识及其内容、活动等，不仅存在着，而且是为了实现某种目的、达到某种效

① 黎黑著，刘恩久等译：《心理学史——心理学思想的主要趋势》，上海教育出版社1990年版，第350页。
② 波林著，高觉敷译：《实验心理学史》（下册），商务印书馆1982年版，第633页。

用才实现出来的，并因为这种效用关系而存在。

安吉尔明确地承认，机能心理学的这个理论形态直接地来源于生物进化论。我们在前面讨论进化论及其与心理学的关系时曾指出，进化论包含着在逻辑上密切地不可分离的两个方面：有机实在及其一切表现形式，是在进化过程中由于自然选择的作用而历史地形成的；历史地形成的有机实在的一切方面，都对维持有机体的生存具有积极意义。虽然进化论作为一种生物学理论，有它自己合适的解释的范围，即物种的自然形态，但是，如果我们把意识及其活动当做有机实在的一个方面，从而将心理学纳入到生物学的范畴之中，那么，按照生物进化论的理解，意识及其活动的具体特征便只能是经由自然选择的作用而历史地形成的，而且，意识及其活动作为历史地形成的有机实在的具体表现形式，自然会有助于有机体的生存，否则，它便失去了据以形成的根据。所以，安吉尔强调，机能心理学不仅对心理的操作过程本身感兴趣，而且更主要地是对心理操作过程所实现的生物适应的效用感兴趣。事实上，机能心理学的上述第一种理论形态，即作为关于心理活动的研究，是服务于这里所讨论的关于机能心理学的第二种理论形态，即作为关于意识的基本效用的研究的。因为只有弄清意识如何操作的具体步骤，才有可能了解意识的每一步操作如何在有机体适应环境中起作用。正是这种研究计划暗示并鼓励了应用心理学的可能和发展，因为对意识的每一操作步骤的改进可以提高适应效能，而对意识内容的改进是没有什么意义的，我们至多只能对意识内容进行描述。

从常识的观点看，意识及其活动的效用是不难被把握到的。举例来说，饥饿作为主观的心理活动，是意识的一种较为原始的存在形式。这种意识形式的生成与存在，不可能是一种偶然的副现象，而是有机生命的一个内在的要素，在有机生命作为整体及其与环境之间关系中起着中介的协调或控制作用。一方面，它“反映”着有机体内部营养不足的生理事实，并通过它让有机体“知道”这个生理事实的存在；另一方面，它又起着一种“动机”的作用，驱使有机体采取某种策略或行动，从环境中获取相应的营养成分以缓解或解决这种营养不足的失衡状态，从而维持有机体的存在，或是保持有机体与环境之间的平衡关系。相反，如果没有这种主观的意识状态及其活动的存在和作用，那么，有机体便因为无从“知道”这种营养不足的事实的存在而维持现状，其结果自然是有机体的生命逐渐趋向死亡。所以，从进化的角度来看，意识及其活动具有很好的生物适应的效能或价值，也是前面说意识的基本效用是对机能心理学而言最显而易见的真理的原因所在。事实上，正是关于意识及其活动的适应效能这种常识的信念，是决定美国心理学走向机能主义的根本原因，生物进化论因为很好地符合这种常识的信念，并为对这种常识的信念进行系统化提供了理论工具而受到美国心理学家的欢迎。所以，安吉尔相信，除了极端的唯物论哲学而外，对任何一个哲学体系来说，都是以这样一个信念为前提的，即"对任何一个拥有心灵的物种而言，心灵在它适应环境的过程中都起着普遍的、无处不在的作用"。

从关于意识的基本效用的研究中，必然衍生出两个密切相关的、对包括机能心理学在内的整个心理学而言至关重要的理论主题。其一是关于心—身关系问题，即意识及其活动与身体及其活动之间的关系，留待下文详述。其二是关于意识是什么的理解。在这里，安吉尔按照进化论的思维方式考察了意识的起源问题，并在对意识的起源问题的解答中提出了一种新的意识观，认为意识是为了应付新环境、解决新问题而发展起来的。他指出，"意识总是不断地在从尚未发展完善的协调中建立种种习惯"，而且，由于"协调的完善过程就是趋向于自动化的过程"，所以，我们可以进一步推论说，"就其本质而言，意识就是对新异环境的适应本身"。事实上，"我们发现，现在，无论是心理学家还是生物学家，都趋向于认为意识在本质上同义于对新情况的适应反应"。从进化论的角度说，有机体的结构与机能之所以会以其现实的形式存在着，那是因为这样的结构和机能有助于有机体在其生存环境中的生存："如果说心理过程对它的拥有主体具有什么真正价值的话，那必然是因为它完成了有机体以其它方式不能完成的某种机能"。

3. 机能心理学是关于作为整体的心—物有机体的

这个命题，按其逻辑的意义来说，是要回答安吉尔所提出的"为什么"问题，即意识为什么会在现实性上表现出对有机体的效用价值。这原本是一个发生学问题，亦即心理实在与有机体实在之间的现实同一性的历史同一性本质的问题。但是，安吉尔对这个命题的解说，却没有能够揭示出这个命题的逻辑的意义。

安吉尔所谓心—物有机体（psychophysical organism），是指现实的生命个体，并包含着对个体有机体作为生命单位的这样一种理解方式，即个体生命作为有机体同时包括心理的方面和生理（身体）的方面，这是一个真实的单位而不能被人为地分离开。对有机体作为生命现象的这种理解方式，既划定了机能心理学的领域，又指出了机能心理学与构造心理学及生物学的界线，即机能心理学以心—物有机体的整体为对象，既不像构造心理学那样只研究有机体的心理的方面，也不像生物学那样只研究有机体的生理（身体）的方面。安吉尔对有机体的这种理解方式，同时还含有这样一个思想倾向，即对意识作为一种实在作自然化或生物学化的处理，将意识当做一个生物学范畴，并因而强调心理学属于生物科学的一个门类。比如，在1904年的《心理学》教科书中，安吉尔明确地指出，“在我们关于心理过程的研究中，我们将采取时下在心理学中占支配地位的生物学观点，不把意识作为一个形而上学实体进行孤立的研究，而是把意识作为有机生命的多种表现形式之一，并只有在与生命现象的关系中才能适当地理解”；“因为心理学研究生命现象，所以，它显然与诸生物科学最紧密地联系在一起。确实，作为一门自然科学，它显然属于生物科学的范畴”。① 前面在关于发生心理学研究思路的评述中，我们曾结合有关心理进化的逻辑这个问题的讨论指出，在与进化论有关的心理学研究中，普遍地坚持一个盲目的信念，即心理进化符合与机体进化同样的逻辑，而且，我们也指出了这个信念对于心理学作为一门独立科学在理论上的潜在危险性。安吉尔把意识当做一个生物学范畴来处理，就是盲目地坚持这个理论信念的表现形式之一，只是由于安吉尔的思想不具有詹姆斯和杜威的那种反思的深度和力度，所以不能对这个信念及其潜在的理论危险性加以自觉。

将机能心理学规定为关于作为整体的心—物有机体的研究，这是对整个机能心理学而言最基本的命题。安吉尔准确地意识到，这个命题对有关意识的基本效用问题的研究具有“逻辑的先在性”，因为坚持意识的效用价值，实际上是以这样一个信念为前提的，即意识及其活动能够对物质的身体的运动产生因果的效能，并通过身体的运动实现它的生物适应的效用价值：“如果不通过[身体的]运动的执行，那么，观念的活动将成为没有任何价值的虚无”。在这个背景中，安吉尔将机能心理学的这种理论形态等同于一种广义的“心理物理学(psychophysics)”(虽然不是费希纳意义上的传统的心理物理学)，是一种“心—身关系(mind-body relation)”理论，主要是研究“有机体的生理的部分与它的心理的部分之间的相互关系”。

安吉尔所谓研究有机体的“生理的部分”与它的“心理的部分”之间的相互关系，当然包括两个方面的问题：一方面是“生理的部分”对“心理的部分”的关系，另一方面是“心理的部分”对“生理的部分”的关系。其中，第一个方面就隐含着对意识进行生物学化处理的思想倾向，即把非物质的意识作为有机体的“心理的部分”，理解为与物质的有机体的“生理的部分”具有同质性并以之为基础，也就是倾向于对意识作出物理主义一元论的解释；第二个方面是在机能心理学背景中更直接地受到关注的，因为对意识及其活动的

---

① Angell, J. R. (1905). Psychology: An introductory study of the structure and function of human consciousness. (2nd ed.). London: Archibald Constable & Co., Ltd. p.6, p.8.

适应效能的研究，在逻辑上必然要求机能心理学具体地阐明非物质的意识及其活动，如何影响作为身体的物理活动之基础的神经活动过程，并通过神经活动过程实现作为行为的有机体的身体运动过程，以解决生物适应的问题。

在这里，稍作反思，就可以感受到机能心理学所面临的巨大的理论挑战。照安吉尔对问题的表述和理解的方式来看，他深受生物学思想的影响，并构成了对意识进行自然化处理的思想倾向的强有力的代表。这种思想倾向在逻辑上必将导致对意识范畴的否定，如他的学生华生后来所做的那样。但是，对意识范畴的否定又与常识的思想态度相抵牾。如黎黑在分析19世纪“新的科学的自然主义和对超验的精神实在的古老信仰之间的冲突”时所指出的那样，“再没有比认为我们只是既没有灵魂也没有自由意志的化学机器更令人难以置信的了”，①而常识正是安吉尔信仰进化论和机能心理学的基础，同时又是安吉尔当在理论上面临困难时寻求庇护的所在。面对这个挑战及其隐含的理论困境，安吉尔是有着明确的自我意识的，但是，由于安吉尔不具有类似于詹姆斯和杜威的那种哲学思维的深度和批判的反思精神，所以，他不能像詹姆斯和杜威那样对整个问题的复杂局面进行深思熟虑的考察，而满足于在常识的意义上相信意识及其效用价值的存在，同时又在理论上强调，心与身的分别不具有存在论或本体论的意义，而只具有方法论的意义。说心与身的分别不具有存在论或本体论的意义，实质上就是婉转地否定意识范畴：安吉尔既不能像华生那样在绝对的意义上断然否定意识范畴，是因为华生的这种鲁莽、轻率的做法违背了常识的真理；他又不能像詹姆斯那样在理论的意义上明确地否定意识范畴，是因为他不能像詹姆斯那样看穿常识和传统哲学的那个“意识”范畴的谬误的实质。安吉尔说心与身的分别只具有方法论的意义，实质上是对这里讨论的整个问题所采取的一种消极的回避态度，而不是积极的应对态度。安吉尔所强调的方法论意义，是指“参照”身的活动过程来描述和说明心的活动过程，因为他相信，“真实的人类有机体是一个心一物有机体”，这两个方面构成一个不可分割的“真实单位”，其中，“心理的方面若不参照物(生)理的方面就不可能得到完整而正确的理解”。② 参照“物(生)理的方面”来理解“心理的方面”，这个主张在逻辑上再向前迈出一步就是行为主义。对这个理论的危险性，安吉尔也有着明确的自我意识，所以，他在为机能心理学进行辩护，认为不能因为

① 黎黑著，刘恩久等译：《心理学史——心理学思想的主要趋势》，上海教育出版社1990年版，第232～233页。

② Angell, J. R. (1908). Psychology: An introductory study of the structure and function of human consciousness. (4th ed.). New York, N. Y.: Henry Holt and Company. p. 8.

机能心理学面临心—身关系问题的困难而苛求机能心理学家、其他任何心理学家也同样面临着这个困难的同时，也中肯地指出，“与其他心理学家相比，机能主义者只在如下方面感到更加内疚，即他发现，必须更加一贯地坚持将心理的过程转译成生理的过程（the translation of mental process into physiological process），以及相反，[将生理的过程转译成心理的过程，]这不仅是必要的，而且是有益的”。其中，将“心理的过程转译成生理的过程”，这个方案不久将由华生在逻辑上彻底的意义上加以实施，从而走向行为主义。安吉尔的这个自白，暗示了当行为主义产生之后，他对行为主义坚持有所保留的肯定的理论态度。

第四节　卡尔与机能心理学在行为主义时代的发展

在心理学史研究中，常有人坚持并传播这样一个论断，即卡尔的工作代表了机能主义的“完成形式”，并表明“芝加哥机能主义作为一个正式明确的体系达到了它的顶峰”。① 这个论断究竟在何种意义上成立，是很值得追究的。从前面的论述可以把握到，对机能心理学作为一个思想体系而言，最根本的是要在如下意义上突破心—身对立的二元论思维方式而达到对心理学问题的一元论理解，即在科学机制的水平上具体地阐明非物质的意识及其活动如何影响物质的神经系统的活动，从而决定有机体的具有物质性质的行为活动，以解决有机体面临的生存的适应问题。而且，詹姆斯和杜威都通过机能主义的心理学思想走向关于世界与人生的某种一元论的哲学理解，从而远离了心理学本身；安吉尔虽然深受詹姆斯和杜威的影响而强调作为统一整体的心—物有机体，但他没有能够真正摆脱二元论的束缚，他实际上是在生物学的一元论语言的伪装下讨论传统的二元论问题，如他的核心概念心—物有机体所明确显示的那样。事实上，由于心—身关系的尚未探明的复杂性，机能心理学不可能获得它的完成的形式。就安吉尔的思想倾向

① 参见舒尔茨著，杨立能等译：《现代心理学史》，人民教育出版社 1981 年版，第 172 页。在我国西方心理学史研究中，至少从有代表性的教科书如高觉敷主编的《西方近代心理学史》等的内容来看，基本上都是毫无批判地接受了舒尔茨的这个论断。

来说，他所代表的机能心理学在逻辑上的完成形式，只能是华生的行为主义，华生自己声称行为主义是唯一合乎逻辑而彻底的机能主义，也只有在这个意义上说才是有意义的。然而，由华生所代表的物理主义一元论，终究不是解决机能心理学所面临的挑战的合理的出路，如我们在评述詹姆斯 1904 年《"意识"存在吗？》一文的历史意义时所指出的那样。关于这些关涉机能心理学整个历史的复杂问题，我们将在后面对机能心理学进行总体考察时再详细讨论。下文我们将发现，卡尔关于机能心理学的阐释，在根本上没有超出安吉尔的思想，只是在对待行为主义的态度上表现出了更多的同情。这当然与卡尔的时代背景有关，因为在卡尔登上心理学舞台并发挥积极影响的时候，心理学的背景已经发生了重大的变化：机能主义与构造主义的对立和争论已经趋于缓和，而且，特别是由于行为主义及其他心理学思潮的兴起，机能主义与构造主义之间的对立逐步被淡化而不再受到关注。从卡尔的时代背景来看，他所代表的机能心理学的意义，更多地体现在对行为主义作为时代潮流的批判和否定的方面。

一、卡尔的生平传略

关于卡尔的生平，我们知道的不多。他虽曾应邀为默奇森（Carl Murchison，1887—1961）主编的《传记体心理学史》写了一篇个人传记，但这个传记透露出的生平信息极为有限，我们很难根据这个传记材料揭示出卡尔的人格对其学术、思想、成就的影响关系。

哈维·A·卡尔 1873 年出生于印第安纳州的一个民风淳朴的农村社区，按卡尔自己的说法，那是一个"坚定地相信读书的价值的社区"。[①] 总的来说，年轻的卡尔是一个虽勤奋但胸无大志、随遇而安、被动地听从命运安排的人。1891 年 18 岁时，卡尔入读当地一所名不见经传的迪保尔大学（DePauw University）的预科班。这个预科班的学制是三年，但卡尔只用两年的时间完成学业并转入大学本部，主修数学。按卡尔的自述，但凡他感兴趣的科目，他都学得很好，而他不感兴趣的科目，则只是勉强通过；而且，他主修或辅修什么科目，主要是受授课老师的人格魅力的影响。

至大学三年级时，卡尔得了一场大病而休学在家。他原本想通过参加

---

① 以下关于卡尔的传记材料，除特别说明外，见 Carr，H. A.（1961）. Harvey A. Carr In Carl Murchison（Ed.）. *A history of psychology in autobiography*. Vol. 6. Englewood Cliffs，NJ：Prentice-Hall. pp. 69～82.

农业劳动逐渐恢复体力，但那时的农业很不景气，便在当地一所中学教书。起初，他的教学效果令人失望，后通过自学有关教学论的著作，并在教学实践中锻炼自己而有所进展。四年后，他本该回到迪保尔大学完成学业，但一方面因为对迪保尔大学社区生活的宗教氛围不满，另一方面是因为迪保尔大学是一所极普通的大学，于是在朋友的影响下，卡尔于 1899 年转入科罗拉多大学，并分别于 1901 年和 1902 年获得学士学位和硕士学位。在科罗拉多大学，卡尔受心理学和教育学教授艾林(Arthur Allin)的影响而主修心理学。但是，艾林教授的专业背景主要是哲学，而且科罗拉多大学也没有心理学实验室，所以，在科罗拉多大学，卡尔实际上并没有学到多少心理学知识，乃至于硕士毕业后转入芝加哥大学攻读博士学位时，他“对心理学实验室是何种境况竟没有一点概念”，而且对于心理学，除了这个学科的名称外，他“实际上也是一无所知”。

在来到芝加哥大学之前，卡尔就经常听说过杜威的名字。但是，种种迹象表明，无论是在来到芝加哥大学之前，还是在来到芝加哥大学之后，卡尔既没有深入钻研过杜威的著作和学说，也没有受到杜威直接的影响。在芝加哥大学的三年，就对卡尔未来学术思想发展的关系来说，他受其影响的主要是安吉尔和华生，其中，华生于 1903 年从安吉尔门下获得博士学位，并留在芝加哥大学任教。从卡尔的自述来看，他在攻读博士学位期间受安吉尔和华生影响的，主要表现在心理学的实验研究方法和动物研究主题，而不是安吉尔的机能主义思想和华生尚处于萌芽状态的行为主义思想。——或许我们可以这样来理解：在那个时候，卡尔在心理学方面的知识基础还十分薄弱，不足以在思想方面接受安吉尔或是华生的影响；他后来逐步走向机能主义，在很大程度上是他的人生际遇的结果，即他在芝加哥大学接替安吉尔的职位主持芝加哥大学的心理学。——由于卡尔具有比较好的实验动手能力，他在辅助华生管理实验室方面颇有成效，并与华生结下深厚的友谊，对华生的思想动向颇为熟悉。所以，在卡尔看来，华生后来发动行为主义革命乃是预料之中的事情，并对华生在 1920 年后离开心理学深感惋惜。就思想气质来说，卡尔更类似于安吉尔，而不是更类似于华生。从他未来的学术发展趋势来看，尽管他的思想包含着越来越多的行为主义成分，但他无论如何也不能放弃“意识”概念，并强调意识或心理乃是行为的必要成分，必须把行为当做是意识或心理活动的外在表现，行为才能得到合理的理解和说明。对此，卡尔在 1926 年当选美国心理学会主席并发表就职演说时指出：“在动物心理学研究领域，我可以算是一个行为主义者；但在人类心理学领域，我不认为我是一个行为主义者。”①确实，从卡尔一生的心理学成就来看，他主要是延续了安吉尔的机能主义传统，并和安吉尔一样对行为主义坚持非常保守的同情态度。

1905 年，卡尔以有关视空间知觉的论文从安吉尔门下获得博士学位。此后，他对有关空间知觉问题的研究兴趣保持终身，并于 1935 年出版《空间知觉导论》一书。博士毕业后，卡尔没有找到一个稳定的工作。最后，在一个朋友的帮助下前往德克萨斯州，在一所中学里教书一年，讲授历史和几何两门课。1906 年夏天，卡尔回到芝加哥，在密歇根州立师范学校教了一段书，至秋季开学时，他受到位于纽约布鲁克林的普瑞特学院的邀请，担任心理学讲师两年。1908 年，由于华生应邀前往约翰·霍布金斯大学任教授，安吉尔便邀请卡尔回芝加哥大学接替华生的工作，担任心理学助理教授，讲授基础心理学课程，并继续开展华生动物实验室的研究工作。1916 年，卡尔升任副教授，1923 年升任教授，至 1938 年荣誉退休时为止。1926 年，卡尔当选美国心理学会主席，并于 1926 年至 1938 年间担任芝加哥大学心理学系主任，又在 1938 年当选中西部心理学会主席。这期间，卡尔担任的其他荣誉职位还包括：1916—1926 年，任《实验心理学杂志》的顾问编辑；1929—1954 年，任《普通心理学杂志》副主编；还长期担任《朗文心理学丛书》的总主编。在芝加哥大学 30 年间，卡尔共指导或参与指导 131 篇博士学位论文，并授予他们博士学位。

从机能心理学的历史背景来看，卡尔的贡献主要表现在：继安吉尔之后，高举芝加哥学派的机能主义旗帜，并使之有所发展。就卡尔关于机能主义的总体理解而言，他相信机能心理学就是美国心理学；“关于心理学的另外一些研究途径，如行为主义、格式塔心理学和精神分析，因为它们只涉及心理学的较狭隘的方面，所以不需要给予过分的发展……这些学派没有给无所不包的机能主义心理学增加什么东西。”卡尔关于机能心理学的具体建树，主要体现在 1925 年出版的教科书《心理学——关于心理活动的研究》。1930 年，卡尔应默奇森的邀请，为后者主编的《1930 年的心理学》一书撰写了《机能主义》一章，不仅概要地回顾了机能主义的历史、阐明了机能主义的主张，而且还对历史上针对机能主义的批评意见做了回应。以下主要根据卡尔 1925 年的《心理学》教科书，对卡尔的机能心理学思想加以介绍和评述。

---

① 转引自 Tolman, C. W. (1999). Carr, Harvey A. (1873—1954). In E. Kazdin (Editor in Chief). *Encyclopedia of Psychology*. APA & Oxford University Press.

二、心理学作为关于心理活动的研究

卡尔明确地将心理学规定为关于心理活动(mental activity)的研究,正如他1925年出版的教科书的副标题所显示的那样:《心理学——关于心理活动的研究》。就"心理活动"这个主题的理论内容来说,他关于心理学的这种理解,无非是对安吉尔机能心理学思想的重申,并有进一步的阐释;就这个主题的历史意义来说,他反映了整个心理学的历史进展,因为他把这个主题当做一个事实来陈述,而不是把它作为一种可能性来加以论辩。我们已经知道,在安吉尔那里,关于心理活动的研究,只构成机能心理学的研究任务,但在整个心理学中,除机能主义外,还有构造主义关于心理结构的研究。在卡尔看来,整个的心理学就是机能心理学;作为关于心理活动的研究的就是心理学本身,而不是心理学中的某一种理论形态即机能主义。所以我们发现,卡尔关于心理学作为关于心理活动的研究,是一个全称判断,而不是一个单称判断。

关于心理活动,卡尔指出,"这个术语是一个类名,指的是诸如知觉、记忆、想象、情感、意志等一类的活动"。他进一步从功用的角度指出,心理活动所关涉的是"经验的获得、确定和保持,对经验的组织和评价,以及随后利用这些经验来指导行为"①。每一种心理活动都直接或间接地与对经验的操作有关,而对经验的操作则是达到有效适应环境的手段。因此,关于每一种心理活动都可以从三个方面来加以研究,即它的适应意义、它对过去经验的依赖以及它对未来行为的潜在影响。例如,知觉作为一种心理活动,构成有机体生命活动的有机组成部分,是正在从事的某种活动的基础上认识所面对的事物的过程,或是从这些事物与经过思考的行为方式的关系的角度来认识这些事物的过程,因而对于我们在与这些事物作为生存环境的关系中具有适应意义;知觉作为对事物的认识过程,当然包含对过去经验的利用或依赖性,因为我们对任何事物的意义的理解,只能以对该事物的经验为依据;同样,对任何事物的每一次知觉经验,都将会对我们在未来的不同场合下如何理解该事物产生影响关系。

在卡尔看来,心理活动的所有这些方面,其意义是显而易见的。例如,经验的获得和保持,是一切学习活动、心理发展和社会进步的基础;如果没

① Carr, H. A. (1925). Psychology: A study of mental activity. New York: Longmans, Green & Co., p. 1.

有经验的获得和保持,一个人也就无法形成他的心理和人格。从病理的角度来说,如果一个人突然丧失他的全部过去经验,那么,他无疑将变得像婴儿一样地无助。对经验的获得和保持,必须辅之以心灵对它的组织和系统化,只有被组织了的系统化的经验,才能有效地加以利用。任何经验都可以由不同的方式加以组织,其组织的合理性只能由不同的组织方式的适应价值来判定。具有适应价值的经验的组织方式是健康的人格;不具有适应价值的经验的组织方式便是病态人格。与此同时,我们每个人还会对经验的不同方面及其过程加以评价,评价的结果则决定了一个人的反应倾向系统,而这种反应倾向系统在很大程度上决定着他以后活动的性质。从宏观的水平上来说,我们对经验的评价依据,最根本的是我们的价值观体系,如卡尔所指出的,"一个人的价值观体系,可能是他的人格的最主要的方面"①。从微观的水平上来说,对经验的评价是一个回馈的调节过程。例如,在活动的过程中所发生的一切经验,都会对活动的进一步执行产生影响作用,这种影响作用的实现,就是以对经验的评价为基础的。卡尔从心理活动的意义或它的适应价值来描述心理活动过程,这实际上是对安吉尔关于机能心理学的第二个主张的详细阐发。

卡尔将包含着心理活动或反映着心理活动的行为称为适应性行为(adaptive behavior)或顺应性行为(adjustive behavior),因而与行为主义者剥离了其心理成分的所谓客观行为的概念相对峙。他认为,心理学所要研究的,正是有机体的适应行为,而且事实上,关于这种行为的研究构成了卡尔心理学的实质内容。这既反映了卡尔顺应心理学走向行为主义、强调行为研究的历史趋势,也反映了卡尔的机能主义立场及其对行为主义的保守的批判态度,这种机能主义立场实质上是对安吉尔关于机能心理学的第三个主张的具体实施。卡尔还进一步剖析了适应性行为的构成,认为适应性行为包括三个部分,即动机性刺激、感觉刺激和反应。所谓动机性刺激,是指由生存的需要而在有机体内部引起的某种具有动力性质的心理事件,亦即类如饥饿等通常所谓的"内驱力"。感觉刺激在广义上指有机体生活于其中的全部环境条件,包括社会环境和物理环境;对某一具体的适应性行为而言,则指环境中的某些与动机性刺激有关,并通过心理活动的注意而被有机体把握到了的特定刺激。因此,作为感觉的刺激在内容和意义上是受到动机性刺激的决定作用的。反应是指有机体表现于外、并针对感觉刺激以改

① Carr, H. A. (1925). Psychology: A study of mental activity. New York, NY: Longmans, Green & Co., p. 3.

变它从而满足动机性刺激需要的行为反应。卡尔的思想用杜威的话来说就是，每一个适应性行为都是一个完整的协调，其中动机性刺激是对适应问题的建立，感觉刺激是对适应问题的明确，反应则是对适应问题的解决；用安吉尔的话来说，每一个适应性行为都是一个心理—物理过程，其中，心理活动的功用在于帮助有机体发现内部需要与外部环境条件之间的冲突关系，并发动有机体的行为来消除这种冲突，从而达到适应环境的生存目的。卡尔关于动机性刺激的区分和研究，对机能心理学以及一般而言的普通心理学的发展具有重要的推动意义，正如波林所指出的那样："卡尔除刺激和反应的因素以外，更在心理学内介入了动机的因素……所以机能心理学便走向动力心理学，虽然这不因为动力心理学是机能的。"①

以上是从卡尔的立场出发，用卡尔的语言对卡尔心理学基本理论观点的比较客观的介绍。卡尔的立场当然是机能主义的，同时也是常识的，而不是哲学的反思的，颇类似于安吉尔的立场。正因为如此，安吉尔在阐述机能心理学的基本主张时所面临的理论挑战，同样也是卡尔所不能回避的。这个挑战，从根本上说就是要在科学机制的水平上具体地阐明，心理活动过程如何影响作为身体的物理活动之基础的神经活动过程，从而通过神经活动过程实现作为行为的有机体的身体运动过程，以解决有机体的生存的适应问题。我们已经知道，安吉尔并没有能够以理论和逻辑上有效的方式回答这个挑战，而是诉求于常识，并通过对心—身关系问题进行技术的，亦即方法论层面的处理而消极地回避这个挑战；同时我们也指出，安吉尔对这个挑战及其隐含的理论困境有着明确的自我意识，并对自己关于心—身关系问题的处理方式不甚满意，如他在谈到将心理的过程转译成生理的过程时所表白的那样。在所有这些问题上，与安吉尔相比，卡尔的态度更加不具有反思的意识和精神，并因而更加远离了对这个理论挑战的有效回答。事实上，从卡尔的著述来看，他似乎并没有意识到这个挑战对整个机能心理学理论基础而言的严重性，并在诉求于常识以回避这个挑战方面，表现得更甚于安吉尔。对此，我们试以卡尔在有关心—身关系问题上的理解加以评述。

在卡尔的心理学中，心—身关系问题并没有作为一个特别的问题突显出来而受到专门的讨论，他也没有在心—身关系问题上有任何创见。相反，他是在有关心理活动的性质的讨论背景中，将安吉尔关于作为整体的心—物有机体概念当做教条式的前提来说明心理活动是什么。如前所述，卡尔认为，心理学是关于心理活动的研究；所谓心理活动，是指知觉、记忆、想象、

① 波林著，高觉敷译：《实验心理学史》(下册)，商务印书馆1982年版，第635页。

情感、意志等活动;心理活动关涉的是经验的获得、确定、保持,对经验的组织和评价,以及利用经验来指导行为。在常识的思维方式和传统的思维方式之内,这些说法都是没有问题的。但是,正如我们在评述安吉尔时所看到的那样,一旦将机能的观点引入这种常识的和传统的思维方式中,机能心理学便在逻辑上面临着心—身关系问题的巨大的理论挑战。正是在这个背景中,安吉尔强调作为整体的心—物有机体概念的重要性及其对整个机能心理学理论基础而言的逻辑的先在性,并将作为整体的心—物有机体概念理解为一种心理物理学、一种心—身关系理论;而且,安吉尔通过作为整体的心—物有机体概念,并没有能够有效地解决心—身关系问题。卡尔几乎是毫无批判地接受了安吉尔关于作为整体的心—物有机体概念,但却把这个概念从心—身关系问题的背景中分离出来,并赋之以教条的意义或地位,从而淡化了心—身关系问题对机能心理学理论基础的挑战意义。前面说卡尔似乎意识不到这个挑战的存在,原因就在这里。

卡尔说心理活动在性质上是心理—物理的(psycho-physical),并将"顺应反应所包含的各种心理操作"称为"心理—物理过程"。[①] 卡尔的意思,无非是在重申安吉尔关于"心—物有机体"作为一个"真实的单位"同时包含"心理的方面"和"生理的方面"这个命题,因此,对卡尔来说,"心理的方面"同时就是"生理的方面",反过来说也一样,"生理的方面"同时也就是"心理的方面",这种理解就是卡尔的"适应性行为"的概念。然而,究竟在何种意义上可以说"心理的方面"同时就是"生理的方面",以及相反,"生理的方面"同时也就是"心理的方面",这个问题必须在心—身关系问题的历史背景中深入地加以追究,才有可能产生有效的理论结果。我们知道,詹姆斯和杜威都是在这个意义上完全地否定和超越整个的心—物(身)关系问题而追求对世界的一元论理解。我们在前面也曾暗示过,安吉尔处理心—身关系问题的方式表明,他实际上是在生物学的一元论语言的伪装下讨论传统的二元论问题,在这一点上,卡尔与安吉尔相类似。如果不能完全地否定和超越整个的心—物(身)关系问题,并因而只能在心—物(身)关系问题的背景中寻求一元论,那么,在逻辑上只能是:要么走向构造主义所代表的唯心主义,要么走向行为主义所代表的唯物主义,并必将导致心—物(身)关系问题的总体局面的矛盾和混乱。所以,我们发现,在卡尔的著作中,一方面,在讨论心理活动的性质、论证机能心理学的理论基础时,卡尔接受安吉尔关于心—物

① Carr, H. A. (1925). Psychology: A study of mental activity. New York: Longmans, Green & Co., p. 5.

有机体作为整体的概念，这个概念当然承认“心理的方面”，亦即意识及其活动的真实性或实在性，强调意识及其活动构成作为整体的心—物有机体的一个不可分隔的部分；但另一方面，在批判以构造心理学为代表的传统意识心理学时，他又指出，“当我们说到某一活动的心理的或意识的属性时，我们所指的，是一个抽象的或概念性的对象，它不具有独立的存在论的实在性。……意识是一种抽象，它并不比柴郡猫的露齿之笑更具有独立的实在性”，[①]从而否定“意识”范畴的存在性，并将由承认意识的实在性而引起的心—身关系问题划定为形而上学问题，而不属于作为自然科学的心理学。所以，波林指出，卡尔“比安吉尔更坚决地放弃二元论”，并客观地评述说，“机能心理学的兴起有一更重要的结果是二元论的消亡”。[②] 波林之所指，当然是心理学通过机能主义而走向行为主义，但随着二元论以这种方式“消亡”，从某种意义上说，心理学本身也就随之“消亡”了。

① Carr, H. A. (1925). Psychology: A study of mental activity. New York: Longmans, Green & Co., p. 6. 关于这个引语中“柴郡猫的露齿之笑”的比喻意义，参见舒尔茨著，杨立能等译：《现代心理学史》第 177 页的译者注。

② 波林著，高觉敷译：《实验心理学史》(下册)，商务印书馆 1982 年版，第 635 页。

第五章

哥伦比亚学派

在进行本章有关内容的论述之前，需要先就“哥伦比亚学派”这个术语作些说明。

在19世纪末至20世纪初，心理学在美国的发展普遍趋向于机能主义，从而形成美国心理学的机能主义精神。在我国西方心理学史研究中，一般对美国机能心理学进行狭义和广义的区分，其中，狭义的机能心理学专指芝加哥学派，并倾向于认为芝加哥学派代表了机能心理学的典型形态，广义的机能心理学是指作为美国心理学总体倾向和一般特征的机能主义精神，并认为哥伦比亚大学的心理学传统（文献中常称之为“哥伦比亚的机能心理学”）可以作为这种广义的机能主义的代表。在我国，较年轻一代的心理学史研究者，倾向于将哥伦比亚大学的机能主义心理学传统称为“哥伦比亚学派”。① 本书作者在这里亦采用这个便利的术语，来说明哥伦比亚大学的机能心理学传统。

然而，这里必须同时指出，在美国心理学的历史文献中，不曾有过“哥伦比亚学派”这个说法。这种情况与芝加哥学派形成对照。我们知道，杜威是一个气度恢弘、思想深邃的人，正是他为正在形成中的芝加哥大学的机能主义心理学思想奠定了理论基础、提供了基本概念；1903年，作为芝加哥大学建校10周年庆典内容的组成部分，杜威编辑出版了《逻辑理论研究》一书，以机能主义的心理学思想为基础，讨论逻辑的基本理论问题；随后，詹姆斯于1904年发表题为《芝加哥学派》的书评，高度评价以杜威为代表的芝加哥大学的思想倾向。正是基于这个机缘，在心理学史研究中，逐步形成这样一个传统，即把以杜威、安吉尔和卡尔为代表的芝加哥大学的机能心理学传统

① 关于这个背景，参见高觉敷主编：《西方近代心理学史》，人民教育出版社1982年版，第192页、212～214页；叶浩生主编：《西方心理学的历史与体系》，人民教育出版社1998年版，第144～145页。

称为“芝加哥学派”。

那么，将哥伦比亚大学的心理学传统称为哥伦比亚学派，其根据究竟是什么呢？这里提出这样的问题，绝不是要纠缠于术语的细枝末节，而涉及到对机能心理学的整体面貌的把握。比如说，芝加哥学派的机能心理学，究竟在何种意义上可以被规定为狭义的机能心理学？这种狭义的芝加哥学派的机能心理学，究竟在何种意义上可以充当机能心理学的典型的表现形态？作为美国心理学总体倾向和一般特征的那种“机能主义”，究竟在何种意义上是“广义”的机能心理学？究竟根据什么来认定，哥伦比亚大学的心理学传统可以“代表”这种广义的机能心理学？在整个心理学史研究中，这些问题都未曾得到认真的思索和讨论；只有通过对这些问题的思索和讨论，才能清晰地理解哥伦比亚学派及其作为机能心理学与美国心理学的机能主义的“总倾向”之间的关系。

第一节　哥伦比亚学派作为机能心理学的概念分析

一、机能心理学概念的逻辑分析

本书的写作中，到目前为止，还没有严肃地追问这样一个问题：机能心理学究竟是什么？鉴于如下事实，即关于机能心理学，无论是从历史的当事人方面来说，还是从历史的评述者方面来说，都已经形成了大量的研究文献，在这里提出这样的问题，似乎易于使人产生故弄玄虚的嫌恶之感。实则不然。我们知道，詹姆斯、霍尔、杜威等人作为美国心理学的先驱人物，都未曾直接回答机能心理学是什么这个问题。安吉尔是第一个试图系统地回答机能心理学是什么这个问题的人，并认为机能心理学可以是以下三种理论形态之中的任何一种或几种：① 关于心理活动的研究；② 关于意识的基本效用的研究；③ 关于整个心—物关系的研究。波林在不同的论证背景中将机能心理学描述为关于“活动中的心灵”的研究、“对善于适应环境的个人才能的评价”、是“有关适应和生存价值的心理学”等。① 类似这样的界定或解说还有很多，不必一一列举。总起来说，这类界定或解说都是从某一个特殊的方面来说明机能心理学是什么，并因而就机能心理学的某一个方面来说是有效的；但是，就机能心理学的整体而言，这类界定或解说之中的任何一种都不具有逻辑的完备性，并因而在理解机能心理学作为整体及其与机能心理学各种特殊表现形式之间的关系方面，留下很多理论的盲点，甚至易于引起误解。

例如，至 1930 年时，作为芝加哥学派的代表人物之一的卡尔指出：“机能心理学不能被等同于安吉尔或芝加哥学派中某一位心理学家的心理学。事实上，不曾有过一种机能心理学；有的是多种不同的机能心理学体系。当我们说机能主义时，我们是指一组在许多具体问题上相互不同的心理学体系，但这些心理学体系又表现出某些共同的特征，正是因为这些共同特征，我们才把它们共同地称为是机能主义的。”②然而，这些共同特征究竟是什么呢？卡尔主要是依据安吉尔 1907 年的文章《机能心理学的领域》，在否定的意义上，也就是在与构造心理学相对立的关系中来说明机能心理学的共同特征；而不是在肯定的意义上，亦即不是按机能心理学本身是什么的逻辑来说明机能心理学的共同特征，因而没有超出安吉尔的说明。又比如说，波林在开始评述“哥伦比亚的机能心理学”之前，就哥伦比亚学派的一般背景提出这样一个初看起来颇令人费解、且易于引起误解的论断：“一个心理学家在摆脱了系统束缚后所进行的研究就被称为机能心理学。”③波林这里所谓“系统”，当然是指铁钦纳所代表的“正统”的心理学。这个论断似乎隐含了关于心理学的这样一种理解，即整个的心理学就是由机能心理学与构造心理学之间的对立构成的。因此，一种心理学研究，若不是构造主义的，便是机能主义的。波林据以作出这个论断的根据，大概包括以下三个相互关联的方面。一是关于 19 世纪末 20 世纪初美国心理学的历史表象的放大效应，因为在那个时代，在美国心理学界，机能主义与构造主义之间的争论与对立是最显明的历史事实和理论主题，从而使人难以看到其他的事实和主题。二是波林对美国心理学的这样一个颇为典型的历史观，即美国心理学就是机能心理学。三是在最广泛的意义上来理解机能主义，亦即在波林关

① 波林著，高觉敷译：《实验心理学史》（下册），商务印书馆 1982 年版，第 576 页、577 页。

② Carr, H. A. (1930). Functionalism. In C. Murchison (Ed.). *Psychologies in* 1930. Worcester, MA: Clark University Press. pp. 59～78.

③ 波林著，高觉敷译：《实验心理学史》（下册），商务印书馆 1982 年版，第 636 页。

于“行为主义也是机能心理学的一种”[①]，以及黎黑关于“信息加工心理学也是行为主义的一种形式”[②]的意义上理解机能主义，那么，机能主义与构造主义之间的对立，可以涵盖全部的心理学。所以，在波林(以及到目前为止的心理学史研究)的理解中，似乎机能主义作为詹姆斯等人的历史功绩无论如何已经存在在那里了，我们只需满足于指出谁是机能主义的，至于机能主义本身是什么倒是一个无关紧要的问题。所以，波林是以这样的方式来评述哥伦比亚学派的背景的：“心理学的机能主义广泛流传。……美国的先进人物如詹姆士、霍尔、赖德、斯克里普彻、鲍德温、卡特尔在某种意义上都是机能主义者。在英国，高尔顿为一机能主义者，其稍后的实验心理学家迈尔斯和巴特列特也都一样，虽然这种思想，他们两人谁也没有想到。法国人如李播、比纳、亨利以及今天的H·皮埃隆也都是机能主义者。瑞士的心理学家E·克拉帕雷德和他的继承人J·皮亚杰也都是机能主义者。比利时的A·米绍特摆脱了这些更加严格的系统束缚，一般地说，西欧在近世纪中走向了机能主义。”他还特别强调地指出，“我们要注意心理学所有的领域都是机能主义的，经常是为了实用而发展的”，所以，“动物心理学、生理心理学、变态心理学和社会心理学都不可避免地成为机能的……更加特殊的应用心理学，如儿童心理学、教育心理学、临床心理学、职业心理学、工业心理学等也都是机能的”。[③] 这是在理论描述的意义上指出哪些人物、哪种文化以及哪种研究是机能主义的，而不是在历史解释的意义上说明，谁以及哪种研究是以及在何种意义上是机能主义的，谁以及哪种研究不是以及在何种意义上不是机能主义的，因而没有能够在肯定的意义上揭示机能主义本身是什么。

必须同时在肯定的意义上按照机能心理学或机能主义本身的思想逻辑来分析和阐明机能心理学是什么，而不能仅仅满足于在否定的意义上、亦即在与构造心理学相对立的意义上指出机能心理学不是什么。只有这样，才能清晰而完整地把握机能心理学的整体，并理解机能心理学与其他心理学之间的关系，同时避免有关历史的理解和解释中的糊涂观念。这也是我们据以理解哥伦比亚学派作为机能心理学的前提。

前面曾指出，美国心理学的机能主义，就其思想的起源而言，来自生物进化论。生物进化论不只是一种科学的理论体系，而且也是一种思维方式，

---

① 波林著，高觉敷译：《实验心理学史》(下册)，商务印书馆1982年版，第637页。

② 黎黑著，刘恩久等译：《心理学史：心理学思想的主要趋势》，上海译文出版社1990年版，第487页。

③ 波林著，高觉敷译：《实验心理学史》(下册)，商务印书馆1982年版，第636～637页。

这种思维方式在心理学中的实现，就是机能主义。关于进化论作为科学体系的理论内容及其隐含的思维方式能否直接地用来研究心理学的问题，我们曾结合心理进化的逻辑这个主题进行过详细的讨论，并暗示了其中的困难。总而言之，在美国心理学的早期历史的背景中，有两条思路推动了进化论思维方式的心理学实现。其一是在扩展或引申的意义上来理解进化论，即认为进化论不仅可以用来理解和解释生物学的事实，而且可以用来理解和解释心理学的事实，如詹姆斯将有用性作为自然选择的对象，因此，意识和行为及其活动作为心理学的事实，因为它们的有用性而间接地成为自然选择的对象。其二是赋予心理学的事实以生物学的意义，从而将心理学纳入生物学的范畴而遵循生物进化论，如安吉尔的生物学化的心理学道路那样，将作为心理学主题的意识处理为作为生物学主题的有机生命之整体的组成部分。不论采用哪种道路，只要进化论的思维方式在心理学研究中得到实现，那么，进化论及其思维方式便为心理学提供了广阔的发展空间，这个发展空间在理论上的实现，就是机能心理学的各种具体的理论体系。

前面在讨论进化论的一般原理及其心理学意蕴时，我们曾经从进化论作为一种思维方式的角度把进化论的基本假设概括为：有机实在是在进化过程中由于自然选择的作用而历史地形成的；历史地形成的有机实在的一切方面，都对维持有机体的存在具有积极意义。同时，我们也指出，进化论的基本假设的两个方面，分别地预示了心理学的两个不同的研究方案，即种系发生心理学和适应心理学，其中，前者关心的是在种系发生的意义上探讨心理实在或意识实在的历史生成，后者关心的是在现实性的意义上探讨心理活动或意识的操作特征对有机体生存的适应价值。我们还特别强调指出，进化论基本假设的两个方面，在逻辑上密切地相互关联而不能被分离，其中任何一个方面都必须在与另一个方面的相互关照中加以把握，二者的统一构成了对有机实在的各个方面及其与有机体、环境之间在进化过程中所形成的历史同一性关系的说明；若人为地将这两个方面加以分离，则不仅同时使这两个方面都失去意义而不可理解，而且必将导致分别地贯彻这两个方面而形成的诸理论体系，在整体局面上陷入混乱和矛盾。从这个意义上来说，只有将进化论作为一种思维方式的有机整体贯彻到心理学研究之中所形成的心理学，才是原本意义上或典型意义上的机能心理学。对此，安吉尔达到了初步的认识。他虽然没有能够清晰地意识到，进化论从作为一种生物学的科学理论体系转变为作为一种心理学的理论思维方式，需要经历一个复杂的逻辑的过渡环节,[1]而且,他也没有能够就进化论的一般原理及其隐含的思维方式给出一个类似于我们关于进化论基本假设的理论概括,但无论如何,他还是朦胧地意识到了进化论基本假设的两个方面及其逻辑的关联性。我们知道,在1907年《机能心理学的领域》一文中,安吉尔总结出关于机能心理学基本主张的三个命题,并强调这三个命题之间的逻辑的关联性。其中,第二个命题即关于意识的基本效用的研究,就是由关于进化论基本假设的第二个方面衍生出来的心理学的研究方案;第三个命题即关于整个心—物关系的研究,实质上就是由关于进化论基本假设的第一个方面衍生出来的心理学的研究方案。但是,由于安吉尔没有能够在深思熟虑的意义上清晰而完整地把握到机能心理学基本主张之间的有机的逻辑关联,所以他又与此相矛盾地认为,机能心理学可以是这三种理论形态之中的任何一种或几种。

然而,在机能心理学的历史上,除詹姆斯和杜威外,其他的心理学家基本上都没有能够在逻辑上完备的意义上把握到进化论及其作为心理学思维方式的全部意义,并因而倾向于把进化论基本假设的两个方面从进化论基本假设作为有机整体中分离出来,以之作为有关心理学研究的前提。例如,就芝加哥学派而言,由于进化论基本假设的第一个方面涉及到心—身关系的复杂问题,无论是安吉尔还是卡尔,都倾向于将这个方面作为形而上学问题加以回避,转而将进化论基本假设的第二个方面即有关意识及其活动的基本效用问题作为(机能)心理学的专门研究领域。又比如说,比较心理学和儿童心理学作为发生心理学的研究旨趣,至少就它们兴起的早期历史而言,主要是理论的而不是应用的,它们实质上是将进化论基本假设的第一个方面从进化论基本假设的整体中分离出来,并赋之以某种逻辑上引申的意义,如霍尔的复演论以之为自己的根据。我们在前面曾反复强调,进化论基本假设的两个方面构成一个逻辑上紧密相关而不能被分离的有机整体;如果人为地将进化论基本假设的两个方面从进化论基本假设的整体中分离出来,并以之为心理学研究的前提,那么,由此形成的心理学就不是机能心理学本身,而是对机能心理学的引申,可以被视为广义的机能心理学。从这个

---

① 关于这个逻辑的过渡环节,在到目前为止的有关机能心理学及其历史的研究中,都没有能够得到认真的思考。我们曾经将机能心理学试图把生物进化论直接地运用于对心理领域内的事实的解释,称为是一种没有得到论证的逻辑的僭越,并通过我们自己的论证暗示了,正是这一逻辑的僭越决定了机能心理学从一开始就是一个潜在地危险的理论尝试或努力。(参见第一章第二节和第二章第一节)下文的论证还将揭示,由机能心理学的理论危机孕育出行为主义革命、以及由行为主义心理学的理论危机导致认知心理学革命等,都是心理学为这一逻辑的僭越付出的历史的代价。(参见第六章第一、二节)

论证背景来看，发生心理学和适应心理学作为由进化论基本假设所直接预示的心理学的研究方案，由于它们把进化论基本假设的两个方面从进化论基本假设的整体中分离出来为前提，所以，它们都不是机能心理学本身或全部，而是对机能心理学的引申。这是所谓广义的机能心理学的第一层含义。

从另一个方面来说，进化论无论是就它作为一种科学的理论体系而言，还是就它作为一种思维方式而言，都不像我们在理论上高度抽象的意义上总结出的它的基本假设那么单纯、那么简单。事实上，进化论既拥有它据以形成和成立的前提，又隐含着由它演绎出来的种种结论。这些前提和结论都可以作为开展心理学研究的根据；而由此展开的心理学研究又可以引申出其他的心理学的研究方案。比如说，我们在前面讨论达尔文的工作背景时曾指出，达尔文的经验观察的基本发现是，物种的自然形态数不胜数，每一物种的自然形态及其差异性都特别地适合于其特定的生态环境，因此，在理论上假定物种自然形态的变异是生物界的普遍现象，乃是一个合乎逻辑的演绎。变异的主题自然预示着个别差异心理学的诞生，而个别差异心理学的研究，在方法论的意义上必然导致心理测验。又比如说，前面在评述发生心理学研究路线的背景中，我们曾指出，儿童心理学首先是作为发生心理学而产生的，并因为霍尔的复演论而获得作为科学心理学存在的合法性基础。一旦儿童心理学作为科学得到认可之后，它的研究结论自然会隐含着对教育实践的巨大的应用价值，从而推动教育心理学的发展。另外，我们在评述安吉尔关于机能心理学的第二个主张，即关于意识的基本效用问题时也指出，正是这种研究计划暗示并鼓励了，如教育心理学、临床心理学、职业心理学、工业心理学等各种应用心理学领域的可能和发展。所有这些心理学的研究方案或研究领域，虽然都不是直接地由进化论作为心理学的思维方式演绎出来的，因而都不是机能心理学本身，但就其思想的逻辑而言，它们都或近或远地追溯到进化论作为心理学的思维方式，并以之为核心。在最广泛的意义上，这些心理学的研究方案或研究领域，都是对机能心理学的引申，构成所谓广义的机能心理学的第二层含义。以此为背景，我们才可以理解哥伦比亚学派作为广义机能主义之“代表”的意义。

二、哥伦比亚学派作为机能心理学的概述

所谓哥伦比亚学派，是指 19 世纪末 20 世纪初在美国哥伦比亚大学形成的一个心理学的学术群体，主要代表为卡特尔(James McKeen Cattell, 1860—1944)以及与卡特尔具有师承关系的桑代克(Edward Lee Thorndike,

1874—1949)和吴伟士(Robert Sessions Woodworth,1869—1962)。虽然哥伦比亚学派的主要代表人物均没有树立起鲜明的机能主义学派的旗帜,其中,吴伟士还否认自己属于任何学派,自称是一个折中主义者。但是,他们的研究和思想,不仅在整体背景上表征并体现着美国心理学的机能主义的一般精神,而且他们自身也必定具有某些共同特征,否则,他们便不能形成一个传统,更不必说作为一个学派的存在了。关于哥伦比亚学派的共同特征,心理学史教科书往往作出这样的总结:首先,他们不接受冯特关于心理学研究普遍的人类心灵的普遍规律的束缚,而致力于个别差异的研究。个别差异的研究在理论上必然导致心理测验,从而推动了心理测验运动的发展。其次,在研究对象上,他们不限于意识,虽然他们还没有把意识排除在心理学研究之外,但又认为意识似乎是没有什么功用的。就某一研究主题而言,当他们觉得意识是有关因素时,他们便介入意识;但当他们确信所研究的主题不包含意识或认为意识不重要时,他们便放弃意识而把活动当做心理学的研究对象。于是,观念的联想便被代之以反应与刺激之间的联结。第三,与此相应,在方法论上,他们不把内省当做主要方法,而更注重客观的方法,如实验法、测验法及统计法等。第四,在研究范围上,他们摆脱了心理学只是一门描述"是什么"的纯科学的束缚,而更注重于实践的应用,致力于"为什么"的机能研究,并将芝加哥学派所提出的关于个体适应环境的一些原理具体化并应用于实际生活,从而促进了心理学在美国的繁荣。[①] 这个总结,是从外部对哥伦比亚学派的一个远距离的透视,即根据哥伦比亚学派代表人物的研究主题和思想特征,与其他学派相比较的结果。除此之外,还必须从内部揭示哥伦比亚学派之所以是它自身的精神气质。

在上一章讨论芝加哥学派时,我们发现芝加哥学派的代表人物杜威、安吉尔、卡尔等人深受达尔文生物进化论和詹姆斯心理学思想的影响,试图将进化论的基本原理与思想逻辑系统地贯穿到心理学作为一门独立科学的整体,而且,他们的思想具有历史的继承性,因而表现出明显的思想学派的特点。虽然一方面由于杜威终于走向哲学而逐渐远离了心理学,另一方面因为安吉尔和卡尔不具有类似詹姆斯和杜威的那种哲学的深邃,芝加哥学派最终没有实现由詹姆斯和杜威开创的那种心理学的理论形态,并由它自身孕育了华生的行为主义,但芝加哥学派的发展所产生的结果,是彻底改变了整个的关于心理学的观念,如墨菲所说的那样:"十九世纪末年许多人表示过这样的看法,即'心灵'应该不是一个结构概念,而是一个动力概念,詹姆

① 参见高觉敷主编:《西方近代心理学史》,人民教育出版社 1982 年版,第 213~214 页。

斯不过只是他们当中的一员而已。许多心理学家开始把他们的着重点从状态转移到过程上来”，而且，他还特别强调地指出，“事实上，随着重点改变而来的是有关心理学究竟是什么这整个概念的改变”。①

与芝加哥学派形成对照的是，哥伦比亚大学的心理学传统并不具有明显的作为一个学派而存在的特点。它没有试图系统地将进化论的基本原理及其思想逻辑全面地贯穿于心理学的整体，而是比较自由地选取进化论的某些思想要素为前提，开展他们自己关心的某些局部的心理学问题的研究，如卡特尔关于个别差异心理学的研究、桑代克通过将行为作为自然选择对象的思考而开展动物学习的研究等。正因为如此，关于哥伦比亚大学的心理学传统能否被称为一个学派，历史学家往往采取一种非常谨慎的态度，虽然我们在这里也是为方便起见将这个传统称为哥伦比亚学派。而且，根据上面关于机能心理学概念的逻辑分析，哥伦比亚大学的心理学传统是最广泛意义上的机能心理学，而不是机能心理学的典型形态。事实上，在心理学史研究中，人们主要是根据哥伦比亚大学心理学传统的这个自由的氛围和精神，来把握哥伦比亚学派作为整体的。例如，波林认为，1924 年在吴伟士名下获得博士学位的海德布雷德“完全抓住了这个精神”②。海德布雷德后来对哥伦比亚大学的心理学传统作过这样的描述，并逐渐成为人们据以形成关于哥伦比亚学派一般印象的主要依据：“哥伦比亚的心理学是不易描绘的。它没有支持任何一派的学说，讲学却有较严密组织的学派所具有的一贯性和宗派性。但是它也表示出一定的特征。一个心理学研究生在哥伦比亚度过了许多星期，就不能不在那个气氛中感觉到分配曲线，个别差异，智力和人类其他能力的测量，实验手续，统计法，生理学思想暗流的无比重要性。他立即会发现心理学不会导致离群索居的生活；它和生物学、统计法、教育、商业、工业以及世界事务都有密切的接触。他接触到许多不同的思潮，常从不同的角度向相同的思潮提出要求。但是教学的个别线索不会为他结成一个稳定模式的结构。谁也不管他如何处理到手的线条；也一定没有什么模式强迫他照样描绘。”③

在心理学史研究中，哥伦比亚学派之所以被认为有资格作为广义的机能主义的“代表”，既与哥伦比亚学派本身有关，也与当时美国心理学界的整体格局有关。从哥伦比亚学派方面来说，不仅它的创始人卡特尔是美国心理学的先驱人物，对美国心理学早期历史产生了深刻的影响——从这个意

① 墨菲、柯瓦奇著，林方、王景和译：《近代心理学历史导引》，商务印书馆 1980 年版，第 296 页。

② 波林著，高觉敷译：《实验心理学史》(下册)，商务印书馆 1982 年版，第 638 页。

③ 转引自波林著，高觉敷译：《实验心理学史》(下册)，商务印书馆 1982 年版，第 638 页。

义上来说，卡特尔本来就是决定整个美国心理学趋向于机能主义的推动力量之一——而且，卡特尔的思想还通过他的学生对美国心理学的历史发展持续地产生影响作用——从这个意义上来说，不仅卡特尔的两个最著名的学生桑代克和吴伟士毕业后留任哥伦比亚大学，成为哥伦比亚学派的代表人物，而且自 1884 年至 1948 年 65 年间，哥伦比亚大学共授予博士学位 344 人，位居美国各大学之首，其中很多人后来成为著名的心理学家。所以，波林认为："卡特尔通过学生的关系，对于美国心理学的影响很难说得完满。"[①]从当时美国心理学界的整体格局来看，哥伦比亚学派作为广义机能主义的"代表"也是当之无愧的，其他的心理学家及心理学机构，都难当此任。我们可以通过提供当时美国心理学界基本格局的鸟瞰图看清这个关系。

在 20 世纪初之前，心理学在美国尚不发达，还可以通过逐个地考察心理学家和心理学的机构来把握其整体面貌。那时，詹姆斯在哈佛未曾造成一个心理学的学派。他虽然被几乎所有的人尊为美国心理学之父，并且是在思想上表达美国心理学机能主义精神的第一个人，但他终于走向哲学，认为心理学是一门小打小闹的小学科，不能安顿下他那颗追求真理的心。霍尔在克拉克通过自己的努力和由他培养的学生的影响，确实在当时的心理学界造成一股强大的势力，并逐渐演化为"一场声势浩大的儿童研究运动"[②]。但是，一方面，由于霍尔及其学生的研究主题局限于儿童心理学，在对心理学本身的系统发展的影响是有限的，另一方面，由于霍尔个人的以及他身为校长而带来的行政方面的种种影响，他本人以及由他代表的心理学，在克拉克大学校内与其他的人及其他的学科之间，一直存在着某种紧张的关系，乃至于霍尔退休和去世之后，心理学在克拉克大学的存在和发展受到严重的阻碍。事实上，霍尔去世后，克拉克大学的心理学在美国心理学界的影响力日渐式微，难以"代表"美国心理学的机能主义的发展方向。铁钦纳在康奈尔大学确实构成一个心理学的学派，但那是与机能主义相对立的构造主义。耶鲁大学的赖德(George Trumbull Ladd，1842—1921)与詹姆斯及霍尔同为美国心理学的前辈，虽然他"在系统上代表美国所称的机能心理学"[③]，但是，一方面因为他自己未曾培养出著名的学生，难以在耶鲁大学形成一个传统，另一方面又因为与代表冯特心理学传统的斯克里普彻(Edward Wheeler Scripture，1864—1945)在学术及人际方面的紧张关系，决定了耶鲁大学在美国心理学早期历史背景中的边缘地位。杜威和安吉尔在芝加哥大

① 波林著，高觉敷译：《实验心理学史》(下册)，商务印书馆 1982 年版，第 612 页。
② 高觉敷、叶浩生主编：《西方教育心理学发展史》，福建教育出版社 1996 年版，第 56 页。
③ 波林著，高觉敷译：《实验心理学史》(下册)，商务印书馆 1982 年版，第 597 页。

学当然形成了一个学派，就是作为机能主义典型形态的芝加哥学派。鲍德温(James Mark Baldwin，1861—1934)是美国心理学的先驱人物之一，对北美心理学实验室的建设颇多贡献，且同样因为“深感进化论对于心理学的影响”而成为一名颇有影响力的机能心理学家。[1] 但是，一方面因为他主要是一个理论家，并逐渐转变成为一个专业哲学家，另一方面因为生活问题被迫从霍布金斯大学辞职，所以，从历史的眼光来看，他没能对美国心理学的机能主义产生持久的影响。贾斯特罗(Joseph Jastrow，1863—1944)自1888年虽在威斯康星大学辛勤工作，但因势单力薄，难以形成一个传统。此外，当然还有卡特尔所代表的哥伦比亚学派。上述这些心理学家，除铁钦纳等少数人之外，从不同的方面或以不同的形式主张机能心理学，从而构成美国心理学最广泛意义上的机能主义。在这个背景中，如果说芝加哥学派试图系统地将进化论的思维方式引入到心理学构成机能主义的典型形态，同时又想寻找到某一些人或机构作为广义机能主义之“代表”的话，那只能是以卡特尔、桑代克和吴伟士为代表的哥伦比亚学派，因为，不仅这些心理学家是著名的心理学家，他们都对心理学的历史产生了实质的影响，而且他们作为集体构成了一个传统，恰如芝加哥学派试图系统地将进化论的思维方式引入到心理学之中而成为机能主义的典型的理论形态一样，他们的研究主题的多样化，很好地反映或“代表”了美国心理学最广泛意义上的机能主义的一般特征。

以下试图通过评述卡特尔、桑代克和吴伟士的心理学，来把握哥伦比亚学派的实质。

第二节　卡特尔与个别差异心理学及心理测验

在美国心理学的早期历史中，就对美国心理学作为整体的发展所产生的影响力而言，卡特尔是仅次于詹姆斯的一个心理学家。其中，詹姆斯的影响主要在理论与思想的方面。前面在评述詹姆斯《心理学原理》时，我们曾

① 波林著，高觉敷译：《实验心理学史》(下册)，商务印书馆1982年版，第601页。

指出，在整个心理学的历史上，詹姆斯《心理学原理》是唯一一部具有永恒的历史价值的教科书。事实上，不仅在当时，而且在整个心理学史中，很多人都是通过阅读詹姆斯的《心理学原理》而走上心理学道路、并成为著名心理学家的。卡特尔的影响主要在组织建制方面，如波林所指出的那样，卡特尔"又是一个实行家，是心理学界及科学界中的多方面的人物，因此，美国心理学所有多数有组织的计划都曾有他的献议。……可以说，美国心理学之有今日，自以这个观念明确、不怕斗争的人的劳绩比任何他人要更大一些"。[①] 这里需要强调指出的是，卡特尔对心理学的影响更为基本的乃是推动心理学的科学化进程，试图把心理学建设成和物理学、化学、生命科学等同样精确的科学；他在组织建制方面付出的种种努力，都是他对于心理学作为科学的热忱的具体表现，并服务于这种科学的热忱。

卡特尔是一个性情颇为古怪的人，未曾留下任何传记材料。按波林的记述和理解，"不少人曾请他写传记，但他都坚决地拒绝了。他也追忆起心理学，但不把自己事情牵涉在内，他拒邀为麦奇森的三卷心理学家自传集中的任一卷写稿。他也许觉得应由别人来记述他的成就"[②]。正因为如此，在心理学史中，我们关于卡特尔的人格印象总是残缺不全的，难以完整地追踪他的思想的起源和发展脉络。特别是卡特尔一生著述不多，未曾写出系统地阐述其科学思想的著作，只留下一些研究报告、演讲文稿以及关于科学组织和科学管理方面的论文，这些材料在卡特尔去世后由他的学生编辑成两卷本的《詹姆斯·麦基恩·卡特尔——科学家》，于1947年出版。

一、卡特尔的生平传略

卡特尔于1860年5月25日生于宾夕法尼亚州的伊斯顿城。他的父亲威廉·卡瑟迪·卡特尔(William Cassady Cattell，1827—1893)早年毕业于普林斯顿神学院(即后来的普林斯顿大学)，做过长老会派牧师，于1855年往任拉斐耶特学院，讲授拉丁语和古希腊语，又于1863年被任命为该学院院长，至1883年退休为止。他的叔叔亚历山大·吉尔莫·卡特尔(Alexander Gilmore Cattell，1816—1894)是美国国会参议员。他的外祖父拥有一家大型铸造厂，遗产由其母亲继承。这样的家庭当然属于上流社会，为卡特尔的自由发展和成长提供了良好的家庭背景。

---

① 波林著，高觉敷译：《实验心理学史》(下册)，商务印书馆1982年版，第605页。

② 波林著，高觉敷译：《实验心理学史》(下册)，商务印书馆1982年版，第661页。

卡特尔未曾上过小学和中学，他的早期教育主要是以家庭教育的方式完成的。9岁以前，主要接受父母的教育。1869年，卡特尔随父亲游历欧洲，遍访欧洲各大名校，历时一年有半。回国后，他父亲从拉斐耶特学院聘请各科著名教授给他做家庭教师。至1876年时，16岁的卡特尔入读拉斐耶特学院，于1880年以优异成绩毕业。读大学期间，卡特尔深受孔德的实证主义的影响，并与父亲的长老会派宗教信仰发生冲突。大学毕业后，卡特尔依当时的习惯赴欧洲留学，先入哥廷根大学，受洛采（Rudolph Hermann Lotze，1817—1881）思想的影响和吸引，计划在洛采指导下攻读博士学位。但是，洛采于1881年去世，卡特尔只得另寻导师。于是前往莱比锡，听冯特的课，未曾留下深刻的印象。其时，他正在准备一份关于洛采哲学思想的研究报告，以申请约翰·霍布金斯大学的一份研究生奖学金并获得成功，于是回国，与杜威、桑福德等人同学。在霍布金斯大学，卡特尔开始进行有关简单心理过程的生理心理学研究，并以与詹姆斯早年同样的方式，即通过服用各种不同的药物亲自体验其效果的方式，来理解化学物质对心理过程的影响。1883年初，霍尔应邀来到霍布金斯大学，着手组建心理实验室，卡特尔与其他同学一道，协助霍尔组建并维持这个心理学实验室。从卡特尔后来对霍布金斯大学及霍尔的回忆，可以看出他关于心理学的自然科学的理解方式及其与霍尔和詹姆斯的差异。他评述说，霍尔和詹姆斯相类似，都具有广博的学术兴趣和深厚的文学天赋，他们都满怀激情地关注人类生命的精神意义，这些问题构成人类生命的重大主题，但在心理学这门科学中却只占有很少的分量。“有一次，哈佛大学著名的胚胎学家米诺特对我说，他很嫉妒我有幸从事一门与人生的意义直接相关的科学研究的职业。”——米诺特（Charles Sedgwick Minot，1852—1914）对心理学家职业的妒嫉，当然源自于他自己关于心理学应该是什么的直观理解，或许还包括他在詹姆斯身上所看到的心理学是什么，但卡特尔却回答说，“我的实验工作与这些问题（即人生的意义问题——作者注）并无多大关系，恰如他（指米诺特——作者注）的实验工作与爱情及婴儿没有多大关系一样”①。从这个材料可以看出，卡特尔对心理学作为一门学科的基本理解，就是后来逐渐成型的那种把心理学当做一门自然科学而只关心“事实”、不关心“价值”的实证主义。

1883年，卡特尔未能继续获得霍布金斯大学的这份研究生奖学金，主要是因为由于杜威表现出更高的哲学天赋，这份奖学金转而授予杜威。于是，卡特尔便再次赴德国留学，追随冯特，并自荐为冯特的助手。这是冯特在莱

① Cattell, J. M. (1928). Early Psychological Laboratories. *Science*, 67, pp. 543～548.

比锡实验室的第一个研究助手。卡特尔在莱比锡三年，不仅勤奋刻苦，而且成就优异，在《哲学研究》、《心灵》、《脑》等杂志发表论文六七篇，并于1886年以《心理测量学研究》的论文获得博士学位。卡特尔是在冯特名下获得博士学位的第一个美国人，也是美国人公开出版博士学位论文的第一例。

在莱比锡期间，卡特尔与冯特之间的关系，无论就个人的方面还是就学术的方面来说，都是友好而融洽的。就个人关系而言，卡特尔常受邀请，与冯特家人共进晚餐，卡特尔也与冯特的两个孩子建立起深厚的友谊。这或许与卡特尔的家庭背景有关，因为作为卡特尔的指导老师，冯特自然知道，卡特尔的父亲是美国一所大学的校长。就学术的关系而言，一方面是卡特尔非常仰慕冯特的博学与毅力，另一方面是冯特非常赞赏卡特尔的创建与独立精神，从而形成亦师亦友的关系。虽然就卡特尔未来的学术发展方向而言，他逐渐地趋向于个别差异心理学研究而背离了冯特关于普遍规律的追求，但就卡特尔在莱比锡期间而言，他的思想主要还是冯特式的，如墨菲所指出的那样，“冯特关于心理学的性质的观点构成了卡特尔工作背景的很大一部分”，而且，“卡特尔的著作出色地代表了这一学派（即由莱比锡实验室的实验心理学家们所构成的冯特学派——作者注）的精髓”①。特别是1884年初，卡特尔发现冯特此前利用希普计时器进行反应时实验中时间测量的一个错误并加以改正，给冯特留下深刻的印象。

史书常记述这样一则趣事，即卡特尔在做冯特的学生时曾送给冯特一部打字机，从而极大地增加了冯特的著作量，有人曾善意地开玩笑说，冯特因此给当时的哲学界带来了灾难，因为冯特的著作量因此增加了至少一倍以上。根据卡特尔自己的回忆，冯特《逻辑学》出版于1880—1883年间，共计1995页；同期出版《伦理学》第三版，共计933页；1889年出版《哲学体系》，共738页；《生理心理学》最后一版，共2317页；《民族心理学》（十卷本）共计3161页。“冯特的这些著作，包括其他著作，都是利用我送给他的一部打字机完成的，这是德国最早的一部打字机。阿芬那留斯曾跟我说，我因为送给冯特这份礼物而给哲学界带来严重灾难，因为这部打字机使冯特的著作量增加了一倍以上。”②有史料表明，在这个事情上，卡特尔有自我吹嘘之嫌，因为这部打字机并不是卡特尔作为礼物送给冯特的，而是他帮冯特在美

① 墨菲、柯瓦奇著，林方、王景和译：《近代心理学历史导引》，商务印书馆1980年版，第233页。

② Cattell, J. M. (1928). Early Psychological Laboratories. *Science*, 67, pp. 543～548.

国订购的。[①]

1887年，卡特尔回国于宾夕法尼亚大学和布林马尔学院任讲师。1888年，卡特尔转赴英国，任剑桥大学讲师。在剑桥期间，他结识高尔顿，因共同关心个别差异问题而成为挚友，且深为高尔顿的科学精神所感染。关于个别差异问题，种种资料表明，卡特尔和高尔顿是各自独立地发现其重要性的，并在相互认识之后共同推进个别差异心理学的科学研究，如波林所指出的那样，"卡特尔甚至在往见冯特之前，即深信个别差异心理学的重要，其后也坚守这个信念。他这个观念不得自高尔顿，也许他和高尔顿共同得此意于相同的环境之内"[②]。关于科学及其方法，卡特尔受高尔顿影响的程度更大一些。那时，高尔顿正在数学上形成统计学思想，并试图将统计学运用于人类学的测量，卡特尔还在南肯辛顿博物馆人类测量学实验室（Anthropometric Laboratory）协助高尔顿实际开展人类学测量工作。那时所谓人类学测量，就包括后来逐渐成型的心理测量。作为受高尔顿影响的结果，卡特尔逐渐在心理学中开始强调客观测量、数量化、统计法以及等级法、评定法等，以图强化心理学的科学基础，推进心理学的科学化进程。所以，舒尔茨认为，作为接受高尔顿影响的"结果，卡特尔成为第一个强调数量化、重视等级法和评定法的美国心理学家"[③]。

1888年，卡特尔被任命为宾夕法尼亚大学心理学教授。这是全世界第一个心理学教授的职位，对心理学作为一门独立科学及其专业化发展而言，具有重大的历史意义，其意义堪与冯特创立心理学实验室相媲美。在此之前，心理学及心理学家的专业身份总是与哲学纠缠在一起，心理学是在作为哲学的意义上得到发展的，心理学家的职业身份则是被任命为大学的哲学教授，因此，心理学也就不能在完全的意义上实现与哲学的分离而"独立"。卡特尔的这个任命意味着，心理学在大学学术体系中终于在彻底的意义上与哲学相分离而独立，心理学家也终于获得了自己独立的职业身份，即心理学教授，而不再是依附于哲学系的哲学教授。后来，心理学学科在各大学纷纷从哲学系中分离出来而成立独立的心理学系，实以此为始。卡特尔被任命为心理学教授，这在很大程度上是他的父亲与宾夕法尼亚大学董事会交涉的结果，使宾夕法尼亚大学专门为卡特尔设立一个心理学教授的职位，卡

① Sokal, M. M. (1980). Graduate study with Wundt: Two eyewitness accounts. In Brinmann, W. G. & Tweney, R. D. (Eds.), *Wundt studies: A centennial collection*. Toronto, Canada: C. J. Hogrefe, Inc., 1980. pp. 210～225.

② 波林著，高觉敷译：《实验心理学史》(下册)，商务印书馆1982年版，第605页。

③ 舒尔茨著，杨立能等译：《现代心理学史》，人民教育出版社1981年版，第158页。

特尔的父亲也因此间接地对心理学的职业化发展做出了重大的贡献。

在宾夕法尼亚大学，卡特尔创建一新的心理学实验室，属于美国心理学中较早的一个。期间，他的研究工作集中于心理物理学，将统计法引入传统的心理物理学，并表现出机能主义的一般特征。在传统的心理物理学中，人们已经认识到阈限的事实，并在概念上将阈限理解为一个绝对的临界值：阈限以上的刺激可以被感知到，阈限以下的刺激不能被感知到。我们知道，卡特尔还在冯特实验室进行反应时实验时，就已经观察到个别差异现象，并加以注意。在心理物理学中，卡特尔同样注意到个别差异现象的存在，即同样一个刺激在不同被试身上测量出的阈限值是不同的，他并采用机能的观点认为，被试力求辨别刺激的每一差别，只是在差别太小时辨别不出来，因而改用平均误差的大小来代替最小可觉差的大小。这个改变不只具有技术的意义，而是改变了阈限的概念含义，即阈限不再被认为是一个绝对值，而是一个机能的、统计的值。在宾夕法尼亚大学期间，卡特尔在学术研究方向上的另外一个重要的转变，是关心并讨论心理测验和心理测量的问题，并在1890年于《心灵》杂志发表的《心理测验与测量》一文中，首创"心理测验(mental test)"一词，其意义留待下文详述。

1891年，卡特尔离开宾夕法尼亚大学，转任哥伦比亚大学心理学教授，在哥伦比亚大学又创建一个心理学实验室，主持这个实验室并领导哥伦比亚大学的心理学研究共26年，至1917年被哥伦比亚大学解聘为止。在哥伦比亚大学的早期年间，卡特尔专门集中于有关心理测验的研究和实践，并对哥伦比亚大学的入学新生进行测量。大致说来，这些研究和测量工作沿循高尔顿的传统，不仅包括心理的测量，同时包括身体的及人类学的测量，所以在历史研究中往往被称为人类测量学意义上的心理测验(anthropometric mental test)，以与后来逐渐成型的标准化的心理测验相区别。至1901年时，卡特尔的学生威斯勒(Clark Wissler，1870—1947)对十余年来的测验数据进行系统的综合分析，结果发现，这些测验无论是就其内部效度而言还是就其外部效度而言都是很低的。特别是到1905年前后，随着法国心理学家比纳(Alfred Binet，1857—1911)更加标准化的心理测验工具的问世和流行，卡特尔本人逐渐退出包括心理测验在内的研究工作，而专心从事心理学及一般科学的编辑和组织工作。

早在1894年时，卡特尔就和鲍德温共同创办《心理学评论》杂志，并担任编辑，至1903年鲍德温高价将这份杂志购为己有。1895年，卡特尔从贝尔(Alexander Graham Bell，1847—1922)手中购得《科学》杂志，并逐渐将它办成美国科学促进会(American Association for the Advancement of Science)的官方杂志。1900年,他又创办《通俗科学月刊》,后改刊名为《科学月刊》。1908年接手《美国博物学家》杂志,又于1915年创办《学校与社会》杂志。自1903年开始,一方面作为接受高尔顿影响的结果,另一方面作为他自己的科学热忱和他与科学界的广泛接触的结果,卡特尔对科学家们的卓越性发生研究兴趣,并逐渐形成等级评定法,对包括心理学家在内的各科学领域内科学家们进行评定和分级,从1906年至1938年,共编辑出版六版《美国科学家》。其中,关于心理学家的排名颇有助于我们大概地了解当时心理学的基本面貌。根据波林的记述:"关于心理学家名单及第一版(1903)中依次排列的打了星号的前五十名心理学家……前十名的次序为:詹姆斯,卡特尔,闵斯特伯格,斯坦利·荷尔,J·M·鲍德温,铁钦纳,罗伊斯,G·T·赖德,杜威和贾斯特罗,次十名依次为:桑福德,卡尔金斯,W·L·布赖恩,富勒顿,斯特拉顿,桑代克,E·B·德拉贝尔,斯克里普彻,赖德—富兰克林,H·R·马歇尔,第三个十名为:贾德,J·R·安吉尔,威特默,帕特里克,华伦,W·T·哈里斯,道奇,希斯洛普,西肖尔,C·A·斯特朗,在最后二十名中最闻名的有:马克斯·迈耶,勒巴,弗朗克·安吉尔,皮尔斯伯里,华许本,吴伟士,弗朗兹。"[①]通过编辑和出版这些杂志,卡特尔在特殊的意义上为心理学的普及化和科学化做出了杰出的贡献,在一般的意义上为美国科学的发展做出了历史性的贡献,并因而在科学界赢得广泛的尊敬。正因为如此,卡特尔不仅于1895年当选为美国心理学会第四任主席,又于1929年当选第九届国际心理学会主席,而且,他在1900年成为被选入美国科学院的第一位心理学家院士,又于1925年成为第一个当选美国科学促进会主席的心理学家——不是以心理学家的身份,而是以科学家的身份当选美国科学促进会主席的。[②] 至1944年卡特尔去世后,《纽约时报》称他为美国科学的"大总管"。

根据华生(Robert I. Watson,1909—1980)的记述,卡特尔在一次饭后茶余的闲谈中,跟朋友说起他童年时去看一个颅相学家的趣事。该颅相学家在详细检查卡特尔的颅骨之后预言了卡特尔的人格特征,这些人格特征都是些优良的、值得颂扬的品质,但有一个例外,即卡特尔缺乏意志力。卡特尔的回忆立即引起朋友们的哄堂大笑。[③] 朋友们哄堂大笑的意味是明确

① 波林著,高觉敷译:《实验心理学史》(下册),商务印书馆1982年版,第624页。

② Sokal, M. M. (1984). James McKeen Cattell and American psychology in the 1920s. In Brozek, J. (Ed.). *Explorations in the history of psychology in the United States*. Cranbury, NJ: Associated University Presses, Inc., 1984, pp. 272~323.

③ Watson, I. R. The great psychologists. philadelphia, Lipincott. p. 353.

的，因为卡特尔恰恰是一个意志坚定、精力充沛、从不媚俗的人，他做人、行事的很多特征都是他坚强意志的体现。作为个人，卡特尔强调独立工作的重要性，无论是他在做学生时对自己的要求还是他在做老师后对学生的要求，都是如此。我们知道，卡特尔在冯特实验室求学时就已经表现出了这样的特征，并被冯特称为是“典型的美国式的”；按卡特尔的学生的回忆，在哥伦比亚大学期间，卡特尔从来不像冯特那样将自己选定的课题指定给学生去完成，而是鼓励学生独立地去研究他们自己感兴趣的问题。[①] 同样，作为学者和大学教授，卡特尔强调自由而独立的研究工作的重要性，坚决抵制因官僚化的大学管理体制给教授的研究工作带来的干扰。为了回避这种干扰，在个人生活的层面上，他选择住在离学校 40 英里的地方，并逐渐将自己的家变成实验室和编辑办公室；在社会生活的层面上，他促成了美国大学教授协会的建立，主张大学的各项决策应该由教员做出，而不应该由管理当局做出。特别是这后一个方面的努力，在哥伦比亚大学内部造成了管理当局与他个人之间的紧张关系，并最终给他带来了麻烦。按舒尔茨的记述，“大学管理者不能容忍对他们的权威的攻击，所以卡特尔在哥伦比亚大学的日子不长。从 1910 年到 1917 年，大学董事会曾三度考虑过‘辞退’他”[②]，并最终于 1917 年因卡特尔反对美国参加第一次世界大战而以不忠于国家为借口辞退了他。若干年后，卡特尔以诽谤罪起诉哥伦比亚大学并获胜诉，得到 4 万美元的赔偿金。

从 1917 年被哥伦比亚大学辞退后，卡特尔再没有恢复大学教授式的学者的生活，而是致力于编辑、出版、组织、宣传等方面的工作，直至 1944 年去世为止，并通过这种方式为心理学的发展做出了重要的贡献。卡特尔晚年以这种方式推进心理学的发展的重要形式之一，是于 1921 年利用从哥伦比亚大学获得的赔偿金创办心理学公司（Psychological Corporation），以推动心理学的应用以及应用心理学的发展。虽然历史证明，因为卡特尔不具有工业心理学及企业管理方面的经验，他的心理学公司最初的经营状况令人堪忧，甚至入不敷出，[③]但是，对卡特尔来说，他创办心理学公司的内在动机并不是为了盈利，而是为了推动应用心理学的发展，并在这个意义上实现了

① Wells, F. L. (1944). James McKeen Cattell: 1860—1944. *American Journal of Psychology*, Vol. 57, No. 2, pp. 270～275.

② 舒尔茨著，杨立能等译：《现代心理学史》，人民教育出版社 1981 年版，第 159 页。

③ Sokal, M. M. (1984). James McKeen Cattell and American psychology in the 1920s. In Brozek, J. (Ed.). *Explorations in the history of psychology in the United States*. Cranbury, NJ: Associated University Presses, Inc., 1984, pp. 272～323.

他的目的。事实上，若干年后，卡特尔聘请更富有工业心理学经验的其他人来管理他的心理学公司，并由此逐步走向成功。就卡特尔的一生与心理学的进步之间的关系来说，似乎可以总结出这样一个人格模式，即虽然他自己的努力所取得的成就并不是令人瞩目地成功的，但他的努力却代表了心理学的发展方向，并由此推动了心理学的发展。他晚年创办心理学公司的情形是如此，恰如他在19世纪90年代致力于心理测验研究的情形亦如此一样：虽然他在心理测验方面取得的理论成就是有限的，并因为其他人如比纳的更加标准化的心理测验工具的问世而中断自己的研究工作，但就塑造心理学的心理测验的时代精神的意义而言，他的贡献无疑是伟大的。

二、个别差异心理学与心理测验

卡特尔对于心理学的贡献是多方面的。他的思想和研究不仅体现了美国心理学的一般精神，而且代表着心理学走向科学的未来发展方向。上文结合对卡特尔生平的介绍和对其人格的评述，指出了他在推进心理学科学化进程方面做出的努力。关于卡特尔早年有关心理学的专业的科学研究工作，波林曾有过详尽的评述，可资参考："卡特尔的研究以许多课题散见于许多书刊之中。1914年，他的六个学生将它编辑成书，分为六种题材，并指出它们的重要性，如反应时间，联想，知觉和阅读，心理物理学，劳绩分等研究，和个别差异"，而且，他的"种种研究都以个别差异为主题"，[①]从而体现了美国心理学的机能主义精神。

个别差异心理学作为机能主义，属于广义机能主义的范畴，因为个别差异的主题，是由进化论作为生物学关于变异的经验事实和理论假定衍生出来的一种心理学的研究方案，而不是由进化论作为心理学思维方式的整体衍生出来的心理学的研究方案。关于这个关系，前面已有详细讨论，不再赘述。有关卡特尔关于个别差异心理学及其重要性的思想起源，我们无从考察，并接受波林关于这个问题的说明，认为他这个观念不得自高尔顿，也许他和高尔顿共同得此意于相同的环境之内。这个所谓"相同的环境"便是由进化论的世界观和思维方式所塑造的心理学的时代精神。这个时代精神与以冯特和铁钦纳为代表的传统意识心理学所体现的时代精神是相互对立的，并在这种对立关系中拓展了心理学的科学观，从而推动了心理学在科学道路上的发展。

---

① 波林著，高觉敷译：《实验心理学史》(下册)，商务印书馆1982年版，第608页、第612页。

我们知道，在最一般的意义上，心理学作为一门独立科学是由冯特在19世纪下半叶于德国莱比锡大学创立的；冯特创立心理学的事业，与19世纪的德国哲学有着千丝万缕的联系，并因而与德国古典哲学密切相关。事实上，在德国，尤其是在18世纪末至19世纪初德国古典理性主义的黄金时代，整个自然科学，包括心理学在内，要想得到充分而自由的发展是尤其困难的，因为在古典理性主义者、特别是在黑格尔等人看来，世界的本质是物理自然世界和个体精神世界背后的“绝对精神”；与思辨哲学对这个“绝对精神”的认识相比，自然科学对物理世界和经验心理学对个体精神世界的认识是微不足道的。这正如黎黑所指出的那样：“经验研究在唯心主义者心目中似乎微不足道，而且唯心主义者——以黑格尔最为强烈——还积极反对经验心理学的发展。”[①]事实上，康德、黑格尔等人都明确地否认心理学作为科学的可能性。冯特是通过将生理学的实验方法引入对传统的哲学问题、特别是对传统的哲学认识论问题的研究之中而创立心理学的，因此，这种心理学在形式上是科学的，但在主题或精神上则是传统哲学的、特别是传统的哲学认识论的，主要表现在冯特所要追寻的乃是普遍的人类心灵的普遍法则。把心理学规定为关于普遍的人类心灵的普遍法则的研究，这种科学观必然会弱化量化研究的意义，而量化研究恰恰是自然科学的基本特征之一。所以，冯特关于普遍的人类心灵的普遍法则的追求，与他试图把心理学建设成为一门自然科学意义上的科学的努力是不相一致的。

卡特尔以生物学强调生物性状的变异及其对生物学的理论重要性同样的方式，强调心理特征的个别差异及其对心理学的理论重要性。个别差异心理学关心的是个体的能力，而不是普遍的人类心理，因而易于趋向实用。这是与全部美国心理学的机能主义精神相一致的，也是对机能主义的进一步发展。同时，个别差异必然要求对不同个体的不同方面的能力加以定量化处理，从而在理论上为心理学的科学化提供了可能，又在方法论的意义上为心理测验的发展提供了动力，因为心理测验乃是对个体心理能力进行定量化处理的主要方法。事实上，心理测验(mental test)一词，正是卡特尔首创于1890年的论文“心理测验与测量”。在这篇文章中，卡特尔首先评述了心理测验对于心理学趋向于科学的发展而言所具有的重要性，认为“心理学除非以实验和测量为基础，否则就不能获得物理科学所具有的那种确定性和精确性。心理学获得这种确定性和精确性的一个重要步骤，就是将一系列心理测验实施于大量的个体样本。无论是对于发现心理过程的稳定性、

① 黎黑著，刘恩久等译：《心理学史：心理学思想的主要趋势》，上海译文出版社1990年版，第227页。

独特性，还是对于发现心理过程随不同环境条件而发生变化而言，心理测验结果都具有重大的科学价值”，并指出了心理测验对于个体发展而言所具有的实用价值，认为“被测验的个体也会获益于心理测验”，从而有针对性地进行自我训练或改进自己的生活模式等。[①] 与此同时，文章还介绍了他在宾夕法尼亚大学期间编制完成并实施测验的 10 种测验工具，并讨论其设计方法，还试图用这些心理测验对大学生和其他社会团体进行大规模的实际测验。总起来说，在 19 世纪 90 年代，在以比纳为代表的更加标准化的测验工具问世之前，卡特尔专门致力于心理测验的理论研究、心理测验工具的编制以及心理测验的实施，从而有力地推动了心理测验运动的发展。

卡特尔的研究精神鼓舞了他的学生桑代克，使桑代克继卡特尔之后成为心理测验运动的领袖，并将心理测验运用于教育领域。当时，以哥伦比亚大学为中心，在桑代克的领导下，心理测验工作蓬勃发展，主要表现在：(1) 在成就测验方面，桑代克根据卡特尔的分等法编制了书法量表(1910)、阅读能力测验(1914)，他的助手还编制了算术量表(1908，1909)、作文量表(1912)、拼音量表(1915)、语文量表(1916)等；(2) 在能力倾向测验方面，他提出了职业训练理论，列举模拟、样本、类比和经验等四种职业测验，又于 1917 年编制办事员能力测验；(3) 在人格测验方面，他在 1912 年编制兴趣测验，他的学生凯利(Truman Lee Kelly，1884—1961)编制了英语、历史和数学等兴趣测验，并以统计法求出三者之间的相关，斯特朗(Edward Kellog Strong，Jr.，1884—1963)编制了职业兴趣调查表(1927)，吴伟士也编制了个人资料问卷法(1918)等。

此外，心理测验在技术上要求着重于能力及其差异的外在行为表现，而不注重于内省和意识，也不探讨由心理测验所表现出来的个别差异所涉及到的意识内容或生理原因。这样，卡特尔以及哥伦比亚学派就为机能主义向行为主义的过渡创造了条件。这也充分体现了哥伦比亚学派在思想、理论及学术研究方面的自由的精神氛围，因为他们不接受冯特及铁钦纳关于心理学研究主观经验的戒律。在他们看来，只要有助于心理学在科学上更加成熟、在实践上更加有用，不管是主观的意识经验，还是客观的行为反应，都应该是心理学的合法的研究对象。

---

① Cattell, J. M. (1890). Mental tests and measurement. In W. Dennis(Ed.). *Readings in the history of psychology*. New York: Appleton-Century-Crofts, Inc. ,pp. 347～354.

第三节 桑代克的联结主义心理学

桑代克是在美国本土接受全部教育和训练的早期心理学家之一，这个事实与以下历史趋势是相一致的，即在19世纪末至20世纪初，在世界范围内，心理学的研究中心正在从德国向美国转移。在心理学史中，桑代克的贡献是多方面的，而且在他做出贡献的诸多领域中，他的贡献都是杰出的。例如，前面曾指出，他是动物心理学作为实验科学的创始人；在20世纪初年，继卡特尔之后，他成了心理测验运动的领袖人物。事实上，就桑代克一生的学术研究的重点来说，他主要致力于教育心理学的研究，并在教育及教育学史中占有重要位置。同时，他的教育心理学研究，又是以他的体系心理学以及他的联结主义心理学思想为基础的。他关于心理学的系统的观点，既是当时美国心理学普遍地趋向于机能主义的时代精神的产物和体现，又是塑造美国心理学的这种时代精神的重要力量之一。这里将在机能心理学及其哥伦比亚学派的背景中评述桑代克的体系心理学思想，以说明机能心理学及其哥伦比亚学派。

一、桑代克的生平与成就

桑代克于1874年8月31日出生在马萨诸塞州的威廉斯堡。他的父亲是一位卫理公会教会的牧师，他的母亲是一个家庭主妇。按当时卫理公会教会的要求，牧师必须定期地调任于不同的城镇，所以，在桑代克17岁上大学之前，他的家共搬过8次，平均不到2年就搬家一次。早年生活的经历对他后来的人格产生了深远的影响：一方面是培养了他的自立精神；另一方面，由于频频搬家，童年和青少年时期的桑代克没有稳定的伙伴和朋友关系，塑造了他沉稳而孤独的性格，乃至于成年后，对桑代克来说，最幸福的事情就是关起门来做自己的研究工作。

桑代克的家族可以追溯到殖民初期，他的祖先于1630年移民到美国马萨诸塞州。他的父亲是一个开明的牧师，对子女寄予很高的期望。身为牧师，他希望自己的孩子成为社区的榜样。事实上，他的孩子无论是在学业方面还是在品性方面都有很高的表现。桑代克有两个兄弟和一个妹妹。他的妹妹后来成为一名中学教师；他的哥哥艾什里·霍拉斯·桑代克（Ashley Horace Thorndike，1871—1933）是一位著名的英国文学专家，专攻莎士比亚戏剧；他的弟弟林恩·桑代克（Lynn Thorndike，1882—1965）是一位著名的历史学家，专攻中世纪科学史。兄弟三人后来都在哥伦比亚大学任教授，成为哥伦比亚大学历史上的一段佳话。桑代克对自己子女的教育也很成功。他共有 5 个子女，其中四人都接受了很好的高等教育而获得博士学位，其中，罗伯特·赖德·桑代克（Robert Ladd Thorndike，1910—1990）子承父业，最终也成就为一个著名的教育心理学家；艾伦·莫尔顿·桑代克（Alan Moulton Thorndike，1918—2006）后来成为一位著名的物理学家。

1891 年，桑代克入读位于康涅狄格州中部小城米德尔镇的韦斯里安大学。作为家庭背景影响的结果，他的学业重点一直放在古典文学方面，而不是放在科学。[①] 1895 年，在大学毕业前夕，桑代克因参加学校举办的一次有奖征文竞赛而阅读詹姆斯的《心理学原理》，深受詹姆斯的感染，立志钻研心理学，并在毕业后入读哈佛大学，追随詹姆斯攻读心理学博士学位。桑代克原本对教育感兴趣，在波士顿从事儿童研究。在儿童研究过程中，他因为需要进行有关的测量而脱去被试儿童的衣服，这个做法被一位人类学家认为是不恰当的而受到批评。同时，詹姆斯邀请英国比较心理学家摩尔根来哈佛大学讲学，桑代克在听课中受到启发而联系到动物的学习过程，于是选择小鸡作为研究的对象。史书常记述桑代克这个时期的一则生活趣事，即他的房东太太不允许他在寝室里孵养小鸡而让桑代克很为难，于是他便请求詹姆斯帮忙。詹姆斯试着在心理学实验室或自然史博物馆给桑代克找到一个孵养小鸡的空间，但未能成功，便干脆让桑代克在自己家里的地下室孵养小鸡，可见詹姆斯对桑代克关于动物实验研究的支持态度。

桑代克最初用小鸡做实验时，研究方法很简单。他用书本立于平面之上，构成迷路，将小鸡置于迷路中，训练小鸡走出迷路获得食物的学习过程。这个方法虽然简单，但却具有重要的心理学史意义。在此之前，动物心理学研究主要采用轶事法和自然观察法。轶事法的非科学性自不必说，在 19 世纪末叶已经受到广泛的批评；那时的自然观察法尚不完善，很多因素无法得

① Woodworth, R. S. (1952). Edward Lee Thorndike, 1874—1949: A biographical memoir. *National Academy of Sciences: Biographical Memoirs*. Washington, D. C.: National Academy of Sciences. pp. 208～237.

到有效的控制，因此，动物心理学作为科学的研究领域是受到质疑的。桑代克将动物带进实验室，对实验条件加以严格的控制。随着这种方法臻于完善，至少在方法论的意义上，动物心理学作为科学的地位受到认可，桑代克也因为这种方法论上的变革而被认为是科学的、实验的动物心理学之父。

桑代克因为个人的情感生活方面的挫折而没能完成在哈佛大学的学业。在波士顿，他深深地爱上一位女子，却没有得到爱情的回报，从而陷入痛苦的深渊。于是，他求助于卡特尔，向哥伦比亚大学申请研究生奖学金，并获得成功，便于1897年新学期开始时，带着他训练得最好的两只小鸡离开波士顿，前往纽约，成为卡特尔的学生。对于一个爱得深切而又失恋的年轻人来说，这个旅行显得有些凄凉，但富有戏剧意味的是，桑代克后来还是娶了那位女子为妻，二人感情甚笃，共度人生。

在哥伦比亚大学，桑代克继续进行动物心理学的实验研究，除小鸡外，还以猫、狗、鱼、猴子等动物为研究对象，并为不同的研究对象精心设计出不同的迷笼，其中又以用猫为对象的实验研究最富成效、最有影响，他的联结主义心理学体系以及有关试误学习的基本思想，都起源于这些研究工作。以此为基础，桑代克于1898年完成博士学位论文《动物的智慧：关于动物联想过程的实验研究》，并获得博士学位，论文同年以专刊的形式发表于《心理学评论》杂志。桑代克关于心理学的系统的理解以及他对体系心理学的历史性的贡献，就是他在博士论文的研究工作中取得的成果，或者是对这些研究成果的进一步深化；他后来卓有成效地进行教育心理学研究，也是以博士论文的研究工作为基础的。在体系心理学及机能心理学的背景中，桑代克的历史地位，就是由这些研究工作奠定的，留待下文详述。

博士毕业后，桑代克未能找到一份理想的工作。他向纽约大学和自己的母校韦斯里安大学提出任职申请，均未获成功。他甚至想回到哈佛大学重新再读一个博士学位。最后，他决定前往位于俄亥俄州克利夫兰的一所女子师范学院，任教育学讲师。① 在19世纪末20世纪初，伴随着美国社会的工业化和城市化进程，教育正处于上升地位。其时，小学教育在美国已经普及，美国的教育导向是逐步普及中等教育，因此，急需培养大量的师资力量。在此之前，初等教育的师资力量主要是由位于乡村地区及一些小规模的师范院校来培养。随着教育的发展及对师资力量的需求，各大学纷纷组建教育系或师范学院，一方面是培养师资力量，另一方面是开展教育研究。

① Hearst, E. (1999). After the puzzle box: Thorndike in the 20th century. *Journal of the experimental analysis of behavior*. Vol. 72, No. 3. pp. 441～446.

正是在这样的背景下,1899 年,哥伦比亚大学将邻近的一所私立师范学院合并,就是后来成名的哥伦比亚大学师范学院。因为卡特尔的推荐,哥伦比亚大学将桑代克聘回,任教于师范学院,至 1940 年退休。

按桑代克的理解,大学主要是从事基础研究的。所以,如果在大学里办教育系或师范学院,那么,它的职能就不应该像先前独立的小规模的师范学院那样,仅仅满足于师资力量的培养,而必须同时注重有关教育问题的基础研究,以适合大学的学术氛围。正是桑代克的这种理解和努力,改变了师范学院及师范教育的职能和性质,同时注重于师资力量的培养和教育基础的研究。他自己的教育心理学研究,正是这种师范教育的理想的典范。通过桑代克的努力,哥伦比亚大学师范学院很快成为全美有关教育的科学研究的中心,也成为教育研究者的培训中心。

在哥伦比亚大学师范学院,桑代克的教学任务是繁重的,他经常要给大班授课,授课对象主要是教师以及中小学的教育管理工作者,授课内容不仅包括教育及教育心理学,同时也包括普通心理学。当然,这并不意味着他的研究工作因此而受到干扰。事实上,他的教学工作和研究工作是相辅相成、互相促进的。同时,他继续保持着与卡特尔的密切联系。卡特尔曾建议桑代克,是否可以将他有关动物心理学的实验研究结果推广运用于人类被试。卡特尔的这个建议的结果之一,就是桑代克在 1901 年与吴伟士合作发表的关于学习迁移的著名论文:《一种心理机能的改善对他种心理机能之效力的影响》。①

前面曾指出,桑代克是一个性情沉稳的人,他的一生没有多少社交的生活,而专心致力于心理学作为科学的研究工作。他不仅勤于探索,而且笔耕不辍。至 1949 年去世时,哥伦比亚大学对其科学作品进行过统计,共有 500 余项,其中约 50 项为大部头的著作或专著。1903 年刊行《教育心理学》初版,升任专职教授。1904 年刊行《心理与社会测量说引论》。1905 年出版《心理学要义》,这是一本普通心理学教材。桑代克因为出版这本教材而做出的一件事情,颇能说明他的谦逊和敦厚的品性,值得在这里附带提出,帮助读者理解他的人格。我们知道,詹姆斯在完成《心理学原理》的写作后,应出版商的要求,将《心理学原理》改写成《心理学简编》,于 1892 年出版,此后成为发行量最大的普通心理学教材。桑代克出版《心理学要义》后,担心自

① Thorndike, E. L. & Woodworth, R. S. (1901). The influence of improvement in one mental function upon the efficacy of other functions. In W. Dennis(Ed.). *Readings in the history of psychology*. New York: Appleton-Century-Crofts, Inc. pp. 388～398.

己的教材会抢占詹姆斯《心理学简编》的市场份额而给詹姆斯寄去100美元的支票作为补偿。詹姆斯当然没有接受桑代克的好意而将支票退回，同时自然对桑代克的人品留下深刻的美好印象。[①] 至1911年时，桑代克的博士论文及其后续研究工作在学术界产生越来越大的影响，同时也为教学工作提供配套的阅读材料，他将博士论文重新出版，并附以关于鱼及猴子的研究论文，题名为《动物的智慧：实验研究论集》。1913年至1914年间，发表三卷本的《教育心理学》：第一卷为《人的本性》，第二卷为《学习心理学》，第三卷为《个别差异及其原因》；1927年出版《智力的测量》；1932年发表《学习的基本原理》；1939年出版《你的城市》，讨论社会问题及其价值的测量；1940年，出版《人的本性与社会秩序》；1943年出版《人及其工作》，系为哈佛大学詹姆斯讲座的演讲稿；1949年，就在他去世前不久，出版《一个联结主义者的心理学著作选集》，重新刊印他在1936年为麦奇森主编的《传记体心理学史》写作的自传，及其他22篇由他自己选编的不易见到的重要论文。

桑代克作为心理学家或科学家的贡献是伟大的，他也因此赢得了人们普遍的尊敬和爱戴。1912年，当选为美国心理学会主席，1917年当选美国科学院院士，1921年被《美国科学家》杂志评价为全美排名第一的科学家，1934年当选为美国科学促进会主席。1940年，桑代克从哥伦比亚大学退休，但继续从事教学和研究工作，并与心理学界保持密切的联系。1942年至1943年，桑代克应邀赴哈佛大学任詹姆斯讲座教授。此外，桑代克还接受了包括他的母校韦斯里安大学和哈佛大学在内的多所学校的名誉博士学位。1949年8月9日，桑代克逝世，享年75岁。

二、联结主义心理学

所谓联结主义(connectionism)，是桑代克对自己的体系心理学思想的称呼，实质上是一种新型的联想主义(associationism)。在西方心理学思想史中，桑代克及其联结主义心理学集中体现了从古典联想主义向行为主义的过渡，其中又渗透着机能主义精神。他的过渡性质且因下列事实而得到加强，即他对教育心理学及心理测验等应用领域的热衷，很快使他与培育了行为主义的学院的实验心理学的主流相脱离。当他致力于联结主义心理学体系的建构时，行为主义尚不具有明确的性质；当行为主义获得了明确的性

---

① Cumming, M. M. (1999). A review of Geraldine Joncich's *The Sane Positivist: A Biography of Edward L. Thorndike*. *Journal of the experimental analysis of behavior*. Vol. 72, No. 3. pp. 429～432.

质之后，他已不再热衷于系统的理论探讨了。正因为这种过渡性质，所以严格说来，桑代克的心理学思想不构成一个体系。这为我们评述桑代克的心理学思想带来了困难，也是不同的研究者以不同的方式处理桑代克的历史意义的原因：有人把他作为机能心理学、特别是哥伦比亚学派的代表人物，也有人把他作为行为主义前行者。

桑代克是一个极富创造力的独立的思想家，这也为我们追踪他的思想的起源和发展脉络带来了困难：他不是将自己局限于某一思想的或学术的传统之内，并满足于对该思想传统或学术传统的进一步阐释或发挥；相反，已有的思想传统及其要素，对他来说，都不过是他据以创造自己的思想体系的背景材料。例如，按照吴伟士的介绍，虽然桑代克对自己有幸拥有詹姆斯和卡特尔作为导师而感到自豪，但是，必须承认，对于桑代克关于动物学习以及实验方法的划时代的研究工作而言，二位导师的影响只能是间接的：詹姆斯的影响在于将桑代克引导到心理学作为一门自然科学的观念，以研究“具体人性的丰富细节”；卡特尔的影响在于将桑代克引导到“对心理事实进行量化处理”的方法。[①] 所以，必须从心理学在当时历史条件下所已经取得的进展的一般背景出发，才能有效地理解桑代克及其工作的历史意义。（对桑代克的这样一个研究方案，或许会引起某种疑惑，即在何种意义上将桑代克作为哥伦比亚学派的代表人物。虽然这个疑惑是有效的，而且值得在有关历史的一般研究中展开讨论，但这种讨论已超出本书的主题，涉及到如波林所说的时代精神与个人之间的关系问题。关于这个问题，这里只能满足于简单地指出，时代精神与个人思想之间的关系是双向的、互动的；原本不存在一个固定的哥伦比亚学派，所谓哥伦比亚学派，不过是对卡特尔、桑代克等人的具体的思想和工作所体现的一般精神或特征的概括。）

1. 桑代克联结主义心理学思想的背景概述

对桑代克建构联结主义心理学体系而言，比较重要的背景因素包括以下四个方面：一是传统意识心理学的进展与困境及其联想主义传统，二是动物心理学或比较心理学的进展，三是进化论思维方式向心理学的渗透，四是伴随着机能心理学和动物心理学的发展而形成的心理学的客观化趋势。当然，具体地指出这些背景因素并不意味着这些因素之间的界限是分明的，也不意味着它们各自对桑代克产生了直接的、可以明确地清理出来的线性的

---

① Woodworth, R. S. (1952). Edward Lee Thorndike, 1874—1949: A biographical memoir. *National Academy of Sciences: Biographical Memoirs*. Washington, D. C.: National Academy of Sciences. pp. 208～237.

影响关系。事实上，在这些因素之间存在着密切的极其错综复杂的相互关系。它们各自对桑代克产生的影响既有直接的也有间接的，既包含肯定的方面也包含否定的方面。这里具体指出这些因素的根据在于，当我们将桑代克的思想置于当时心理学进展的一般背景中加以考察时，这些因素便自然地突现出来，并显示出它们各自在桑代克心理学思想中留下的痕迹。

这里所谓传统的意识心理学，是指心理学在经受行为主义的洗礼之前所呈现出的以意识经验为研究对象的基本面貌。它不是一个主题的概念，而是一个历史的概念，因为这个概念同时涵盖着在思想逻辑上相互对立的构造心理学和机能心理学。就心理学以主观的意识经验为研究对象的最一般特征而言，桑代克继承了传统意识心理学的这个特征。例如，在其博士论文的开篇，桑代克指出："本文的目的是要解释发生在动物心灵中的联想过程的性质。"①所谓动物的心灵(animal mind)，当然是指主观的意识经验而言的。所以，我们发现，在桑代克的心理学中，传统意识心理学的心灵主义术语，如"心灵"、"意识"、"感觉"、"冲动"、"意志"、"快乐"等，至少形式上是在正常的意义上被广泛使用，而不像后来的行为主义那样，对这些主观的心灵主义术语严加防范。但是，在传统意识心理学的背景中，就对待"意识经验"或"心灵"的理论态度而言，桑代克是詹姆斯意义上的机能主义的，而不是铁钦纳意义上的构造主义的；或换句话说，在对传统意识心理学的心灵主义术语的使用中，桑代克在实质上赋予了这些术语以机能心理学的含义，而不是构造心理学的含义。我们知道，以铁钦纳为代表的构造主义心理学曾受到詹姆斯、杜威等人严厉的、甚至是彻底的批判，认为这种心理学是一种詹姆斯所谓"心理学家的谬误"意义上的抽象的体系。与此相类似，桑代克也认为对抽象的、与有机体及其行为无关的"意识"的研究，不构成一种科学的事业，而只是对"语词"及其意义的一种智力游戏式的操作。桑代克这里所谓"语词"，就是指作为传统意识心理学基本范畴的那些心灵主义的术语。换句话说，在桑代克看来，"如果心理学家把意识当做一种与运动无关[的实体]来研究，那么，他实际上就是在虚构出各种意识经验，并对之加以描述和分析"。② 桑代克所谓"虚构出各种意识经验"，并对这些虚构出来的意识经验"加以描述和分析"，当然是指詹姆斯所谓"心理学家的谬误"意义上的那种心理学的研究方案。

---

① Thorndike, E. L. (1898). Animal intelligence. In W. Dennis(Ed.). *Readings in the history of psychology*. New York: Appleton-Century-Crofts, Inc. pp. 377～387.

② Thorndike, E. L. (1911). Animal intelligence. New York: Macmillan. pp. 16～17.

与此相反，桑代克是在与有机体及其行为的关系的意义上来理解意识经验以及作为对各种意识经验之理论把握的那些心灵主义术语。支持这种理解方式的背后的逻辑，就是从詹姆斯到安吉尔以来逐步确立起来的一个机能心理学的理念，即把有机体作为一个统一的整体加以把握，虽然关于这个逻辑，桑代克并没有明确地加以阐释。在这个背景中，桑代克转而强调"行为(behavior)"作为心理学基本范畴的重要性，并认为其重要性至少是与"意识(consciousness)"作为心理学的基本范畴同样重要的；而且，由于桑代克的动物心理学的研究背景以及作为他接受进化论影响的结果，他虽然没有明确地指出下面这一点，但在事实上却趋向于坚持这一点，即"行为"作为心理学的基本范畴，比"意识"作为心理学的基本范畴具有更为基础的意义，并表现出越来越多的行为主义的成分。例如，在讨论关于心理学作为一门自然科学的领域时，桑代克评述说，心理学家关于人类本性的陈述包括两大类，即"关于意识的陈述(statements about consciousness)"和"关于行为的陈述(statements about behavior)"，而所谓"行为"就是"人类生命中物理学、化学、解剖学及生理学未能加以解释而剩留下来的那个部分"；①而且，他还进一步指出，研究工作使他"越来越尊重心理学作为行为科学(the science of behavior)[的地位]，越来越愿意使心理学与生理学相接续，并且越来越坚信，为了理解一个人能够做什么或是他将会做什么的缘故而研究意识，与为了理解他能够拥有或将会拥有什么意识的缘故而研究他的行为，[对心理学而言]是同样适当的"②。所以，在桑代克看来，心理学的资料应该同时包含意识的资料和行为的资料，而且，"为了理解意识状态之何时、如何及为什么，我们还必须研究除意识状态以外的其他事实"③，这其他的事实，就是行为的事实。从这个背景来看，桑代克是整个心理学史上第一个系统地论证"行为"概念作为心理学基本范畴的人，虽然他据以论证"行为"概念作为心理学基本范畴的逻辑是机能主义，而不是后来的行为主义。他认为，"行为包含着意识和行动(action)，包含着心灵的各种状态以及这些状态之间的联结[关系]"。④ 这个论断表明，在桑代克的理解中，"行为"乃是对传统意识心理学之意识命题和后来行为主义意义上的行为命题的综合命题，也是上文给出的一个暗示的根据，即在桑代克的心理学中，"行为"乃是比"意识"更具有基础意义的基本范畴。

---

① Thorndike, E. L. (1911). Animal intelligence. New York: Macmillan. p. 2.
② Thorndike, E. L. (1911). Animal intelligence. New York: Macmillan. pp. 5～6.
③ Thorndike, E. L. (1911). Animal intelligence. New York: Macmillan. p. 17.
④ Thorndike, E. L. (1911). Animal intelligence. New York: Macmillan. p. 16.

桑代克强调“行为”作为心理学的基本范畴，当然与其动物心理学研究背景有关。这里首先指出，桑代克的心理学生涯开始于动物研究，这样一个起点决定了他未来思想发展的基本方向，即采取自下而上的道路，倾向于以动物心理为参照来理解人类心理，从而与达尔文以来在英国得到广泛发展的传统的比较心理学所采取的自上而下的道路相对峙。这是我们据以理解桑代克的思想及其贡献和局限的一个关键的背景因素。就其贡献来说，他由此使得动物心理学摆脱了作为人类心理学附庸的地位而获得独立；就其局限来说，由于他以动物心理为参照来理解人类心理，而他的实验研究工作针对的又都是较为低等的动物，因而难以发现人类[以及较高等动物]的独特性，如否认观察学习现象的存在。①

在比较心理学的历史中，自上而下的发展道路就是参照人类心理来理解动物心理。这样一种研究思路既决定于又体现了英国比较心理学的理论旨趣。这个理论旨趣就是试图通过动物心理学的研究，来论证人类心理与动物心理的连续性，并试图理解人类心理的进化，从而为进化论提供佐证。在这种研究方案中，拟人论和轶事法因为投合它的理论旨趣而受到欢迎。桑代克正是通过批判英国比较心理学中的拟人论和轶事法，彻底改变了比较心理学或动物心理学的研究旨趣，将动物心理学或比较心理学置于实验的、科学的方法论基础之上，并由于方法论的变革而获得据以建构自己的理论体系的丰富经验事实的基础。关于拟人论，在比较心理学的历史中，摩尔根已经提出吝啬律来反对它，认为动物的一个行为表现只要能够用较低级的心理活动来加以解释，就决不要求助于较高级的心理活动来解释它。桑代克意识到吝啬律或摩尔根法则在逻辑上是不彻底的，所以，他借用摩尔根的吝啬律来反对摩尔根。如波林所指出的那样：“桑代克虽然没有点这个规律的名，却用它来反对摩尔根。”②按桑代克的理解，动物的行为可以分为两大类：一类是不需要经验的塑造作用而表现出的本能的反应，一类是作为经验的塑造作用的结果而形成的反应。其中，前一类反应属于生物学的研究对象，后一类反应属于心理学的研究对象。关于动物建立在经验基础上的行为反应，我们可以“按照通常的联想过程来解释，而不必求助于抽象的、概念的、推理的思维活动。这些联想过程，一方面存在于动物的心灵之中，另

① 参见高申春：《人性辉煌之路——班杜拉的社会学习理论》，湖北教育出版社2000年版，第119～124页。

② 波林著，高觉敷译：《实验心理学史》（下册），商务印书馆1982年版，第640页。

一方面又表现于它们的活动中,便是我的研究对象”①。关于轶事法,桑代克同样持批评态度,认为这种方法“为我们提供的不是关于动物的心理学,而是关于动物的颂歌”,因为这种方法“只关心动物的智慧[的行为],而不关心动物的愚蠢[的行为]”;②只有在严格控制的实验室条件下对动物的行为反应进行客观的观察,才能发现动物的真实的行为规律。

关于联想(association)的概念,桑代克反对英国经验论传统中的那种纯粹主观的观念意义上的理解方式。他据以反对英国经验论传统中的联想概念的逻辑,就是进化论关于自然选择的思维方式。在进化论作为生物学理论中,作为自然选择的对象的是生物的性状及其变异;在桑代克的心理学中,作为自然选择的对象的是有机体的行为及其变异。桑代克认为,与行为无关的纯粹主观的观念没有意义。观念必须与行为发生关系并最终表现为行为,才能介入到与环境的相互作用而接受选择并实现其价值。纯粹主观的非物质的观念本身,不能构成自然选择的对象。与此相应,桑代克认为,联想是动物在对实验情境的感觉印象(sense-impression)和导向成功活动的冲动(impulse)之间建立联系的过程,③并将这一过程称为动物学习(animal learning)。正因为如此,有人认为从西方心理学历史发展趋势来看,桑代克的心理学可以被看成是历史上的第一个学习理论体系,并“预示着现代学习理论在现代心理学中已上升到突出地位”④。

就动物对情境的“感觉印象”和它的行为的“冲动”均可视为观念的广泛含义而言,桑代克的联结主义心理学构成古典联想主义的一种特殊形式。然而,就实验研究中,我们所能观察到的只能是作为“冲动”的外部行为反应和作为“感觉印象”的对象的情境条件之间的关联而言,联结主义心理学又是行为主义 S—R 心理学的一种特殊形式。随着心理学内部客观化趋势的不断发展,桑代克逐渐放弃了联想概念而改称联结(connection),并日益直接地强调反应与情境之间的联结。这就是前面说桑代克的联结主义心理学构成从古典联想主义向行为主义的过渡形式的根据所在。

如前所述,在桑代克的心理学思想中,至少就其早期形式而言,他几乎

① Thorndike, E. L. (1898). Animal intelligence. In W. Dennis(Ed.). *Readings in the history of psychology*. New York: Appleton-Century-Crofts, Inc. p. 377.

② Thorndike, E. L. (1898). Animal intelligence. In W. Dennis(Ed.). *Readings in the history of psychology*. New York: Appleton-Century-Crofts, Inc. p. 378.

③ Thorndike, E. L. (1898). Animal intelligence. In W. Dennis(Ed.). *Readings in the history of psychology*. New York: Appleton-Century-Crofts, Inc. p. 380.

④ 查普林、克拉威克著,林方译:《心理学的体系和理论》(下册),商务印书馆 1989 年版,第 295 页。

毫无约束地使用着各种心灵主义术语，但是，他不是在传统的纯粹主观的意义上使用这些术语的，而是赋予了这些心灵主义术语以客观主义的意义。例如，他指出，我们之所以相信别人心灵的存在，原因在于我们对他们的身体活动的经验；同样，动物心灵的存在，也只能表现于它的行为之中，并因而产生于我们对它的观察经验。更具体地说，每一物种所具有的心灵，乃是由它在情境刺激和行为反应之间所可能建立起来的联结的形式和数量所构成的。因此，只要我们把情境及其元素或复合物和行为反应的各种复杂表现加以分类编目，并指出二者之间的联结关系，那么，我们就能了解动物和人类的全部心理活动，就能明了心理生活沿着种系进化阶梯的发展状况，并特别追溯人类心理能力的起源。联结主义心理学不仅要探明某一物种的心灵所具有的联结，亦即它的"真实的心理内容"是什么，而且还要探明它的这些联结是如何形成、如何保持、如何起作用的。可见，桑代克并不反对内容心理学的研究方案，正如安吉尔承认铁钦纳关于"是什么"的研究一样，虽然他所理解的内容是联结的内容，而不是意识的内容。

2. 联结主义学习理论

桑代克的联结主义心理学就其实质内容来说是一种学习理论。他把联结视为心灵或行为的基本单元，并分为两大类：一是以遗传为基础的先天联结，二是以经验为基础的习得联结。其中，后者以前者为基础，所以，本能构成包括人和动物在内的全部心理生活或行为的基石。事实上，虽然桑代克的联结主义是一个学习理论体系，但与后来极端环境决定论的行为主义不同，他非常强调遗传对学习的决定作用。他认为："任何一个人在他的生命发轫之初——也就是在产生他的那个卵子和精子相结合的瞬间——就具有无数关乎未来行为的确定倾向……这两个生殖细胞的结构早已确定他在一定的情况之下将要按一定的方式来看、来听、来感受和来动作。他的理智和道德也正和他的身体器官和运动一样，一部分乃是胚胎在它的生命发轫之初所具有的性质的后果。"①这也就是说，包含于生殖细胞之中的遗传因子，已经预先地规定了一个有机体未来在情境与反应之间建立何种形式和性质的联结的可能性。桑代克强调本能的作用，是他接受进化论影响的结果，这意味着包括人在内的任何一个物种的最根本的本性，乃是由该物种的进化的历史所塑造成型的。这种以遗传为基础的先天联结，为后天以经验为基础的习得联结提供了基础。事实上，人或动物生命的发展，就是以遗传为基础的先天联结和以经验为基础的习得联结共同作用的结果，所以，桑代克认

① 转引自杨清：《现代西方心理学主要派别》，辽宁人民出版社 1980 年版，第 56 页。

为,"一个人终身的情况和作为乃是他在起初所具有的结构和在生前生后所感受的一切影响的共同效果",而且,以遗传为基础而预先地规定了的一个有机体未来在情境和反应之间建立联结的可能性,"乃是一切教育和人类其他控制作用的起点。教育的目的就是要把其中的某些联结加以永久保持,把其中的某些联结加以消除,又把其中另外一些联结加以改变或利导"。①

按桑代克的理解,以遗传为基础的先天联结,基本上属于生物学的研究内容。心理学所要研究的是后天以经验为基础的习得联结。前已述及,桑代克的心理学是以动物实验研究为基础的,并因为方法论的变革而富有成效地观察到动物在实验条件下的行为表现。对实验动物行为表现的观察结果使桑代克坚信,动物学习是一个尝试—错误(trial-and-error),并在偶然获得成功的基础上逐步定型化的过程。这个命题包含了一个与桑代克强调遗传之重要性相一致的思想,即动物所要学习的并非具体的反应活动本身。这些反应活动作为遗传的产物,已经为动物所具有,并构成它的反应库存(response repository)。动物所要学习的是如何将特定的反应联结于特定的刺激。换句话说,学习理论所要阐明的是有机体如何和为什么会在不同的刺激与不同的反应之间建立彼此分化的联结关系,从而表现出当它面临特定刺激条件时就表现出相应反应活动的稳定的行为模式。这是全部学习理论的根本问题和核心问题,对它的不同阐解反映着理论家在系统观点上的分歧,并决定着他们的历史定位。桑代克所提出的一系列学习规律或原理,既是他对在实验中所观察到的事实的理论阐发,也是他对这一问题的回答。正是这些学习原理,标志着桑代克是一个机能主义者,而不是一个行为主义者。

关于学习过程,桑代克提出三条主要规律:

(1)效果律:针对某一情境做出的若干反应中,凡导致满意结果的反应,在其他条件相同时,将会更加牢固地联结于这一情境,因此,当这一情境再次出现时,这些反应也更易于表现出来;凡导致不适或痛苦结果的反应与这一情境的联结,在其他条件相同的情况下则趋向于削弱,因此,当这一情境再次出现时,这些反应出现的可能性较小。其中,满足或不适越甚,联结的增强或削弱亦甚。后来,桑代克在重复实验中发现,奖赏增强联结,但惩罚未必削弱联结,于是便放弃效果律的惩罚部分,而更强调其中的奖赏部分。

(2)练习律:针对某一情境的反应,其联结于这一情境的强度,在其他条件相同的情况下,都将与其联结于这一情境的次数成正比,并与这些联结的

① 转引自杨清:《现代西方心理学主要派别》,辽宁人民出版社1980年版,第56页。

平均强度和平均持续时间成正比。后来，桑代克不得不对练习律作较大的修改，因为他以大学生为被试的实验表明，不知结果的单纯的练习，并不能产生进步。换句话说，练习是为其他因素如效果律发挥作用提供机会，只有受到奖赏的练习，而不是单纯的练习本身，才能增强联结。

（3）准备律：当某一传导单位作好传导准备而不受干扰地接受传导时，就会产生满意感；当某一传导单位作好传导准备却受干扰而得不到传导时，就会产生烦恼感。桑代克提出准备律，原是想就联结的神经学基础作一假设的说明，但这一假说就其字面含义而言是没有意义的，不仅它所蕴含的神经学欢乐主义没有生理学依据，而且它与练习律直接相矛盾，因为传导不论是“强制”的或“自愿的”，都是练习的不同形式，并因而应增强联结。大体说来，准备律只有解释为下述含义才有意义，即作为整体的有机体方面的预备定势，是影响学习的一个重要条件。

除上述三条主要规律外，桑代克还提出若干辅助定理或原理，以说明学习过程的不同方面，附述如下：

（1）多重反应原理：若针对情境的某一反应不能导致满意结果，该情境会诱发动物做出另一新的反应，如此反复，直到最终某一反应导致满意结果为止。这个原理实质上是对尝试—错误过程的另一种说法，而且它所包含的关于动物改变反应的能力具有明显的机能意义，因为如果没有这种能力，动物便无法适应环境而生存。

（2）心向或定势原理：指动物的身—心准备状态对学习过程的影响，类似于动机或驱力的意义。例如，饿猫将挣扎以求逃出迷笼，吃饱的猫则可能选择睡觉而不发出任何行为。

（3）选择反应原理：指动物对情境中的某些因素进行有选择的反应而忽略其它因素。反应的选择性与动物的分辨能力直接相关，如果动物不能分辨出情境中的不同的因素，那么，它将无法对其中任何一个因素做出反应。

（4）类比反应原理：即业已形成的针对某一情境的反应，会泛化到另一与之具有某种类似性的新的情境而与之发生联结。这一原理最初表现为桑代克和吴伟士在教育心理学领域内关于学习迁移而提出的共同要素说。

（5）联想性转移：习得于某一刺激条件的反应，可以因第二个刺激条件与第一个刺激条件之间的某种关联（如时间的接近等）而与第二个刺激条件发生联结。这是桑代克对巴甫洛夫条件作用原理的另一种独立形式的表达。这个原理预先表述了后来的行为主义的一个基本理论假定，即只要一个有机体能够感觉到某一刺激，那么，这一刺激便可以与它在身体上所能做出的任何反应形成联结关系。

(6) 相属原则(principle of belongingness)。这是桑代克后来在以人为被试的言语学习实验中所阐释的一个原理,意指在结构、意义等方面具有相属关系的元素更易于形成联结。相属原则由于强调学习材料的意义和结构而不是单纯的时空邻近,所以更接近于格式塔心理学而不是行为主义,并且与杜威在关于反射弧概念的分析中和卡尔在关于适应行为的说明中所体现的机能主义精神是相互一致的。此外,相属原则还与 20 世纪 60 年代在传统行为主义范式内部所进行的某些动物行为研究的新发现相一致,这些新发现肯定地表明,对任何一个物种而言,某些形态的刺激—反应联结比其它形式的刺激—反应联结不仅更易于形成,而且保持得也更加牢固;刺激—反应联结的这种分化性与物种进化的历史密切相关。① 正是这些新发现,不仅否定了传统行为主义认为任何刺激与任何反应之间都能形成联结的基本理论假定,而且也暗示着全部行为主义理论大厦的基础正在趋于消失。所以,桑代克在行为主义盛行的时候提出了一个与行为主义相对立的学习原则。正因为如此,诚如黎黑所指出的那样,桑代克只是"一位躬身力行的行为主义者,而不是一个全心全意的行为主义者",并因而能够看到其他行为主义者所不能看到的行为主义的理论困难。②

第四节 吴伟士的动力心理学

前面提到,卡特尔对心理学产生影响的重要途径之一,是通过他所培养的学生,这些学生很多人后来都成为著名的心理学家。他的两个最著名的学生是桑代克和吴伟士,二人都在哥伦比亚大学任职,并成为哥伦比亚学派的主要代表。其中,桑代克在哥伦比亚大学师范学院,终身致力于教育心理学的研究;吴伟士在哥伦比亚大学本部,并作为卡特尔的继承人长期担任心理学系主任。在哥伦比亚大学,他们二人还终身保持密切合作的友谊关系,

① 参见 Leahey, T. H. (1980). A history of psychology: Main currents is psychological thought. Englewood Cliffs, NJ: Prentice-Hall. pp. 356～360.

② 黎黑著,刘恩久等译:《心理学史:心理学思想的主要趋势》,上海译文出版社 1990 年版,第 383 页。

共同维护并继续培育哥伦比亚大学自由的学术氛围，推动机能心理学及哥伦比亚学派的发展。他们二人还分别对机能心理学的思想发展做出了直接的贡献，即桑代克的联结主义心理学和吴伟士的动力心理学。

在具体评述吴伟士作为哥伦比亚学派的代表人物之前，还有一个背景因素必须交代清楚。在传统的心理学史研究中，往往满足于从吴伟士的动力心理学来理解或说明他作为哥伦比亚学派代表人物的意义，因为他的动力心理学思想无疑是机能主义的。但是，这样一个研究方案，既对吴伟士不公正，也不能完全地揭示哥伦比亚学派作为机能主义的全部特质，并间接地有损于从整个心理学史的宏观背景来把握美国心理学机能主义精神的实质及其历史命运。从吴伟士的方面来说，动力心理学只是他对全部心理学的多样化的贡献的一个方面——关于吴伟士的贡献及其多样化的成就，波林评述说，他“几乎成为普通实验心理学家与任何重要人物所努力以赴的一样”①。而且，这个方面与他对心理学的多样化的贡献的背景不是相互分离的。只有以他对心理学的多样化的贡献为背景，才能更有效地理解其动力心理学及其作为机能主义的意义，并避免历史研究中的这样一个对吴伟士不公正的现象：在体系化的心理学史研究中，吴伟士往往只占有很少的篇幅，这与他在历史上实际做出的多样化的杰出贡献是不相称的。从哥伦比亚学派方面来说，它的要义决不仅仅限于它的代表人物所做出的主题化的具体的贡献，如卡特尔的个别差异心理学、桑代克的联结主义心理学以及将要评述的吴伟士的动力心理学，而更主要在于它的广泛的自由的学术氛围，这种广泛的自由的学术氛围与机能主义精神是相互一致、彼此促进的。正因为如此，哥伦比亚学派才能够作为最广泛意义的机能主义的代表；也只有从这个关系的背景出发，才能理解吴伟士作为“具有美国心理学特色的广义机能主义的最理想代表人”②的真实含义。

一、吴伟士的生平与成就

吴伟士于1869年10月17日生于马萨诸塞州中部的贝尔奇镇。按吴伟士的自传，他的祖先在新英格兰地区世代务农，直到他的祖父。他的祖父是一个乡村教师。他的父亲受过高等教育，毕业于耶鲁学院，后任专职牧师，喜欢钻研希伯来语、古希腊语和神学典籍。吴伟士的父亲有过三次婚姻，每

① 波林著，高觉敷译：《实验心理学史》(下册)，商务印书馆1982年版，第642页。
② 波林著，高觉敷译：《实验心理学史》(下册)，商务印书馆1982年版，第833页。

次婚姻都留有子嗣。吴伟士是他父亲第三次婚姻生下的长子。吴伟士出生时,他的父亲已经 55 岁,母亲 32 岁。他的母亲毕业于芒特·霍利沃克学院,曾任教于俄亥俄州的伊利湖学院,主要讲授数学和心灵哲学,并且是该学院的第一任校长。

吴伟士有 4 个同父异母的兄长和姐姐和两个同胞弟弟,并且都曾生活在一起。在这个家庭里,就父母对子女的教养方式而言,既有严明的家规,又有开明的氛围,引导并尊重孩子按自己的天性自由地成长。吴伟士曾用阿德勒关于家庭氛围和出生次序的理论来分析自己童年的生活经历与自己的人格,认为阿德勒的理论不适合于自己,因为在这个家庭里,父亲过于年长,他未曾对自己的父亲有过对权威的恐惧感,而且他也很难说在家里排行老几。12 岁以后,他在波士顿地区上中学,住在一个同父异母的姐姐家,这个姐姐有三个女儿,年龄与吴伟士相差不多,所以,吴伟士觉得这个姐姐在与他的关系中的角色倒像是母亲而不是姐姐,而他自己在对姐姐的三个女儿的关系中的角色更像是兄长而不是舅舅。[①] 总的来说,吴伟士在童年时期是顽皮而欢乐的,在青少年时期又对未来充满了幻想,他曾立志要成为天文学家,至 14 岁时又幻想回归自然做一个农场主,到中学毕业时又想以音乐为职业,而父母则希望他将来子承父业做一个牧师,却不反对他选择教师为职业。

1887 年,吴伟士入读马萨诸塞州的阿姆亥斯特学院。就吴伟士早年的教育背景来说,他主要阅读和学习了古典文学和数学,少许涉及历史和现代文学,但几乎没有接触过现代科学。就吴伟士最后选择心理学为终身事业的未来职业发展趋势而言,主要是在阿姆亥斯特学院接受一个叫查尔斯·加曼(Charles E. Garman,生卒未详)的哲学教授的影响的结果。那时的哲学和心理学之间的界线很模糊,很多哲学教授的研究工作都包含着心理学。因此,加曼的哲学研究往往经由心理学的途径而达到,他的教学内容也包含着心理学,并采用英国生理学家和心理学家卡彭特(William Benjamin Carpenter,1813—1885)于 1870 年出版的《心理生理学》为教材。加曼是一个颇有感染力而又热心肠的人,深受学生的爱戴和敬慕,吴伟士认为他是对自己产生深远影响的好老师之一。加曼在了解到吴伟士想学哲学却又缺乏必备的科学的知识背景和思维训练后,建议吴伟士先补科学方面的课,甚至为吴

① 关于吴伟士的传记材料,主要参考以下两个文献:Woodworth, R. S. (1930). Autobiography of Robert S. Woodworth. In Munchison, C. (ed.). *History of psychology in autobiography*. Vol. 2. Worcester, MA: Clark University Press. pp. 359～380. Poffenberger, A. T. (1962). Robert Sessions Woodworth: 1869—1962. *The American Journal of Psychology*. Vol. 75, No. 4. pp. 677～689.

伟士挑选了一些科学方面的基础著作。由此，吴伟士为了哲学而大量钻研科学，并在1891年大学毕业后去中学教了两年数学和其他科学门类的课程，又去堪萨斯州的一个小规模的学院教授数学两年。随着对数学的钻研的深入，曾一度使吴伟士在专业选择上犹豫不定，甚至想放弃哲学或心理学而专攻数学。

在这些年间，吴伟士通过自学式的阅读而了解到詹姆斯和霍尔以及他们的心理学，特别是深受詹姆斯《心理学原理》的吸引和启发。于是，在1895年，他追随詹姆斯，来到哈佛大学攻读研究生学位，并与桑代克同学。在哈佛大学期间，吴伟士同时受詹姆斯和罗伊斯的吸引和影响，并听桑塔耶那的课。他跟随詹姆斯学习普通心理学和病理心理学，并对心理学实验有了初步的了解；他跟随罗伊斯钻研逻辑学，又受桑塔耶那的影响而对伦理学发生兴趣。那时，在哈佛大学，教授要给学生布置一些研究的任务，作为学业课程的一部分内容。詹姆斯布置给吴伟士的任务是有关梦的主题。吴伟士不是通过钻研文献的方式进行研究，而是细致地记录并分析自己的梦，同时就梦的过程进行实验研究。通过自己的实验研究，吴伟士发现梦的内容与日间的活动有关：日间活动，但凡顺利完成者，在梦中出现的可能性小；但凡未完成或受到阻抑者，在梦中出现的可能性大。由此，吴伟士达到了与弗洛伊德相类似的结论，即梦是欲望的“实现”或满足；但是，关于欲望的性质，吴伟士不认为是某种特殊的如性的类型，任何性质的欲望都有可能在梦中得到实现而成为梦的内容。

为了完成罗伊斯逻辑学课程，吴伟士选择“思维与语言”作为学年论文。这个研究工作对吴伟士后来的心理学思想产生了持久的影响。关于思维和语言的关系问题，当时占主导地位的观点是：思维必须以语言为媒介或工具，没有语言就没有思维。在这个主题上，吴伟士同样充分利用自己的经验而达到相反的结论。因为吴伟士体会到，他自己的很多思维过程，譬如说特别是在几何思维中，就不需要语言的参与。这个研究主题在多年后产生的结果，便是吴伟士在无意象思维的争论中对符茨堡学派的无意象思维说采取支持的态度。

吴伟士在哈佛大学做研究生凡两年，在1897年获得硕士学位。这两年对吴伟士来说是充实而富有成效的。除上述研究主题外，他还对动机问题和身—心关系问题发生兴趣，并成为他未来长期思考的两个系统的论题。史书常记述他与桑代克讨论动机问题并立志要建立一种“动机学(motivology)”，就发生在这个时期。他因为对动机问题的思考而广泛阅读弗洛伊德和麦独孤的著作，其结果就是后来在《动力心理学》一书中对弗洛伊德和麦独孤的批判态度。

至硕士毕业时，吴伟士不能决定是往哲学的方向还是往心理学的方向发展。这时，詹姆斯正准备安排他到医学院的生理学研究所做一年的助理工作，以接受系统的生理学训练，并建议吴伟士，如果他想以心理学为专业，接受生理学训练乃是必要的。就此，吴伟士向罗伊斯咨询，并接受罗伊斯的意见，决定通过生理学的道路钻研心理学。在哈佛大学医学院，吴伟士以鲍迪奇为师，与坎农（Walter Bradford Cannon，1871—1945）同学，并对坎农关于内脏活动与情绪之间关系的研究工作留下深刻的印象。

1898 年，卡特尔给吴伟士提供为期一年的一份研究生奖学金，恰似他在 1897 年给桑代克提供奖学金一样。于是，吴伟士又来到哥伦比亚大学，追随卡特尔，攻读博士学位。在卡特尔的工作中，尤其对吴伟士具有吸引力的是他关于客观的定量测量以及用心理测验来研究个别差异的科学理念。所以，吴伟士成名后承认，卡特尔是塑造他的心理学思想的最重要的影响力量之一。在哥伦比亚大学期间，吴伟士还深受人类学家波亚斯（Franz Boas，1858—1942）的人类测量学及统计方法的影响，并深切地体会到人类学对于心理学的重要性。1899 年，吴伟士完成博士论文《随意运动的精确性》，主要讨论在不同感觉机制的控制下运动反应的精确性问题，并获得博士学位。在博士论文中，吴伟士指出："[本文的]重点尤其放在输入过程（the incoming process）的详细讨论，因为正是这些过程决定了意识的细节内容。当然，从另一个方面来说，输出过程（the outgoing process）是由意识控制的；而意识……则必须既要从它的条件又要从它的效果加以研究。简而言之，从理论上来说，对于那些试图形成关于人类有机体的意识生活（the conscious life of the human organism）的充分理解的人而言，没有理由不赋予关于输出过程的详细研究与关于输入过程的详细研究同等的重要性。我们将人类的这种意识生活理解为是建立在反射弧的基础之上的。[到目前为止，]我们只是对这个反射弧的传入部分（the afferent portion of this arc）进行研究；[现在，]我们必须推进关于[这个反射弧的]传出部分（the efferent portion）的研究工作。特别是我们必须将反射弧作为一个统一的整体来加以研究，必须完整地从感觉刺激到肌肉反应的全过程来追踪原因和结果[之间的关系]。"①由此可见，吴伟士是以詹姆斯以来所形成的机能的观点，来理解意识作为整体及其与它的输入的过程即感觉的方面和它的输出的过程即运动或

① 转引自 Poffenberger，A. T.（1962）. Robert Sessions Woodworth：1869—1962. *The American Journal of Psychology*. Vol. 75，No. 4. p. 679.

行为的方面之间的关系，这也是吴伟士后来形成他关于心理学的系统的理解的出发点。同时，从吴伟士的博士论文的主题和内容也可以看出他对生理学作为心理学基础之重要性的信仰和态度；就其一般性质而言，他的博士论文属于生理心理学的范畴。

博士毕业后，吴伟士继续对生理学进行深入、系统的研究，研究主题涉及心脏、胃的运动、糖类的代谢作用、神经的电传导、脑皮质的功能定位、反射活动等。至1902年，他在纽约市的哥伦比亚-贝卢伏医学院（Columbia and Bellevue Hospital Medical College）任生理学讲师三年，期间于1900年夏天短期访问英国爱丁堡大学，与英国生理学家沙弗（Edward Schafer，1850—1935）进行合作研究。1902年，英国著名生理学家谢灵顿（Charles Scott Sherrington，1857—1952）邀请吴伟士赴利物浦大学生理学实验室共事，并成为谢灵顿的研究助手。受到谢灵顿的邀请，这本身就是一项殊荣，因为谢灵顿可以说是当时全世界最著名的生理学家，这也反映了吴伟士在生理学方面的成就及其被认可的程度。一年后，谢灵顿甚至邀请吴伟士永久地留在自己的实验室，从实验心理学和脑生理学相结合的角度开展研究工作，从而使吴伟士又一次面临职业选择的关口：接受谢灵顿的邀请，意味着吴伟士将成为一个生理学家而不是心理学家，虽然不是传统意义上的、而是脑生理学或心理生理学意义上的生理学家。恰在这时，卡特尔邀请吴伟士回哥伦比亚大学心理学系任讲师。权衡之后，吴伟士还是决定回哥伦比亚大学，并在这里度过他充实而同样富有成效的心理学家的一生。

至此，可以说吴伟士完成了他早年的求学生涯，而成为一个职业心理学家。从他的求学过程，我们既可以看到一个心理学家若想在专业上取得成功所必须具备的宽广的知识背景和开阔的学术视野，也可以看出吴伟士人格中凡事必认真的感人魅力。吴伟士人格的这一感人魅力，足以成为一个典范：对一个心理学家来说，若没有对知识或真理的执着追求的精神，是难以对心理学做出实质而真正有历史意义的贡献的。吴伟士是一个兴趣广泛而又精力充沛的人。尽管如此，他还是发现，在哥伦比亚大学从事教学和研究工作是紧张的。就1930年以前的情况来说，除普通心理学是他每年必上的课程外，他还经常担任变态心理学、社会心理学、实验心理学、心理测量与统计、心理学史以及心理学的问题与方法等课程，此外还有各种专题研讨课，如运动、视觉、记忆、思维、动机等。只是到晚年，随着心理学的发展及哥伦比亚大学心理学系师资力量的壮大，他才得以将自己的教学内容相对集中于实验心理学、心理学流派及心理学进展等高级课程。除教学以外，他还必须协助卡特尔完成系务管理工作及指导学生的论文研究工作。也只有到晚年之后，随着他自己学生的成长和成熟，他逐渐将行政管理方面的工作转交给自己的学生波芬伯格尔（Albert T. Poffenberger，1885—1977）。吴伟士自己承认，这种繁重的教学和管理工作是导致自己在科学方面的开创性研究工作相对较少的主要原因，他在科学方面的创造性主要是通过由他所指导的学生的研究工作体现出来的。换句话说，吴伟士作为心理学家在事业上的成就，主要在教学及与教学密切相关的教材编写方面，他编写的多种教材不仅在哥伦比亚大学内部，而且在整个心理学界影响了几代人。从这个背景来说，前文引述的波林对卡特尔的一个评价，即“卡特尔通过学生的关系，对于美国心理学的影响很难说得完满”，同样也适合于他的学生吴伟士。正因为这个关系，吴伟士自己关于体系心理学的观点未能得到系统而充分的发展。总的来说，吴伟士早年在哥伦比亚大学的学者生涯是成功而受到赞赏的，所以，在1905年他就被提升为副教授，至1909年被提升为教授，又于1914年当选为美国心理学会主席。

由于吴伟士在生理心理学方面的造诣，耶鲁大学的赖德邀请他合作修订自己于1887年初版的《生理心理学》教科书，由吴伟士负责修订有关生理学及生理心理学方面的内容，赖德自己负责修订更富哲学味道的内容，并于1911年出版修订版，改为赖德和吴伟士合著。按波林的记述，这本书至1934年还是心理学内的标准教科书，足见其影响之广泛和深远。1918年，吴伟士出版《动力心理学》一书，系为在美国自然史博物馆的系列演讲的讲稿。正是在这本书中，吴伟士表达了他的系统的心理学观点，也是直接表达他在理论上的机能主义态度的一部著作。

1921年，作为讲授普通心理学课程的结果之一，吴伟士出版普通心理学教科书《心理学》，至1947年出到第五版，“足足二十五年来较其他教科书销路更广”①。同样，作为讲授心理学流派课程以及作为他自己关于心理学史研究和思考的结果，吴伟士又于1931年出版《现代心理学流派》一书，并于1948年全面修订，出版第二版。在去世前不久，吴伟士还与他人合作，对这本书进行修订，并在他去世后出版新的修订版。

如果说上述这些著作都足够成功，并给吴伟士带来声望和名誉的话，那么，他在1938年出版的《实验心理学》更是他的“伟大著作”。如果不局限于本书主题，也就是说，如果不局限于从机能心理学的历史背景，而是从整个心理学的宏观历史背景来看，那么，这本书无疑是吴伟士最主要的著作，他对整个心理学产生深远影响的也是通过这本书。作为教科书，《实验心理

① 波林著，高觉敷译：《实验心理学史》（下册），商务印书馆1982年版，第642页。

学》不只是一部实验指导手册，同时也是塑造心理学的学科性质及其未来发展方向的一个里程碑，在心理学界被称为"哥伦比亚的圣经"①。虽然这本书正式出版于1938年，但它的雏形在1909年就已经存在，亦即供学生作为教材使用的油印本，而且，这个油印本的内容还不断地得到更新和充实。所以，从准备到正式出版，这本书花了整整30年的时间。造成这种状况的最主要的原因，同样是吴伟士凡事必认真的人格品质。他力求完美，尽可能涵盖实验心理学到"目前"为止所已经取得的全部进展和成就。但是，吴伟士客观地指出："由于实验文献急速增长，所以，虽然我竭尽全力地跟踪文献并取得进步，我还是发现自己远远落后于实验文献的增长速度。"②当然，仅仅是内容的广泛尚不足以决定一本书的成功和影响力，通过这些内容所体现的观念甚至是更重要的。从这个意义上来说，吴伟士《实验心理学》的成功及其拥有的影响力，主要不在于它的内容的广泛，而在于它明确了"实验"的观念，提供了实验心理学的基本术语，并为实验心理学树立了一个典范。在这本书中，吴伟士将"实验"界定为：在保持其他条件不变的情况下，系统地操纵某一个条件，并观察由对这一个条件的操纵而引起的整个实验过程的效果。他将被操纵的条件称为自变量(independent variable)，将要对其效果加以观察的变量称为因变量(dependent variable)，这两个术语成为实验心理学的标准术语而被永久地保留下来。此后，实验心理学基本上就是按照吴伟士所提供的范型进一步得到发展的。至1954年时，吴伟士与他的学生施洛斯伯格(Harold H. Schlosberg，1904—1964)合作修订这本书，并发行第二版，继续在实验心理学中起着领航的作用。

像吴伟士这样一个对心理学及其历史产生如此广泛而深远影响的人，自然会在心理学界及整个科学界受到广泛的认可和普遍的赞誉。前已述及，他在1914年当选美国心理学会主席。1924年，他又当选为全国研究委员会(National Research Council)中人类学和心理学分会(Division of Anthropology and Psychology)的主席；1931年当选为社会科学研究委员会(Social Science Research Council)主席。此外，吴伟士一生还接受了包括他的母校阿姆亥斯特学院以及由他母亲创立的伊利湖学院等多所院校的荣誉

① Winston, A. S. (1990). Robert Sessions Woodworth and the "Columbia Bible": How the psychological experiment was redefined. *American Journal of Psychology*, Vol. 103, No. 3. pp. 391～401.

② 转引自 Winston, A. S. (1990). Robert Sessions Woodworth and the "Columbia Bible": How the psychological experiment was redefined. *American Journal of Psychology*, Vol. 103, No. 3. p. 393.

博士学位。他一生有过两次退休的经历，第一次是在 1945 年，但退休后继续在哥伦比亚大学从事教学和研究工作，直到 1958 年 89 岁时第二次退休为止。

吴伟士于 1962 年 7 月 4 日在 93 岁高龄时去世。由于长寿的缘故，他的去世还带有一层附加的历史意义。我们知道，吴伟士是詹姆斯和罗伊斯的学生，不仅如此，他还与冯特、霍尔、闵斯特伯格、屈尔佩（Oswald Kulpe，1862—1915）、让内（Pierre Marie Felix Janet，1859—1947）、皮尔逊（Karl Pearson，1857—1936）、艾宾浩斯（Hermann Ebbinghaus，1850—1909）等这些心理学初创时期的先辈人物有直接的联系。至 20 世纪 60 年代时，不仅这些先辈人物早已仙逝，而且与这些先辈人物有过直接联系的其他人也都已不在人世。所以，随着吴伟士的逝世，心理学的新世界与旧世界在人事意义上的联系彻底断裂了。

二、动力心理学

在体系心理学的历史背景中，吴伟士拒绝承认自己属于任何一个学派而自称为一个折中主义者。表面上，他的折中主义态度表现为兼容并蓄地吸收各不同学派中他认为合理的成分，并试图调和各不同学派之间的对立和矛盾，所以他“坚信心理学家彼此同意的论点超出了争论的论点，他要寻求所有的人都能赞同的体系”①。但是，实质上，他的折中主义态度，是他适应所处的特定的历史时代的产物，这个历史时代的占绝对优势的动向，就是以华生为代表的行为主义的迅速发展，这个发展势头几乎是任何个人的力量所难以遏制的。从这个背景来看，吴伟士的折中主义态度的理论动机之一，是以一种温和的方式纠正心理学普遍地趋向于以华生为代表的极端行为主义的历史趋势，而主张在心理学作为行为科学中保持意识研究的合法性，从而与桑代克关于“行为”作为心理学的基本范畴的理解从另一个方向上趋于一致。关于这一层关系，需要从桑代克和吴伟士各自的时代背景出发加以理解：在桑代克主张并论证“行为”作为心理学基本范畴时，心理学尚处于机能主义和构造主义相对立的传统意识心理学阶段，行为主义还没有诞生，他是从“意识”和“行为”构成真实的生命有机体的密切相关的两个方面，并因为为了理解“意识”就必须研究“行为”而主张“行为”作为心理学的基本范畴的；当吴伟士主张并论证在心理学作为行为科学中“意识”研究的

① 波林著，高觉敷译：《实验心理学史》（下册），商务印书馆 1982 年版，第 643 页。

合法性地位时，华生意义上的行为主义已经盛行并在心理学中占主导地位，吴伟士同样是在“行为”和“意识”构成真实的生命有机体的密切相关而不能分离的两个方面，并为了理解“行为”就必须研究“意识”的意义上主张并论证“意识”研究的合法性地位的。二人关于无论是“意识”还是“行为”的共同的基本理解，就是心理学的机能主义。正因为如此，吴伟士的折中主义并不像这个词在字面意义上所隐含的那样缺乏一个根据或原则；事实上，他的心理学思想是有一个统一的根据或原则的，这个根据或原则就是机能主义。如波林所指出的那样，“实际上他首先是机能心理学家，其次才是动力心理学家”①和一个折中主义者。正是通过这种“折中”的努力，吴伟士试图延续美国心理学的机能主义精神，因为对美国心理学而言，由于行为主义否定“意识”作为心理学基本范畴的合法性，从詹姆斯以来的机能主义向华生意义上的行为主义的过渡，实质上既决定于又体现了它的机能主义精神不断衰退的过程。关于这后一个主题，我们将在下一章中进行详细的阐述和论证。

在西方心理学史中，动力心理学（dynamic psychology）这一名称具有两层含义。一是在广义上指 20 世纪或更早时期以来在西方心理学史上长盛不衰的一种理论思潮或思想倾向，即试图从动力或动机的角度来理解心理活动或行为表现的因果关系，正如波林所指出的那样，“凡是对意识和行为的描述感到失望”的心理学家，往往都致力于动力心理学的探讨。② 这种含义的动力心理学，实质上与动机心理学同义，包括历史上多种涉及到动机问题研究的心理学体系，如麦独孤的策动心理学、弗洛伊德的精神分析理论、勒温的场论、社会心理学中的认知失调理论、以马斯洛为代表的人本主义心理学等，当然也包括吴伟士的动力心理学。二是专指吴伟士的动力心理学思想，因为吴伟士曾明确地用“动力心理学”这个名称来表达他的体系心理学思想。

如前所述，吴伟士终身没有能够在系统的意义上充分地发展他的体系心理学思想，其中最主要的一个原因是他集中精力于发展并完善他的实验心理学思想；事实上，如果不局限于机能心理学的主题，而是从整个心理学史背景来看，他对心理学最主要的贡献还是在实验心理学方面。大约在 1916 年至 1917 年，美国自然史博物馆邀请吴伟士面向公众演讲心理学，吴伟士便利用这个机会清理自己对心理学的系统的理解，这个演讲的内容在

---

① 波林著，高觉敷译：《实验心理学史》（下册），商务印书馆 1982 年版，第 643 页。

② 波林著，高觉敷译：《实验心理学史》（下册），商务印书馆 1982 年版，第 769 页。

1918年以《动力心理学》的书名出版。但是,书中表达的思想是早已有之的,虽然这种思想一直没能成为他思考的主要问题。前面在讨论他的博士论文的主题时,我们已经指出,他是从机能心理学与构造心理学相对立的角度,主张心理学应该开展对“行为”的研究,并在“意识”与“行为”相统一的意义上理解“意识”和“行为”及其相互关系,与桑代克相类似。至1916年时,心理学的面貌已经发生了根本的改变。除传统意识心理学内继续存在机能心理学与构造心理学的争论外,精神分析已经在美国心理学界得到广泛传播,特别是作为主流心理学发展趋势的行为主义已经诞生并正在盛行。正是在这个背景下,吴伟士不仅从传统意识心理学的方向出发,强调“行为”作为心理学研究对象的必要成分,而且还从行为主义的方向出发,强调“意识”作为心理学研究对象的合法性地位。同时,由于动力心理学涉及到动机问题,所以必然在理论上与精神分析发生某种关系。吴伟士试图采取一种中立的立场,包容各不同学派的合理的方面或真理性的成分,从而建立起一个符合心理学自身之本性的体系。

吴伟士关于心理学的这种基本理解,就其根本而言,起源于他实事求是或“面向实事本身”的现象学的思想态度或思维方法,如波林在评述吴伟士时所指出的那样:“……你多少必须采取符茨堡的立场,至少也得采取现象学家们的态度……否则,你会发现自己只能看见分析的各项,然后才能推论出其间的关系。”[①]正是这种思想态度决定了吴伟士对构造心理学、精神分析、行为主义等的批判态度,也是他追求“自由”的学术氛围的内在根据。例如,他在自传中指出:“我最讨厌的是这样一些人,他们装腔作势地发号施令,预先规定一个心理学家应该发现何种类型的研究结果,应该将自己圈定在何种限度之内——这些人最让我恼恨,也是我最希望摆脱[其束缚]的。闵斯特伯格就是这样一个人,他断言科学的心理学永远不能正视实际生活;铁钦纳是这样的一个人,他坚持认为心理学的所有真实的发现,只能是感觉要素;华生是这样的一个人,他声明必须放弃内省[方法],同时必须发现运动系统(及腺体)的活动[规律]。”[②]这个自述,颇能反映吴伟士诚实的品性和他在真理问题上爱憎分明的立场,与他在理论上的现象学的思想态度相一致。按吴伟士的学生波芬伯格尔的记述,吴伟士在1914年当选美国心理学会主席时的反应,也颇能说明他在真理问题上爱憎分明的立场。美国心理

① 波林著,高觉敷译:《实验心理学史》(下册),商务印书馆1982年版,第833页。

② Woodworth, R. S. (1930). Autobiography of Robert S. Woodworth. In Munchison, C. (ed.). *History of psychology in autobiography*. Vol. 2. Worcester, MA: Clark University Press. p. 376.

学会主席不仅是一个荣誉的象征，同时也是引导心理学发展方向的重要力量之一。所以，吴伟士在当选美国心理学会主席后说："不管怎么说，我毕竟比华生至少早一年当选了！"[①]双眼充满着胜利的喜悦，并放射出希望的光芒。《动力心理学》一书的基本主题，一方面就是针对并批判以铁钦纳为代表的纯粹主观的内省心理学，另一方面是批判以华生为代表的纯粹客观的行为心理学，而主张关于意识和行为相统一的机能的观点，同时引进动机的概念来阐释意识与行为及其相互关系。

按吴伟士的理解，心理学应该研究作为整体的人的全部活动，而不应该只限于研究意识或行为（意指肌肉运动和腺体分泌，亦即行为主义意义上的"行为"）。作为整体的人的全部活动包括意识和行为两个层面，二者构成一个完整的因果系列。心理学对这个因果系列的研究，必须从刺激和反应的性质开始。在这方面，心理学应该充分利用各种客观方法。但是，如果心理学只研究刺激和反应，那么，它便失去了它的研究对象中最重要的方面，即活的有机体本身，包括它的经验、动机等意识因素，并因而不可能真正理解行为和解释行为。对于内在的意识过程，心理学必须采用内省方法。因此，在系统的观点上，正如他自己所说的那样，吴伟士采取了折中的态度。

对刺激和反应的强调表明，在研究主题上，吴伟士顺应了心理学普遍地趋向于行为主义的一般发展趋势。但是，关于刺激和反应以及二者之间的关系的性质，吴伟士的理解则与行为主义者不同，因为他保留并强调意识因素在二者之间的中介作用，并认为意识构成了人类行为的整个因果系列的不可分割的一个环节。因此，他将行为主义的 S—R 公式修正为 S—O—R，其中 O 代表由机体及其经验、动机等意识的因素和过程。及至 1940 年，他又在《心理学》教科书的第四版中对这一公式加以扩充，认为所有的刺激都来自环境，反应也是针对环境而起效应的，在这一过程中，有机体对环境具有某种定势。于是，关于行为的完整公式应该是：W—S—Ow—R—W，其中，W 代表环境，附于 O 右下方的小 w 表示有机体对环境的顺应、定势等。一般认为，吴伟士对 S—R 公式的扩充，对后来的新行为主义产生了明显的影响。新行为主义者所提出的"中介变量"、"需求变量"、"认知变量"等，都是从吴伟士的行为公式中推演出来的。

在关于行为的一般观点的基础上，吴伟士又提出了行为的两个基本变量，即机制（mechanism）和内驱力（drive）；并认为，有了这两个变量就可以完

① Poffenberger, A. T. (1962). Robert Sessions Woodworth: 1869—1962. *The American Journal of Psychology*. Vol. 75, No. 4. p. 684.

满地解释全部行为现象。其中,机制是联结的结构,亦即从刺激到反应的具体构造关系,它回答的是关于行为之“如何”的描述性问题;内驱力是激活或推动机制的原动力,它回答的是关于行为之“为什么”的机能性问题。机制是内驱力得以满足的外在行为方式,内驱力则是激发机制的内在条件。吴伟士指出,刺激并不是引起某一特殊反应的全部原因;有机体及其变化着的能量、有机体现在和过去的经验等,也对行为反应起着决定性的作用。正是对这种决定作用的理解,构成吴伟士心理学思想的核心。

吴伟士对行为的机制与内驱力及其关系的理解,吴伟士的学生海德布来德曾给出一个形象的比喻:“甚至像装有弹药的炮这样的机械,其动作也不是仅由刺激(启动触发器)决定的;炮的结构和它储存的能量(药粉),也必须考虑进去。人类有机体像装上弹药的炮一样,与启动触发器相应的刺激在引起动作时是必需的;但是动作的性质既决定于引起这种动作的刺激,也同样决定于有机体本身的结构和条件。”①这个形象的说法颇有助于理解吴伟士的思想。

此外,吴伟士还从发展的角度讨论了机制和内驱力之间的关系,认为机制在被多次发动之后,也可以转化为内驱力。例如,一个优秀的工匠即使不再依赖于他的手艺来谋生时,仍会继续从事他的精彩作业;一个儿童练钢琴,起初可能是由于害怕完不成作业受父母训斥而造成心理紧张,并以此为动机,但经过一段时间的训练后,她练钢琴的唯一理由可能就是由于演奏本身已成为他的一种享受。吴伟士指出,在人类生活的很多领域内,习惯逐渐发展成为兴趣,就是机制逐渐变成内驱力的日常生活例证。

由此可见,吴伟士将动机概念引进机能心理学,这与詹姆斯和杜威的思想是一脉相承的,因为动力一词早在 1884 年由杜威、又在 1908 年由詹姆斯使用过。虽然吴伟士称他自己为动力心理学家,但他首先是一个机能主义者。他的心理学在很多方面体现着芝加哥学派的思想,又在另一些方面体现着哥伦比亚学派的思想。所以,研究者认为,他虽然“不是传统的严格机能主义者”,但却“是广义的机能主义最理想的代表人物”。②

① 转引自舒尔茨著,杨立能等译:《现代心理学史》,人民教育出版社 1981 年版,第 183 页。
② 车文博:《西方心理学史》,浙江教育出版社 1993 年版,第 348 页。

第六章

机能心理学的命运及其历史效应

在前面几章中,我们系统地考察了机能心理学产生的历史背景,又具体地跟踪了机能心理学在其主要代表人物那里的表现形态。也就是说,我们考察了机能心理学的起源与发展。那么,机能心理学的结果或它的历史命运又如何呢?由机能心理学的这个结果或命运又产生了怎样的历史的效应呢?为了对机能心理学形成一个完整的把握,还必须进一步对这些问题加以考察。　　《马克思恩格斯选集》(1～4 卷),人民出版社 1972 年版。

就心理学历史发展的一般趋势而言,我们可以以一些重大的或典型的历史事件为参照,来把握其基本的线索。因此,在心理学通史中,一般将安吉尔 1906 年当选美国心理学会主席时发表的演讲、并于 1907 年刊发于《心理学评论》杂志的《机能心理学的领域》一文,当做机能心理学作为一个正式的学派产生的标志,又将华生于 1913 年发表于《心理学评论》杂志的《一个行为主义者所理解的心理学》一文,当做行为主义心理学派正式诞生的"独立宣言"。如此看来,机能心理学作为一个正式的学派在主流心理学的历史中存在的时间是短暂的,只不过六七年。而且,安吉尔在 1907 年指出,"机能心理学在目前无非还只是一种观点、一种纲领、一种追求",[①]而不是一个在体系上完成了的学派。

然而,同样是在心理学通史的研究中,在关于美国心理学作为整体的一般历史趋势这个问题的研究中,普遍得出的一个结论是:美国心理学就其整体的特质或精神而言,是机能主义的。例如,我国著名心理学史家高觉敷先生在总结考察各心理学流派之后,将"机能主义"理解为是各心理学流派表现出来的第一个"共同的倾向",并引证查普林(James P. Chaplin,1919—　)

① Angell, J. R. (1907). The province of functional psychology. In W. Dennis(Ed.). *Readings in the history of psychology*. New York: Appleton-Century-Crofts, Inc., 1948. p. 439.

和克拉威克(Theophile S. Kraweic,1913—　)的观点:"检查了最有代表性的心理学杂志,据最后的分析,我们可以大概地说,美国心理学是机能主义的行为主义。"[①]至少就心理学在美国的发展的主流的历史来说,在机能心理学之后,相继有行为主义和认知心理学的兴盛。按上述研究结论来看,行为主义心理学和认知心理学,就其精神而言是机能主义的。那么,这种机能主义精神与机能心理学作为一个学派究竟是何关系?又比如说,华生自己作为行为主义创始人也宣称:"行为主义是唯一彻底而合乎逻辑的机能主义。"[②]那么,就华生的这个论断而言,行为主义究竟在何种意义上是"唯一彻底而合乎逻辑"的机能主义呢?(关于后一个问题,我们在本章讨论范围内还不能给出回答;我们将在下一章的有关讨论背景中才能给出回答)只有通过进一步追踪由机能心理学所导致的历史的效果,即通过考察行为主义革命和认知心理学革命及其实质,才能回答这些问题。

第一节　行为主义革命

行为主义作为心理学的产生,当然是极其错综复杂的背景因素共同作用的结果,这个问题本身就构成心理学史的一个重大的研究课题。但是,限于本书主题,这里不准备对这个问题进行展开讨论,而满足于指出行为主义革命的一般背景,然后着重讨论行为主义革命与机能心理学及其发展之间的关系。

在有关心理学史的研究中,一般从以下几个方面来理解行为主义作为心理学产生的背景。其一是从社会历史背景入手。从这个方面来说,至20世纪初,人类社会已进入垄断资本主义阶段,"它把充分利用人的全部潜力来增进生产效率,最大限度地提高利润,最稳定地维持社会秩序,作为研究人的总目的。……在行为主义者看来,生产效率是直接通过身体动作的效率而体现的,要提高生产效率就得提高身体动作的效率。而维持社会秩序则在于使人们的行动遵守社会秩序"。所以,行为主义者认为,"心理学应该

① 参见高觉敷主编:《西方近代心理学史》,人民教育出版社1982年版,第456～457页。

② 转引自高觉敷主编:《西方近代心理学史》,人民教育出版社1982年版,第252页。

探索行为的规律。掌握这些规律，就可以预测和控制人的行为。这对提高生产效率和维持社会秩序来说都是需要的”。① 其二是从人类思想史背景入手。我们知道，行为主义最本质的特征是否认人类“意识”或“精神”存在的本体论地位，而以机械唯物论的哲学世界观来理解人的存在及其活动。机械唯物论作为世界观，是从近代自然科学、特别是力学的发展所取得的成就引申出来的。法国哲学家笛卡尔(Rene DesCarte，1596—1650)和拉·美特利(Julien Offray de La Mettrie，1709—1751)正是从机械唯物论世界观出发，分别提出“动物是机器”和“人是机器”的哲学命题。就行为主义作为世界观而言，它与以笛卡尔和拉·美特利为代表的机械唯物论世界观是一脉相承的。所以，“笛卡尔和拉·美特利等都可以说是行为主义的先行者。……行为主义创始人华生虽然拒绝哲学，但他的行为主义心理学却正以机械唯物主义为其哲学的基础。”②其三是从心理学史背景入手。这个背景本身也是极其复杂的，在肯定的方面主要包括机能心理学以及与机能心理学密切相关的动物心理学的发展，在否定的方面涉及到包括机能心理学和构造心理学在内的传统意识心理学在意识观问题上的困境，同时也与心理学追求科学的地位、亦即心理学的客观化趋势密切相关。以下将从本书主题出发，主要讨论从机能心理学向行为主义心理学过渡的历史，以说明机能心理学的命运及其导致的历史效果，并说明客观化趋势对心理学走向行为主义的背景意义。

一、从机能心理学到行为主义心理学

在前面关于机能心理学及其代表人物的思想的评述中，我们发现无论是詹姆斯、杜威，还是安吉尔、卡尔，以及桑代克、吴伟士等，都越来越强调“行为”作为心理学研究对象的重要性，其中，桑代克和吴伟士还自觉地论证并强调“行为”概念作为心理学基本范畴的基础地位。在通常的心理学史研究中，这个趋势已经被普遍地把握到，但关于这个趋势，却形成了一个极易引起误解、且严重地限制了我们的思维空间的表达方式来把握这个趋势，即简单地把这个趋势表述为：在上述这些机能心理学的代表人物的思想中表现出越来越多的行为主义成分。事实上，机能心理学家们对“行为”作为心理学基本范畴之重要性的强调，与后来以华生为代表的行为主义是有着原

① 高觉敷主编：《西方近代心理学史》，人民教育出版社 1982 年版，第 253 页。
② 高觉敷主编：《西方近代心理学史》，人民教育出版社 1982 年版，第 253 页。

则性的区别的，否则，他们就不再是机能主义者，而转变成为行为主义者了。透彻地理解这个原则性的区别，不仅对于把握机能心理学与行为主义心理学之间的区分是必要的，而且对于理解机能心理学所取得的成就及其历史发展的内在逻辑，也是必需的。

如前所述，机能心理学家对“行为”概念作为心理学基本范畴之重要性的理解，是以关于“行为”与“意识”作为有机体整体存在的内在环节，并且二者之间具有发生学意义上的同一性的理解为前提的，因此，行为在本质上是意识的，或者可以进一步说，“行为”就是“意识”、“意识”就是“行为”，必须在“行为”与“意识”的相互关照中才能同时理解二者。但是，行为主义将“行为”确立为心理学的基本范畴，却不是在这种意义上说的，而是在唯一的、排他的意义上说的，这种排他性是指排除“意识”作为心理学的研究对象。换句话说，在行为主义看来，心理学唯一的研究对象就是“行为”，“意识”不构成心理学作为一门科学的研究对象。不仅如此，在本质上行为主义作为世界观，根本否认“意识”的存在论或本体论的地位或意义。也就是说，它不承认“意识”构成一个真实的存在领域。所以，仅从行为主义心理学与机能心理学对心理学研究对象的规定的这种差异，便可以看出正是在“意识”作为本体论论题里面，潜藏着心理学的全部秘密；也是在“意识”作为认识论论题里面，包含着心理学的各种历史发展趋势的最初萌芽。事实上，必须分别从本体论和认识论的角度出发，探讨人类对“意识”问题的认识的历史、成就和趋势，才有可能完全理解心理学及其历史的整体。① 虽然由于“意识”问题的极端复杂性，并限于本书主题，这里不可能在系统的意义上展开这种讨论，但是，为了有效地理解机能主义和行为主义，提供关于这个问题的讨论的一般背景，还是必要而不可忽缺的。

假如我们在直观的基础上相信，在人之外独立地存在着一个不依赖于人的物理实在，那么，在产生这一信仰的同一个直观的基础上，我们也应该相信，作为人的意识的心理实在，至少是同样真实地存在着的，其真实性决不亚于外部物理实在。事实上，人对物理实在和心理实在的信仰是同源的，并都与人类自身的历史同样久远。正如德国哲学家卡西尔(Ernst Cassirer，1874—1945)所说的那样：“从人类意识最初萌发之时起，我们就发现一种对生活的内向观察伴随着并补充着那种外向观察”；“在对宇宙的最早的神话

① 参见高申春：《主体意识的自我觉醒——从西方心理学历史逻辑透视社会学习理论》，吉林大学博士学位论文，2000年。

学解释中,我们总可以发现一个原始的人类学与一个原始的宇宙学比肩而立"。[①] 艾宾浩斯亦曾通过对心理学史的考察,在更加素朴的水平上达到了关于人对物理实在和心理实在信仰的同源性的认识,虽然他远未能够洞察到或论证出由他自己提出的那个在心理学界具有广泛影响的论题的全部理论含义:"心理学有一个长期的过去,但只有一个短期的历史。"[②]关于心理学的这个"长期的过去",我们可以引申出两种不同理论深度的理解方式:如果我们把"心理学"理解为对有关心理现象的系统化的思想的探究或追求,那么,这个"长期的过去"就可以追溯到古希腊哲学家们的思想(这便是艾宾浩斯的理解方式,亦是心理学界普遍流行的对艾宾浩斯论题的理解方式);如果我们把"心理学"理解为人类对自身精神生活现象的一种自发的把握或体验,那么,心理学的这个"长期的过去"就可以追溯到人类的起源(卡西尔的上述论断就包含着对心理学的这种理解方式)。正因为如此,卡西尔才能够通过上述论证而进一步断言:"世界的起源问题与人的起源问题难分难解地交织在一起。"[③]

以这种方式来对待人类意识,便是现象学的思想态度。从现象学的态度不难理解、甚至不能否认,对任何一个心智正常的人而言,意识和自我意识的存在,是我们在日常生活中首先接触到的最直接、最熟悉、最真切、最基本的事实,其他一切事实都以这一事实为基础:"思维的在,确切些说,认识现象本身,是无疑的",它的"存在在认识问题的开端已经被设定了……诸思维表现着一个绝对内在的被给予性领域";[④]对人而言,"最先出现的并非物理对象的世界,并非自然科学研究的'自然'的世界。自然科学是很晚才出现的错综复杂的人类思维的产物"[⑤]。只是在人的认识的历史的进程中,才偶然地出现了与人自身的历史相违背的一个趋势,即对物理实在的信仰和对心理实在的怀疑。这个趋势乃是近代以来伴随着自然科学的快速发展、科学唯物主义在人的世界观中逐步取得支配地位之后的特定的时代产物。造成这一产物的原因,除信仰的精神因素和科学的世界观因素之外,主要还在于:自然科学的巨大成功为我们提供了关于物理实在的一整套形式上体系化、逻辑上自恰并因而更富有说服力的理论阐释,从而为我们对物理实在

① 卡西尔著,甘阳译:《人论》,上海译文出版社 1985 年版,第 5 页。

② Ebbinghaus, H. (1908). Psychology: An Elementary Text-book. Boston, MA: D. C. Heath & Co., Publishers. p. 3.

③ 卡西尔著,甘阳译:《人论》,上海译文出版社 1985 年版,第 5 页。

④ 胡塞尔著,倪良康译:《现象学的观念》,上海译文出版社 1986 年版,第 39 页。

⑤ 卡西尔著,于晓等译:《语言与神话》,三联书店 1988 年版,第 152 页。

的信仰提供了一个理性的基础；而关于心理实在以及我们对心理实在的信仰，无论是心理学还是现象学都还远未能够提供一种可与自然科学相媲美的系统化的理论阐释。但尽管如此，在当代世界，特别是在当代学术背景中，已经越来越明显地表现出一种历史倒转的趋势。在具有现象学特征或受现象学传统影响的人文学者，如胡塞尔、卡西尔、塞尔(John Searle，1932—)等人那里，相对于对物理实在的信仰而言，对心理实在的信仰具有一种本体论的优先性：物理实在以及对物理实在的信仰原来是心理实在以及对心理实在的信仰的某种形式的产物。或换句话说，不是物理实在比心理实在具有更大的真实性，相反，倒是心理实在比物理实在具有更大的真实性。

所以，在现象学的思想态度中，意识作为一个存在领域具有不可还原的实在性，正是这个实在领域构成了心理学的合乎逻辑的基础。西方有些学者，特别是人文传统的学者，将意识的这种不可还原性称为"意识的本体论"或它的"本体论地位"(the ontology or the ontological status of consciousness)①。因此，心理学的首要前提是在理论态度上对意识的"本体论"承诺，就像物理学的前提是对物理实在的本体论承诺一样；它的基本任务是要对意识的"本体论"加以论证和阐明，在此基础上它才有可能发展成为一门逻辑上完备、理论上一致、实践上可行的科学体系。任何时候，当心理学作为关于"意识"的研究在理论上陷入困境或危机时，应当引起我们怀疑的不是意识实在本身，而是隐含于其中的关于意识的理解方式。

以此为背景，我们便获得了据以考察心理学从机能主义向行为主义过渡的一个根据。毫无疑问，行为主义否定包括机能心理学在内的传统意识心理学，至少包含这样一层含义，即否定包括机能心理学在内的传统意识心理学的意识观，亦即它对意识的理解方式。事实上，正是由包括机能心理学在内的传统意识心理学的意识观的内在矛盾，是导致行为主义革命的最根本的原因。关于这一点，客观地说，在心理学史研究中只有黎黑达到了一个初步的认识。他在总结自己关于心理学史、特别是关于从机能心理学经过行为主义到认知心理学的历史的具体分析之后指出："机能主义者认为心灵具有适应价值。但他们却为19世纪那陈腐的形而上学所欺骗，[在主张心灵的适应价值的]同时转而拥护严格的心—身平行论，由此引起一个矛盾。华生正是利用这个矛盾建立行为主义的。"②那么，黎黑所谓19世纪"陈腐的

① Ellis, R. (1986). An ontology of consciousness. Martinus Nijhoff Publishers. p. 1.

② Leahey, T. H. (1980). A history of psychology: Main currents in psychological thought. Englewood Cliffs, NJ: Prentice-Hall. p. 375.

形而上学”究竟是什么呢？他所谓机能主义者“由此引起”的“矛盾”又是什么呢？

在本书第一章中，我们曾详细考察了美国心理学与德国心理学之间的关系，并揭示了这个关系的一个重要的方面，即美国的机能心理学接受了以冯特为代表的德国实验心理学的意识观或它的理论前提；我们还通过考察德国心理学的理论性质及其发展道路揭示出，以冯特为代表的德国实验心理学，就其精神实质而言，属于近代哲学的范畴。这种哲学在对意识是什么的确认和论证的过程中走向了一个极端，即把意识理解为一个独立自主的、脱离肉体的、封闭的实体存在，也就是笛卡尔的“我思主体”，或近代哲学“认识论转向”背景中的“心灵”范畴。整个近代哲学的发展就是要解决“心灵实体”作为笛卡尔意义上的“我思主体”与“物质实体”作为“我思对象”之间的关系，并最终以黑格尔关于绝对理念自我运动、自我发展、自我认识的“宏伟”体系而完成。黎黑所谓 19 世纪的“陈腐的形而上学”，就是指作为整个近代哲学第一原理的、笛卡尔意义上的“我思主体”或“心灵实体”的那种关于意识的理解方式。与此同时，在有关进化论的一般原理及其心理学意蕴的讨论中，我们也已经指出了这样一个结论，即进化论作为心理学的思维方式（这种思维方式就是心理学的机能主义），是以这样一个在整个心理学史中未曾得到系统论证的信念为前提的：意识及其诸现象作为自然选择的产物，既以身体（脑及神经系统）的进化为基础，又以脑及神经系统为中介实现对身体的支配作用，进而实现有机体作为整体对环境的适应而达到生存的目的。关于意识的这种理解方式，当然是与近代哲学的包含在“心灵实体”范畴之中的那种关于意识的理解方式，在逻辑上直接地相互对立的，因为在近代哲学“认识论转向”的背景中，“意识”作为“心灵实体”与“身体”作为“物质实体”是不能发生相互作用的。然而，这两种在逻辑上直接地相互对立的关于意识的理解方式，却同时被美国心理学作为思想的前提接受下来，从而形成机能心理学的基本矛盾。黎黑所谓机能主义者在主张心灵的适应价值的同时转而拥护严格的心—身平行论所引起的“矛盾”，也就是指机能心理学的这个基本矛盾。这样一种思想作为体系，当然不能自圆其说，而且随着这种思想在体系上的展开，其内在矛盾必将得到充分暴露，从而使这种思想作为体系本身陷入危机或趋于崩溃。行为主义正是作为对这个危机的反应而产生的。

事实上，进化论作为思维方式一旦被引入心理学之中，必将以与否定上帝创世说同样的方式导致对传统意识心理学意识观的否定，进而导致对传统意识心理学本身的否定。在这里，还必须将这样一个事实引入我们的讨论之中，即机能心理学本身并不是一个在思想上同质的体系。上述关于美国心理学在接受德国心理学意识观的同时接受进化论的影响、从而构成机能心理学基本矛盾的讨论，是就美国心理学历史发展的一般趋势而言的，但不适合于用来分析作为机能心理学先驱、同时又具有精深的哲学及哲学史素养的詹姆斯和杜威二人的思想。他们二人在接受进化论影响之后，立即敏锐地把握到了进化论作为世界观或思维方式与近代哲学作为世界观或思维方式之间的内在矛盾，于是展开并实现了对近代哲学作为世界观或思维方式的彻底批判，具体表现为在心理学的意义上否定以冯特和铁钦纳为代表的德国意识心理学，在哲学上否定以黑格尔为代表的近代哲学，同时开拓实用主义或彻底经验主义的新道路。前面在评述詹姆斯心理学的形而上学基础时，我们还特别考察了他于 1904 年发表的《"意识"存在吗?》一文的主旨和意义。我们看到，无论是从哲学的意义上还是从心理学的意义上说，他对近代哲学作为世界观的否定是彻底的：不仅否定隐含于这种世界观之中的关于意识的理解方式，而且连同这种世界观的话语方式一起加以否定，具体表现为否定"意识"概念作为心理学和哲学的基本范畴，从而有可能使心理学和哲学真正获得全新的生命。同时，我们也强调指出了詹姆斯"面向实事"的现象学的思想态度以及这种思想态度对于他的学术发展道路的意义，这种意义就在于，他清醒地意识到，必须在认识论的意义上彻底否定近代哲学和以冯特和铁钦纳为代表的德国意识心理学所隐含的那种关于意识的理解方式，但与此同时，也必须在本体论的意义上重新构建一种符合意识自身之本性的关于意识的理解方式，这种理解方式就是以"纯粹经验"概念为基础的彻底经验主义的形而上学，如詹姆斯自己所指出的那样："谁要是把意识这一概念从他的第一本原表里抹掉，谁就仍然必须设法以某种方式使这种职能得以行使。"①

在接受进化论作为心理学思维方式的同时，若要把握到隐含于这种思维方式之中的关于意识的理解方式及其与隐含于以冯特和铁钦纳为代表的德国心理学之中的那种关于意识的理解方式之间的对立和矛盾，需要的不只是理论思考的敏锐性，还包括像詹姆斯和杜威那样的精深的哲学及哲学史的素养。然而，我们已经知道，对美国机能心理学而言不幸的是，在安吉尔作为机能心理学的实际创立者的人格中，已经表现出一个与整个心理学历史发展的一般趋势相一致的特征，即作为心理学家逐步地远离哲学而趋近科学。安吉尔虽曾钻研过哲学，但他在哲学及哲学史方面显然不具有詹

① 詹姆斯著，庞景仁译：《彻底的经验主义》，上海人民出版社 1987 年版，第 2 页。

姆斯和杜威的那种深度，因而把握不到以冯特和铁钦纳为代表的传统意识心理学的“意识”范畴所承载的丰富的认识论内涵及其与进化论所隐含的关于意识的理解方式之间的矛盾，而同时承认二者作为自己心理学思想的前提。关于安吉尔接受进化论作为心理学的思维方式自不必说；关于他接受以冯特和铁钦纳为代表的传统意识心理学的意识观，我们在前面评述安吉尔思想时也已经详细讨论过，比如说，他是在承认构造心理学关于意识的“是什么”研究的前提下，主张机能心理学作为关于意识的“如何”和“为什么”研究的。上面指出的关于美国心理学在接受德国心理学意识观的同时接受进化论的影响、从而构成机能心理学的基本矛盾，主要就是指由安吉尔所代表的美国心理学的机能主义传统的基本特征。所以，我们发现，安吉尔既不能像詹姆斯那样，彻底地否定以铁钦纳为代表的传统意识心理学的意识观，更不能像詹姆斯那样以“纯粹经验”概念为基础，重新构建心理学的本体论基础，而满足于在常识的基础上信仰“意识”及其活动的效用价值，从而在心—身关系问题上陷入二元论的困境，并趋向于否定这个关系中的“心”的方面而只承认这个关系中的“身”的方面，为心理学走向行为主义敞开了大门。事实上，在这样的机能心理学中，研究工作的重点越来越偏重于“身”的方面、亦即“行为”的方面，而且，在这样的研究方案中，“心”的方面、亦即“意识”的方面越来越成为一个累赘，乃至于放弃或否定“意识”似乎已成为必然的趋势。

对安吉尔来说，虽然他在哲学上不具有詹姆斯和杜威的深度，并因而在理论上不能达到詹姆斯和杜威所达到的高度，但是，从另一个方面来说，他毕竟曾经钻研过哲学及哲学史，所以，在心—身关系问题上，他终究不敢鲁莽而轻易放弃“心”的方面而只承认“身”的方面，也就是说，他还不敢跨出机能主义而走向行为主义。但是，到1913年时，心理学已经更加远离了哲学，年轻一代的心理学家更少受到哲学及哲学史的训练和熏陶，他们难以体会“意识”范畴所承载的哲学史及认识论的意义，所以在心—身关系问题上能够以初生牛犊不怕虎的蛮勇之气将“心”与“身”之间的关系切断，进而否定“心”的方面而只承认并研究“身”的方面。这就是以华生为代表的行为主义者们所发动的行为主义革命。例如，华生自己就承认，虽然他曾在芝加哥大学跟随杜威学习哲学，但是他发现杜威是“不可理解的”；他“从来就不知道他（意指杜威——引者注）那时在说些什么，而且不幸的是，我至今还不知道他说了些什么”①。当然，对于华生发动行为主义革命来说，心理学的客观化

① 转引自舒尔茨著，杨立能等译：《现代心理学史》，人民教育出版社1981年版，第210页。

趋势，或者说心理学对作为一门科学的地位的追求，也是一个重要的历史的背景因素。事实上，这构成了华生论证行为主义的一个重要的思路。例如，他指出，“在其作为一门实验科学而存在的50余年的时间内，心理学想成为一门不受争议的自然科学的努力惨遭失败了”；“时代的发展终于迫使心理学放弃一切关于意识的探讨”而必须以“可观察的”事实为“出发点”。他并认为，“在行为主义者看来，心理学是自然科学的一个纯粹客观的实验分支，它的理论目标是预测和控制行为”；“在一个完善地被建立起来的心理学体系（意指行为主义——引者注）中，给定刺激便可以预测反应”，反之亦然。[①] 对于经受了机能主义理论危机的洗礼、并处于迷茫之中的实验心理学家来说，华生的主张不仅是“大胆的”，而且是“简单明了的”，因而受到普遍的热情欢呼，并逐步发展成为统治实验心理学长达半个世纪之久的一个心理学流派。

二、行为主义革命的理论实质

由上述论证过程可以看出，行为主义革命是实验心理学在作为它的一个历史形态的美国机能主义心理学在理论上陷入危机之后对这一危机所做出的反应；美国机能心理学理论危机的根源，是它所接受的德国实验心理学的理论前提与它在实践上所奉行的生物进化论思维方式之间的对立。因此，行为主义革命所针对的是包括美国机能心理学和德国实验心理学在内的传统意识心理学的理论前提，其实质是要否定隐含在传统意识心理学之中的那种关于意识的理解方式。由此，我们可以进一步设想，就其对心理学的历史逻辑所具有的可能的意义而言，行为主义革命隐含着两种在理论逻辑上相互不同、甚至相互对立的结果：其一，在否定传统意识心理学理论前提的同时，对心理学作为一门科学的唯一合乎逻辑的基础的意识的“本体论地位”，作出符合它自身理论性质的科学论证，从而奠定心理学的理论基础；其二，在否定传统意识心理学理论前提的同时，连同这个前提试图把握的意识或心理实在的理论本体论意义一起加以否定，从而使实验心理学失去自身存在的逻辑基础。华生提出行为主义纲领，只是在否定传统意识心理学理论前提这个意义上，才构成实验心理学史的一次具有进步意义的“革命”。但是，由这一革命所导致的结果，或者说，由它所实现的现实的历史意义，至

① Watson, J. B. (1913). Psychology as the behaviorist views it. In W. Dennis (Ed.), *Readings in the History of Psychology*. New York: Appleton-Century-Crofts, Inc., 1948. pp. 457～471.

少就理论而言，则是完全消极的，因为对历史而言不幸的是，华生正是在上述第二种意义上发动行为主义革命并被实验心理学家们普遍接受的。因此我们不难预言，华生意义上的行为主义纲领作为实验心理学历史逻辑的一个环节，当它的理论逻辑被充分展开之后，必将又一次地使整个实验心理学的理论基础趋于崩溃，并迫使实验心理学重新回到华生的“革命”的起点上。至少就实验心理学的行为主义传统而言，这就是又过了半个世纪之后，以班杜拉为代表的社会学习理论家们，试图在重新论证意识实在的基础上，改造或扬弃传统行为主义的种种理论努力的历史逻辑的本质之所在。

在以“思维的历史和成就”为基础的人类“理论思维”的范围内，对意识实在的论证，并因而对心理学理论基础的建立，可以以在本质上是同一的、但在历史和现实中却表现为相互分离的两种方式被展开。其一，以作为一种理论思维方式而不是其历史形态的生物进化论为基础，揭示意识或心理实在与有机体实在之间的历史同一性本质；其二，以人类对自身心理活动或精神活动作为一个存在领域的理论的本质直观为基础，对它进行深思熟虑的思辨的反思把握。事实上，正是对意识的这两种不同的把握或论证方式，决定并构成了心理学作为一门理论学术的两个传统。其中，第一种论证方式及其发展，构成了作为主流形态而存在的实验的科学心理学传统，并决定着它的实证自然科学的倾向性；第二种把握方式及其展开，构成了作为非主流形态而存在的人文的或人本心理学传统，并决定着它的哲学的或形而上学的倾向性，虽然就历史而言，科学心理学传统对心理实在与有机体实在之间的历史同一性关系的论证，因受到实验心理学家们对意识实在领域之直观的素朴性的制约而未能达到理论自觉的水平。在任何时候，对意识作为一个实在领域的任何形式的把握或论证，甚至包括常识的、宗教的、灵学的等等，都必将揭示人类行为的意向本质，从而暴露作为物理自然主义世界观在实验心理学中之特殊表现的华生意义上的行为主义之荒谬性。这正如黎黑在分析 19 世纪“新的科学的自然主义和对超验的精神实在的古老信仰之间的冲突”时所指出的那样：“再没有比认为我们只是既没有灵魂也没有自由意志的化学机器更令人难以置信的了。”①

从进化论的思维方式来看，行为作为有机体的外部表现，与意识或心理实在具有历史的同一性，它是有机体的意识或心理这一机能过程通过有机体的各物理的机体器官而实现的，作为有机体的外部物理表现而与物理的

① 黎黑著，刘恩久等译：《心理学史——心理学思想的主要趋势》，上海译文出版社 1990 年版，第 232～233 页。

外界环境发生相互作用，以使有机体适应环境并因而保证了有机体与环境的历史同一性的外部机能表现。或简单地说，是意识的外化。所以，行为在本质上是意识的、有目的性的，它的目的性表现在意识与行为二者之间以及这二者与有机体、环境之间在进化的历史同一性的形成过程中所实现的协调与一致。当行为被人为地与意识分割开之后，它便失去意义而不可理解。以这样的“行为”概念作为理论基础，心理学不仅不能摆脱危机，相反，正如历史所证明的那样，当它发展到它的逻辑的尽头时，必将陷入比传统意识心理学更加深刻的理论危机。正如作为传统意识心理学理论前提的“意识”范畴不是人类意识实在本身一样，行为主义纲领中的“行为”范畴亦不是人类行为实在本身。所以，行为主义和构造主义作为实验心理学的两个不同的、相互对立的历史形态，除了在研究对象以及与此相应地在方法论上不同而外，二者在作为理论体系的其它一切实质方面都具有惊人的相似性，这绝不是偶然的。例如，波林在比较行为主义与格式荅心理学共同作为对构造主义的“造反者”的差异时，却不经意地道出了行为主义与构造主义之间的相似性。他指出：“1910 年的正统心理学（ⅰ）为实验的，（ⅱ）内省的，（ⅲ）元素的，（ⅳ）联想主义的。……行为主义首先是元素主义的，因为它以反射为它的系统的单元……行为主义拾取了条件反射，采用了联想主义，也就是相加而成的联系，在这种联系内，刺激仅仅由于与无条件刺激多次接近而附着于反应——这种连接主义就不给组织和理解之类的整体化原则以应有的地位了。”①黎黑更加明确地洞察到了行为主义与构造主义之间的这种相似性，并在具体比较斯金纳（Burrhus Frederick Skinner，1904—1990）与铁钦纳之间的这种相似性时称之为镜像关系：“我们可以发现斯金纳派心理学与铁钦纳派心理学之间的关系有如镜像关系。铁钦纳也遵循马赫的观点，只在实验框架里分析变量，探寻其关系。当然，他所希望的是对意识的描述，而非对行为的描述。斯金纳有时也承认这种研究的可能性，但他把它看作与行为研究无关而加以摒弃，正如铁钦纳把行为研究看作与意识心理学无关而加以摒弃一样。”②行为主义与构造主义之间的这种相似性，究其实质，乃在于二者都未能对作为实验心理学终极理论关怀的意识实在，作出符合实验心理学作为一门科学的理论性质的独立的论证或阐释，因而也就都未能为实验心理学提供一个合乎逻辑的理论基础。

在欧陆人文主义传统、特别是作为它的现代形式之先驱的胡塞尔及其

① 波林著，高觉敷译：《实验心理学史》（下册），商务印书馆 1982 年版，第 734 页。

② 黎黑著，李维译：《心理学史》（下册），浙江教育出版社 1998 年版，第 690～691 页。

现象学看来,意识作为一个实在领域,是一个"无疑的"、"不具有超越之谜"的、"明证"的、"绝对内在的被给予性领域",[1]它不仅是我们一切理论建构的出发点,而且构成人的存在的最为本真的基础;意识作为一个实在领域的基本特征是它的意向性,探明意识的意向性结构正是现象学的理论旨趣之所在。在这个意义上,现象学本身可以被理解为心理学的一种特殊的理论形态。也正因为如此,胡塞尔在批判"试图抹杀心理现象本质特征"的实验心理学时特别指出:"最坏的心理学,就是正统的行为主义。"[2]一些身为哲学家、同时又非常熟悉实验心理学及其历史的西方学者,作为实验心理学的旁观者,亦清楚地看出了行为主义及其革命的理论实质。美国分析哲学家约翰·塞尔认为:"行动,就其特性而言由两部分组成,即由心理部分和物理部分组成",其中,"心理部分是一种意向";理解人类行为的"关键性的概念是意向性的概念"。他并进一步指出,"那些完全承认这些事实(意指人的意向性存在——引者注)的人文科学,如经济学,就比那些一开始就试图否定这些事实的学科,如行为主义心理学,取得了大得多的进展。把不包含意向性的系统当作有意向性的系统来研究(意指当代认知心理学——引者注)是拙劣的科学,同样,把有内在意向性的系统作为没有意向性的系统来研究(意指行为主义心理学——引者注)也是拙劣的科学"。[3] 德国哲学家恩斯特·卡西尔以更加宏观的背景、更加开阔的视野、更加冷静的态度和更加中肯的语言指出,"近代哲学开端于这样一个原则——我们自身存在的自明性是坚不可摧、无懈可击的。但是心理学知识的进展几乎根本没有证实这个笛卡尔主义的原则"。这里,他当然是在利用"心理学知识的进展"来论证他对近代哲学之"开端"的否定,但同时也流露出对现代心理学之"进展"的无可奈何的失望。于是,他又特别地进一步指出,"但是,一种始终如一的彻底的行为主义是不足以达到科学的心理学这个目标的。它能告诫我们提防可能的方法论错误,却不可能解决关于人的心理学的一切问题"。[4]

行为在本质上是意识的,意向性构成它的一个不可分割的内在的组成部分。一个有效的行为理论体系,取决于它对作为行为之本质、亦即人的主体性存在作出心理学的理论建构。以华生为代表的行为主义心理学的所谓"客观"的"行为",只能是实验心理学家的臆想,也就是詹姆斯所谓的"心理学家的谬误",而不是真实的人类有机体的行为。以这样的"行为"概念为基

① 胡塞尔著,倪良康译:《现象学的观念》,上海译文出版社 1986 年版,第 39 页。

② 施皮格伯格著,王炳文、张金言译:《现象学运动》,商务印书馆 1995 年版,第 200 页。

③ 塞尔著,杨音莱译:《心、脑与科学》,上海译文出版社 2006 年版,第 53、50、125 页。

④ 卡西尔著,甘阳译:《人论》,上海译文出版社 1985 年版,第 3、4 页。

础的心理学，不仅在体系上必将表现出与构造心理学相类似的“镜像关系”，而且在结果上也必将与构造心理学一样地陷入危机而走向自己的对立面。这便是在20世纪50年代以后当行为主义普遍地陷入危机而导致认知心理学革命兴起的根本原因。

第二节 认知心理学革命

正如导致行为主义革命的最根本的原因在于机能心理学的内在矛盾一样，导致认知心理学革命的最根本的原因则在于行为主义作为心理学的谬误性质，虽然和行为主义革命一样，认知心理学革命的完成也是复杂的历史的背景因素共同作用的结果。这里同样限于本书主题，不可能在系统的意义上讨论认知心理学革命，而满足于考察行为主义作为心理学的充分发展，如何使得整个心理学研究全面陷入危机，从而迫使心理学采取认知心理学革命的方式寻求摆脱这个危机的出路，以理解机能心理学的长远的历史效应。

一、行为主义的发展与认知心理学革命的兴起

如前所述，行为主义作为心理学的最根本的规定性，是否定“意识”作为心理学的基本范畴，转而主张以“行为”作为心理学的基本范畴；而且，它对“意识”范畴的否定，不只是在认识论意义上加以否定，也就是说，它不只是否定“意识”范畴在包括机能心理学在内的传统意识心理学背景中所隐含的关于意识的理解方式，同时也是在本体论意义上加以否定，即它不承认“意识”本身作为一个存在领域的合法性。正因为如此，它便不能像詹姆斯那样，在黑格尔所谓“扬弃”的意义上否定机能心理学或传统意识心理学，即在否定机能心理学或传统意识心理学及其“意识”范畴的基础上，达到对意识本身以及作为关于意识的科学的心理学的一种肯定的理解，从而使心理学真正获得新生；也正因为如此，在意识这个论题上，以及对于心理学作为关于意识的科学及其发展而言，行为主义革命所实现的是一种彻底的破坏性

的价值，而没有同时表现为一种肯定的建设性的力量。前面引述的卡西尔的观点："一种始终如一的彻底的行为主义是不足以达到科学的心理学这个目标的。它能告诫我们提防可能的方法论错误，却不可能解决关于人的心理学的一切问题"，其中包含的正是关于行为主义和心理学的这种理解。

查普林和克拉威克在对行为主义进行理论探讨时曾深刻地指出，贯穿于全部学习研究或行为主义之中的最根本的理论问题，是关于"学习本身的性质问题"①，即学习如何产生、或刺激反应联结如何形成的问题。正是对这个问题的回答，集中体现了行为主义对意识的极端怀疑论态度，并全面影响着学习理论或行为主义的发展。这种影响典型地表现在斯金纳的理论体系之中：$S^d \rightarrow R \rightarrow S^r$。其中，环境的刺激线索（$S^d$）诱发出一定的行为反应（R），而这一反应的结果（$S^r$）在时间维度上反过来塑造并控制着它的发生频率。所以，学习的本质在于反应结果对反应的强化性质，反应结果与反应之间的这种关系，则被称为强化偶联关系（reinforcement contingency）。

这一说明还不足以揭示行为主义的理论实质。更为重要的是，受其对意识的极端怀疑论态度的决定，斯金纳的这一理论模型要求强化自动作用（automatic action of reinforcers）假说，即作为反应结果的强化刺激对反应方式的塑造和控制，是以某种机械性质的自动化的方式发生的，而不需要学习主体（学习者）对强化偶联关系的觉识（awareness）或认知（recognition）；或毋宁说，行为主义研究方案排斥或拒绝对行为作这种心灵主义或认知论的解释。

强化自动作用假说构成行为主义全部理论大厦的基础设定，它不仅在理论上实现了行为主义的反意识立场，而且在方法论上论证了以动物为被试来理解人类行为的合法性。这是因为，它以患有理论强迫症的方式要求了这样的假定：学习发生的过程或强化偶联关系对行为方式的塑造过程，是一个独立于行为主体而与行为主体无关的、自成一体的因果关系领域；实验心理学的理论目标就是要揭示这一领域内的规律。行为主义的其它一切理论观点或结论都必须以这一设定为前提。例如，强化自动作用假说要求，学习的发生必须以学习主体亲身经历强化刺激，或者说，学习以学习主体对强化偶联的直接经验为前提。（事实上，这种"直接经验〈directly experienced by〉"说与桑代克的"效果律"一样，已经暴露了行为主义作为实验心理学研究方案要以理论体系被展开的困难性，因为它不得不以这种羞羞答答的方式承认意识实在及其对行为的制约性。）同时，强化自动作用假说也要求强

① 查普林、克拉威克著，林方译：《心理学的体系和理论》（上册），商务印书馆 1989 年版，第 386 页。

化即时性原则，即当有机体做出合适反应后，必须立即给予强化，否则，学习难以发生。此外，它还隐含着学习规律的跨种属普遍性和刺激—反应联结的任意性，即任何一个有机体能够在它所能感知到的任何刺激与它所能做出的任何反应之间建立联结，至于一个有机体能够感知到什么和它能够做出什么，则作为种的进化的被给予性而不予考虑。

行为主义作为心理学当然不能停留在纲领性的或口号式的宣言的水平上，而必须将这种研究纲领贯彻到心理学的各具体的经验研究领域，从而形成各经验研究领域内的基本假设。借用科学哲学家拉卡托斯(Imre Lakatos,1922—1974)的话来说，对行为主义作为心理学的科学研究纲领而言，对意识的极端怀疑论态度，或者说是它的反意识立场，构成行为主义研究纲领的"硬核"，由这个"硬核"衍生出的行为主义的上述一系列基本假设，如强化自动作用假说、学习发生的直接经验原理、强化的即时性原则以及学习规律的跨种属普遍性原理等，则构成行为主义反意识立场这个"硬核"的"辅助性假设保护带"。因此，一方面，行为主义作为心理学的发展，依赖于在各具体的经验研究领域内对上述一系列基本假设展开系统的研究工作；另一方面，如果在这些经验研究领域中所取得的研究结果，普遍地导致对这些基本假设作为行为主义反意识立场这个"硬核"的"辅助性假设保护带"的否定，则必将引起一场科学革命，以否定行为主义反意识立场这个"硬核"。行为主义作为心理学的科学研究纲领，正是在它自己的发展的过程中，走向了自己的对立面，从而引起认知心理学革命。

导向否定行为主义作为心理学的科学研究纲领的革命的力量，几乎是与行为主义自身的发展同步、而且呈正比关系的；换句话说，行为主义作为心理学研究纲领，越是在各经验研究领域内得到发展或展开，那么，否定行为主义作为心理学的科学研究纲领的革命的力量，就越是不断地壮大。例如，拉什里(Karl Lashley,1890—1958)作为华生的学生，曾持有极端行为主义观点。但是，早在20世纪40年代，他自己的研究工作却迫使他达到这样的认识：有机体的行为绝不是环境的被动产物；行为的基本特征是它的"组织性"和"计划性"；"脑中枢过程实际上先于并决定着"有机体的行为反应方式；因此，要真正理解行为，就必须阐明作为行为之基础的"组织"与"计划"。[①] 拉什里作为一个生理心理学家，他所强调的"组织"与"计划"，当然更多的是"脑中枢"的生理学意义，但即便如此，对于否定作为行为主义反意识立场的另外一种表现形式的"外周主义"而言，其革命的意义是不言而喻的。

① 参见 Gardner，H. (1985). The mind's new science. New York：Basic Books. pp. 10～14.

从整个心理学史的背景来说，拉什里的研究结论不仅揭示了行为主义作为心理学研究纲领之荒谬性，从而在自身逻辑展开的过程中走向了自己的对立面，而且，就像欧洲大陆的现象学和存在主义哲学运动对美国人本主义心理学家们创立人本主义心理学起到了思想解放的作用一样，对于那些试图在实验心理学内部谋求出路、以使实验心理学回归到对意识实在的探讨的认知心理学的先驱者们而言，他的研究结论也起到了思想解放的作用。

至 20 世纪 50 年代时，行为主义在几乎各个经验研究领域内所取得的进展，都普遍地指向于对作为这些经验研究工作据以开展的前提的上述基本假设的否定。黎黑曾细致而精彩地考察了这一段历史，并揭示了行为主义如何通过自己的内部发展而达到对自己的前提的否定。[①] 特别是在动物学习的限度和意识或觉识(awareness)对于学习发生之必要性这两个经验领域内的研究进展，更是直接地导致了对行为主义上述基本假设的否定。例如，由于行为主义过度强调人与动物的连续性，并否认意识及其作为人区别于动物的一个质的规定性，所以，它信仰并强调学习规律的跨种属普遍性或刺激—反应联结的任意性。这个假设同时包含了这样一种理解，即否定每一物种独特的进化的历史及其结果对该物种个体学习能力的制约性，也就是否认“本能”这个概念所包含的关于物种进化的历史及其结果的生物学意义。在这个领域内，凯勒·布里兰(Keller Bramwell Breland，1915—1965)和玛丽安·布里兰(Marian Breland Bailey，1920—2001)夫妇的研究结论具有经典的意义。布里兰夫妇曾是斯金纳的学生，并在二战期间协助斯金纳训练鸽子的导航行为。战后，他们成了商业化动物行为的专业训练者。这种训练工作当然是以行为主义关于刺激—反应联结的任意性假设为前提的，所以他们相信，对任何一个物种的任何一个动物来说，都可以通过操作性条件作用原理，训练动物做出各种让人感到惊异的行为表现，从而获得商业价值。然而，在他们的训练工作中，他们越来越多地发现这样的现象，即很多动物不能完成它们按行为主义的基本原理来设想应该能够完成的行为。1961 年，他们在《美国心理学家》杂志上发表《有机体的错误行为》一文，概述了他们的研究发现，并在理论上对这些研究发现进行批判的反思。他们认为，以小鸡、浣熊、猪、仓鼠、猫、兔、牛等动物的广泛的研究工作，“明白无误地、而且是从根本上”证明了行为主义的“失败”；“显而易见，这些动物受到了强烈的本能行为的束缚”，而且，“这种本能的行为模式的势力，占绝

① 参见黎黑著，刘恩久等译：《心理学史——心理学思想的主要趋势》，上海译文出版社 1990 年版，第 12 章和第 13 章。

对优势地压倒了通过条件化作用而形成的行为模式”，他们并把这种现象称为“本能的漂移”(instinctive drift)。根据这些经验研究所发现的反常现象，他们进一步地对行为主义作为“范式”的基本假定提出明确的质疑。这些假定包括：“动物在接受实验室训练之前实际上是一块白板(tabula rasa)；[对学习或行为塑造而言，]物种的差异是无关紧要的；任何反应都可以与任何刺激形成条件化的联结关系。”相反，他们认为，要真正理解动物行为，必须将“本能”概念重新引入关于动物行为的研究和解释之中。①

布里兰夫妇的研究工作以行为主义为出发点，但他们的研究结论却迫使他们走向行为主义的对立面，在否定行为主义基本观点的同时趋向于以洛伦茨(Kanrad Lorenz，1903—1989)、廷伯根(Nikolaas Tinbergen，1907—1988)等人为代表的习性学(etholgy)。虽然习性学本身与行为主义心理学没有直接的关系，但由于二者共同以动物行为为研究对象，所以，对习性学研究结论加以考察，颇有助于从否定的意义上来理解行为主义。习性学要求在动物的自然生态中对动物行为进行观察，并严格地按照动物进化的来龙去脉理解动物的行为，因此，它强调“本能”在决定动物行为中的作用。事实上，习性学家从一开始就反对行为主义心理学的研究方案，认为在这种研究中，实验情境的布置就已经在某种程度上预先规定了动物的行为反应，因而不能反映动物行为的真实规律。他们主张，对动物行为的研究必须在自然生态中不加干预地观察动物的行为表现，这一方法论的变革使他们看到了行为主义者在实验室内不可能看到的动物行为表现的异常丰富性及其与动物生存环境之间极其微妙的适应关系，从而受到比后者更大的启发，进而能够把握到动物行为与环境之间的适应关系得以形成的进化的条件和历史。客观地说，习性学关于动物行为的研究是富有成效的。它所揭示出来的一个基本的事实是：每一物种都有其特有的行为表现方式(species-specific patterns of behavior)，即使是同一种适应行为，不同的物种亦以其独特的方式来表现，而且物种之间不能沟通。“物种特有”(species-specific)这一概念本身就对行为主义关于学习规律的跨种属普遍性原理提出挑战。至20世纪50年代时，习性学与行为主义内部以布里兰夫妇为代表的研究工作，共同构成对行为主义的革命的力量，并成为推动认知心理学革命的重要的历史的背景因素之一。

与此同时，特别是在以人为对象的学习心理学研究中，那些对极端行为

① Breland, K. & Breland, M. (1961). The misbehavior of organisms. In *American Psychologist*, 16, pp. 681～684.

主义强化理论持怀疑态度的人进行了广泛的实验研究，表明包括觉识在内的认知过程对人的学习是必不可少的。例如，杜拉尼曾在20世纪60年代进行了一个广泛的研究计划，对觉识的类型及其对行为的影响建立了一套精深的公理化学说。他的研究结果表明，“只有觉识到强化依随的被试才会有学习。而且，被试对他们的假说的信心是系统地与他们的外显行为相联系的”。[①] 也就是说，对人的学习而言，只有当个体认识到作为强化的反应结果与行为反应之间的偶联关系时，学习才会发生，而且，个体在学习过程中建立起来的关于行为反应与反应结果之间的共变关系的假说，控制着他的外显行为。如果说上述有关动物心理学的研究结果表明，本能或遗传等具有生物学性质的因素是动物学习的必要的或内在的制约因素，并因而指向对行为主义有关学习规律跨种属普遍性原理这个作为“保护带”的“辅助性假设”的否定，那么，杜拉尼等人有关人类学习的研究结果则表明，“觉识”、“认知”等意识的过程构成了人类学习的必要的、内在的制约因素，并因而指向了对行为主义关于意识的极端怀疑论立场这个“硬核”的否定，从而在根本上彻底地否定行为主义作为心理学的科学研究纲领。正是在这个过程中，行为主义通过自身的发展而走向自己的对立面，并为认知心理学革命准备了最重要的历史的背景条件。

在行为主义心理学的历史发展过程中，不仅在经验研究领域内的研究结果普遍地指向于对行为主义一系列基本假设的否定，从而要求心理学承认本能、认知等内在过程的实在性，并必须通过对这些内在过程的研究而理解行为，而且，在体系的水平上，行为主义作为心理学也普遍地表现出向意识的回归，其典型的表现就是以托尔曼(Edward Chase Tolman，1886—1959)学派和赫尔(Clark Leonard Hull，1884—1952)学派为代表的新行为主义以“中介变量”说的形式，放宽了古典的或极端的行为主义对心理学研究方案的束缚。就其心理学史意义而言，“中介变量”说实质上是以某种拘谨的方式在有关行为的心理学研究中“复活了意识的作用”，[②]从而既揭示了“一种始终如一的彻底的行为主义”作为心理学研究方案在实践上的不可行性和在理论上的荒谬性，又表达了行为主义向意识回归的理论冲动。其中，托尔曼的认知行为主义预示了未来的信息加工认知心理学，并在理论原则上被后者所吸收，而赫尔的逻辑行为主义则通过作为“非形式化行为主义”

---

① 黎黑著，刘恩久等译：《心理学史——心理学思想的主要趋势》，上海译文出版社1990年版，第471页。

② 车文博著：《意识与无意识》，辽宁人民出版社1987年版，第125页。

的新赫尔学派的发展而更趋于"温和化",并最终酿成班杜拉的社会学习理论体系的诞生。[①] 在托尔曼看来,刺激并不直接地控制反应,而是首先在有机体内部接受某种形式的加工,并通过这个加工过程而被组织成某种结构(即托尔曼所谓"认知地图"),再由这个结构实现对行为的控制。在新赫尔学派中,不仅接受了赫尔关于刺激—反应链中包含着不可观察的内隐反应的观点,而且着手对这个内隐反应加以理论建构,进而将新行为主义的S—O—R公式转变为S—r—s—R。[②] 这个公式实质上是以刺激、反应的语言对内部认知过程及其与行为之间的关系作出了说明,其中S为外部环境刺激,r为作为内隐过程的对外部环境的反应,s为作为指导外显反应R的内部过程。或者借用信息加工认知心理学的语言来说,r和s就是一方面作为对环境事件(S)之内部把握,另一方面又作为对外显的行为反应(R)之内部指南的认知表征。正是在这个意义上,黎黑将新赫尔学派或中介的行为主义理解为是连接新行为主义与认知心理学之间的一座桥梁,并进一步指出,新赫尔学派之所以用刺激—反应的术语或语言对内隐反应作出这种说明,是因为他们既意识到心理过程的实在性及其对行为反应的因果制约关系,又想维护理论的严密性而回避传统意识心理学术语的神秘性,并决定于"他们缺乏任何一种用清晰的和专业的方式来讨论心理历程的其他语言。然而,当一种有力的、严密的和精确的新语言(计算机程序语言)问世时,中介心理学家也就很轻易地抛弃他们的刺激—反应救生艇,以便搭上信息加工的客轮"[③]。

行为主义通过自身的内部发展而走向自己的对立面,这是从否定的意义上为认知心理学革命提供了必要的背景条件。从肯定的方面来说,认知心理学的理论灵感,除来自心理学内部非正统行为主义的研究成果,如格式塔心理学、乔姆斯基(Norm Chomsky,1928—　)派心理语言学以及托尔曼的认知行为主义外,更主要地来自于20世纪40年代以来的作为自然科学的一些新兴学科,特别是通讯工程以及作为它的数学基础的信息论、计算机科学、作为计算机科学和心理学相结合的产物的人工智能以及作为人工智

① 参见高申春:《主体意识的自我觉醒——从西方心理学历史逻辑透视社会学习理论》,吉林大学博士学位论文,2000年。

② 参见Kendler, H. H., Kendler, T. S., From discrimination learning to cognitive development: A neo-behavioristic odyssey. In W. K. Estes(Ed). *Handbook of learning and cognitive process*. Vol. 1. Hillsdale, NJ: Erlbaum, 1975.

③ 黎黑著,李维译:《心理学史》(下册),浙江教育出版社1998年版,第706页。

能之数学基础的控制论。[1] 其中,格式塔心理学、乔姆斯基派心理语言学、托尔曼的认知行为主义等,主要是在重新确认意识实在的本体论地位及其对行为的制约性方面,为认知心理学把认知等意识的过程确立为心理学研究对象准备了条件,而计算机科学、信息论、人工智能等新兴学科,则主要是为认知心理学提供了据以构成自身的形式。所以,现代意义上的认知心理学、亦即信息加工意义上的认知心理学的理论模型,基本上都是用信息论、计算机科学、人工智能、控制论等的理论术语建构起来的,乃至于可以说,离开了这些新兴学科,信息加工意义上的现代认知心理学便不可能存在。

二、认知心理学革命的实质与前景

在心理学通史的研究中,一般将奈塞(Ulric Neisser,1928—)于 1967 年出版的《认知心理学》一书作为认知心理学正式诞生的标志。换句话说,如果说曾经发生过一场认知心理学革命的话,那么,奈塞这本书的出版也就标志着这场革命的完成。在这本书中,奈塞指出,他写作这本书的目的,就是要“不带任何激情[的偏见]地记述认知心理学的进展现状”[2]。他把认知心理学界定为关于全部以下过程的研究,通过这些过程,“感觉输入的信息得到转换、化约、加工、储存、重现、使用等”[3],正是这些作为“认知”的意识过程的具体的操作形式或特征构成认知心理学的研究对象。在他看来,“研究认知过程的基本理由是显而易见的,……因为它们存在在那里。……认知过程确定无疑地存在着,所以,对这些过程进行研究,不可能不是科学的”。[4] 对认知心理学的诞生和确立做出过杰出贡献的乔治·米勒(George A. Miller,1920—)虽然亦曾是一个折中的行为主义者,但他在自己的研究工作中最终也达到这样的认识:“在我的研究进程中,我似乎已经成为一个落伍的心理学家了。现在我相信,心灵(mind)不只是由四个字母所组成的某个东西……人类的心灵存在着,我们作为心理学家的任务正在于研究人类心灵。”[5]所以,从心理学史的一般趋势来看,认知心理学革命的实质就在于否定行为主义关于包括认知在内的意识的极端怀疑论态度,重新确认以认

① 参见乐国安著:《论现代认知心理学》,黑龙江人民出版社 1986 年版,第 29~45 页。

② Neisser, U. (1967). Cognitive psychology. Englewood Cliffs, NJ: Prentice-Hall, Inc. p. vii.

③ Neisser, U. (1967). Cognitive psychology. Englewood Cliffs, NJ: Prentice-Hall, Inc. p. 4.

④ Neisser, U. (1967). Cognitive psychology. Englewood Cliffs, NJ: Prentice-Hall, Inc. p. 5.

⑤ Miller, G. A. (1962). Some psychological studies of grammar. In *American Psychologist*, Vol. 17. pp. 748~762.

知的形式表现出来的意识的本体论地位及其作为心理学研究对象的合法性地位。

信息加工意义上的现代认知心理学最终得以确立并取代行为主义，除了因为计算机科学及其技术的发展使心理学有可能通过计算机类比来研究内部心理过程外，更主要地则依赖于纽厄尔(Allen Newell，1927—1992)和西蒙(Herbert Alexander Simon，1916—2001)于 1972 年提出的物理符号系统假设。① 该假设认为，思维等认知过程是对物理符号系统的操作；虽然思维等认知过程实现于其上的基础可以不同，或是人脑的生理组织，或是计算机的硬件组织，但就它们都是对物理符号系统的操作这一分析水平而言，二者具有功能的等价性。这就是信息加工认知心理学意义上的功能主义。

从原则上讲，物理符号系统假设构成了整个信息加工心理学的理论基础。它不仅在方法论意义上为信息加工认知心理学利用计算机类比来研究人类心理提供了论证，而且使心理学得以摆脱心—身关系这一难解之谜；它不仅否定了在实证研究水平上无法被展开的笛卡尔意义上的心灵实本，而且将心灵中介化为发生于有机体内部的、类似于计算机程序的对物理符号的一组计算或操作的功能和过程。正是通过这种方式，信息加工认知心理学恢复了将意识实在作为心理学研究对象的合法性。特别是计算机作为一种人造装置，它的内部工作原理是已知的。因此，如果接受物理符号系统假设，便可以根据计算机的工作原理来建立关于人的心理活动机制的认知模型，并将人脑中的符号加工过程变成可以客观地加以描述和研究的具体过程。对于一直以自然科学、特别是物理学的客观主义为自己的样板的实验心理学而言，这是再理想不过的了。

如前所述，正是“意识”作为一个不可还原的实在领域，构成了心理学作为一门科学的合乎逻辑的基础。也正是在“意识”作为本体论里面，潜藏着心理学的全部秘密；在“意识”作为认识论里面，包含着心理学的各种历史发展趋势的最初萌芽。信息加工意义上的现代认知心理学，既然它恢复了将意识实在作为心理学研究对象的合法性，那么，它究竟是如何理解作为心理学研究对象的“意识”的呢？必须通过对这个问题的探究，才能够深刻地理解认知心理学革命的实质，并把握认知心理学作为实验心理学在当代的主流发展趋势的前景。

在前面关于认知心理学革命的背景的考察中，我们可以把握到，促成认

① 参见朱新明、李亦菲著：《架设人与计算机的桥梁——西蒙的认知与管理心理学》，湖北教育出版社 2000 年版，第 62～67 页。

知心理学革命的重要的背景因素之一，是类似奈塞以及乔治·米勒等人的那种关于心理学研究对象的朴素的现象学的思想态度，即在直观的基础上信仰“认知过程”、“心灵”等作为“意识”的存在性，正是对“意识”及其存在性的这个“直观”，构成全部心理学的“阿基米德点”。事实上，亦如前所述，对任何一个心智正常的人而言，意识和自我意识的存在是我们在日常生活中首先接触到的、最直接、最熟悉、最真切、最基本的事实，其他一切事实都以这一事实为基础。即使是像华生、斯金纳等极端的行为主义者，也不可能在直观的意义上否定“意识”的存在及其本体论地位。那么，心理学为什么一定要等信息论、控制论、计算机科学、人工智能等新兴学科得到发展之后，利用这些新兴学科的成就，以信息加工意义上的现代认知心理学的方式，实现对行为主义的革命呢？为了回答这个问题，这里还必须引入对于理解心理学作为整体、并因而对于理解认知心理学关于“意识”的理解方式而言至关重要的另外一个理论的和历史的主题，这个主题就是心理学的科学化道路问题，虽然同样限于本书的范围和篇幅，这里不准备对这个问题进行展开的讨论，而满足于指出关于这个问题的讨论的一般背景。

作为讨论心理学的科学化道路问题的预备条件，必须首先指出“科学”范畴的两种涵义。在心理学以及在整个人类思想史背景中，“科学”这个范畴是在两种不同的意义上被使用的；或者说，不同的人在不同的论证背景中，赋予了“科学”这个范畴以不同的涵义。其一是指作为理论有效地把握对象的真理性含义，也就是胡塞尔把哲学作为严格科学意义上的“科学”。在本书范围内，当作者用“心理学作为一门科学”这个说法来表达自己的观点时，其中的“科学”范畴就是在这个意义上使用的。其二是指作为人类把握世界的一种意识形式的“科学”，也就是意识形态意义上的“科学”。这种涵义的“科学”范畴，其典型的表现形式就是实证自然科学意义上的“科学”。在关于心理学科学化道路问题的讨论背景中，所谓“科学”就是在这个意义上说的，而不是在作为理论有效地把握对象的真理性含义的意义上说的。

以此为背景，我们可以发现，自冯特以来作为一门独立科学诞生之后的现代心理学的基本特征，就是追求科学的发展道路。20 世纪 50 年代至 80 年代，美国著名心理学家科克(Sigmund Koch，1917—1996)曾从科学史和科学哲学的宏观背景出发，卓有成效地在到目前为止还没有人能与之相媲美的规模上深入、系统而批判性地考察过现代心理学的历史和它的理论基础，他的这种批判工作，正是以对心理学和科学以及二者之间关系的深刻洞察为基础的。在历史研究方面，科克指出，科学的一般发展模式是：任何一门学科，只有在它取得并积累了足够的知识而成为一门科学之后，才获得它的独立地位，并逐步演化为一种制度化的存在。但相比之下，“心理学从它的诞生之日起就如此地与众不同：它在取得自己的知识内容之前，事先完成了对制度化存在地位的追求；它在澄清自己所研究的问题的性质之前，事先就规定好了自己所要遵循的方法论程序。这便是我们据以理解现代心理学史的它的关键特征之所在”①。正是这一特征决定了心理学作为一门学术事业的不自觉性和盲目性：它在完成对自己理论基础的论证，并澄清它自己是什么以及它能否作为实证自然科学意义上的“科学”而存在之前，刻意地追求自然科学意义上的“科学”地位；而追求这样的“科学”地位的最便捷的途径，便是外在地模仿自然科学的实证方法及其实证知识形式，而不同时顾及它自身的实质内容，从而使心理学作为一项学术事业逐步蜕化为一种受“科学主义”作为一个外在强制力量制约的方法论追求，并具体表现为受逻辑实证主义关于科学操作的“规则”所支配的(rule-governed)一种纯粹的智力游戏，而不是按心理学本性之所是的关于人的自我理解事业(human-centered inquiry and understanding)。他并将这种受逻辑实证主义关于科学操作“规则”所支配的心理学研究，称为“失去意义的思想活动”(ameaningful thinking)。② 简言之，它使心理学在对外在形式的追求的过程中丧失了灵魂。在这样的学术理念的支配下，我们发现，特别是在行为主义作为心理学研究纲领中，对行为主义自我标榜的“客观性”原则极具讽刺意味的是，心理学家在他自己的理论建构中，可以任意地设想他所使用的基本范畴的内涵及其相互关系(联系)是什么，只要这种设想遵循着逻辑实证主义关于科学操作的“规则”的规定。本书作者亦曾在历史批判和理论反思的基础上，得出一个可以与科克相互印证的研究结论：心理学的历史发展轨迹，正是它能否作为科学而存在和发展的尚未澄清的理论性质，与它的历史的科学追求之间的理论张力的历史展现。③ 不难设想，在这样的“学术研究”的背景中，正如著名的知觉心理学家吉布森(James Jerome Gibson，1904—1979)所指出的那样，心理学作为一门科学所取得的“成就”，就不仅是“微不足道”的，而且是值得怀疑的。他在自己的自传中说，心理学家们“大多认为，我们所要做的工作，就是巩固我们的科学成就。他们的这种自信令我震惊，因为这些所谓科学成就在我看来是微不足道的，而且，在我看来，科学心理学在理论基础

① Koch, S. (1959). Epilogue. In S. Koch (Ed.), *Psychology: A study of a science*. Vol.3. New York: McGraw-Hill. pp. 729～788.

② 参见 Leary, D. E. (2001). One big idea, one ultimate concern: Sigmund Koch's critique of psychology and hope for the future. In *American Psychologist*, Vol.56, No.5. pp. 425～432.

③ 高申春：《范式论心理学史批判》，《自然辩证法研究》，2005 年第 9 期，第 29～32 页。

方面是站不住脚的。让我们切记，整个心理学事业随时都有可能会像一个手推车一样被颠覆”①。

虽然科克的批判工作所针对的直接的背景是行为主义作为心理学及其历史发展，但是，必须指出，他的批判并不只是针对行为主义而有效的，甚至也不只是针对心理学才有效的，因为他的批判是以更为广阔的文化史理解为基础的，行为主义作为“失去意义的思想活动”，只是近代文化一般发展趋势的一个特殊的表现形式而已。在科克看来，在引导近代文化一般发展趋势方面，自然科学的发展及其巨大成就起了决定性的作用。正是自然科学的发展及其成就，使“科学”作为人类一种意识形式在人的生活及其文化中的地位发生了根本的倒转：科学原本只是人的一种活动、一种工具，它的存在形式应当以人的存在为根据；现在，它却逐渐获得了对人的主宰地位，成了衡量人的思想与实践的普罗克拉斯提斯之床，人的存在形式反而要以科学的存在为根据——这便是近代思维的“科学主义”特质。同时，科克还指出，自然科学在维多利亚时代的辉煌成就，还为人的自我理解事业提供了一线“希望”，那就是：“将自然科学方法推广应用于全部人文的及社会的问题领域”；而这一“希望”的历史实现，只能为我们带来“灾难性的结果”。② 因为科学的形式是与人的存在、特别是他的人文存在不相关的，因而作为方法，不足以揭示后者的实质。所以，有人在考察当代心理学的认知神经科学发展趋势之后指出，科克的批判工作“对现时代而言比对它当初完成的时代而言具有更大的时效性”③。

关于心理学的科学化道路及其理论意义，黎黑曾以一种颇为隐晦的方式指出：“英国文学”作为一个“研究领域”拥有它完全正当的学术合法性，“但没有哪一个人把英国文学作为一个学术研究领域称为一门科学”，并把英国文学当做一门“科学”来加以建设和发展；如果心理学“像英国文学那样不能是一门科学”，那么，对心理学实际追求“科学”的历史及其产物而言，这将意味着什么呢？！④ 黎黑的批判工作自然指向与科克同样的结论，事实上，黎黑的批判工作是以科克的批判工作为基础的。这将意味着伴随着心理学

---

① Gibson, J. J. (1967). Autobiography. In E. G. Boring and G. Lindzey (eds.), *A history of psychology in autobiography*. Vol. 5. New York: Appleton-Century-Crofts. p. 142.

② 参见 Leary, D. E. (2001). One big idea, one ultimate concern: Sigmund Koch's critique of psychology and hope for the future. In *American Psychologist*, Vol. 56, No. 5. pp. 425～432.

③ Robinson, D. N. (2001). Sigmund Koch—Philosophically speaking. *American psychologist*. Vol. 56, No. 5. pp. 420～424.

④ Leahey, T. H. (1980). A history of psychology: Main currents in psychological thought. Englewood Cliffs, NJ: Prentice-Hall. p. 384.

的科学化道路的，必然是心理学理论基础及其体系的危机，这种危机并不是存在于某一时期的偶然现象，而是形影不离地渗透于心理学的全部历史，乃至于可以说，"危机"构成了心理学作为一门科学的一个历史特质；它也不是只在心理学内部、作为心理学家对他们自己学科发展状况的自我反应而存在的，更主要地是产生于心理学以之为理想的物理自然科学所构成的更广大的科学共同体对它的科学地位的否定。黎黑曾对心理学的这种"危机"的局面和性质作过系统的总结，他指出："心理学曾周期性地被各种危机所彻底摧毁，这些危机所导致的是人们对心理学本身的可能性及其存在价值的普遍怀疑"；它"似乎是一门永远摆脱不了危机的科学"；"历史上，心理学想成为一门科学的努力失败了。……后来的心理学史展示了一系列[关于心理学的]根本不同的研究方案，……[但]无论是在每一个研究方案内部，还是在不同研究方案的过渡之间，都没有丝毫[显示心理学的]进步的标记"；无论是"在世俗的水平上"，还是"学院的范围内"，心理学都不被认为是一门"真正的科学"；虽然认知心理学正日趋繁荣，但在这种繁荣的背后，"我们将发现，危机在持续着"。①

必须将心理学的科学追求及其科学化道路纳入我们的视野之中，才能看穿信息加工意义上的现代认知心理学关于意识的理解方式，进而把握认知心理学革命的实质和它的前景。这里，我们先回答上面提到的这样一个问题，即心理学为什么一定要等信息论、控制论、计算机科学、人工智能等新兴学科得到发展之后，利用这些新兴学科的成就，以信息加工意义上的现代认知心理学的方式，实现对行为主义的革命。从关于心理学科学化道路问题的讨论背景出发，这个问题的答案其实是很明了的，即保证和维持心理学的科学性。我们在前面曾多次指出，正是在"意识"作为认识论里面，包含着心理学的各种历史发展趋势的最初萌芽。换句话说，关于意识的任何一种理解方式，当以概念化的系统形式被展开之后，各自都可以成就为一个心理学体系，至于这个心理学体系的科学性，则是由表现这种理解方式的概念系统的科学性来保证的。反过来说，由于心理学家要追求并保证心理学的科学性，所以，他们只能接受那些具有科学性的概念系统来阐释、说明他们关于作为心理学研究对象的意识的理解方式。当他们还不具备这样的概念系统时，他们宁可像行为主义者那样否认意识的存在论地位，不惜以牺牲心理学自身为代价，而追求心理学的外在的科学形式。事实上，在前面关于行为

① Leahey, T. H. (1980). A history of psychology: Main currents in psychological thought. Englewood Cliffs, NJ: Prentice-Hall. pp. 382～384.

主义的内部发展作为导向认知心理学革命的背景的考察中，我们发现，在新赫尔学派中，虽然已经认识到必须对赫尔关于刺激—反应链中包含的不可观察的内隐反应进行理论的建构，但是，由于他们还没有一套更加合用的科学的概念系统来建构作为“意识”的不可观察的内隐反应，所以，他们只能继续停留在行为主义的水平上，用刺激—反应的语言来说明这些内隐的反应过程，将新行为主义的 S—O—R 公式转变为 S—r—s—R。又由于信息论、控制论、计算机科学、人工智能等新兴学科所提供的信息加工语言，既比刺激—反应语言更加合用，又具有精确、客观、可量化、可操作等科学的性质，能够以科学的方式对内隐过程作出物理主义的说明，所以成为心理学家们用来建构认知心理学，并实现对行为主义的革命的理想的理论工具。

正是以上述这种理解为基础，黎黑在评述从新行为主义向信息加工认知心理学过渡的历史时指出：“虽然中介行为主义在 20 世纪 50 年代是一个主要的理论观点，但它最终证明是连接 20 世纪 30 至 40 年代推论行为主义(指以赫尔和托尔曼为代表的试图通过外显行为来推论内隐过程的新行为主义——引者注)和 20 世纪 80 年代推论行为主义(认知心理学)的一座桥梁。”①虽然黎黑将认知心理学理解为一种行为主义是有失公允的，但这一说明确也揭示了认知心理学与除斯金纳极端形式之外的新行为主义之间的内在的一致性和连续性，并趋向于否认从新行为主义向信息加工认知心理学过渡构成一次“革命”。② 关于从新行为主义向信息加工认知心理学过渡是否构成一次心理学史的“革命”，这个问题已远远超出了本书的范围，此处不欲加以讨论，但考虑信息加工认知心理学与行为主义之间的一致性和连续性，无疑有助于我们理解信息加工认知心理学关于意识的理解方式。黎黑主要是从以下两个方面来阐述信息加工认知心理学与行为主义之间的连续性的。其一是“信息加工心理学家们的论述肯定了他们同行为主义的连续性”，他并引述西蒙的观点对此加以说明。按西蒙的说法，“如果我们把一个人看做是一个行为系统，那么，人其实是很简单的。人的行为在时间维度上的复杂性，主要是他生活于其中的环境的复杂性的反映”。所以，西蒙与斯金纳一样，把人及其存在理解为是环境的产物，而人及其存在本身是简单的。其二是“我们可以从信息加工理论对意识之重要性的怀疑，诊断出这个理论包含有日益增多的行为主义成分”。他并引述认知心理学的文献揭示

① 黎黑著，李维译：《心理学史》(下册)，浙江教育出版社 1998 年版，第 706 页。

② Leahey, T. H. (1992). The mythical revolutions of American psychology. *American Psychologist*, Vol. 47, No. 2. pp. 308～318.

了在认知心理学中日益强化的这样一个理论信念，即“意识对行为无关，所以没有研究的价值”。① 舒尔茨则主要是从方法论意义上揭示了认知心理学与行为主义之间的连续性：“方法论的行为主义是今天美国心理学的主流，从而使它‘免于死亡。它……已经成为无可置疑的真理。实际上，每一个美国心理学家，不管他是否意识到这一点，今天都是一个方法论上的行为主义者’”；而概念的行为主义，亦即作为实验心理学的理论基础的行为主义，由于它否定行为的意向本质而不可能把握人类行为实在本身，所以不可避免地“已经死亡了”，并“已经由建立在它的基础之上的新型的心理学的客观主义”、即信息加工认知心理学“所取代了”。② 从根本上来说，信息加工认知心理学与行为主义之间的连续性，决定于它与行为主义同样的关于心理学的科学观，即试图按照实证自然科学的方式来建构关于认知作为意识的过程。正是这个特征使它自身落入了科克的批判力所涉及的范围之内。按科克的理解，科学与意识作为人的存在是不相关的，所以，科学作为方法不足以揭示意识的实质。

正因为如此，到目前为止，认知心理学尚不能对它自己的意识观，亦即它关于意识的理解方式作出系统的阐释。关于认知心理学的意识观，我们也只能通过对作为它的理论基础的物理符号系统假设的分析获得某些启示。物理符号系统假设的根本特征在于：(1) 将人的意识及其活动与它的主体承担者相分离；(2) 将人的意识及其活动假定为一个物理符号操作系统；(3) 将物理符号系统假定为一个可以脱离其主体承担者而具有本体论意义的存在领域。由此，认知心理学才得以摆脱对实证自然科学研究方案而言纠缠不清的人类意识的意向性，并实现其心理学研究的计算机类比。然而，物理符号系统假设的上述三个步骤在逻辑上都是困难的。正是针对这个逻辑困难，批评家们对认知心理学（和人工智能）持强硬的批判和否定态度，以美国现象学哲学家德雷福斯（Hubert Dreyfus，1929—　）为代表。按德雷福斯的理解：“人工智能乃是一个不可能达到的目的”；“没有任何脱离肉体的机器能赛得过人类的意识，因为它缺乏每一个人所特有的那种与世界紧密结合的共同发展的特征”。与此同时，他也否定信息加工认知心理学并指出，因为它怀疑意识的重要性，它有可能和行为主义一样失去其存在基础而

① Leahey, T. H. (1980). A history of psychology: Main currents in psychological thought. Englewood Cliffs, NJ: Prentice-Hall. pp. 374～375, pp. 392～394.

② 舒尔茨著，杨立能等译：《现代心理学史》，人民教育出版社 1981 年版，第 239～240 页。

发展为“一种并不存在的心理学领域”。① 德雷福斯所谓信息加工认知心理学作为一个“并不存在的心理学领域”,实质上就是詹姆斯所谓“心理学家的谬误”。也就是说,它关于“认知加工”的理论说明,并没有切中现实的人类认知过程。反过来说,它所理解的“认知加工”或“意识”,不是真实的人类意识及其认知加工过程,正如巴尔斯(Bernard J. Baars,1946—)所指出的那样,除其他用法外,“认知”一词还有一个很古老的含义,即指有意识的理智活动,如思维、问题解决及记忆等,但他认为,“必须要强调指出的是,现代认知心理学家所使用的‘认知’一词,绝不是指这种含义;对现代认知心理学家来说,认知活动大致与人的信息加工过程同义,这一信息加工过程可以是有意识的,也可以是无意识的。确实,直到最近才弄清楚,发生于神经系统内的信息加工过程,就其总体而言是无意识的”。②

---

① 参见黎黑著,刘恩久等译:《心理学史——心理学思想的主要趋势》,上海译文出版社1990年版,第505页。另可参见德雷福斯著,宁春岩译:《计算机不能做什么》,三联书店1986年版,第172～196页。

② Baars, B. J. (1986). The cognitive revolution in psychology. New York: The Guilford Press. p. 158.

第七章

总结与评价

如果我们同样将进化论的思想方法引申应月于对心理学史的理解和研究工作，那么可以说，在前面我们是以心理学思想的进化的来龙去脉为背景，系统地考察了机能心理学的产生、发展及其结果。按这种方式来理解和研究心理学史，对心理学的某一个思想体系，如机能心理学而言，构成心理学本身的全部的思想要素，便是它的生存的学术生态环境，它自身的存在必须接受这个学术生态环境的选择作用。从这个意义上来说，机能心理学的产生有它的必然性；同样，机能心理学最终被行为主义革命所否定，也必然有它内在的根据。前面几章的研究工作，就是针对机能心理学作为心理学的一个思想体系展开的，并通过考察促成机能心理学产生的历史背景，揭示了机能心理学产生的必然性，又通过揭示机能心理学作为一个思想体系的内在矛盾，说明了机能心理学最终被行为主义革命所否定以及行为主义作为心理学的发展如何导致认知心理学革命的历史发展趋势。

但是，机能心理学作为心理学的一个思想体系，与心理学作为整体的思想背景之间的关系，并不是如上述所暗示的那样相互分离、相互对峙的，似乎机能心理学作为一个思想体系被动地接受构成心理学作为整体的思想背景的选择作用。事实上，机能心理学作为心理学的一个思想体系，与心理学作为整体的思想背景之间是相互影响、相互决定的；特别是机能心理学作为实验心理学历史发展的一个内在环节，与心理学的其他思想体系一样，也构成塑造心理学作为一门科学的理论性格的一个重要的历史的背景因素。所以，在这一章，我们将以引导心理学未来发展趋势并塑造心理学作为一门科学的理论性格为着眼点，在概要地总结前面关于机能心理学作为一个思想体系的具体阐述的基础上，就机能心理学作为心理学的一个思想体系对心理学作为整体而言的发展所具有的历史的和理论的意义加以评说。

第一节　关于机能心理学的总结

一、机能心理学与机能主义

在本书引言中，我们区分了机能心理学的两种逻辑形态，并将这两种逻辑形态称之为哲学的思维方式和科学的思维方式。其中，作为哲学的思维方式的机能心理学，是指肇始于布伦塔诺的意动心理学传统。这种意义上的机能心理学不属于本书的研究范围，而是本丛书中《经验的观察：意动心理学》一书专门的研究主题。本书限于研究作为科学的思维方式的那种机能心理学，即在19世纪末20世纪初当心理学传入美国之后，因为接受生物进化论的影响而形成的、以强调生物适应价值为基本特征的那种心理学形态，为方便起见，可以称之为美国的机能心理学。

关于美国的机能心理学，我们亦曾作出狭义和广义的区分。所谓狭义的机能心理学，专指作为一个旗帜鲜明的学派而存在的芝加哥学派；所谓广义的机能心理学，是指在当时作为美国心理学一般特征和总体倾向的美国心理学的机能主义精神，以哥伦比亚学派为代表。在第六章中考察机能心理学的历史效应时，我们还暗示了这样一个结论，即在最广泛的意义上，机能心理学还包括行为主义和认知心理学。在最广泛的意义上可以将行为主义和认知心理学当做是机能心理学的某种变式，这意味着行为主义和认知心理学与机能心理学必然具有某种共同性。然而，在另一个意义上，正如在有关心理学通史的研究中所理解的那样，行为主义和认知心理学各自独立地都构成了心理学的一个思想体系或一个心理学流派，这又意味着不仅行为主义和认知心理学相互不同，而且它们各自又必然都与机能心理学有所不同。那么，这种相同的因素和不同的因素是什么呢？必须通过对这个问题的探究，才有可能解决上述在表面上看似矛盾的结论，并澄清由此可能引起的思想的混乱。

为此，就必须对机能心理学和机能主义作出区分。其中，机能心理学是心理学的一个具体的思想体系或理论形态，即作为本书研究主题的早期美国机能心理学。而机能主义则是一种普遍的思维方式，因而是一个与具体的思想体系相比更高层次上的逻辑范畴，它可以包含作为心理学的一个具体的思想体系或理论形态的机能心理学，也可以包含心理学的其他的思想体系或理论形态，如行为主义和认知心理学；或反过来说，机能心理学、行为主义和认知心理学各自作为心理学的具体的思想体系或理论形态，共同反映或体现着心理学的一种普遍的思维方式，这种普遍的思维方式就是心理学的机能主义。

我们曾反复强调，在本书范围内，任何有关机能、机能心理学及机能主义的探讨，都根源于达尔文的生物进化论，因此，也只有通过对达尔文的生物进化论及其被引入心理学之后所发生的种种历史的变故进行理论的分析，才能够揭示机能心理学和机能主义各自是什么，并澄清机能心理学和机能主义之间的关系是什么。

我们曾指出，就达尔文的生物进化论本身而言，它首先表现为生物学的一个科学的理论体系，同时，它也隐含着一种关于世界的理解方式或思维方式，虽然达尔文本人并没有区分并论证生物进化论作为一个科学的理论体系与它作为一种思维方式之间的内在联系和相互分别。就是在生物学范围之间，无论是就进化论作为一个思想体系还是就它作为一种思维方式而言，它也是机能的或机能主义的，虽然是生物学的或生理学的机能主义，而不是心理学的机能主义。进化论在生物学范围内作为生物学的或生理学的机能主义，关心的是生物学的事实，并按照机能的观点对这些生物学的事实给出一种历史的说明。这些所谓生物学的事实，就是物种生命的形态结构及其表现的全部生物学特征，也就是前面所说的物种的自然形态。进化论作为生物学的实质，是按照物种的自然形态在有机体与环境的动态关系中所完成的适应价值，来理解物种自然形态的存在性，并将种的历史的维度引入对生命的个体表现形态的理解和解释之中。正是以此为基础，我们将进化论的基本假设概括为：有机实在是在进化过程中由于自然选择的作用而历史地形成的；历史地形成的有机实在的一切方面，都对维持有机体的存在具有积极意义。

在进化论作为生物学中，所谓有机实在就是物种的自然形态，进化论作为理论所要解释的对象，是生物学的事实，而不是其他的事实。就进化论作为一种生物学的理论在它自身的范围内而言，如历史所已证明的那样，它的真理性是不容否认的。然而，进化论同时也是或更准确地说隐含了一种思维方式，这种思维方式就是我们关于进化论基本假设的上述概括。稍作反思就可以把握到，这是关于进化论作为一种思维方式的高度抽象、高度形式化的概括。作为形式，当然可以用不同的内容来充实它。如果我们把进化论基本假设中的“有机实在”理解为物种的自然形态，也就是用生物学的事实来充实这个形式，那么，我们得到的便是生物进化论作为生物学本身。我们也可以用其他的事实来充实这个形式，从而引起进化论的种种变故，并得到进化论的某种变更的形式。例如，本章开篇中所谓将进化论的思想方法引申应用于对心理学史的理解和研究工作，就是在波普尔(Karl Raimund Popper，1902—1994)所谓“知识达尔文主义”[①]的意义上说的。从本书主题来说，如果我们用心理学的事实来充实进化论作为思维方式的形式，我们所得到的就是心理学的机能主义。如本书前几章详细论证的那样，这便是美国心理学家完成的工作，美国心理学作为整体的独特性也就在于此。

那么，从心理学的方面来说，心理学的事实究竟是什么呢？这是与进化论及其作为一种思维方式本身没有必然联系的一个相对独立的论题。这个论题涉及的是关于心理学是什么的理解以及在此基础上所形成的关于心理学研究对象是什么的理解。我们暂且不考虑这个论题，仅从这里正在讨论的问题背景出发，并结合心理学史的实质内容来看，我们可以说，在心理学的不同历史时期或在不同的心理学流派中，所认定的心理学的事实是不同的。将不同历史时期或不同学派所认定的相互不同的心理学的事实作为内容，来充实进化论作为一种思维方式的形式，便形成心理学的机能主义的不同的理论体系。例如，在19世纪末20世纪初，心理学所要研究的是传统意识心理学意义上的“意识”范畴，将这个“意识”范畴与进化论的思维方式相结合，便是直接作为本书研究主题的早期美国机能心理学；行为主义革命之后，传统意识心理学的“意识”范畴被否定，代之而起的行为主义意义上的“行为”范畴，将这个“行为”范畴与进化论的思维方式相结合，便是作为机能主义的行为主义心理学；就信息加工意义上的现代认知心理学与行为主义心理学内在的一致性和连续性而言，如我们所已看到的那样，它当然也在一定程度上继承了行为主义关于心理学的思想方法，并因而在一定程度上与行为主义相类似地是机能主义的。必须将机能心理学作为心理学的一个具体的思想体系或理论形态与机能主义作为心理学的思维方式区分开来，才能理解并把握机能心理学与机能主义之间以及机能心理学与行为主义心理学及信息加工意义上的现代认知心理学之间的关系。

---

① 舒炜光：《知识论中的反传统——〈客观知识〉中译本序》，载波普尔著，舒炜光等译：《客观知识——一个进化论的研究》，上海译文出版社1987年版，第13页。

二、美国心理学的机能主义精神

上面的论述区分了作为心理学的一种思维方式的机能主义和反映着或决定于这种思维方式的心理学的若干具体的思想体系或理论形态，即机能心理学、行为主义心理学和信息加工意义上的现代认知心理学。虽然如前所述，机能心理学、行为主义和信息加工意义上的现代认知心理学作为实验心理学在美国发展的主流形态具有某种内在的连续性和一致性，但它们相互之间必定同时又具有某种质的差异性。从它们之间的质的差异性这个方面来说，它们各自对机能主义作为心理学思维方式的体现必有所不同。因此，虽然在总体上可以笼统地说美国心理学作为整体的基本精神是机能主义的，但是，美国心理学的机能主义精神却不是确定的，随着实验心理学主流形态的发展，美国心理学的机能主义精神亦表现为一个流变的过程。具体说来，随着心理学从机能心理学到行为主义再到认知心理学的发展，美国心理学的机能主义精神表现为一个不断衰退的历史过程。关于这个问题，则必须根据心理学的内部发展，亦即根据机能心理学、行为主义及认知心理学关于心理学本身以及关于心理学研究对象的理解方式出发，才能有效地加以理解和把握。

我们曾反复地强调指出，就进化论本身而言，它直接表现为一种生物学理论。因此，它所隐含的关于世界的理解方式或思维方式，在生物学范围内是直接而完全的有效的，并因而是彻底的机能观的。这里所谓彻底的机能观，是指进化论要求严格地按照某一生物学的事实在生物系统中所执行或完成的功能来理解并解释它的存在性。与此同时，即使是在生物学范围内，进化论也隐含着一种彻底机能观的心理学思想，即在探究意识的诸现象和过程赖以在作为个体的肉体组织的人身上得到实现的生理基质及其运动过程中，严格地坚持进化论的机能观。这也就是自19世纪下半叶以来在心理学中逐步兴起的这样一个理论信念：意识及其诸现象乃是人的肉体组织即脑与神经系统的功能活动的表现形式。在关于进化论作为生物学中隐含着一种彻底机能观的心理学思想这个问题上，必须将下面这个问题纳入我们理解的视域，即人类意识同时表现出自然的（亦即生物的属性）和文化的（亦即社会历史的）属性，而且，虽然从生物学方面来说，人类意识的自然属性受到更多的关注，但从心理学方面来说，更受关注的则是人类意识的文化属性或社会历史属性。以这个理解为基础，我们可以把握到，在进化论作为生物学中隐含的彻底机能观的心理学思想，以进化论在对生物学事实的理解和解释的范围内完全地有效同样的方式，适合于对人类意识的自然属性或生物属性的理解和解释。但是，关于人类意识的文化属性或社会历史属性，我们曾按照马克思关于人的存在的历史的辩证法，在区分并论证人的存在的自然历史过程和社会历史过程的基础上指出，进化论失去了它的解释的优先性，我们并具体地引述了马克思关于人的存在的历史的辩证法："人的存在是有机生命所经历的前一个过程的结果。只是在这个过程的一定阶段上，人才成为人。但是一旦人已经存在，人，作为人类历史的经常前提，也是人类历史的经常的产物和结果，而人只有作为自己本身的产物和结果才成为前提。"①

以这个认识为基础，我们就可以批判地理解美国心理学的机能主义精神实现为一个不断衰退的过程的心理学史根据。

我们曾指出，早期美国机能心理学是直接地以作为一种生物学理论的进化论、甚至是它的理论内容为出发点的，并因而与生物进化论内在地相同一；这种意义上的机能心理学，实际上是生物进化论的题中应有之意。这也就意味着，早期美国机能心理学家是以对待作为物理事实的生物学特征同样的方式来对待心理事实，也就是在不加区别的意义上把行为的以及意识的或心理的事实和特征，纳入到作为进化论直接关心的物种自然形态这一范畴之内，从而将心理学纳入生物学范畴，并使得生物进化论获得完全的心理学意义。我们也曾通过对心理进化的逻辑以及心理进化是否符合与机体进化同样的逻辑的问题的探讨和追问达到这样的认识，即心理学作为关于心理领域内的事实及其运动原理的科学，需要的是与关于物理事实及其运动原理的物理自然科学完全不同的解释原则；早期美国机能心理学试图将生物进化论直接地运用于对心理领域内的事实的解释，乃是一个没有得到论证的逻辑的僭越，正是这一逻辑的僭越决定了机能心理学从一开始就是一个危险的、甚至是一个错误的理论尝试。而且，我们还具体地考察了机能心理学作为一个危险的、甚至是错误的理论尝试最终被行为主义革命所否定的历史过程。

行为主义作为心理学，主要是针对由机能心理学内在矛盾所引起的心理学理论基础的危机而产生的。我们曾指出，在塑造行为主义作为心理学的理论性格方面，心理学的历史的科学追求及其科学化道路亦起到了关键的作用；若缺少这样一个理解的维度，则难以完全地把握行为主义作为心理学的实质。行为主义作为心理学的最根本的规定性，是否认包括"意识"在

① 参见本书第二章第一节。关于马克思的引证，见《马克思恩格斯全集》第26卷，第545页。

内的内在的过程或中枢的过程及其对“行为”的因果制约关系。在进化论的理论视域内，包括“意识”在内的各种内在的过程或中枢的过程，构成有机生命的一个不可或缺的内在环节，它们是作为物种进化的历史的成就或结果，在现实的生命存在中的实现。所以，行为主义作为心理学否认包括“意识”在内的各种内在的过程或中枢的过程及其对“行为”的因果关系，实质上也就否定了物种进化的历史，从而在根本上违背了进化论所以是进化论的基本精神。如果说早期美国机能心理学家将心理实在等同于物理实在，试图直接地把生物进化论应用于对心理领域内的事实的解释，是一个没有得到论证的逻辑的僭越，那么，与早期美国机能心理学相比，行为主义对“意识”或心理实在的否定，就更加远离了、而且事实上是否定了进化论本身，因而作为心理学它也就远离了、而且事实上是否定了心理学的机能主义精神。

只有在这个背景中，我们才能回答在第六章中提出的这样一个问题，即华生所谓“行为主义是唯一彻底而合乎逻辑的机能主义”作为一个论断，究竟在何种意义上是能够成立的。在前面评述桑代克关于“行为”作为心理学基本范畴的论证时，我们曾强调指出，桑代克据以论证“行为”概念作为心理学基本范畴的逻辑是机能主义，而不是后来的行为主义，所以，桑代克才能够敏锐地把握到，作为纯粹主观的“观念”的心理实在，必须与行为发生关系并最终实现为行为，才能介入到与环境的相互作用而接受自然选择的作用并实现其价值。华生的上述论断，只有在桑代克的意义上才是有效的。但是，在行为主义作为心理学的背景中，华生的论断便失去了意义，因为行为主义通过否定“意识”而否定了物种进化的历史，进而在生物学的意义上否定了进化论，在心理学的意义上否定了机能主义。

关于认知心理学作为机能主义，我们同样需要参照心理学的科学追求及其科学化道路才能完全地把握其实质。我们曾指出，信息加工意义上的现代认知心理学与行为主义作为心理学之间内在的连续性和一致性，主要表现在方法论方面，或者说是决定于它们共同的科学追求。我们已经知道，早期美国机能心理学以承认“意识”(虽然是以生物学化的方式)的存在论地位为前提贯彻进化论的思维方式，从而确立了心理学的机能主义精神；行为主义则通过否定“意识”的存在论地位而否定物种进化的历史，进而否定了进化论本身及其作为心理学的机能主义。因此，在机能主义的问题上，如果我们把早期美国机能心理学与行为主义作为相互对峙的两个极，那么，信息加工意义上的现代认知心理学，便是在行为主义一极走得更远，从而与行为主义相比，更加远离了美国心理学的机能主义精神。我们还可以通过信息加工认知心理学的计算机类比来把握它的这个特征。毫无疑问，计算机是没有物种进化意义上的“历史”的。所以，对信息加工认知心理学作为心理学而言，计算机类比意味着它不只是在心理学的意义上否定物种进化的历史，而且在心理学研究中根本失去了物种进化意义上的“历史”的理解维度，而这种意义上的“历史”的理解维度，恰恰是机能主义作为心理学的最根本的规定性。我们也曾引证过德雷福斯的批判的论点来说明认知心理学的这个特征。事实上，德雷福斯对认知心理学的批判工作，也正是以我们在这里所强调的物种进化意义上的“历史”的理解维度为基础的，所以他才能够达到这样的认识：信息加工意义上的现代认知心理学有可能和行为主义一样失去其存在基础而发展为“一种并不存在的心理学领域”，因为“没有任何脱离肉体的机器能赛得过人类的意识，因为它缺乏每一个人所特有的那种与世界紧密结合的共同发展的特征”。①

第二节　关于机能心理学的评价

一、机能心理学的贡献

1. 开创了美国心理学，奠定了全部美国心理学的基本格调，并在逻辑上规定了美国心理学未来发展的历史轨迹

首先应该指出，机能心理学是在美国本土产生的科学心理学的第一个思想体系。这种特殊的历史地位意味着，不仅在理论的方面，机能心理学以自己的成就丰富了心理学作为整体的实质内容，而且，在历史方面，它以自己的实质内容为全部美国心理学的历史发展提供了原始的学术生态环境。所以，就历史的意义而言，我们可以说，机能心理学的第一个重大贡献是开创了美国心理学，奠定了全部美国心理学的基本格调，并在逻辑上规定了美国心理学未来发展的历史轨迹。

当我们说机能心理学是在美国本土产生的科学心理学的第一个思想体

① 参见本书第六章第二节。

系时，绝不只是就机能心理学作为一个时间概念而言，更主要地是在机能心理学作为一个逻辑概念的意义上说的，因为它规定了美国心理学不同于德国心理学的独特的理论气质；其中所谓美国心理学，也不只是一个地域的概念，更是一种新的理论态度，它改变了在德国的那种将心理学研究局限于封闭的单子式“意识”的传统，而将心理学引向对意识的开放机能的研究，这是一种新的意识观和一种新的关于心理学的科学观。正是以这同样的理解为基础，黎黑认为，机能心理学的产生是心理学的一次独立的“创建”过程；心理学在它的历史中有过三次独立的“创建”。他认为：“尽管在传统上心理学家只推崇一个人即冯特为心理学的创始人，并把 1879 年视为心理学的创建年，实际上，这一信念过于简单，而且容易引起误解。……从理论上看，心理学有过三次创建，每次都产生有关心理学问题的一种独具风格的思想方法。”心理学的这三次独立的“创建”，就是以冯特为代表的意识心理学、以弗洛伊德为代表的精神分析和以詹姆斯为代表的机能心理学（黎黑称之为“适应心理学”），而且，就心理学及其历史作为整体的面貌而言，机能心理学“可以说在学院派心理学中最有价值也最有影响”。①

机能心理学作为一个逻辑概念、作为一种新的关于心理学的科学观，就是我们在前面强调的作为心理学思维方式的机能主义。它要求心理学就意识及其活动在有机体与环境的适应关系中所执行或完成的机能来理解意识及其活动本身，因而是一种新的关于意识的理解方式、是一种新的意识观。正是关于意识的这种理解方式作为一种新的意识观，构成了全部美国心理学最基本的理论格调。我们在前面曾指出并详细地论证过：当实验心理学传入美国之后，它在美国得到了蓬勃的发展，并在理论体系的意义上经历了若干不同历史形态的重大变化；但是，至少就主流的实验心理学而言，贯穿于全部美国心理学的历史与现实之中的基本格调，则是机能主义。我们还通过引证波林、黎黑以及查普林和克拉威克等人的研究结论指出，美国心理学，就其精神来说，是机能主义的。正是从这个意义上讲，机能心理学、行为主义以及信息加工认知心理学等，都是机能主义作为心理学思维方式的不同的表现形式；它们之间的相互更迭，则是早期美国机能心理学作为一个思想体系的基本矛盾的历史展开过程。

我们也曾详细地论证过，就早期美国机能心理学的整体作为一个思想

① 黎黑著，刘恩久等译：《心理学史——心理学思想的主要趋势》，上海译文出版社 1990 年版，第 237～238、318 页。这里可以附带指出，黎黑概念体系中的“适应心理学”，大致对应于本书概念体系中的“机能主义”，因而包含着机能心理学、行为主义及信息加工意义上的现代认知心理学等不同的理论形态。

体系而言，它的基本矛盾是它在关于意识是什么的问题上接受德国心理学意识观的理论态度，与它关于意识的适应机能的进化论研究旨趣之间的矛盾。这个矛盾的形成，从根本上说，是因为早期美国机能心理学家没有能够在逻辑上彻底的意义上把握并理解进化论及其作为心理学思维方式所隐含的关于意识实在与有机体实在之间的进化的历史同一性，并因而以某种间接的和不甚自觉的方式接受德国心理学的意识观。行为主义革命的兴起，正是针对由这一基本矛盾所引起的早期美国机能心理学在理论上的混乱局面及其暴露出来的心理学理论基础的危机。然而，我们已经知道，就其实质而言，行为主义是通过将机能心理学基本矛盾完全地加以否定的方式实现对机能心理学的革命的，因而在理论上表现为对机能心理学基本矛盾及其引起的全部问题的回避态度，而不是一个有效的解决方案。所以，如历史所已证明的那样，行为主义作为心理学的充分发展，必将把心理学引向更加深刻的理论危机，从而引起认知心理学革命，并通过认知心理学革命的方式实现向意识的回归。正是在这个意义上，可以说，美国心理学从机能心理学到行为主义再到认知心理学的历史发展过程，是围绕着机能心理学基本矛盾而得到展开的；或反过来说，正是机能心理学的基本矛盾，在逻辑上规定了美国心理学未来发展的历史轨迹。

2. 拓展了心理学的研究领域，促进了心理学的繁荣

机能心理学通过它关于心理学科学观的变革，拓展了心理学的研究领域，促进了心理学的繁荣。就机能心理学本身而言，它关于心理学作为一门科学的理解方式、亦即它关于心理学的科学观，既来源于生物进化论，又在与构造心理学关于心理学的科学观的对立中实现其变革的意义和价值。我们曾结合对铁钦纳的评述揭示了构造心理学关于心理学的科学观。在铁钦纳的理解中，科学必然是纯粹的，是对基本事实的描述；心理学必须是科学，因而要限于或满足于对基本事实的发现和描述；就其具体的特殊性质来说，心理学作为科学乃是关于意识经验之内容的如实描述，这个内容包括意识经验的基本要素以及要素之间的关系，任何超出对意识经验的基本要素及其相互关系的说明，都不是心理学作为一门科学本身，而是关于它的研究对象的形而上学的思辨或是它的应用。但是，一旦心理学（不论以何种方式）接受进化论的影响，它就必然走向机能主义、走向应用；事实上，有关功用价值的应用研究，恰恰是内在于进化论及其机能主义的一个重要的方面。所以，黎黑在概述 19 世纪末 20 世纪初机能心理学与构造心理学相互对立的基本面貌时评述说："机能主义的思想和方法源出于进化论，它'顿时发出耀眼的光芒'，照亮了被'教条主义、误解和无知'长期占据的心理学的黑暗领域，给心理学‘干枯的躯壳’注入了‘新的生命’活力”；“与机能主义相比，当面对实际问题时，构造主义是‘不结果实的’。而且，构造主义‘似乎显得既教条又刻板且僵化’而缺乏‘生命的火花’；相比之下，机能主义则研究对有机体的‘实际生活事务’而言‘心理过程[所实现]的功用的方面’”。①

作为它关于心理学科学观的变革的结果，机能心理学试图追求与构造心理学不同的社会旨趣：它所关心的是如何影响和改变人类心理，以达到塑造和优化人类心理的社会目的。为了实现这样的社会目的，机能心理学不仅系统地考察了意识的活动形式及其过程，而且要理解意识及其活动在有机体与环境的关系中的适应功能。适应是有机生物界的普遍现象。不论是人类有机体还是动物有机体，不论是正常有机体还是病态有机体，也不论是成年人还是儿童等等，都有对环境的适应问题；对环境的适应手段，既包括意识的形式，也包括行为的形式；同时，适应也就意味着变异。因此，心理学就不限于研究正常成年人类个体心理的共同规律，动物心理、儿童心理、变态心理、个别差异、心理测验等等，都成了机能主义的合法研究领域；心理学不仅研究意识，也研究行为；不只采用内省法，而主张方法论的多元化。总之，一切有助于适应环境的问题，都成了心理学研究的对象；一切有助于理解适应问题的方法，都可以为心理学所用。

同样作为它关于心理学科学观的变革的结果，机能心理学必然指向应用。因此，心理学也就不再限于大学实验室内，而与社会生活的各个方面都有了密切的联系。于是，教育心理、工业心理、医学心理、心理卫生等应用心理学相应发展起来。特别是随着动物心理学和后来的行为主义的发展，作为教育实践基础的学习心理学成为心理学的一个独特的领域，并取得大量研究成果。所有这一切，都是机能主义的产物。

所以，机能心理学不仅拓展了心理学的研究领域，而且促进了应用心理学的全面发展，从而形成美国心理学的繁荣局面。不仅如此，机能心理学促成美国心理学的繁荣局面还具有更深刻的意义，即这种繁荣局面为心理学自身内部矛盾的展开提供了背景和基础，心理学正是在它自身内部矛盾逐步展开的过程中获得了发展的动力。关于这一层意义，必须结合下一个论题，并在下一个论题的背景中，才能完全地加以把握。

① Leahey, T. H. (1980). A history of psychology: Main currents in psychological thought. Englewood Cliffs, NJ: Prentice-Hall. pp. 268～269.

3. 在否定的意义上暴露了构造心理学关于意识的理解方式的谬误性质，并为心理学实现对这种关于意识的理解方式的革命提供了可能

这个论题就是机能心理学的第三个方面的贡献，从理论上可以说，这是机能心理学所实现的最重大的历史贡献，即在否定的意义上暴露了传统意识心理学、亦即构造主义心理学关于意识的理解方式的谬误性质，并为心理学实现对这种关于意识的理解方式及其作为心理学理论前提的革命提供了可能。

如前所述，机能心理学的基本矛盾，是它在关于意识是什么的问题上接受德国心理学意识观的理论态度，与它关于意识的适应机能的进化论研究旨趣之间的矛盾。这个矛盾，究其实质，乃是从德国心理学中继承过来的关于心理学的理论前提，与隐含在进化论思维方式中的关于心理学的理论前提之间在逻辑上直接的相互对立。我们曾通过详细的论证揭示了，一方面，进化论作为心理学的思维方式，隐含着这样一个理解的前提，即意识作为心理实在及其活动与有机体作为物理实在及其活动是直接地相互作用的，这种相互作用关系，就是进化论按它自身的逻辑所理解的关于心理实在与有机体实在之间在进化过程中实现的历史同一性；另一方面，以冯特（和铁钦纳）为代表的德国心理学，就其精神而言，属于近代哲学的范畴，并因而是以作为整个近代哲学基础范畴的笛卡尔意义上的“心灵实体”为前提的，在笛卡尔或近代哲学的思想背景中，“心灵实体”作为对意识的一种理解方式，恰恰是以它与包括有机体的肉体存在在内的“物质实体”之间相互对峙、相互分离的关系得到规定的，所以二者之间在逻辑上不能发生相互作用。这是两种在逻辑上直接地相互对立、相互矛盾的关于意识的理解方式。我们曾指出，机能心理学恰恰是以在理论上不甚自觉的方式同时接受这两种关于意识的理解方式为前提而形成它自身的，其中，它对进化论作为心理学思维方式的接受是直接的和自觉的，而对于德国心理学所隐含的关于意识的理解方式的接受是间接的和不自觉的。

以此为背景，我们就可以理解，如果机能心理学以在逻辑上彻底的方式贯彻进化论，那么，它便能够看穿德国心理学所隐含的那种关于意识的理解方式的实质及其与进化论思维方式之间的对立，从而在机能心理学内部实现对德国心理学关于意识的理解方式及其作为心理学理论前提的革命。前面在有关詹姆斯关于心理学形而上学基础重构的评述中，我们曾指出，詹姆斯否定传统哲学和传统心理学的“意识”范畴，并试图构建以“纯粹经验”概念为基础的彻底经验主义的形而上学体系，实质上就是这样的一次革命。只是令人遗憾的是，这个詹姆斯式的革命所隐含的理论价值，虽然在哲学领域内得到了实现，但却没有能够在心理学领域内同样地得到实现。造成这种状况的原因，一方面是因为詹姆斯在晚年逐渐地远离了心理学而走向哲学，另一方面则是因为心理学执意要远离哲学而趋近科学，从而倾向于拒绝由詹姆斯实现的这个革命对心理学而言所隐含的重大的理论价值。

结合机能心理学作为整体的一般发展趋势的实际历史过程，我们可以更具体地说，机能心理学是通过将进化论的思维方式引入德国式的实验心理学研究之中，从而在对德国心理学有所否定、同时又在进化论的意义上有所肯定的基础上成立它自身。从这个背景来说，虽然机能心理学由此构成它的基本矛盾，并通过它自身的发展最终使整个心理学陷入危机，但同时也应该认识到，正是通过这种方式、通过将上述两种相互对立的意识观作为心理学的理论前提容于一身，让自己成为这两种意识观及其作为心理学的理论前提相互对立、相互斗争的试验场，从而充分地暴露出传统意识心理学、亦即以冯特和铁钦纳为代表的构造主义心理学的意识观及其作为心理学理论前提的谬误性质，并为心理学实现对这种意识观及其作为心理学理论前提的革命提供了可能。从一种意义上说，行为主义的诞生及其对传统意识心理学的否定，就是这样的一次革命。所以，如果说机能心理学作为心理学是一个失败的尝试，那么，它的失败乃是一个壮烈的自我牺牲，并通过它的壮烈的自我牺牲为心理学的进步提供了可能。

二、机能心理学的局限

1. 二元论意识观的内在矛盾

我们曾论证并揭示了机能心理学的基本矛盾，是它在关于意识是什么的问题上接受德国心理学意识观的理论态度，与它关于意识的适应机能的进化论研究旨趣之间的矛盾。在机能心理学作为整体的历史发展的一般趋势的背景中，虽然它自觉地以进化论的思维方式来研究意识的不同形式及其活动过程，但是，它没有能够自觉地把握到或揭示出隐含在进化论思维方式之中的关于意识的理解方式，并因为这个缘故，在关于意识是什么的问题上，不自觉地接受了隐含在德国心理学中的关于意识的理解方式。我们也曾指出，隐含在德国心理学之中的关于意识的理解方式，究其根本乃是笛卡尔意义上的“心灵实体”所隐含的那种关于意识的理解方式，而且，笛卡尔意义上的“心灵实体”作为关于意识的理解方式，必须在近代哲学认识论转向的背景中才能完全地把握其实质。从这个背景出发，就机能心理学在关于意识是什么的问题上接受德国心理学意识观的理论态度而言，它依然坚持心与身相互对峙的二元论的思想方法。

我们也曾论证并揭示了，进化论作为心理学思维方式所隐含的关于意识的理解方式，与隐含在德国心理学之中的关于意识的理解方式，在逻辑上是直接地相互对立、相互矛盾的。所以，早期美国机能心理学家将进化论思维方式引入心理学研究，就将整个的心理学思想推置于历史的一个紧要关头：据以否定隐含在德国心理学之中的关于意识的理解方式以及作为它的实质的关于心与身相互对峙的二元论的思维方式，并实现对这种二元论思维方式的超越而达到关于意识的心—身同一论的理解。前面在有关詹姆斯关于意识的理论与论证的讨论背景中，我们曾指出，在詹姆斯那里，已经实现了对近代世界观二元论思维方式的否定和超越，并以关于"纯粹经验"的彻底经验主义的形而上学理想达到了关于心—身同一论的理解；而且，在詹姆斯的心—身同一论中，那"同一"的根基既不是心也不是身，而是一种源初的"同一"，心和身不过是这源初的"同一"的不同表现形式而已。上面结合机能心理学基本矛盾对机能心理学的贡献的评价，也是在否定的意义上展开的，即机能心理学将进化论的思维方式引入心理学中，为否定德国心理学意识观及其作为心理学的理论前提提供了可能。

这里之所以说早期美国机能心理学家因为接受进化论思维方式的影响而将整个的心理学思想推置于历史的一个紧要关头，是因为，从一个方面来说，心理学当然有可能会像在詹姆斯和杜威那里所实现的那样，在彻底地否定并超越关于心与身相互对峙的二元论的思想方法的基础上，达到关于有机生命的某种内在的同一论理解；但是，从另一个方面来说，要透彻地理解并清晰地论证类似詹姆斯的那种心—身同一论，却是极其困难的，因而，心理学也就有可能会从詹姆斯和杜威所取得的理解的成就，回复到关于心与身相互对峙的传统哲学的二元论思维方式的窠臼，只是迫于进化论思维方式而外在地强调心与身之间的同一性。事实上，就其作为整体的历史发展的一般趋势而言，正如我们在安吉尔和卡尔的体系中所看到的那样，机能心理学正是以上述第二种方式得到发展的，并通过这种发展方式最终导致行为主义革命。也正因为如此，仅仅是在否定传统意识心理学意识观及其二元论思维方式的意义上，行为主义革命才具有历史的进步意义。但是，由于行为主义在否定传统意识心理学意识观的同时，连同意识的本体论地位一起加以否定，从而使心理学失去存在的根据，而导致心理学作为整体以行为主义的方式实现对传统意识心理学革命的最主要的原因之一，乃是内在于机能心理学内部的根深蒂固的二元论意识观矛盾。

2. 生物学化和生物主义还原论的倾向

这里所谓生物学化，是指机能心理学关于心理学的科学观。具体地说，就是把心理学理解为生物学的一个分支，将心理学纳入生物学的范畴，典型的机能主义者都把心理学视为生物学的一个分支领域。这既是机能心理学接受进化论影响的产物，也是它误解和滥用进化论的表现，由此造成的结果也是多方面的。我们曾反复地强调，就进化论本身而言，它首先而且主要地是一种生物学理论，并在生物学范围内拥有它完全的真理性。正因为如此，在人及其生命作为一种生物学存在的意义上、而且仅仅是在这个意义上，人及其生命的存在符合进化论的逻辑；但是，人及其生命不只是一种生物学的存在，他同时还是一种文化的存在，在人及其生命作为一种文化存在的意义上，进化论失去了它的解释的优先性。因此，机能心理学坚持心理学的生物学化道路，这从一个方面来说意味着，它必然倾向于否认人及其生命的存在的独特性或文化性，而强调人与动物的连续性。由此导致的结果，就是行为主义试图寻求跨物种普遍学习规律的理论幻觉。从另一个方面来说，机能心理学坚持心理学的生物学化道路，强化了它以对待生物学事实同样的方式来对待心理学事实，即倾向于把意识作为一种生物学现象来加以理解和研究，从而愈加不能发现人类意识的独特性，并由此孕育着行为主义关于意识的极端怀疑论态度而引起行为主义革命。

所谓生物主义还原论，实质上是机能心理学对心—身关系问题的解决方案，即将心的过程还原为身的过程；更具体地说，就是将意识的活动过程等同于作为意识及其活动过程之生理基质的脑与神经系统的活动过程，或反过来说，在学术研究的实践上试图用脑及神经系统的活动过程来“解释”意识的活动过程。关于这个问题，必须在心—身关系问题的背景中才能把握其实质。前面在评述詹姆斯关于心—身关系的理论时，我们曾指出，导致心—身关系作为一个严肃的“问题”出现的背景，主要是作为近代世界观基础的二元论的思维方式。虽然就近代思维的历史来看，曾出现过三种关于心—身关系问题的解决方案，但事实上，在二元论思维方式中，心—身关系问题是不可能真正得到“解决”的，因为二元论思维方式的根本前提，正是将心和身当做两个截然不同、并因而不发生相互关系的存在，所以，从理论上说，这三种“解决”的方案都是无效的。这三种“解决”的方案是：或者唯灵论地将身向上还原为心，如黑格尔的绝对理念论；或者唯物论地将心向下还原为身，如法国唯物主义；或者采取某种平行论，如莱布尼茨的“前定和谐”。其中，前两个“解决”的方案，因为它们分别地试图将心和身作为相互对峙的两个极“还原”、“解释”为其中的一个极，从而违背了二元论的根本前提；在二元论的思维方式中，对心—身关系问题的唯一“合理”的（也就是合乎二元论思维方式的逻辑的）的“解决”方案，似乎只能是心—身平行论，但平行论本身不构成对心—身关系问题的“解决”，而类似莱布尼茨的“和谐”论，则隐含着一个更高的存在，如“上帝”作为决定心和身之间的“和谐”关系的动因。从这个背景来看，对心—身关系问题真正有效的解决方案，只能是像詹姆斯和杜威那样，否定并超越将心和身分别地当做相互对峙的两个极的二元论的思维方式，而达到对有机生命作为整体的一种内在的同一论理解。但是，詹姆斯和杜威以后的机能心理学，不是在詹姆斯和杜威所已取得的关于有机生命作为整体的内在的同一论理解的基础上进一步地向前发展，而是回复到二元论的思维方式之中，并因为在它自己的研究中同时贯彻进化论的思维方式而面临着一个不得不解决的矛盾，所以采取生物主义的还原论。由此导致的结果，是像一切形式的物理主义还原论一样，倾向于否认意识的存在论地位，从而取消心理学本身。这个结果，就是行为主义作为心理学的产生。

在机能心理学中，生物学化和生物主义还原论是内在地相互一致的，它们又与心理学追求科学的内在的历史动机相互促进，共同决定了心理学在美国从机能心理学到行为主义再到信息加工认知心理学的主流发展的历史趋势。事实上，机能心理学的生物学化道路和它的生物主义还原论的学术实践，正是心理学科学化道路的早期表现形式，或者反过来说，后来的心理学的科学化道路，正是机能心理学生物学化道路的继续延伸。关于心理学的科学化道路及其后果，当然超出了本书讨论的范围，但将有关这个问题的研究的一般结论纳入我们的视野，颇有助于我们更深刻地理解和把握机能心理学的实质。在这里，我们以英国心理学家乔因森（Robert Billington Joynson，1922— ）的研究结论为背景，理解机能心理学生物学化道路所导致的长远理论效果，并结束我们关于机能心理学及其生物学化道路的评说。乔因森主要是通过考察从19世纪的心理学中经行为主义到当代认知心理学的发展线索，特别是通过批判地考察行为主义（和当代认知心理学）关于心理学的基本理解，论证了这样一个主题：与19世纪的心理学相比，行为主义（和认知心理学）关于心理学的基本理解更加远离了心理学的本性；如果说19世纪的心理学还是一种心理学（虽然乔因森本人没有进一步讨论19世纪的心理学在何种程度、何种意义上更加接近于心理学的本性），那么，行为主义（和认知心理学）就“不再是心理学了”，或者说它（们）使心理学“走进了坟墓”。以这种批判的历史考察为基础，乔因森最终得出的结论是：“现代心理学作为一部历史,它所记录的不是科学的进步,而是人类理智的退化。"①这个"退化"的过程,同时也就是心理学科学化道路的历程。就机能心理学在这个过程中的作用而言,它的生物学化和生物主义还原论,恰恰是心理学作为整体在科学化道路进程中所采取的一个关键的步骤,因为,同样决定于机能心理学作为美国本土产生的科学心理学的第一个思想体系这个特殊的历史地位,它的生物学化道路不仅强化了心理学的科学追求,而且塑造了心理学科学化道路的基本方向。

① Joynson, R. B. (1970). The breakdown of modern psychology. *Bulletin of the British Psychological Society*, 23, 261~269. Reprinted in M. H. Marx and F. E. Goodson (Eds). *Theories in Contemporary Psychology*. MacMillan Publishing Co., Inc., 1976. pp. 105~118.

主要参考文献

中文文献

阿金著，王国良、李飞跃译：《思想体系的时代——十九世纪哲学家》，光明日报出版社 1989 年版。

艾耶尔著，李步楼等译：《二十世纪哲学》，上海译文出版社 1987 年版。

波林著，高觉敷译：《实验心理学史》（上、下册），商务印书馆 1982 年版。

波普尔著，舒炜光等译：《客观知识——一个进化论的研究》，上海译文出版社 1987 年版。

布尔斯廷著，中国对外翻译出版公司译：《美国人：开拓历程》，三联书店 1993 年版。

布莱克摩尔著，高申春等译：《谜米机器——文化之社会传递过程的“基因学”》，吉林人民出版社 2001 年版。

查普林、克拉威克著，林方译：《心理学的体系和理论》（下册），商务印书馆 1989 年版。

车文博：《西方心理学史》，浙江教育出版社 1998 年版。

达尔文著，潘光旦、胡寿文译：《人类的由来》，商务印书馆 1983 年版。

达尔文著，谢蕴贞译：《物种起源》，科学出版社 1955 年版。

德布尔著，李河译：《胡塞尔思想的发展》，三联书店 1995 年版。

德雷福斯著，宁春岩译：《计算机不能做什么》，三联书店 1986 年版。

杜威著，傅统先译：《确定性的寻求：关于知行关系的研究》，上海世纪出版集团 2005 年版。

范斯坦著，季广茂译：《就这样，他成了威廉·詹姆斯》，东方出版社 2001 年版。

高峰强、秦金亮：《行为奥秘透视——华生的行为主义》，湖北教育出版社 1999 年版。

高觉敷、叶浩生主编：《西方教育心理学发展史》，福建教育出版社 1996 年版。

高觉敷主编：《西方近代心理学史》，人民教育出版社 1982 年版。

高觉敷主编：《西方心理学的新发展》，人民教育出版社 1987 年版。

高觉敷主编：《西方心理学史论》，安徽教育出版社 1995 年版。

高清海：《哲学与主体自我意识》，吉林大学出版社 1988 年版。

高清海主编：《马克思主义哲学基础》（上册），人民出版社 1985 年版。

高清海主编：《马克思主义哲学基础》（下册），人民出版社 1987 年版。

高申春：《人性辉煌之路——班杜拉的社会学习理论》，湖北教育出版社 1999 年版。

郭本禹主编：《当代心理学的新进展》，山东教育出版社 2003 年版。

赫根汉著，郭本禹等译：《心理学史导论》，华东师范大学出版社 2004 年版。

胡塞尔：《现象学的观念》，上海译文出版社 1986 年版。

胡塞尔著，杨音莱译：《心、脑与科学》，上海译文出版社 2006 年版。

怀特编著，杜任之等译：《分析的时代：二十世纪的哲学家》，商务印书馆 1981 年版。

卡西尔著，甘阳译：《人论》，上海译文出版社 1985 年版。

卡西尔著，黄龙保、周振选译：《神话思维》，中国社会科学出版社 1992 年版。

卡西尔著，于晓等译：《语言与神话》，三联书店 1988 年版。

赖尔著，刘建荣译：《心的概念》，上海译文出版社 1988 年版。

乐国安：《从行为研究到社会改造——斯金纳的新行为主义》，湖北教育出版社 1999 年版。

乐国安：《论现代认知心理学》，黑龙江人民出版社 1986 年版。

黎黑著，李维译：《心理学史》（上、下册），浙江教育出版社 1998 年版。

黎黑著，刘恩久等译：《心理学史——心理学思想的主要趋势》，上海译文出版社 1990 年版。

李丹主编：《儿童发展心理学》，华东师范大学出版社 1987 年版。

刘放桐：《现代西方哲学》，人民出版社 1981 年版。

《马克思恩格斯选集》(1～4 卷)，人民出版社 1972 年版。

麦基著，周穗明、翁寒松译:《思想家》，三联书店 1987 年版。

墨菲、柯瓦奇著，林方译:《近代心理学历史导引》，商务印书馆 1980 年版。

倪梁康:《现象学的始基》，广东人民出版社 2004 年版。

尚新建:《美国世俗化的宗教与威廉·詹姆斯的彻底经验主义》，上海人民出版社 2002 年版。

施皮格伯格著，王炳文、张金言译:《现象学运动》，商务印书馆 1995 年版。

施太格缪勒著，王炳文等译:《当代哲学主流》(上卷)，商务印书馆 1986 年版。

舒尔茨著，杨立能等译:《现代心理学史》，人民教育出版社 1981 年版。

舒炜光、邱仁宗主编:《当代西方科学哲学述评》，人民出版社 1987 年版。

孙正聿:《理论思维的前提批判》，辽宁人民出版社 1992 年版。

孙正聿:《哲学通论》，辽宁人民出版社 1998 年版。

铁钦纳著，李丹译:《系统心理学:绪论》，浙江教育出版社 2001 年版。

王元明:《行动与效果:美国实用主义哲学》，中国社会科学出版社 1998 年版。

杨清:《现代西方心理学主要流派》，辽宁人民出版社 1980 年版。

杨鑫辉主编:《心理学通史》(第 1～5 卷)，山东教育出版社 2000 年版。

叶浩生主编:《西方心理学的历史与体系》，人民教育出版社 1998 年版。

詹姆士著，陈羽纶、孙瑞禾译:《实用主义》，商务印书馆 1979 年版。

詹姆斯著，庞景仁译:《彻底的经验主义》，上海人民出版社 1987 年版。

詹姆斯著，尚新建译:《宗教经验种种》，华夏出版社 2005 年版。

詹姆士著，吴棠译:《多元的宇宙》，商务印书馆 1999 年版。

张述祖主编:《西方心理学家文选》，人民教育出版社 1983 年版。

朱新明、李亦菲著:《架设人与计算机的桥梁——西蒙的认知与管理心理学》，湖北教育出版社 1999 年版。

邹铁军:《实用主义大师杜威》，吉林教育出版社 1990 年版。

英语文献

Allen, G. W. (1967). William James. New York: The Viking Press, Inc.

Angell, J. R. (1905). Psychology: An introductory study of the structure and function of human consciousness. (2nd ed.). London: Archibald Constable & Co.

Angell, J. R. (1907). The province of functional psychology. Reprinted in W. Dennis (ed). *Readings in the history of psychology*. New York: Appleton-Century-Crofts, 1948.

Angell, J. R. (1908). Psychology: An introductory study of the structure and function of human consciousness. (4th ed.). New York: Henry Holt and Company.

Angell, J. R. (1913). Behavior as a category of psychology. *Psychological Review*. Vol. 20.

Angell, J. R., James Rowland Angell. In Murchison, C. (ed), *A History of Psychology in Autobiography*, Vol. 3. Worcester, Mass: Clark University Press, 1936.

Baars, B. J. (1986). The cognitive revolution in psychology. New York: The Guilford Press.

Bandura, A. (1986). Social foundations of thought and action: A social cognitive theory. Englewood Cliffs, NJ: Prentice-Hall, Inc.

Benjamin, L. T. (1980) (Ed). A history of psychology. New York: McGraw-Hill.

Bjork, D. W. (1983). The compromised scientist: William James in the development of American psychology. New York: Columbia University Press.

Breland, K. & Breland, M. (1961). The misbehavior of organisms.

In *American Psychologist*.

Brentano, F. (1995). Psychology from an empirical standpoint. London: Routledge.

Bringmann, N. J. and Bringmann, W. G. (1980). Wilhelm Wundt and his first American student. In W. G. Bringmann and R. D. Tweney (eds). *Wundt Studies: A centennial collection*. Toronto: C. J. Hogrefe, Inc.

Brozek, J. (1984). Explorations in the history of psychology in the United States. Cranbury, NJ: Associated University Presses, Inc.

Carr, H. A. (1925). Psychology: A study of mental activity. New York: Longmans, Green & Co.

Carr, H. A. (1930). Functionalism. In C. Murchison (Ed.). *Psychologies in* 1930. Worcester, MA: Clark University Press.

Carr, H. A. (1961). Harvey A. Carr. In Carl Murchison (Ed.). *A history of psychology in autobiography*. Vol. 6. Englewood Cliffs, NJ: Prentice-Hall.

Catania, A. C. (1999). Thorndike's legacy: Learning, selection, and the law of effect. *Journal of the experimental analysis of behavior*. Vol. 72, No. 3.

Cattell, J. M. (1890). Mental tests and measurement. In W. Dennis (*Ed.*). *Readings in the history of psychology*. New York: Appleton-Century-Crofts, Inc.

Cattell, J. M. (1928). Early Psychological Laboratories. *Science*, 67.

Chance, P. (1999). Thorndike's puzzle boxes and the origins of the experimental analysis of behavior. *Journal of the experimental analysis of behavior*. Vol. 72, No. 3.

Crosby, D. A., & Viney, W., Toward a psychology that is radically empirical: Recapturing the vision of William James. In Donnelly, M. E. (1992) (Ed), *Reinterpreting the legacy of William James*. Washington, D. C., American Psychological Association.

Cumming, M. M. (1999). A review of Geraldine Joncich's *The Sane Positivist: A Biography of Edward L. Thorndike*. *Journal of the experimental analysis of behavior*. Vol. 72, No. 3.

Dawkins, R. (1976). The selfish gene. Oxford University Press.

Dewey, J. (1884). The new psychology. *Andover Review*, 2.

Dewey, J. (1886). The psychological standpoint. *Mind*, 11.

Dewey, J. (1886). Psychology as philosophic method. *Mind*, 11.

Dewey, J. (1896). The reflex arc concept in psychology. In Dennis, W. (1948) (Ed). *Readings in the History of Psychology*. New York: Appleton-Century-Croft, Inc.

Donahoe, J. W. (1999). Edward L. Thorndike: The selectionist connectionist. *Journal of the experimental analysis of behavior*. Vol. 72, No. 3.

Donnelly, M. E. (1992) (Ed). Reinterpreting the legacy of William James. Washington, DC, American Psychological Association, 1992.

Ebbinghaus, H. (1908). Psychology: An Elementary Text-book. Boston, MA: D. C. Heath & Co., Publishers.

Edie, J. M. (1987). William James and phenomenology. Bloomington, IN: Indiana University Press, 1987.

Ellis, R. (1986). An ontology of consciousness. Martinus Nijhoff Publishers.

Evans, R. B. (1990). William James and his Principles. In Johnson, M. G. & Henley, T. B. (eds), *Reflections on The Principles of Psychology: William James after a century*. Hillsdale, N. J.: Lawrence Erlbaum Associates, Publishers.

Gardner, H. (1985). The mind's new science. New York: Basic Books.

Gibson, J. J. (1967). Autobiography. In E. G. Boring and G. Lindzey (eds.), *A history of psychology in autobiography*. Vol. 5. New York: Appleton-Century-Crofts.

Gilson, E. (1976). Franz Brentano's interpretation of medieval philosophy. In L. L. McAlister (ed), *The philosophy of Brentano*. London: Gerald Duckworth.

Gilson, L. (1976). Franz Brentano on science and philosophy. In L. L. McAlister (ed), *The philosophy of Brentano*. London: Gerald Duckworth.

Hearnshaw, L. S. (1964). A short history of British psychology 1840—1940. London: Butler & Tanner Ltd.

Hearst, E. (1999). After the puzzle box: Thorndike in the 20th century. *Journal of the experimental analysis of behavior*. Vol. 72, No. 3.

Hunter, W. S. (1950). James Rowland Angell, 1869—1949. *American Journal of Psychology*. Vol. 62, No. 3.

Husserl, E. (1976). Reminiscence of Franz Brentano. In, L. L. McAlister (ed), *The philosophy of Brentano*. London: Gerald Duckworth.

James, W. (1890). Principles of psychology, Vol. 1. Beijing: China Social Sciences Publishing House, 1999.

James, W. (1890). Principles of psychology, Vol. 2. Beijing: China Social Sciences Publishing House, 1999.

James, J. (1904). The Chicago School. Reprinted in John Dewey et al., *Studies in Logical Theory*. Bristol, England: Thoemmes Press, 2001.

James, W., The meaning of truth. New York: Longman Green and Co., 1911.

Johnson, M. G. & Henley, T. B. (eds), Reflections on The Principles of Psychology: William James after a century. Hillsdale, N. J.: Lawrence Erlbaum Associates, Publishers.

Karier, C. J. (1986). Scientists of the mind: Intellectual founders of modern psychology. Urbana, Il.: University of Illinois Press.

Koch, S. (1959). Epilogue. In S. Koch (Ed.), *Psychology: A study of a science*. Vol. 3. New York: McGraw-Hill.

Kusch, M. (1995). Psychologism: A case study in the sociology of philosophical knowledge. London: Routledge.

Lamberth, D. C. (1999). William James and the metaphysics of experience. Cambridge, UK: Cambridge University Press.

Leahey, T. H. (1980). A history of psychology: Main currents in psychological thought. Englewood Cliffs, NJ: Prentice-Hall.

Leahey, T. H. (1992). The mythical revolutions of American psychology. *American Psychologist*, Vol. 47, No. 2.

Leary, D. E., One big idea, one ultimate concern: Sigmund Koch's critique of psychology and hope for the future. *American Psychologist*, 2001, Vol. 56, No. 5.

Linschoten, H. (1968). On the way towards a phenomenological psychology: The psychology of William James. Pittsburgh, PA: Duquesne University Press.

Lundin, R. W. (1991). Theories and systems of psychology. Lexington, MA: D. C. Heaith and Company.

McAlister, L. L. (1976) (Ed). The philosophy of Brentano. London: Gerald Duckworth.

Neisser, U. (1967). Cognitive psychology. Englewood Cliffs, NJ: Prentice-Hall, Inc.

Owens, D. A. & Wagner, M. (1992) (Eds). Progress in modern psychology: The legacy of American functionalism. Westport, CT: Praeger.

Pillsbury, W. B. (1947). James McKeen Cattell. National Academy of Science of the United States of America, *Biographical Mimoirs*, Vol. XXV.

Poffenberger, A. T. (1962). Robert Sessions Woodworth: 1869—1962. *The American Journal of Psychology*. Vol. 75, No. 4.

Povinelli, D. J. (1993). Reconstructing the evolution of mind. *American Psychologist*, Vol. 48, No. 5.

Robinson, D. N. (2001). Sigmund Koch—Philosophically speaking. *American psychologist*. Vol. 56, No. 5.

Seigfried, C. H. (1990). William James's radical reconstruction of philosophy. Albany, NY: State University of New York Press.

Sheehy, N. (2004). Fifty key thinkers in psychology. London: Routledge.

Sokal, M. M. (1980). Graduate study with Wundt: Two eyewitness accounts. In Brinmann, W. G. & Tweney, R. D. (Eds.), *Wundt studies: A centennial collection*. Toronto, Canada: C. J. Hogrefe, Inc., 1980.

Sokal, M. M. (1984). James McKeen Cattell and American psychology in the 1920s. In Brozek, J. (Ed.). *Explorations in the history of psychology in the United States*. Cranbury, NJ: Associated University Presses, Inc., 1984.

Sokal, M. M. (1990). G. Stanley Hall and the institutional character of psychology at Clark 1889—1920. *Journal of the history of the behavioral sciences*. Vol. 26, April 1990.

Stevens, R. (1974). James and Husserl: The foundations of meaning. Martinus Nijhoff: The Hague.

Taylor, E. (1990). New light on the origin of William James's experimental psychology. In Johnson, M. G. & Henley, T. B. (eds), *Reflections on The Principles of Psychology: William James after a century*. Hillsdale, N. J.: Lawrence Erlbaum Associates, Publishers.

Taylor, E. (1996). William James on consciousness beyond the margin. Princeton, NJ: Princeton University Press.

Taylor, E. I. & Wozniak, R. H. (1996) (Eds). Pure experience: The response to William James. Bristol, England: Thoemmes Press.

Thorndike, E. L. (1898). Animal intelligence. In W. Dennis(Ed.). *Readings in the history of psychology*. New York: Appleton-Century-Crofts, Inc.

Thorndike, E. L. & Woodworth, R. S. (1901). The influence of improvement in one mental function upon the efficacy of other functions. In W. Dennis(Ed.). *Readings in the history of psychology*. New York: Appleton-Century-Crofts, Inc.

Thorndike, E. L. (1911). Animal intelligence. New York: Macmillan.

Titchener, E. B. (1898). The postulates of a structural psychology. In W. Dennis (Ed.), *Readings in the History of Psychology*. New York: Appleton-Century-Crofts, Inc., 1948.

Titchener, E. B. (1899). Structural and functional psychology. *Philosophical Review*.

Wapner, W. (1990). Introduction to the symposium papers to commemorate the establishment of the Clark University Psychology Laboratory and Department. Journal of the history of *the behavioral sciences*. Vol. 26, April 1990.

Watson, R. I. (1978). The great psychologists. Philadelphia, Lipincott.

Wells, F. L. (1944). James McKeen Cattell: 1860—1944. *American Journal of Psychology*, Vol. 57, No. 2.

Watson, J. B. (1913). Psychology as the behaviorist views it. In W. Dennis (Ed.), *Readings in the History of Psychology*. New York: Appleton-Century-Crofts, Inc., 1948.

Wild, J. (1980). The radical empiricism of William James. Westport, CT: Greenwood Press, Publishers.

Winston, A. S. (1990). Robert Sessions Woodworth and the "Columbia Bible": How the psychological experiment was redefined. *American Journal of Psychology*, Vol. 103, No. 3.

Woodworth, R. S. (1930). Autobiography of Robert S. Woodworth. In Munchison, C. (ed.). *History of psychology in autobiography*. Vol. 2. Worcester, MA: Clark University Press.

Woodworth, R. S. (1952). Edward Lee Thorndike, 1874—1949: A biographical memoir. National Academy of Sciences: *Biographical Memoirs*. Washington, D. C.: National Academy of Sciences.